W0172557

Übungs- und Arbeitsbuch

Mathematik für Ökonomen

Von

Professor Dr. Karl Bosch

Institut für angewandte Mathematik und Statistik
der Universität
Stuttgart-Hohenheim

7., völlig überarbeitete Auflage

R. Oldenbourg Verlag München Wien

Die Deutsche Bibliothek - CIP-Einheitsaufnahme

Bosch, Karl:
Übungs- und Arbeitsbuch Mathematik für Ökonomen / von Karl Bosch. -
7., völlig überarb. Aufl.. – München ; Wien : Oldenbourg, 2002
ISBN 3-486-25928-8

Rosenheimer Straße 145, D-81671 München
Telefon: (089) 45051-0
www.oldenbourg-verlag.de

Gedruckt auf säure- und chlorfreiem Papier
Druck: R. Oldenbourg Graphische Betriebe Druckerei GmbH

ISBN 3-486-25928-8

Inhaltsverzeichnis

Vorwort zur Siebten Auflage

Die Siebte Auflage des Buches wurde vollständig überarbeitet. Neben der Umstellung von DM auf Euro wurde auch die neue Rechtschreibung weitgehend berücksichtigt. Der Einsatz eines modernen Textverarbeitungsprogramms trägt sicherlich zur besseren Lesbarkeit des Buches bei. Ferner wurden zusätzliche Beispiele und Aufgaben aufgenommen. Manche Lösungswege wurden verbessert. Wie in den vorangegangenen Neuauflagen wurden Fehler im Text und in den Formeln beseitigt. Bei allen Personen, die mich auf Fehler aufmerksam gemacht haben, möchte ich mich recht herzlich bedanken. Durch die Überarbeitung können sich allerdings neue Tippfehler eingeschlichen haben. Ich bitte Sie, mich auf solche Fehler aufmerksam zu machen.

Karl Bosch

Vorwort zur Ersten Auflage

Das vorliegende Übungs- und Arbeitsbuch stellt eine Ergänzung zu den Lehrbüchern zur Mathematik für Wirschaftswissenschaften dar.
Die Konzeption des Buches ist so gestaltet, dass es neben der Vorlesung her als Übungsbuch und gleichzeitig zur intensiven Vorbereitung auf bevorstehende Prüfungen benutzt werden kann. Behandelt wird der Basisstoff einer zweisemestrigen Grundvorlesung.
In jedem Abschnitt werden zunächst für typische Beispiele (B) Musterlösungen angegeben. Nach diesen einführenden Beispielen werden die benutzten theoretischen Grundlagen auschaulich zusammengestellt. Dadurch soll der Stoff der einzelnen Gebiete vertieft bzw. aufgefrischt werden. Danach schließt sich oft ein anspruchsvolleres Beispiel an. Am Ende eines jeden Abschnitts sind zahlreiche Aufgaben (A) gestellt, deren Lösungswege im zweiten Teil fast vollständig angegeben sind. Der Nutzen des Buches ist natürlich am größten, wenn Sie versuchen, die Aufgaben - und nach Möglichkeit auch die Beispiele - selbstständig zu lösen und danach die Lösungen mit denen des Buches zu vergleichen. Falls größere Schwierigkeiten auftreten, werden aus dem Lösungsbeginn oft Hilfestellungen ersichtlich. Viele der Beispiele und Aufgaben sind typische Klausuraufgaben, die zum Teil in Hohenheim gestellt wurden. Jeder Leserin und jedem Leser wünsche ich einen großen Lernerfolg. Für kritische Bemerkungen und Verbesserungsvorschläge möchte ich mich bereits im Voraus bedankren.

Karl Bosch

1. Mengen

B 1.1 In der Grundmenge der natürlichen Zahlen, die nicht größer als 100 sind, seien folgende Mengen gegeben:
G: Menge der geraden Zahlen;
U: Menge der ungeraden Zahlen;
A: Menge der durch 9 teilbaren Zahlen;
B: Menge der durch 18 teilbaren Zahlen;
C: Menge der Quadratzahlen;
D: Menge der Zahlen, die nicht größer als 10 sind.

a) Stellen Sie diese Mengen in Mengenschreibweise dar.

b) Ist eine dieser Mengen in einer anderen enthalten?

c) Bilden Sie folgende Mengen:
$G \cup U$; $G \cap U$; $\overline{G}$; $\overline{G \cup U}$; $A \cup B$; $A \cap B$; $B \cup C$; $B \cap C$; $C \cap D$; $B \cap C \cap D$; $A \setminus B$; $B \setminus A$; $D \setminus C$.

d) Wie viele verschiedene Teilmengen besitzt die Menge C?

e) Wie viele dreielementige Teilmengen von C gibt es?

Lösung:

a) $\Omega = \{1, 2, 3, \ldots, 98, 99, 100\}$;

$G = \{2, 4, 6, \ldots, 98, 100\}$;

$U = \{1, 3, 5, \ldots, 97, 99\}$;

$A = \{9, 18, 27, 36, 45, 54, 63, 72, 81, 90, 99\}$;

$B = \{18, 36, 54, 72, 90\}$;

$C = \{1, 4, 9, 16, 25, 36, 49, 64, 81, 100\}$;

$D = \{1, 2, 3, 4, 5, 6, 7, 8, 9, 10\}$.

b) $B \subset A$.

c) $G \cup U = \Omega$; $G \cap U = \emptyset$ (disjunkt); $\overline{G} = U$; $\overline{G \cup U} = \overline{G} \cap \overline{U} = \emptyset$;
$A \cup B = A$; $A \cap B = B$ (gilt wegen $B \subset A$);
$B \cup C = \{1, 4, 9, 16, 18, 25, 36, 49, 54, 64, 72, 81, 90, 100\}$;
$B \cap C = \{36\}$; $C \cap D = \{1, 4, 9\}$; $B \cap C \cap D = \emptyset$;
$A \setminus B = A \cap \overline{B} = \{9, 27, 45, 63, 81, 99\}$; $B \setminus A = B \cap \overline{A} = \emptyset$;
$D \setminus C = \{2, 3, 5, 6, 7, 8, 10\}$.

d) Anzahl der Elemente aus C: $|C| = 10$;

Anzahl der Teilmengen aus C: $2^{|C|} = 2^{10} = 1024$.

e) Aus 10 Elementen können drei ausgewählt werden. Dafür gibt es

$$x = \binom{10}{3} = \frac{10 \cdot 9 \cdot 8}{1 \cdot 2 \cdot 3} = 120 \text{ Möglichkeiten.}$$

Die ***Grundmenge*** Ω enthält alle betrachteten Elemente.

Die ***leere Menge*** $\emptyset$ enthält kein Element.

Teilmenge $A \subset B \Leftrightarrow a \in A \Rightarrow a \in B$.

Komplement $\overline{A} = \{x \mid x \in \Omega \text{ und } x \notin A\}$ (bezüglich der Grundmenge Ω).

Durchschnitt $A \cap B = AB = \{x \mid x \in A \text{ und } x \in B\}$.

Vereinigung $A \cup B = \{x \mid x \in A \text{ oder } x \in B\}$.
Hier handelt es sich nicht um ein ausschließendes "oder".
x liegt in mindestens einer der beiden Mengen.

Differenz $A \backslash B = A \cap \overline{B} = \{x \mid x \in A \text{ und } x \notin B\}$.

A und B heißen ***disjunkt*** oder ***elementfremd***, falls gilt $A \cap B = \emptyset$.

Eine Menge A mit $|A| = n$ Elementen besitzt 2^n verschiedene Teilmengen. Die Menge der Teilmengen von A heißt ***Potenzmenge*** von A. Dabei sind die leere Menge $\emptyset$ und die Grundmenge Ω mitgezählt.

Es gibt $\binom{n}{k} = \frac{n \cdot (n-1) \cdot \ldots \cdot (n-k+1)}{1 \cdot 2 \cdot \ldots \cdot k} = \binom{n}{n-k}$ verschiedene k-elementige Teilmengen der Menge A für $k = 0, 1, \ldots, n$.

B 1.2 200 Studierende werden gefragt, ob sie die Zeitungen A oder B lesen. 104 lesen die Zeitung A, 80 die Zeitung B, während 45 weder A noch B lesen. Wie viele der befragten Personen lesen
a) A und B; b) nur A; c) nur B?

Lösung:

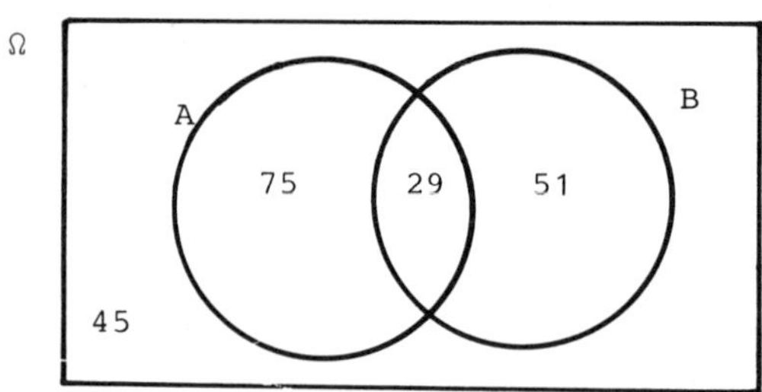

Gegeben: $|A| = 104$; $|B| = 80$; $|\overline{A} \cap \overline{B}| = |\overline{A \cup B}| = 45$.

Hieraus folgt $|A \cup B| = 200 - |\overline{A \cup B}| = 155$.

a) Aus

$$|A \cup B| = |A| + |B| - |A \cap B|$$

erhält man die gesuchte Anzahl

$$|A \cap B| = 104 + 80 - 155 = 29.$$

b) $|A \cap \overline{B}| = |A| - |A \cap B| = 104 - 29 = 75$.

c) $|\overline{A} \cap B| = |B| - |A \cap B| = 80 - 29 = 51$.

> $|A|$ sei die ***Anzahl*** der Elemente der Menge A.
>
> Dann gilt für beliebige endliche Mengen A und B mit $A \subset \Omega$ und $B \subset \Omega$
>
> $$|A \cup B| = |A| + |B| - |A \cap B|.$$
>
> Die Additivität $|A \cup B| = |A| + |B|$ gilt nur für disjunkte Mengen A und B.
>
> Aus $A = A \cap B \cup A \cap \overline{B}$ folgt $|A \cap \overline{B}| = |A| - |A \cap B|$.
>
> Ferner gilt $|\overline{A}| = |\Omega| - |A|$.

B 1.3 348 Studierende der Wirtschaftswisssenschaften nahmen an allen drei Klausuren für Mathematik, Statistik und Rechnungswesen teil. In Statistik bestanden 208, 146 davon auch in Rechnungswesen und 149 auch in Mathematik. 115 bestanden nur in einem Fach, 55 davon nur in Rechnungswesen. 118 bestanden alle drei Klausuren, 12 überhaupt keine.

Wie viele dieser Studierenden bestanden nur die Klausuren in
a) Statistik und Rechnungswesen;
b) Mathematik und Statistik;
c) Mathematik und Rechnungswesen?

Wie viele davon bestanden die Klausuren in
d) Mathematik;
e) Rechnungswesen?

Lösung:

M, S und R sei die Menge der Studierenden, die in Mathematik, Statistik bzw. Rechnungswesen bestanden.

Im nebenstehenden ***Venn-Diagramm*** sind folgende Größen gegeben:

$|S| = 208; \; |S \cap R| = 146;$

$|S \cap M| = 149;$

$|\overline{M} \cap \overline{S} \cap R| = 55;$

$x + y + 55 = 115;$

$|M \cap S \cap R| = 118;$

$|\overline{M} \cap \overline{S} \cap \overline{R}| = |\overline{M \cup S \cup R}| = 12.$

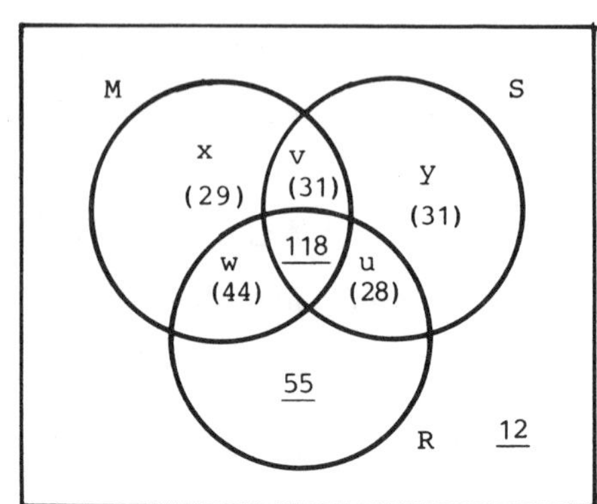

a) Aus $146 = |S \cap R| = |S \cap R \cap M| + |S \cap R \cap \overline{M}| = 118 + u$

folgt $u = |S \cap R \cap \overline{M}| = 146 - 118 = 28.$

b) $149 = |S \cap M| = |S \cap M \cap R| + |S \cap M \cap \overline{R}| = 118 + v$

ergibt $v = |S \cap M \cap \overline{R}| = 149 - 118 = 31.$

c) Nur Statistik haben $y = 208 - 31 - 118 - 28 = 31$ bestanden.

Hiermit erhält man $x = |M \cap \overline{S} \cap \overline{R}| = 115 - 55 - y = 29.$

Aus $|M \cup S \cup R| = 348 - |\overline{M \cup S \cup R}| = 348 - 12 = 336$

folgt $336 = 118 + u + v + w + x + y + 55$

und hieraus $w = |M \cap R \cap \overline{S}| = 44.$

d) $|M| = x + v + w + 118 = 222.$

e) $|R| = 55 + 118 + w + u = 245.$

B 1.4 Sämtliche Studierende des höheren Lehramts studieren jeweils genau zwei von den drei möglichen Fächern: Mathematik (M), Physik (P) und Chemie (C). Mathematik studieren 90, Physik 80 und Chemie 30. Wie sind die Fächerkombinationen aufgeteilt?

Lösung:

Mit $x = |M \cap P \cap \overline{C}|; \; y = |\overline{M} \cap P \cap C|;$

$z = |M \cap \overline{P} \cap C|$

erhält man das Gleichungssystem

(1) $|M| = x + z = 90$

(2) $|P| = x + y = 80$

(3) $|C| = y + z = 30.$

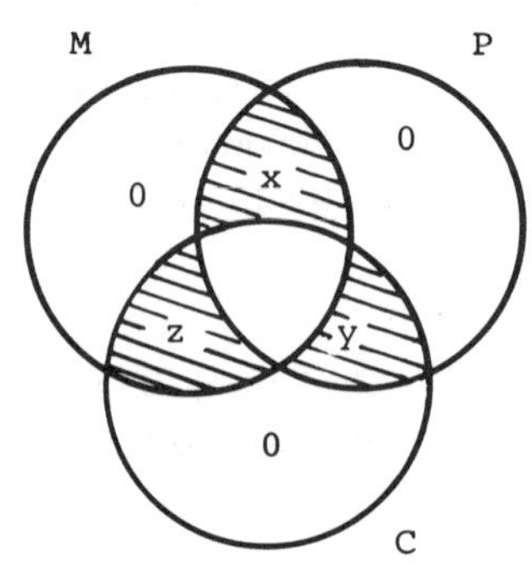

$$\begin{array}{lll} (1)-(2) \text{ liefert} & z-y &= 10 \\ (3) & z+y &= 30 \end{array} \Big\} +$$

$$2z = 40.$$

Lösung: $z = 20$; $y = 10$; $x = 70$.

B 1.5 Gegeben sind die Mengen

$A = \{1;2\}$; $B = \{3;4\}$ und $C = \{x \in \mathbb{R} \mid 1 \leq x \leq 2\}$.

Bestimmen Sie folgende Mengen:

a) $A \times B$; b) $A \times C$; c) $B \times C$; d) $C \times C$.

Lösung:

a) $A \times B = \{(1,3),(1,4),(2,3),(2,4)\}$;

b) $A \times C = \{(1,x) \mid 1 \leq x \leq 2\} \cup \{(2,x) \mid 1 \leq x \leq 2\}$;

c) $B \times C = \{(3,x) \mid 1 \leq x \leq 2\} \cup \{(4,x) \mid 1 \leq x \leq 2\}$;

d) $C \times C = \{(x,y) \in \mathbb{R}^2 \mid 1 \leq x,y \leq 2\}$.

Das ***direkte Produkt*** $A \times B$ der beiden Mengen A und B besteht aus allen ***geordneten Paaren*** (a,b) mit $a \in A$ und $b \in B$, also

$$A \times B = \{(a,b) \mid a \in A \text{ und } b \in B\}.$$

Für die Anzahl der Elemente gilt für endliche Mengen

$$|A \times B| = |A| \cdot |B|.$$

B 1.6 Ein Würfel werde siebenmal hintereinander geworfen.
a) Wie können die Ergebnisse dargestellt werden?
b) Wie viele Elemente besitzt die Ergebnismenge?
c) A besteht aus denjenigen Würfen, bei denen die Augensumme mindestens 41 ist. Stellen Sie A dar.

Lösung:

a) Die Ergebnisse können als 7-Tupel $(x_1, x_2, x_3, x_4, x_5, x_6, x_7)$ mit $x_i \in \{1,2,3,4,5,6\} = \Omega$ für $i = 1,2,\ldots,7$ dargestellt werden.

b) $|\Omega \times \Omega \times \Omega \times \Omega \times \Omega \times \Omega \times \Omega| = |\Omega|^7 = 6^7 = 279\,936$.

c) $A = \{(6,6,6,6,6,6,6), (5,6,6,6,6,6,6), (6,5,6,6,6,6,6), (6,6,5,6,6,6,6), (6,6,6,5,6,6,6), (6,6,6,6,5,6,6), (6,6,6,6,6,5,6), (6,6,6,6,6,6,5)\}$.

> Das ***direkte Produkt*** $A_1 \times A_2 \times \ldots \times A_n$ der Mengen $A_1, A_2, \ldots, A_n$ besteht aus allen ***n-Tupeln*** $(a_1, a_2, \ldots, a_n)$ mit $a_i \in A_i$ für $i = 1, 2, \ldots, n$, also
>
> $$A_1 \times A_2 \times \ldots \times A_n = \{(a_1, a_2, \ldots, a_n) \text{ mit } a_i \in A_i \text{ für } i = 1, 2, \ldots, n\}.$$
>
> Bei endlichen Mengen A_i für $i = 1, 2, \ldots, n$ gilt
>
> $$|A_1 \times A_2 \times \ldots \times A_n| = |A_1| \cdot |A_2| \cdot \ldots \cdot |A_n|.$$

B 1.7 Gegeben sind die Mengen $A = \{(x, y) \in \mathbb{R}^2 \mid x^2 + y^2 \leq 9\}$; $B = \{(x, y) \in \mathbb{R}^2 \mid y \geq x^2\}$; $C = \{1; 2\}$ und $D = \{1; 2; 3\}$.

a) Skizzieren Sie $A \cap B$.

Bestimmen Sie die Mengen

b) $A \cap (C \times D)$;

c) $B \cap (D \times D)$.

Lösung:

A = Kreisfläche
B = Parabelfläche

a) $A \cap B$ = schraffiertes Gebiet;

b) $A \cap (C \times D) = \{(1,1), (1,2), (2,1), (2,2)\}$;

c) $B \cap (D \times D) = \{(1,1), (1,2), (1,3)\}$.

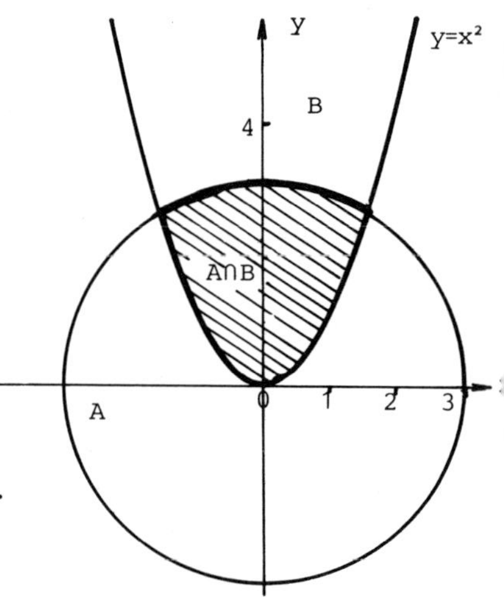

A 1.1 Geben Sie alle Teilmengen der Menge $\{a, b, c, d\}$ an.

A 1.2 Die Grundmenge bestehe aus denjenigen positiven ganzen Zahlen, die nicht größer als 36 sind.

a) Geben Sie folgende Mengen an:
G: gerade Zahlen; U: ungerade Zahlen; A: Quadratzahlen;
B: Primzahlen; C: durch 9 teilbare Zahlen.

b) Bestimmen Sie $A \cup C$; $A \cap C$; $A \setminus C$; $C \setminus A$; $B \cap G$.

A 1.3 Gegeben sind die Mengen $A = \{1,2\}$ und $B = \{2,3\}$.
Bestimmen Sie folgende Mengen:
a) $A \times B$;
b) $B \times A$;
c) $(A \times B) \cap (B \times A)$;
d) $(A \times B) \setminus (B \times A)$;
e) $(A \setminus B) \times (B \setminus A)$;
f) $A \times B \times B$.
g) Wie viele Elemente besitzt die Menge $A \times A \times B \times A \times A$?

A 1.4 Mit einem weißen und einem roten Würfel werde gleichzeitig geworfen.
a) Geben Sie die Ergebnismenge Ω an.
Wie viele Elemente besitzt Ω?
b) Zählen Sie die Elemente folgender Mengen auf:
A: der weiße Würfel zeigt eine Sechs;
B: der rote Würfel zeigt eine Sechs;
C: die Augensumme ist mindestens gleich 10;
D: das Augenpropdukt ist 24.
c) Bestimmen Sie ferner die Mengen
$A \cap B$; $C \setminus D$; $D \setminus C$.

A 1.5 a) Stellen Sie folgende Mengen in Intervallform dar:
$A = \{x \in \mathbb{R} \mid x^2 \leq 9\}$; $B = \{x \in \mathbb{R} \mid 1 \leq x^2 \leq 4\}$.
b) Skizzieren Sie $A \times A$.
c) Skizzieren Sie $A \times B$.

A 1.6 Stellen Sie den Durchschnitt der folgenden Mengen graphisch dar:
$A = \{(x,y) \in \mathbb{R}^2 \mid x \geq 0, y \geq 0\}$;
$B = \{(x,y) \in \mathbb{R}^2 \mid x + y \leq 4\}$;
$C = \{(x,y) \in \mathbb{R}^2 \mid y \leq 2x + 1\}$.

A 1.7 Gegeben sind die Mengen
$A = \{(x,y) \in \mathbb{R}^2 \mid y \geq x^2\}$; $B = \{(x,y) \in \mathbb{R}^2 \mid y \leq x + 4\}$;
$C = \{(x,y) \in \mathbb{R}^2 \mid y \leq 5 - 2x\}$.
a) Stellen Sie folgende Mengen graphisch dar:
$A \cap B \cap C$; $A \cap B \cap \overline{C}$.
b) Skizzieren Sie die Elemente der Menge
$A \cap B \cap (\mathbb{N} \times \mathbb{N})$ ($\mathbb{N}$ = Menge der natürlichen Zahlen).

A 1.8 Gegeben sind die Intervalle
$A = [-5; -1]$; $B = [-3; 3]$; $C = (0; 1)$; $D = [1; 2)$; $E = (2; \infty)$.
Bestimmen Sie folgende Mengen:
$A \cup B$; $A \cap B$; $A \setminus B$; $B \setminus A$; $B \cup C$; $B \cap C$; $B \setminus C$; $C \setminus B$;
$C \cup D \cup E$; $\overline{E}$; $\overline{D}$; $\overline{E \cup D}$.

A 1.9 Von 100 befragten Personen besitzen 71 ein Auto. 19 von ihnen sind Aktienbesitzer. 11 haben ein Auto und Aktien. Wie viele dieser 100 befragten Personen besitzen weder ein Auto noch Aktien?

A 1.10 Von 200 Personen ließen sich im letzten Winter 70 gegen Grippe impfen. 166 dieser Personen bekamen keine Grippe, 104 davon waren nicht geimpft. Wie viele dieser 200 Personen ließen sich impfen und bekamen trotzdem die Grippe?

A 1.11 Im nachfolgenden Venn-Diagramm seien die Mengen A, B, C (Kreisscheiben) gegeben.

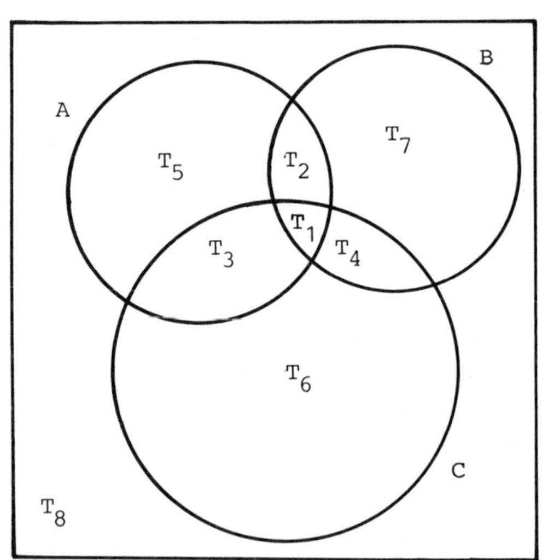

a) Drücken Sie die Mengen $T_1, T_2, \ldots, T_8$ duch A, B, C aus.
b) Welche Punkte liegen in $T_2 \cup T_3 \cup T_4$?
Welche Punkte liegen in
c) genau einer;
d) höchstens einer
der drei Mengen A, B, C?

A 1.12 An einem internationalen Kongress nahmen 1 015 Personen teil. Jeder der Teilnehmer sprach mindestens eine der Tagungssprachen Englisch, Französisch und Deutsch. 663 sprachen Englisch, 524 Französisch, 442 Deutsch, 223 Englisch und Französisch, 288 Englisch und Deutsch, 181 Französisch und Deutsch.
Wie viele der Teilnehmer sprachen von den drei Spachen
a) alle drei;
b) genau zwei;
c) nur eine?
Wie viele Teilnehmer sprachen
d) nur Englisch;
e) nur Französisch;
f) nur Deutsch?

A 1.13 290 Studierende schrieben die Klausuren in den Fächern A, B und C. 101 bestanden alle drei Klausuren, 92 genau zwei und 81 nur eine der drei Klausuren.
a) Wie viele der 290 Studierenden bestanden keine der drei Klausuren?
b) Im Fach A bestanden 195, im Fach B 201. Wie viele bestanden im Fach C?

A 1.14 Stellen Sie die in der nachfolgenden Skizze dargestellten Mengen A, B, C als direkte Produkte dar.

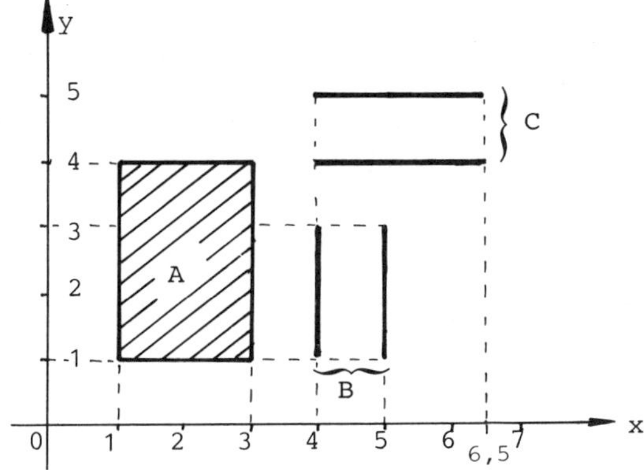

2. Abbildungen

B 2.1 a) Wird durch $f(x) = x^2$ eine Abbildung von $\mathbb{R}$ in $\mathbb{R}$ definiert? Handelt es sich dabei um eine (surjektive) Abbildung von $\mathbb{R}$ auf $\mathbb{R}$?

b) Bestimmen Sie die kleinste Menge $Y \subset \mathbb{R}$, so dass f eine (surjektive) Abbildung von $\mathbb{R}$ auf Y ist. Weshalb ist diese Abbildung nicht eineindeutig (injektiv)?

c) Geben Sie zwei Teilmengen $X, X^* \subset \mathbb{R}$ an, so dass f eine eineindeutige Abbildung von X auf Y und von X^* auf Y ist (bijektiv).

d) Geben Sie zu den beiden Abbildungen aus c) jeweils die Umkehrabbildung (Inverse) an.

Lösung:

a) Jedem $x \in \mathbb{R}$ wird genau ein $y = f(x) = x^2 \in \mathbb{R}$ zugeordnet. Damit ist f eine Abbildung von $\mathbb{R}$ in $\mathbb{R}$. Es ist keine Abbildung auf $\mathbb{R}$, da negative Zahlen nicht als Bilder auftreten können.

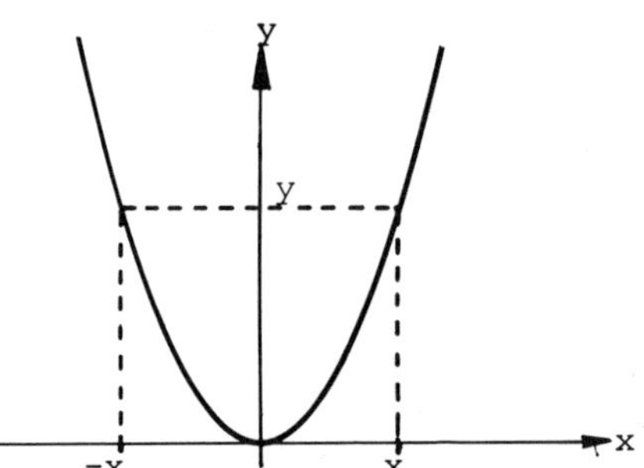

b) Mit $Y = \mathbb{R}_+ = \{y \in \mathbb{R} \mid y \geq 0\}$ ist f eine Abbildung von $\mathbb{R}$ auf $\mathbb{R}_+$, da jedes Element $y \in \mathbb{R}_+$ Bild von $+\sqrt{y}$ und $-\sqrt{y}$ ist. Die Abbildung ist wegen $f(-x) = f(x)$ nicht eineindeutig. So besitzen z.B. die beiden verschiedenen Urbilder $x_1 = 2$ und $x_2 = -2$ das gleiche Bildelement $y = 4$.

c) α) $X = \mathbb{R}_+$; f ist eine eineindeutige Abbildung von $\mathbb{R}_+$ auf $\mathbb{R}_+$, also eine bijektive Abbildung.

β) $X^* = \mathbb{R}_- = \{x \in \mathbb{R} \mid x \leq 0\}$. f ist ebenfalls eine eineindeutige Abbildung von $\mathbb{R}_-$ auf $\mathbb{R}_+$ (bijektiv).

d) $x \in \mathbb{R}_+$; $\quad x \underset{f_1^{-1}}{\overset{f_1}{\rightleftarrows}} y = x^2 \in \mathbb{R}_+$; $\quad f_1^{-1}(y) = +\sqrt{y} \in \mathbb{R}_+$.

$x \in \mathbb{R}_-$; $\quad x \underset{f_2^{-1}}{\overset{f_2}{\rightleftarrows}} y = x^2 \in \mathbb{R}_+$; $\quad f_2^{-1}(y) = -\sqrt{y} \in \mathbb{R}_-$.

Bei einer ***Abbildung*** f der ***Urbildmenge*** X in die ***Bildmenge*** Y muss jedem Element $x \in X$ genau ein Bildelement $y = f(x) \in Y$ zugeordnet werden.
Eine Abbildung f heißt ***surjektiv*** oder Abbildung von X ***auf*** Y, falls jedes Element $y \in Y$ Bild von mindestens einem $x \in X$ ist.
f heißt ***injektiv*** oder ***eineindeutig***, wenn es zu jedem Bild $y = f(x)$ genau ein Urbild gibt. f ist genau dann eineindeutig, wenn die beiden gleichwertigen Bedingungen

$$x_1 \neq x_2 \Leftrightarrow f(x_1) \neq f(x_2) \quad \text{bzw.} \quad f(x_1) = f(x_2) \Leftrightarrow x_1 = x_2$$

erfüllt sind.
Eine eineindeutige Abbildung von X auf Y heißt ***bijektiv.***
Eine bijektive Abbildung ist umkehrbar. Die ***Umkehrabbildung*** oder ***Inverse*** von f ist für jedes $y \in Y$ definiert durch

$$x = f^{-1}(y) \quad \Leftrightarrow \quad y = f(x).$$

B 2.2 Durch $f(x) = 2x - 7$ und $g(y) = y^3$ sind zwei Abbildungen von $\mathbb{R}$ in $\mathbb{R}$ erklärt.

a) Bestimmen Sie die zusammengesetzten Abbildungen
$g \circ f$ und $f \circ g$
und deren Definitions- und Wertebereiche.

b) Geben Sie im Falle der Existenz die Umkehrabbildungen von f, g, $g \circ f$ und $f \circ g$ an.

Lösung:

Für jedes $x \in \mathbb{R}$ gilt

a) $x \xrightarrow{f} y = 2x - 7 \xrightarrow{g} z = y^3 = (2x-7)^3.$

$h = g \circ f$

$$z = h(x) = (g \circ f)(x) = g(f(x)) = (2x-7)^3.$$

Definitionsbereich: $D = \mathbb{R}$; Wertebereich $W = \mathbb{R}$.

$x \xrightarrow{g} y = x^3 \xrightarrow{f} z = 2y - 7 = 2x^3 - 7.$

$h = f \circ g$

$$z = h(x) = (f \circ g)(x) = f(g(x)) = 2x^3 - 7.$$

Definitionsbereich: $D = \mathbb{R}$; Wertebereich $W = \mathbb{R}$.

b) Bei allen angegebenen Abbildungen handelt es sich um bijektive, also um eineindeutige Abbildungen von $\mathbb{R}$ in $\mathbb{R}$.

$y = f(x) = 2x - 7 \quad \Leftrightarrow \quad x = \frac{y+7}{2} = f^{-1}(y)$;

$y = g(x) = x^3 \quad \Leftrightarrow \quad x = \sqrt[3]{y} = g^{-1}(y)$;

$z = h(x) = (g \circ f)(x) = (2x-7)^3$

$\Leftrightarrow \quad x = \frac{\sqrt[3]{z} + 7}{2} = h^{-1}(z) = f^{-1}(\sqrt[3]{z}) = f^{-1}(g^{-1}(z))$.

Es gilt $h^{-1} = (g \circ f)^{-1} = f^{-1} \circ g^{-1}$.

$z = h(x) = (f \circ g)(x) = 2x^3 - 7 \quad \Leftrightarrow$

$x = \sqrt[3]{\frac{z+7}{2}} = h^{-1}(z) = \sqrt[3]{f^{-1}(z)} = g^{-1}(f^{-1}(z))$.

Es ist $h^{-1} = (f \circ g)^{-1} = g^{-1} \circ f^{-1}$.

Im Falle der Existenz lautet die Umkehrabbildung der zusammengesetzten Abbildung $f \circ g$

$$(f \circ g)^{-1} = g^{-1} \circ f^{-1} \quad \text{(Umkehrung der Reihenfolge).}$$

Ferner gilt

$$f^{-1}(f(x)) = x \quad \text{und} \quad f(f^{-1}(y)) = y \quad \text{für alle } x \in X \text{ und } y \in Y.$$

B 2.3 Bestimmen Sie den (größtmöglichen) Definitionsbereich von

$f(x) = \sqrt{x^2 - 5x + 6}$.

Lösung:

Zunächst werden die Nullstellen des Radikanden bestimmt.
$x^2 - 5x + 6 = 0$.
Quadratische Ergänzung ergibt
$(x - \frac{5}{2})^2 = -6 + \frac{25}{4} = \frac{1}{4}$;
$x_{1,2} = \frac{5}{2} \pm \frac{1}{2}$; $x_1 = 2$; $x_2 = 3$.

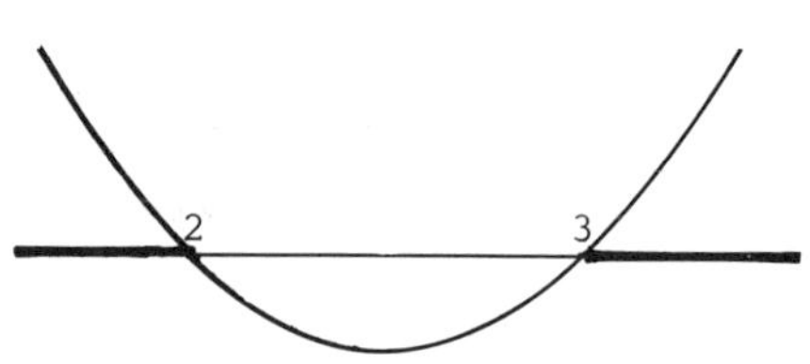

Da $x^2 - 5x + 6$ eine nach oben geöffnete Parabel darstellt, sind ihre Werte für $x \leq 2$ und $x \geq 3$ nicht negativ. Damit lautet der Definitionsbereich:
$D = (-\infty; 2] \cup [3; +\infty)$.

B 2.4 Gegeben sind die Abbildungen

$f(x) = +\sqrt{x}$; f: $\mathbb{R}_+ \to \mathbb{R}_+$; $g(x) = -(x-1)^2$; g: $\mathbb{R} \to \mathbb{R}_-$.

Welche der beiden zusammengesetzten Abbildungen $g \circ f$ und $f \circ g$ existiert?

Lösung:

$(g \circ f) = g(f(x)) = -(\sqrt{x} - 1)^2$ existiert.

$(f \circ g) = f(g(x)) = +\sqrt{-(x-1)^2}$

existiert nicht, da diese zusammengesetzte Funktion nur für $x = 1$ definiert ist.

A 2.1 Stellen Sie die folgenden Abbildungen graphisch dar. Welche Abbildungen sind surjektiv (Abb. auf), injektiv (eineindeutig) oder bijektiv (eineindeutig auf)? Bestimmen Sie im Falle der Existenz die Umkehrabbildung.

a) $f(x) = 3 - \frac{x}{2}$; f: $\mathbb{R} \to \mathbb{R}$;

b) $f(x) = |x-1|$; f: $\mathbb{R} \to \mathbb{R}_+$;

c) $f(x) = \frac{x}{|x|}$; f: $\mathbb{R}\backslash\{0\} \to \mathbb{R}$;

d) $f(x) = x \cdot |x|$; f: $\mathbb{R} \to \mathbb{R}$;

e) $f(x) = x + |x|$; f: $\mathbb{R} \to \mathbb{R}$.

A 2.2 Welche Bedingung muss die natürliche Zahl n erfüllen, damit

$f(x) = (x-a)^n$

eine Abbildung von $\mathbb{R}$ auf $\mathbb{R}$ ist? Dabei ist $a \in \mathbb{R}$. Welche Eigenschaften besitzt dann diese Abbildung? Existiert die Inverse?

A 2.3 Bestimmen Sie jeweils den Definitionsbereich D und den Wertevorrat W der Funktionen

a) $f(x) = +\sqrt{25 - x^2}$;

b) $f(x) = +\sqrt{x^2-4}$;

c) $f(x) = +\sqrt{x^2+2}$.

A 2.4 Bestimmen Sie den größtmöglichen Definitions- und Wertebereich D und W der Funktion

$$f(x) = \frac{x+2}{x-3}.$$

Zeigen Sie, dass $f: D \to W$ bijektiv ist und bestimmen Sie die Umkehrabbildung f^{-1}.

A 2.5 Gegeben sind die Abbildungen f und g von $\mathbb{R}$ in $\mathbb{R}$

a) $y = f(x) = x^3$; $z = g(y) = y^2$;

b) $y = f(x) = +\sqrt{|x-5|}$; $z = g(y) = y^5$;

c) $y = f(x) = x^2 + 4x + 7$; $z = g(y) = y^4$.

Bilden Sie im Falle der Existenz jeweils die zusammengesetzten Abbildungen $f \circ g$ und $g \circ f$.

A 2.6 Bestimmen Sie für die nachfolgenden Funktionen jeweils den größtmöglichen Definitionsbereich D und den Wertevorrat W. Prüfen Sie, ob die inverse Abbildung f^{-1}: $W \to D$ existiert und geben Sie gegebenenfalls die Inverse an.

a) $f(x) = 3x + 8$;

b) $f(x) = |2x+5| + 10$;

c) $f(x) = \frac{1}{x}$;

d) $f(x) = \frac{6}{3x+5}$.

3. Ungleichungen mit einer Unbekannten

B 3.1 Für welche $x \in \mathbb{R}$ gilt $\frac{1}{|x-1|-2} > 3$?

Lösung:

Der Nenner $|x-1|-2$ muss positiv sein, da sonst die linke Seite negativ ist und somit die Ungleichung nicht erfüllt sein kann.
Nur für $|x-1| > 2$ ist der Nenner positiv. Für diesen Fall erhält man durch Multiplikation der Ungleichung mit dem Nenner

$$\frac{1}{|x-1|-2} > 3 \quad \Leftrightarrow \quad 1 > 3 \cdot |x-1| - 6 \quad |+6$$

$$7 > 3 \cdot |x-1| \quad |:3$$

$$\frac{7}{3} > |x-1|.$$

Für alle x, welche die Ungleichung erfüllen, gilt somit

$$2 < |x-1| < \frac{7}{3}.$$

1. Fall: $x - 1 \geq 0 \Leftrightarrow x \geq 1$.

Dann folgt aus $|x-1| = x-1$

$$2 < x - 1 < \frac{7}{3} \quad | \ +1$$

$$3 < x < \frac{10}{3}.$$

Damit lautet die Lösungsmenge für diesen Fall

$$L_1 = \{x \in \mathbb{R} \mid 3 < x < \frac{10}{3}\} = (3; \frac{10}{3}).$$

2. Fall: $x - 1 < 0 \Leftrightarrow x < 1$.

Dann folgt aus $|x-1| = -(x-1) = -x+1$

$$2 < -x + 1 < \frac{7}{3} \quad | \ -1$$

$$1 < -x < \frac{4}{3} \quad | \cdot (-1)$$

$$-1 > x > -\frac{4}{3}.$$

Lösungsmenge $L_2 = \{x \in \mathbb{R} \mid -\frac{4}{3} < x < -1\} = (-\frac{4}{3}; -1)$.

Die gesamte Lösungsmenge lautet

$$L = L_2 \cup L_1 = (-\frac{4}{3}; -1) \cup (3; \frac{10}{3}).$$

Die Ungleichung $2 < |x-1| < \frac{7}{3}$ kann folgendermaßen interpretiert werden: Der Abstand des Punktes x von der Zahl 1 ist größer als 2 und kleiner als $\frac{7}{3}$.

Für den ***Betrag*** $|x|$ einer rellen Zahl $x \in \mathbb{R}$ gilt

$$|x| = \begin{cases} x & \text{für } x \geq 0; \\ -x & \text{für } x < 0. \end{cases}$$

Auf der reellen Zahlenachse stellt $|x|$ den Abstand des Punktes x vom Koordinatenursprung O dar. $|a - b|$ ist der Abstand der beiden Zahlen a und b voneinander. Zur Lösung von ***Betragsgleichungen*** und ***Betragsungleichungen*** sind somit Fallunterscheidungen notwendig.

Aus $a < b$ folgt

$a + c < b + c$ für jedes $c \in \mathbb{R}$;
$a \cdot c < b \cdot c$ für jedes $c > 0$;
$a \cdot c > b \cdot c$ für jedes $c < 0$.

Diese Eigenschaften gelten auch für $\leq$ bzw. $\geq$. Bei einer Multiplikation einer Ungleichung mit einer positiven Zahl $c > 0$ bleibt das Ungleichheitszeichen erhalten, bei der Multiplikation mit einer negativen Zahl $c < 0$ geht $<$ in $>$ über und umgekehrt.

B 3.2 Für welche $x \in \mathbb{R}$ gilt $|x - 1| + |2 - x| \leq 1 + 3x$?

Lösung:

Für $x - 1$ und $2 - x$ werden jeweils zwei Fallunterscheidungen gemacht. Damit erhält man 4 Fälle.

1. Fall $(+,+)$: $x - 1 \geq 0$ und $2 - x \geq 0 \Leftrightarrow 1 \leq x \leq 2$.

$|x - 1| + |2 - x| = x - 1 + 2 - x = 1$;

$1 \leq 1 + 3x \Leftrightarrow 3x \geq 0 \Leftrightarrow x \geq 0$;

x muss beide Ungleichungen $x \geq 0$ und $1 \leq x \leq 2$ erfüllen. Damit lautet für diesen Fall die Lösungsmenge $L_1 = [1;2]$.

2. Fall $(+,-)$: $x - 1 \geq 0$ und $2 - x < 0 \Leftrightarrow x > 2$.

$|x - 1| + |2 - x| = x - 1 - (2 - x) = 2x - 3$;

$2x - 3 \leq 1 + 3x \quad | -2x - 1; \quad -4 \leq x; \quad L_2 = (2;\infty)$.

3. Fall $(-,+)$: $x - 1 < 0$ und $2 - x \geq 0 \Leftrightarrow x < 1$.

$|x - 1| + |2 - x| = -(x - 1) + 2 - x = -2x + 3$;

$-2x + 3 \leq 1 + 3x \qquad | +2x - 1$

$2 \leq 5x \Leftrightarrow x \geq \frac{2}{5}; \quad L_3 = [\frac{2}{5}; 1)$.

4. Fall $(-,-)$: $x-1<0$ und $2-x<0 \Leftrightarrow x<1$ und $x>2$ ist nicht möglich. $L_4=\emptyset$.

Lösung: $L = L_1 \cup L_2 \cup L_3 \cup L_4 = [\frac{2}{5};\, 1) \cup [1;2] \cup (2;\infty) = [\frac{2}{5};\, \infty)$.

B 3.3 Gesucht sind die Lösungsmengen folgender Ungleichungen:

a) $x^2-8x \leq 9$; b) $x^2+4x \geq -5$; c) $x^2-6x < -10$.

Lösung:

a) Wegen $+\sqrt{a^2} = |a|$ ergibt die quadratische Ergänzung

$x^2-8x \leq 9 \Leftrightarrow (x-4)^2 \leq 9+16=25 \Leftrightarrow |x-4| \leq \sqrt{25} = 5$;

x darf also von der Zahl 4 höchstens den Abstand 5 haben, also höchstens um 5 Einheiten links bzw. höchstens 5 Einheiten rechts von 4 liegen. Damit gilt $L=[-1;9]$.

b) $x^2+4x \geq 2 \Leftrightarrow (x+2)^2 \geq -5+4 = -1$.
Diese Ungleichung ist für jedes $x \in \mathbb{R}$ erfüllt. Daher lautet die Lösungsmenge $L=\mathbb{R}$.

c) $x^2-6x < -10 \Leftrightarrow (x-3)^2 < -10+9 = -1$. Diese Ungleichung ist für kein $x \in \mathbb{R}$ erfüllt, weil das Quadrat $(x-3)^2$ nicht negativ sein kann. Die Ungleichung besitzt keine Lösung mit $L=\emptyset$.

B 3.4 Gesucht ist die Lösungsmenge von

$$\frac{2}{x-5}+\frac{1}{x+7} \geq 0, \quad x \notin \{-7;5\}.$$

Lösung:

Mit dem gemeinsamen Nenner $(x-5)\cdot(x+7)$ erhält man

$$\frac{2}{x-5}+\frac{1}{x+7} = \frac{2\cdot(x+7)+x-5}{(x-5)\cdot(x+7)} = \frac{3x+9}{(x-5)\cdot(x+7)} \geq 0.$$

1. Fall: Nenner positiv: $x-5>0$ und $x+7>0 \Leftrightarrow x>5$
oder $x-5<0$ und $x+7<0 \Leftrightarrow x<-7$.

$\Rightarrow 3x+9 \geq 0 \Leftrightarrow x \geq -3$; $L_1=(5;\infty)$.

2. Fall: Nenner negativ: $x-5>0$ und $x+7<0$; geht nicht
oder $x-5<0$ und $x+7>0 \Leftrightarrow -7<x<5$.

$\Rightarrow 3x+9 \leq 0 \Leftrightarrow x \leq -3$; $L_2=(-7;-3]$.

Lösung: $L = L_1 \cup L_2 = (-7;-3] \cup (5;\infty)$.

A 3.1 Bestimmen Sie die Lösungsmengen der folgenden Ungleichungen:

a) $2x + 3 \cdot (1 + 4x) \leq 31$;

b) $2 \cdot (1 + x) + 3 \cdot (1 - 2x) > 8$;

c) $\frac{2x-1}{x+1} > 1$; $x \neq -1$;

d) $|2x - 1| \leq 3$.

A 3.2 Bestimmen Sie die Lösungsmengen der folgenden Ungleichungen:

a) $|2x - 1| + x < 2$;

b) $|x - 2| < |x - 5|$;

c) $\frac{1}{5-x} + \frac{1}{5+x} < 5$; $x \neq -5$; $x \neq 5$;

d) $|3x| < |x + 1| - x$;

e) $|x - 1| \leq \frac{x}{4} + 2$;

f) $\frac{|x-2|}{x-1} < 1$; $x \neq 1$;

g) $|x - 1| + |1 - x| \leq 1 + x$;

h) $1 + \frac{1}{x} < \frac{2}{|x|}$; $x \neq 0$.

A 3.3 Lösen Sie die Ungleichung $|x + 1| \geq x^2 - 3$.

A 3.4 Für welche x gilt

a) $\frac{1+x}{1-|x|} > x$; $|x| \neq 1$;

b) $\frac{x^2 - 3x + 2}{x - 1{,}5} > 0$; $x \neq 1{,}5$?

A 3.5 Eine elektronische Waage zeigt das tatsächliche Gewicht nicht exakt an. Das in Gramm angezeigte Gewicht y weiche jedoch vom tatsächlichen Gewicht x um höchstens $0{,}001x + 4$ Gramm ab.
In welchem Bereich liegt das tatsächliche Gewicht x, falls die Waage das Gewicht y anzeigt? Berechnen Sie diese Grenzen für $y = 5000$ Gramm.

4. Arithmetische und geometrische Folgen und Reihen

B 4.1 In einem Konzertsaal gibt es 35 Sitzreihen. Die erste Reihe hat 20 Sitzplätze. Jede weitere Reihe hat zwei Sitzplätze mehr als die vor ihr liegende.
a) Wie viele Sitzplätze hat die 25. und wie viele die letzte Reihe?
b) Wie viele Sitzplätze besitzt der gesamte Saal?

Lösung:

Es handelt sich um eine arithmetische Folge mit dem Anfangsglied $a_1 = a = 20$ und dem Zuwachs $d = 2$.

a) $a_{25} = a + 24 \cdot d = 20 + 24 \cdot 2 = 68$; $\quad a_{35} = 20 + 34 \cdot 2 = 88$.

b) $s_{35} = \frac{35}{2} \cdot (a_1 + a_{35}) = 17{,}5 \cdot (20 + 88) = 1890$
$= \frac{n}{2} \cdot (2a_1 + (n-1) \cdot d)$.

Eine Folge (Zahlenfolge) (a_n), $n \in \mathbb{N}$ mit konstanter Differenz $a_{n+1} - a_n = d$ für $n = 1, 2, \ldots$ heißt eine ***arithmetische Folge.***
Durch das erste Folgenglied $a_1 = a$ und die Differenz d ist das n-te Folgenglied bestimmt durch

$$a_n = a + (n-1) \cdot d \quad \text{für } n = 1, 2, \ldots .$$

Die Summe der ersten n Folgenglieder lautet

$$s_n = \sum_{k=1}^{n} a_k = \sum_{k=1}^{n} [a + (k-1) \cdot d] = \frac{n}{2} \cdot [a_1 + a_n] = \frac{n}{2} \cdot [2a + (n-1) \cdot d].$$

Die Folge (s_n), $n \in \mathbb{N}$ heißt ***arithmetische Reihe.***

$a = d = 1$ liefert die spezielle Summenformel

$$\sum_{k=1}^{n} k = 1 + 2 + \ldots + (n-1) + n = \frac{n \cdot (n+1)}{2}.$$

B 4.2 Beim Ausscheiden aus einem Betrieb erhält jemand folgende Pensionszusage: Im ersten Jahr monatlich 1 000 EUR. Diese Monatsrente werde jedes Jahr um 80 EUR erhöht.
a) Welcher Betrag wird innerhalb von 10 Jahren ausgezahlt?
b) Nach welcher Zeit übersteigt der insgesamt ausgezahlte Betrag erstmals 400 000 EUR?
c) Bestimmen Sie die jährliche Steigerung d der Monatsrente, so dass während 20 Jahren der Betrag von 400 000 EUR ausgezahlt wird.

Lösung:

a_n = Auszahlung im n-ten Jahr. $a_1 = 12 \cdot 1\,000 = 12\,000$;

jährliche Steigerung $d = 12 \cdot 80 = 960$ (arithmetische Folge).

a) $s_{10} = \frac{10}{2} \cdot [2 \cdot 12\,000 + 9 \cdot 960] = 163\,200$ EUR.

b) $s_n = \frac{n}{2} \cdot [24\,000 + (n-1) \cdot 960] = 480\,n^2 + 11\,520\,n > 400\,000$.

$$n^2 + 24\,n > \frac{2\,500}{3} \quad \Leftrightarrow \quad (n+12)^2 > \frac{2\,500}{3} + 144 = \frac{2\,932}{3}$$

$$\Leftrightarrow \quad n > -12 + \sqrt{\frac{2\,932}{3}} = 19{,}26\,;$$

Lösung: 19 Jahre und 4 Monate.

Auszahlungsbetrag während der 19 Jahre:

$s_{19} = \frac{19}{2} \cdot [24\,000 + 18 \cdot 960] = 392\,160$ EUR.

Auszahlungsbetrag in den restlichen 4 Monaten des 20. Jahres

$z = 4 \cdot [1\,000 + 19 \cdot 80] = 10\,080$ EUR.

Gesamte Auszahlung: $s = s_{19} + z = 402\,240$ EUR.

c) $s_{20} = \frac{20}{2} \cdot [24\,000 + 19 \cdot 12 \cdot d] = 400\,000$ EUR.

$$d = \frac{40\;000 - 24\,000}{19 \cdot 12} = 70{,}18 \text{ EUR.}$$

B 4.3 Gesucht ist die Summe aller natürlichen Zahlen, die nicht größer als 10 000 sind und
a) durch 7;
b) durch 13;
c) durch 7 und 13;
d) durch 7 oder 13
teilbar sind.

Lösung:

Die gesuchten Zahlen aus a), b) und c) bilden jeweils eine arithmetische Zahlenfolge. Die Anzahl der durch $m \in \mathbb{N}$ teilbaren Zahlen ist der ganzzahlige Anteil von $\frac{10\,000}{m}$.

a) $m = 7$; $\frac{10\,000}{7} = 1\,428{,}57 \Rightarrow n = 1\,428$;

$s = |A| = \frac{1\,428}{2} \cdot (2 \cdot 7 + 1\,427 \cdot 7) = 7\,142\,142$;

b) $m = 13$; $\frac{10\,000}{13} = 769{,}23 \Rightarrow n = 769$;

$s = |B| = \frac{769}{2} \cdot (2 \cdot 13 + 768 \cdot 13) = 3\,848\,845$;

c) alle durch $m = 7 \cdot 13 = 91$ teilbaren Zahlen;

$$\frac{10\,000}{91} = 109{,}89 \quad \Rightarrow \quad n = 109\,;$$

$$s = |\,A \cap B\,| = \frac{109}{2} \cdot (2 \cdot 91 + 108 \cdot 91) = 545\,545\,;$$

d) zusammen mit a), b) und c) erhält man

$$s = |\,A \cup B\,| = |\,A\,| + |\,B\,| - |\,A \cap B\,|$$

$$= 7\,142\,142 + 3\,848\,845 - 545\,545 = 10\,445\,442.$$

B 4.4 Ein aus einem Betrieb ausscheidender Vorstand erhält folgende vererbbare Pensionszusage: Im ersten Jahr erhält er 200 000 EUR. Nach jedem Jahr nimmt die Pension um 25 % der Vorjahrespension ab.

a) Welcher Betrag wird im 10. Jahr ausgezahlt?
b) Nach wie vielen Jahren liegt der Auszahlungsbetrag erstmals unter 1 EUR?
c) Welcher Betrag wird während 20 bzw. 44 Jahren ausgezahlt?
d) Welcher Betrag wird insgesamt ausgezahlt?

Lösung:

Die Pensionszahlungen a_n im n-ten Jahr bilden eine geometrische Folge mit $a_1 = a = 200\,000$ und $q = 0{,}75$, also

$$a_n = 200\,000 \cdot 0{,}75^{n-1} \quad \text{für} \quad n = 1, 2, 3, \ldots .$$

a) $a_{10} = 200\,000 \cdot 0{,}75^9 = 15\,016{,}94$ EUR.

b) n maximal mit $200\,000 \cdot 0{,}75^{n-1} < 1$.

Logarithmieren ergibt: $\lg 200\,000 + (n-1) \cdot \lg 0{,}75 < \lg 1 = 0\,;$

$(n-1) \cdot \lg 0{,}75 < -\lg 200\,000\,;$

wegen $\lg 0{,}75 < 0$ folgt hieraus

$$n - 1 > -\frac{\lg 200\,00}{\lg 0{,}75} = 42{,}43\,; \quad \Rightarrow \quad n = 44 \text{ Jahre (aufgerundet).}$$

c) Geometrische Reihe

$$s_n = \sum_{k=1}^{n} a_k = 200\,000 \cdot \frac{1 - 0{,}75^n}{1 - 0{,}75} = 800\,000 \cdot (1 - 0{,}75^n)\,.$$

$s_{20} = 797\,463{,}03$ EUR; $\quad s_{44} = 799\,997{,}45$ EUR.

d) $s = \lim\limits_{n \to \infty} s_n = 800\,000 \cdot \lim\limits_{n \to \infty} (1 - 0{,}75^n) = 800\,000$ EUR.

Bei einer ***geometrischen Folge*** (a_n), $n \in \mathbb{N}$ ist der Quotient aufeinanderfolgener Glieder konstant, d. h.

$$\frac{a_{n+1}}{a_n} = q \quad \text{für} \quad n = 1, 2, \ldots \quad \text{mit} \quad q \neq 0.$$

Mit dem Anfangsglied $a_1 = a$ lautet das n-te Folgenglied

$$a_n = a \cdot q^{n-1} \quad \text{für } n = 1, 2, \ldots \quad \text{mit } q^0 = 1\,.$$

Die Summe der ersten n Glieder einer geometrischen Folge lautet

$$s_n = \sum_{k=1}^{n} a_k = a \cdot \sum_{k=1}^{n} q^{k-1} = a \cdot \sum_{i=0}^{n-1} q^i = a \cdot \frac{q^n - 1}{q - 1} \quad \text{für } q \neq 1.$$

Die Summe s_n heißt endliche ***geometrische Reihe.***

Für $a = 1$ erhält man die spezielle Summenformel

$$\sum_{i=0}^{n-1} q^i = \begin{cases} \dfrac{q^n - 1}{q - 1} & \text{für} \quad q \neq 1; \\ n & \text{für} \quad q = 1. \end{cases}$$

Für $|q| < 1$ gilt

$$\lim_{n\to\infty} s_n = a \cdot \sum_{i=0}^{\infty} q^i = a \cdot \frac{1}{1-q} \quad (\textbf{\textit{unendliche geometrische Reihe}}).$$

B 4.5 Berechnen Sie

a) $\sum\limits_{k=1}^{10} 2^k$;

b) $\sum\limits_{n=3}^{25} \left(\frac{2}{3}\right)^n$;

c) $\sum\limits_{n=1}^{\infty} \frac{1}{2^n}$;

d) $\sum\limits_{n=2}^{\infty} \frac{4^n}{5^{n+2}}$;

e) $\sum\limits_{n=1}^{\infty} \left(-\frac{3}{4}\right)^n$.

Lösung:

a) $\sum\limits_{k=1}^{10} 2^k = 2 \cdot \sum\limits_{i=0}^{9} 2^i = 2 \cdot \dfrac{2^{10} - 1}{2 - 1} = 2 \cdot (2^{10} - 1) = 2\,046.$

b) $\sum\limits_{n=3}^{25} \left(\frac{2}{3}\right)^n = \left(\frac{2}{3}\right)^3 \cdot \sum\limits_{k=0}^{22} \left(\frac{2}{3}\right)^k = \left(\frac{2}{3}\right)^3 \cdot \dfrac{1 - \left(\frac{2}{3}\right)^{23}}{1 - \frac{2}{3}} = \frac{8}{9} \cdot \left(1 - \left(\frac{2}{3}\right)^{23}\right).$

c) $\sum\limits_{n=1}^{\infty} \frac{1}{2^n} = \frac{1}{2} \cdot \sum\limits_{k=0}^{\infty} \left(\frac{1}{2}\right)^k = \frac{1}{2} \cdot \frac{1}{1-\frac{1}{2}} = 1\,.$

d) $$\sum_{n=2}^{\infty} \frac{4^n}{5^{n+2}} = \frac{1}{5^2} \cdot \sum_{n=2}^{\infty} \left(\frac{4}{5}\right)^n = \frac{1}{25} \cdot \left(\frac{4}{5}\right)^2 \cdot \sum_{k=0}^{\infty} \left(\frac{4}{5}\right)^k$$
$$= \frac{1}{25} \cdot \frac{16}{25} \cdot \frac{1}{1-\frac{4}{5}} = \frac{16}{125}\,.$$

e) $\sum\limits_{n=1}^{\infty} \left(-\frac{3}{4}\right)^n = -\frac{3}{4} \cdot \sum\limits_{i=0}^{\infty} \left(-\frac{3}{4}\right)^i = -\frac{3}{4} \cdot \frac{1}{1+\frac{3}{4}} = -\frac{3}{7}\,.$

> In der Summenformel $\sum\limits_{i=0}^{\infty} q^i = 1 + q + q^2 + q^3 + \ldots = \frac{1}{1-q}$ für $|q| < 1$ muss der erste Summand gleich $1 = q^0$ sein. Andernfalls muss der erste Summand (erste Potenz) ausgeklammert werden:
> $$\sum_{k=m}^{\infty} q^k = q^m + q^{m+1} + q^{m+2} + \ldots = q^m \cdot \sum_{i=0}^{\infty} q^i = \frac{q^m}{1-q} \quad \text{für } |q| < 1.$$

B 4.6 Stellen Sie folgende periodische Dezimalzahlen als Brüche dar:

a) $0{,}\overline{1} = 0{,}1111\ldots$;

b) $0{,}\overline{9} = 0{,}9999\ldots$;

c) $1{,}\overline{12} = 1{,}12121212\ldots$;

d) $0{,}1\overline{346} = 0{,}1346346346\ldots$.

Lösung:

Periodische Dezimalzahlen lasssen sich als (unendliche) geometrische Reihen darstellen.

a) $$0{,}\overline{1} = \frac{1}{10} + \frac{1}{100} + \frac{1}{1000} + \ldots = \frac{1}{10} \cdot \left(1 + \frac{1}{10} + \left(\frac{1}{10}\right)^2 + \left(\frac{1}{10}\right)^3 + \ldots\right)$$
$$= \frac{1}{10} \cdot \sum_{i=0}^{\infty} \left(\frac{1}{10}\right)^i = \frac{1}{10} \cdot \frac{1}{1-\frac{1}{10}} = \frac{1}{10} \cdot \frac{1}{\frac{9}{10}} = \frac{1}{9}\,.$$

a) $$0{,}\overline{9} = \frac{9}{10} + \frac{9}{100} + \frac{9}{1000} + \ldots = \frac{9}{10} \cdot \left(1 + \frac{1}{10} + \left(\frac{1}{10}\right)^2 + \left(\frac{1}{10}\right)^3 + \ldots\right)$$
$$= \frac{9}{10} \cdot \sum_{i=0}^{\infty} \left(\frac{1}{10}\right)^i = \frac{9}{10} \cdot \frac{1}{1-\frac{1}{10}} = \frac{9}{10} \cdot \frac{1}{\frac{9}{10}} = 1\,.$$

c) $1,\overline{12} = 1 + 0{,}12 \cdot \left(1 + \frac{1}{100} + \left(\frac{1}{100}\right)^2 + \left(\frac{1}{100}\right)^3 + \ldots\right)$

$$= 1 + \frac{12}{100} \cdot \frac{1}{1 - \frac{1}{100}} = 1 + \frac{12}{99} = 1 + \frac{4}{33} = \frac{37}{33}.$$

d) $1,1\overline{346} = 0{,}1 + 0{,}0346 \cdot \left(1 + \frac{1}{1000} + \left(\frac{1}{1000}\right)^2 + \left(\frac{1}{1000}\right)^3 + \ldots\right)$

$$= \frac{1}{10} + \frac{346}{10000} \cdot \frac{1}{1 - \frac{1}{1000}} = \frac{1345}{9990} = \frac{269}{1998}.$$

A 4.1 In einer arithmetischen Folge sei das 5. Glied gleich 18 und das 9. Glied gleich 32. Berechnen Sie die Summe der ersten 50 Folgenglieder.

A 4.2 Ein Betrieb erreiche im ersten Jahr einen Umsatz von 120 Mio EUR. Der Umsatz nehme jedes Jahr um
a) 5 Mio EUR;
b) um 5% des Vorjahresumsatzes zu.

Berechnen Sie jeweils den Umsatz im 10. Jahr und den Gesamtumsatz während der ersten 10 Jahre.

A 4.3 Berechnen Sie die Summe aller dreistelligen natürlichen Zahlen, die durch
a) 4; b) 6; c) 4 und 6; d) 4 oder 6
teilbar sind.

A 4.4 In einer arithmetischen Folge sei die Summe der ersten 11 Glieder gleich Null, während die Summe der ersten 20 Glieder 180 beträgt. Geben Sie das n-te Glied der Folge an.

A 4.5 Im Jahre 1982 hat die Deutsche Bundespost Überlegungen angestellt, Briefmarken von Automaten drucken zu lassen und zwar von 0,05 DM bis zu 100 DM in Abständen von jeweils 5 Pfg. Welchen Betrag hätte ein Sammler für den gesamten Briefmarkensatz aufwenden müssen?

A 4.6 In einer geometrischen Folge mit lauter positiven Gliedern sei das 5. Glied gleich 12 und das 9. Glied gleich 48. Berechnen Sie die Summe der ersten 10 Glieder.

A 4.7 Jemand erhält im ersten Monat den Betrag a EUR ausgezahlt und danach in jedem Monat 65% des Betrages aus dem vorigen Monat. Insgesamt werden 100 000 EUR ausgezahlt. Berechnen Sie daraus den ersten Auszahlungsbetrag a.

A 4.8 Berechnen Sie die Summen

a) $\sum_{n=0}^{10} \frac{5^{n-1}}{2^{n+3}}$;

b) $\sum_{n=2}^{\infty} \left(\frac{4}{7}\right)^n$;

c) $\sum_{n=2}^{\infty} \frac{2 \cdot 4^{n-1} + 4 \cdot 5^{n+1}}{3 \cdot 6^n}$;

d) $\sum_{n=1}^{\infty} \frac{2^{2n} - 3^{2n+1}}{10^{n-1}}$.

A 4.9 Stellen Sie die folgenden periodischen Dezimalbrüche als Brüche dar

a) $0{,}\overline{7}$;
b) $0{,}\overline{91}$;
c) $0{,}1\overline{9}$;
d) $0{,}2\overline{79}$;
a) $0{,}14\overline{235}$.

A 4.10 Herr Maier geht mit seinem Hund spazieren. Beide gehen geradewegs auf einen Baum zu, der c Meter von ihnen entfernt ist. Herr Maier geht mit konstanter Geschwindigkeit v, während der Hund viermal so schnell vorabrennt. Sobald der Hund den Baum erreicht, dreht er um und rennt zu Herrn Maier zurück, dann kehrt er erneut um und rennt wieder zum Baum. Diesen Vorgang wiederholt er so lange, bis beide an dem Baum angekommen sind.

a) a_n sei die Entfernung zum Baum, wenn sich die beiden zum n-ten mal treffen für $n = 1, 2, \ldots$ mit $a_1 = c$, d. h. der Ausgangspunkt wird als erster Treffpunkt gezählt. Berechnen Sie a_n für $n = 2, 3, \ldots$.

b) Welchen Weg legt der Hund insgesamt zurück?
Berechnen Sie diesen Weg mit Hilfe einer unendlichen geometrischen Reihe. Wie kann man das Ergebnis wesentlich einfacher erhalten?

5. Finanzmathematik

B 5.1 Ein Kapital von 100 000 EUR wird jährlich mit 6 % einschließlich Zinseszinsen verzinst.

a) Berechnen Sie den Kontostand nach 10 Jahren bei jährlicher Verzinsung.

b) Die Verzinsung erfolge vierteljährlich mit jeweils 1,5 % und Zinseszins. Welchem effektiven Jahreszinsssatz entspricht diese Verzinsung? Wie lautet hier der Kontostand nach 10 Jahren?

Lösung:

a) $K_{10} = 100\,000 \cdot 1{,}06^{10} = 179\,084{,}77$ EUR.

b) p_{eff} = effektiver Jahreszinssatz ;

$1 + \frac{p_{eff}}{100} = 1{,}015^4$; $p_{eff} = 100 \cdot (1{,}015^4 - 1) = 6{,}136355\,\%$ pro Jahr.

$\tilde{K}_{10} = 100\,000 \cdot 1{,}015^{40} = 181\,401{,}84$ EUR.

Bei jährlicher Verzinsung mit p % wächst ein Kapital K_0 mit Zins und Zinseszins in n Jahren an auf

$$K_n = K_0 \cdot \left(1 + \frac{p}{100}\right)^n = K_0 \cdot q^n \quad \text{für } n = 1, 2, \ldots .$$

Dabei ist $q = 1 + \frac{p}{100}$ der (jährliche) ***Aufzinsungsfaktor***.

Falls das Kapital m - mal unterjährig jeweils mit $\frac{p}{m}$% mit Zinseszins verzinst wird, wächst es nach $\frac{k}{m}$ Jahren (nach k Zinszahlungen) an auf

$$K_{\frac{k}{m}} = K_0 \cdot \left(1 + \frac{p}{100\,m}\right)^k \quad \text{für } k = 1, 2, \ldots .$$

Der m - maligen unterjährigen Verzinsung mit jeweils $\frac{p}{m}$% entspricht der ***effektive Jahreszins*** p_{eff} mit

$$1 + \frac{p_{eff}}{100} = \left(1 + \frac{p}{100\,m}\right)^m .$$

B 5.2 Eine Forderung über 50 000 EUR werde in 6 Jahren fällig. Gegen welche Kreditsumme kann diese Forderung bei einem Jahreszinssatz von 6,5 % abgegeben werden?

Lösung:

Der Barwert (Kreditsumme) $B_0 = \frac{50\,000}{1{,}065^6} = 34\,266{,}71$ EUR wächst in 6 Jahren einschließlich Zinsen auf 50 000 EUR an und kann daher mit dem nach 6 Jahren fälligen Betrag abgelöst werden.

Ein Betrag K werde nach n Jahren fällig. Bei einem Jahreszinssatz von p% wächst der ***abgezinste Barwert***

$$B_0 = \frac{K}{q^n} \quad \text{mit} \quad q = 1 + \frac{p}{100}$$

in n Jahren einschließlich Zins und Zinseszins auf K an.

B 5.3 Bei jährlicher Verzinsung mit 6,2 % werden 10 Jahre lang

α) vorschüssig;

β) nachschüssig

jeweils der Betrag von 2 500 EUR auf ein Konto eingezahlt.

a) Berechnen Sie jeweils den Kontostand nach 10 Jahren.

b) Wie viel müsste jeweils jährlich eingezahlt werden, damit der Kontostand nach 20 Jahren 300 000 EUR beträgt?

Lösung:

Aufzinsungsfaktor: $q = 1 + \frac{6{,}2}{100} = 1{,}062$;

a) vorschüssig: $K_{10} = 2\,500 \cdot (q + q^2 + \ldots + q^{10})$

$$= 2\,500 \cdot q \cdot (1 + q + q^2 + \ldots + q^9)$$

$$= 2\,500 \cdot q \cdot \frac{q^{10} - 1}{q - 1} = 35\,325{,}44 \text{ EUR};$$

nachschüssig: $K_{10} = 2\,500 \cdot (1 + q + q^2 + \ldots + q^9)$

$$= 2\,500 \cdot \frac{q^{10} - 1}{q - 1} = 33\,263{,}13 \text{ EUR};$$

b) vorschüssig: $E = 300\,000 \cdot \frac{0{,}062}{(1{,}062^{20} - 1) \cdot 1{,}062} = 7\,515{,}65 \text{ EUR};$

nachschüssig: $\hat{E} = E \cdot q = 7\,981{,}62 \text{ EUR}.$

Bei einem Jahreszinssatz von p% wachsen n jährliche Einzahlungsbeträge der jeweiligen Höhe E in n Jahren einschließlich Zins und Zinseszins an auf

$$K_n = E \cdot q \cdot \frac{q^n - 1}{q - 1} \quad \text{(bei vorschüssigen Jahreszahlungen)};$$

$$\hat{K}_n = E \cdot \frac{q^n - 1}{q - 1} \quad \text{(bei nachschüssigen Jahreszahlungen)}$$

mit $q = 1 + \frac{p}{100}$;

Dabei gilt $K_n = q \cdot \hat{K}_n$.

B 5.4 Ein Darlehen über 50 000 EUR werde jährlich mit 7,5 % verzinst. Am Ende eines jeden Jahres wird die konstante Annuität 7 000 EUR für Zinsen und anteilige Tilgung gezahlt.

a) Bestimmen Sie die Restschuld nach 10 Jahren.

b) Nach wie vielen Jahren ist die Schuld vollständig getilgt? Berechnen Sie die Restannuität im letzten Tilgungsjahr.

c) Welche Annuität A müsste 10 Jahre lang gezahlt werden, damit das Darlehen dann vollständig getilgt wäre?

Lösung:

a) $R_{10} = 50\,000 \cdot 1{,}075^{10} - 7\,000 \cdot \dfrac{1{,}075^{10} - 1}{0{,}075} = 4\,021{,}97$ EUR.

b) $n = 11; \quad A_{11} = R_{10} \cdot 1{,}075 = 4\,323{,}61$ EUR.

c) $A = 50\,000 \cdot \dfrac{1{,}075^{10} \cdot 0{,}075}{1{,}075^{10} - 1} = 7\,284{,}30$ EUR.

Für einen Kredit der Höhe S werden jährlich nachschüssig die konstante ***Annuität*** A für Tilgung und anfallende Zinsen gezahlt. Dann lautet die ***Restschuld*** nach n Jahren

$$R_n = S \cdot q^n - A \cdot \frac{q^n - 1}{q - 1} \quad \text{mit } q = 1 + \frac{p}{100}, \quad p = \text{Jahreszinssatz}.$$

B 5.5 Welcher Betrag muss heute zu einem Jahreszinssatz von 5,5 % angelegt werden, damit daraus 15 Jahre lang eine

a) vorschüssige;

b) nachschüssige

Jahresrente von 12 000 EUR gezahlt werden kann?

Lösung:

Für den Barwert B von n Rentenbeträgen der Höhe R gilt

a) vorschüssig: $B \cdot q^n = R \cdot q \cdot \dfrac{q^n - 1}{q - 1}$;

mit $q = 1{,}055$, $n = 15$ und $R = 12\,000$ folgt hieraus

$$B = 12\,000 \cdot 1{,}055 \cdot \frac{1{,}055^{15} - 1}{1{,}055^{15} \cdot 0{,}055} = 127\,075{,}77 \text{ EUR}.$$

b) Nachschüssig: $\hat{B} \cdot q^n = R \cdot \dfrac{q^n - 1}{q - 1}$;

$$\hat{B} = 12\,000 \cdot \frac{1{,}055^{15} - 1}{1{,}055^{15} \cdot 0{,}055} = \frac{B}{q} = 120\,450{,}97 \text{ EUR}.$$

n jährliche ***Rentenbeträge*** der jeweiligen Höhe R besitzen den Barwert:

bei vorschüssigen Rentenzahlungen: $B = R \cdot q \cdot \frac{q^n - 1}{q^n \cdot (q-1)}$;

bei nachschüssigen Rentenzahlungen: $\hat{B} = R \cdot \frac{q^n - 1}{q^n \cdot (q-1)}$

mit $q = 1 + \frac{p}{100}$; p = Jahreszinssatz;

dabei gilt $B = q \cdot \hat{B}$.

B 5.6 Eine Maschine wird zum Preis von 30 000 EUR angeschafft.

a) Sie soll in 10 Jahren linear auf 0 abgeschrieben werden. Wie groß ist der Buchwert (Restwert) nach 7 Jahren?

b) Jährlich werden 10 % vom jeweiligen Buchwert aus dem Vorjahr abgeschrieben. Wie lautet der Buchwert nach 7 Jahren?

Lösung:

a) Jährliche konstante Abschreibung $d = \frac{30\,000}{10} = 3\,000$ EUR.

$R_7 = 30\,000 - 7 \cdot 3\,000 = 9\,000$ EUR.

b) $q = 0{,}9$; $R_7 = 30\,000 \cdot 0{,}9^7 = 14\,348{,}91$ EUR.

Es sei K der Anschaffungspreis einer Maschine.
Bei der ***linearen Abschreibung*** mit dem konstanten Jahresbetrag d lautet der Buchwert (Restwert) nach n Jahren

$$R_n = K - n \cdot d \quad \text{für } n = 1, 2, \ldots .$$

Bei der ***geometrisch-degressiven*** Abschreibung werden jährlich p % vom vorangehenden Buchwert abgeschrieben. Dann lautet der Buchwert nach n Jahren

$$R_n = K \cdot q^n \quad \text{mit } q = 1 - \frac{p}{100} \quad \text{für } n = 1, 2, \ldots .$$

B 5.7 Eine Maschine mit dem Anschaffungswert von 40 000 EUR soll in 10 Jahren geometrisch degressiv auf 4 000 EUR abgeschrieben werden.

a) Wieviel % von Restbuchwert müssen dabei jährlich abgeschrieben werden?

b) Gesucht ist der Buchwert nach 15 Jahren.

c) Nach wie vielen Jahren fällt der Buchwert erstmals unter 100 EUR? Wie hoch ist der Buchwert in dem entsprechenden Jahr und ein Jahr davor?

Lösung:

a) $4\,000 = 40\,000 \cdot q^{10}; \quad q^{10} = 0{,}1;$

$q = \sqrt[10]{0{,}1} = (0{,}1)^{0,1} = 0{,}794328;$

aus $q = 1 - \frac{p}{100}$ folgt $p = 100 \cdot (1-q) = 20{,}5672\,\%$.

b) $R_{15} = 40\,000 \cdot q^{15} = 1\,264{,}91$ EUR.

c) n minimal mit $40\,000 \cdot q^n < 100; \quad q^n < \frac{100}{40\,000} = 0{,}0025;$

Logarithmieren ergibt $n \cdot \lg 0{,}794328 < \lg 0{,}0025;$

wegen $\lg 0{,}794328 < 0$ folgt durch Multiplikation

$$n > \frac{\lg 0{,}0025}{\lg 0{,}794328} = 26{,}02; \quad n = 27 \text{ (aufgerundet).}$$

$R_{26} = 40\,000 \cdot q^{26} = 100{,}48$ EUR;

$R_{27} = 40\,000 \cdot q^{27} = 79{,}81$ EUR.

B 5.8 Ein Kapital der Höhe 50 000 EUR werde mit dem nominellen Jahreszinssatz von $p = 5\,\%$ verzinst. Gesucht ist der Kontostand nach 10 Jahren bei
a) jährlicher Verzinsung;
b) vierteljährlicher Verzinsung mit $\frac{5}{4}\%$ Zinseszins;
c) monatlicher Verzinsung mit $\frac{5}{12}\%$ Zinseszins;
d) täglicher Verzinsung mit $\frac{5}{360}\%$ (1 Jahr = 360 Tage);
e) stetiger Verzinsung.

Lösung:

Falls die Verzinsung nach jeweils $\frac{1}{m}$ Jahren mit jeweils $\frac{5}{m}\%$ mit Zinseszins erfolgt, lautet der Kontostand nach 10 Jahren

$$K_{10} = 50\,000 \cdot \left(1 + \frac{5}{100\,m}\right)^{10m};$$

a) $m = 1; \quad K_{10} = 81\,444{,}73$ EUR;

b) $m = 4; \quad K_{10} = 82\,180{,}97$ EUR;

c) $m = 12; \quad K_{10} = 82\,350{,}47$ EUR;

d) $m = 360; \quad K_{10} = 82\,433{,}20$ EUR;

e) $m \to \infty; \quad K_{10} = 50\,000 \cdot \lim_{m\to\infty} \left(1 + \frac{5}{100\,m}\right)^{10\,m};$

mit $\frac{100\,m}{5} = \frac{1}{u} \Leftrightarrow 10\,m = 0{,}5\,u$ geht dieser Grenzwert über in

$$K_{10} = 50\,000 \cdot \lim_{u\to\infty} \left\{\left(1 + \frac{1}{u}\right)^{u}\right\}^{0,5} = 50\,000 \cdot e^{0,5} = 82\,436{,}06 \text{ EUR.}$$

Bei einem nominellen Jahreszinssatz von p% werde ein Kapital K_0 m-mal ***unterjährig*** jeweils nach $\frac{1}{m}$ Jahren anteilmäßig mit $\frac{p}{m}$% mit Zinseszins verzinst. Dann lautet der Kontostand

nach $\frac{k}{m}$ Jahren: $K_{\frac{k}{m}} = K_0 \cdot \left(1 + \frac{p}{100\,m}\right)^k$ für $k = 1, 2, \ldots$;

nach n Jahren: $K_n = K_0 \cdot \left(1 + \frac{p}{100\,m}\right)^{m \cdot n}$ für $n = 1, 2, \ldots$.

Dabei gilt

$$\lim_{m\to\infty}\left(1 + \frac{p}{100\,m}\right)^{n \cdot m} = e^{\frac{p}{100} \cdot n}.$$

Bei der ***stetigen Verzinsung*** ($m\to\infty$) beträgt der Kontostand nach t Jahren

$$K(t) = K_0 \cdot e^{\frac{p}{100} \cdot t} \quad \text{für } t \geq 0.$$

B 5.9 Ein Kapital werde mit dem nominellen Jahreszinssatz p = 4% stetig verzinst.

a) Nach welcher Zeit hat sich das Kapital verdoppelt?

b) Welchem effektiven Jahreszinssatz $p_{eff.}$ entspricht die stetige Verzinsung?

Lösung:

a) $K_0 \cdot e^{0,04 \cdot t} = 2 \cdot K_0 \Leftrightarrow e^{0,04 \cdot t} = 2 \Leftrightarrow t = \frac{\ln 2}{0,04} = 17{,}3287$ Jahre.

b) $K(1) = K_0 \cdot e^{0,04 \cdot 1} = K_0 \cdot \left(1 + \frac{p_{eff}}{100}\right)$ ergibt

$p_{eff} = 100 \cdot (e^{0,04} - 1) = 4{,}0811\,\%$.

B 5.10 Eine Konto wird jährlich anteilmäßig mit 6% verzinst. Auf dieses Konto werde unterjährig

a) vierteljährlich 3 000 EUR; b) monatlich 1 000 EUR

vor- bzw. nachschüssig eingezahlt.

1) Welcher äquivalente Betrag müsste in a) bzw. b) jeweils am Ende der Jahres (nachschüssig) eingezahlt werden, um die gleichen Kontostände am Ende der einzelnen Jahre zu erhalten?

2) Berechnen Sie die Kontostände aus a) und b) nach 10 Jahren.

Lösung:

1) Unterjährig werde m-mal der gleiche Betrag u eingezahlt.

vorschüssig:

nachschüssig:

Z = Zinsen für die m Einzahlungen während des Jahres.

Am Jahresende werden pro Zeitabschnitt der Länge $\frac{1}{m}$ jeweils $\frac{p}{m}$% Zinsen gutgeschrieben.

Vorschüssige Einzahlungen:

$$Z = \frac{p}{100\,m} \cdot u \cdot (1 + 2 + \ldots + m) = \frac{p}{100 \cdot m} \cdot u \cdot \frac{m \cdot (m+1)}{2}$$

$$= \frac{(m+1) \cdot p}{200} \cdot u\,.$$

Nachschüssige Einzahlungen:

$$Z = \frac{p}{100\,m} \cdot u \cdot (1 + 2 + \ldots + m - 1) = \frac{p}{100 \cdot m} \cdot u \cdot \frac{(m-1) \cdot m}{2}$$

$$= \frac{(m-1) \cdot p}{200} \cdot u\,.$$

Mit der gesamten Einzahlung $m \cdot u$ im ersten Jahr lautet der Kontostand nach einem Jahr

vorschüssige Einzahlungen: $K_1 = \left[m + \frac{(m+1) \cdot p}{200}\right] \cdot u\,;$

nachschüssige Einzahlungen: $K_1 = \left[m + \frac{(m-1) \cdot p}{200}\right] \cdot u\,.$

a) $m = 4$; E = äquivalente nachschüssige Jahreseinzahlung;

vorschüssige Einz.: $E = \left(4 + \frac{5 \cdot 6}{200}\right) \cdot 3000 = 12\,450$ EUR;

nachschüssige Einz.: $E = \left(4 + \frac{3 \cdot 6}{200}\right) \cdot 3000 = 12\,270$ EUR.

b) $m = 12$; E = äquivalente nachschüssige Jahreseinzahlung;

vorschüssige Einz.: $E = \left(12 + \frac{13 \cdot 6}{200}\right) \cdot 1000 = 12\,390$ EUR;

nachschüssige Einz.: $E = \left(12 + \frac{11 \cdot 6}{200}\right) \cdot 1000 = 12\,330$ EUR.

2) $K_{10} = E \cdot \frac{1{,}06^{10} - 1}{0{,}06}$;

a) vorschüssig: $K_{10} = 12\,450 \cdot \frac{1{,}06^{10} - 1}{0{,}06} = 164\,100{,}90$ EUR;

nachschüssig: $K_{10} = 12\,270 \cdot \frac{1{,}06^{10} - 1}{0{,}06} = 161\,728{,}35$ EUR.

b) vorschüssig: $K_{10} = 12\,390 \cdot \frac{1{,}06^{10}-1}{0{,}06} = 163\,310{,}05$ EUR;

nachschüssig: $K_{10} = 12\,330 \cdot \frac{1{,}06^{10}-1}{0{,}06} = 162\,519{,}20$ EUR.

Bei jährlicher anteilmäßiger Verzinsung mit dem Zinssatz p werde m-mal ***unterjährig*** (jeweils nach $\frac{1}{m}$ Jahren) der gleiche Betrag u eingezahlt. Den m-unterjährigen Einzahlungen entspricht die ***konforme*** (gleichwertige) ***nachschüssige Jahreseinzahlung*** E mit

$$E = \left[m + \frac{(m+1)\cdot p}{200}\right]\cdot u$$ bei m vorschüssigen unterjährigen Einzahlungen der Höhe u;

$$E = \left[m + \frac{(m-1)\cdot p}{200}\right]\cdot u$$ bei m nachschüssigen unterjährigen Einzahlungen der Höhe u.

Mit den jeweiligen konformen Jahreseinzahlungen erhält man den Kontostand nach n Jahren

$$K_n = E \cdot \frac{q^n - 1}{q-1} \quad \text{mit } q = 1 + \frac{p}{100}.$$

B 5.11 Bei jährlicher anteilmäßiger Verzinsung mit p = 5 % möchte jemand innerhalb von 10 Jahren 80 000 EUR ansparen. Welcher Betrag muss 10 Jahre lang jeweils zum

a) Jahresende; b) Jahresanfang;
c) Quartalsbeginn; d) Quartalsende;
e) Monatsanfang; f) Monatsende

eingezahlt werden?

g) Wie lauten die Kontostände nach 5 Jahren?

Lösung:

a) $80\,000 = E \cdot \frac{1{,}05^{10}-1}{0{,}05}$; E = Einzahlung am Ende eines Jahres;
$E = 6\,360{,}37$ EUR;

b) Einzahlung zu Beginn des Jahres: $\frac{E}{q} = \frac{6\,360{,}37}{1{,}05} = 6\,057{,}49$ EUR;

c) $m = 4;\quad 6\,360{,}37 = \left(4 + \frac{5\cdot 5}{200}\right)\cdot u;$
Einzahlung zum Quartalbeginn: $u = 1\,541{,}91$ EUR;

d) $m = 4;\quad 6\,360{,}37 = \left(4 + \frac{3\cdot 5}{200}\right)\cdot u;$
Einzahlung zum Quartalsende: $u = 1\,560{,}83$ EUR;

e) $m = 12;\quad 6\,360{,}37 = \left(12 + \frac{13\cdot 5}{200}\right)\cdot u;$
Einzahlung zum Monatsanfang: $u = 516{,}05$ EUR;

f) $m = 12; \quad 6\,360{,}37 = \left(12 + \frac{11 \cdot 5}{200}\right) \cdot u;$

Einzahlung zum Monatsende: $u = 518{,}16$ EUR.

g) Bei allen Einzahlungen erhält man den gleichen Kontostand

$$K_5 = 6\,360{,}37 \cdot \frac{1{,}05^5 - 1}{0{,}05} = 35\,145{,}06 \text{ EUR.}$$

A 5.1 Für eine Nullkupon - Anleihe werden während der Laufzeit keine Zinsen gezahlt. Die Anleihe werde nach 10 Jahren einschließlich der angesammelten Zinsen zu 100 % zurückgezahlt.

a) Gesucht ist der Ausgabekurs bei einem Jahreszinssatz von 7,3 %.

b) Nach 4 Jahren sei der Jahreszinssatz auf 6,2 % gefallen. Berechnen Sie den Kurs für die Restlaufzeit von 6 Jahren.

c) Welchen effektiven Jahreszinssatz erzielt ein Anleger, der die Anleihe zum Ausgabekurs aus a) kaufte und sie nach 4 Jahren zum Marktkurs aus b) verkaufte?

A 5.2 Ein Kapital werden fünf Jahre lang mit 6 %, weitere drei Jahre mit 7 % und danach zwei Jahre lang mit 8 % verzinst. Welcher gleichbleibende Jahreszinssatz (durchschnittliche Zinssatz) ergibt das gleiche Endkapital?

A 5.3 Bei einem Jahreszinssatz von 4 % werde auf einen Bausparvertrag jährlich 8 000 EUR vorschüssig eingezahlt. Bei der Zuteilung muss der Kontostand mindestens 100 000 EUR betragen.

a) Nach wie vielen Jahren kann die Zuteilung erfolgen, falls am Ende des letzten Jahres noch eine Zusatzzahlung geleistet werden kann, die höchstens 2 000 EUR beträgt?

b) Wie hoch ist diese Zusatzzahlung?

c) Wie hoch wäre die Zusatzzahlung, falls sie zu Beginn des letzten Jahres erfolgen würde?

A 5.4 Ein Bauherr nimmt eine Grundschuld über 200 000 EUR zu einem Jahreszinssatz von 7 % auf. Die jährliche Annuität für Zinsen und Tilgung sei 16 000 EUR.

a) Nach wie vielen Jahren ist die Schuld getilgt?

b) Welche Restannuität ist im letzten Jahr zu zahlen?

c) Welcher Betrag wird im 1. Jahr getilgt?

d) Wie hoch müsste die Annuität sein, damit die Grundschuld bei gleichem Zinssatz durch 20 gleiche Annuitäten getilgt würde?

A 5.5 Jemand ist in der Lage, für einen Kredit jährlich (nachschüssig) 5 000 EUR zu zahlen. Welchen Betrag kann die Bank bei einem Zinssatz von 8,5 % auszahlen bei einer Laufzeit von

a) 10 Jahren; b) 15 Jahren?

A 5.6 Ein Kleinkredit muss monatlich mit 1 % verzinst werden.

a) Welchen effektiven Jahressinssatz erhält man bei dieser Verzinsung?

b) Mit welchem Monatszinssatz darf dieser Kredit verzinst werden, damit der effektive Jahreszinssatz 12 % beträgt?

A 5.7 Jemand zahlt 10 Jahre lang jeweils zum Jahresbeginn 2 000 EUR auf ein Konto ein. Der Jahreszinssatz betrage für die ersten sechs Jahre 5 %, danach 6 %. Berechnen Sie den Kontostand nach 10 Jahren.

A 5.8 Herr Müller muss bei einem Jahreszinssatz von 7,4 % für einen Kredit 10 Jahre lang jährlich nachschüssig 5 000 EUR zahlen.

a) Berechnen Sie die Restschuld nach 6 Jahren, falls keine Gebühren anfallen.

b) Nach 6 Jahren sei der Jahreszinssatz auf 6,5 % gefallen. Welchen Betrag muss Herr Müller für die Ablösung des Restkredits aufwenden?

A 5.9 Eine Maschine mit dem Anschaffungswert 100 000 EUR soll in 10 Jahren auf 10 000 EUR abgeschrieben werden.

a) Berechnen Sie den Buchwert nach 5 Jahren bei

α) linearer;

β) geometrisch degressiver Abschreibung.

b) Welcher Betrag wird jeweils im 6. Jahr abgeschrieben?

A 5.10 Der nominelle Jahreszinssatz betrage $p = 6\,\%$. Berechnen Sie den effektiven Jahreszinssatz bei

a) halbjährlicher;

b) vierteljährlicher;

c) monatlicher;

a) stetiger

Verzinsung.

A 5.11 Jemand zahlt jeden Monat
a) vorschschüssig;
b) nachschüssig
1 000 EUR auf ein Sparbuch ein. Die Verzinsung erfolge jährlich anteilmäßig mit 4,5 %. Berechnen Sie den Kontostand nach 8 Jahren.

A 5.12 Eine Grundschuld über 150 000 EUR wird jährlich mit 7 % verzinst. Berechnen Sie die Restschuld nach 10 Jahren bei folgenden Annuitätenzahlungen:
a) 12 000 EUR jährlich nachschüssig;
b) 12 000 EUR jährlich vorschüssig;
c) 3 000 EUR vierteljährlich nachschüssig;
d) 3 000 EUR vierteljährlich vorschüssig;
e) 1 000 EUR monatlich nachschüssig;
f) 1 000 EUR monatlich vorschüssig.

A 5.13 Ein Arbeitgeber überweist monatlich 52 EUR auf ein Sparkonto eines Angestellten. Das Konto wird jährlich anteilmäßig mit 6,5 % verzinst. Die Zahlungen laufen 12 Jahre lang. Nach 13 Jahren kann der Inhaber über das Konto verfügen. Welchen Betrag erhält er?

A 5.14 Ein Kapital von 200 000 EUR wird jährlich mit 6 % verzinst. Welche Rente kann daraus genau 20 Jahre lang
a) jährlich nachschüssig;
b) monatlich nachschüssig;
c) monatlich vorschüssig
gezahlt werden?
Für welche
d) jährliche nachschüssige;
e) jährliche vorschüssige;
f) monatliche vorschüssige
ewige Rente reicht das Kapital aus?

6. Allgemeine Zahlenfolgen

B 6.1 Ein aus einem Betrieb ausscheidendes Vortsandsmitglied erhält folgende Pensionszusage: Zusätzlich zum vereinbarten Monatsbetrag von 10 000 EUR erhält er im ersten Monat 8 000 EUR. Der Zusatzbetrag reduziert sich in jedem Monat um 2 % des Zusatzbetrages aus dem Vormonat.

a) a_n sei die gesamte Pensionszahlung im n-ten Monat. Bestimmen Sie a_n für $n = 1, 2, \ldots$. Welche Pensionszahlung erhält er zu Beginn des 6. Jahres?

b) Nach wie vielen Monaten erhält er weniger als 10 100 EUR pro Monat?

c) Gegen welchen Grenzwert konvergiert die Folge der monatlichen Zahlungen?

Lösung:

a) $a_n = 10\,000 + 8\,000 \cdot 0{,}98^{n-1}$ für $n = 1, 2, \ldots$.

$a_{61} = 12\,380{,}43$ EUR.

b)
$$a_n - 10\,000 = 8\,000 \cdot 0{,}98^{n-1} < 100$$
$$0{,}98^{n-1} < 0{,}0125$$
$$n - 1 > \frac{\lg 0{,}0125}{\lg 0{,}98} = 216{,}9\,;$$
$$n = \geq 218 \quad \text{(aufgerundet)}.$$

c) $\lim\limits_{n\to\infty} a_n = 10\,000$ EUR.

Eine Zahlenfolge (a_n), $n \in \mathbb{N}$ ***konvergiert gegen den Grenzwert*** a, wenn zu jeder (noch so kleinen) Zahl $\varepsilon > 0$ ein Index $n_0 = n_0(\varepsilon)$ existiert, so dass für alle $n \geq n_0$ gilt $|a_n - a| < \varepsilon$.

Bezeichnung: $\lim\limits_{n\to\infty} a_n = a$.

Im Falle $a = 0$ heißt (a_n), $n \in \mathbb{N}$ eine ***Nullfolge.***

(a_n) konvergiert genau dann gegen a, wenn $(a_n - a)$ eine Nullfolge ist.

Für $|q| < 1$ gilt $\lim\limits_{n\to\infty} q^n = 0$.

B 6.2 Berechnen Sie die Grenzwerte der Folgen

a) $a_n = \dfrac{3n^2 - 4n + 8}{7n^2 + 8n + 15}$; b) $a_n = \dfrac{2 \cdot 4^n + 5^{n+1}}{3 \cdot 5^n + 7 \cdot 2^n}$;

c) $a_n = \dfrac{2 \cdot n \cdot \sqrt{n} - 7n}{(\sqrt{n} + n) \cdot \sqrt{n}}$.

Lösung:

a) Kürzen durch n^2 (höchste Potenz von n) ergibt

$$a_n = \frac{3 - \frac{4}{n} + \frac{8}{n^2}}{7 + \frac{8}{n} + \frac{15}{n^2}};$$

wegen $\lim\limits_{n\to\infty} \frac{c}{n} = 0$ und $\lim\limits_{n\to\infty} \frac{c}{n^2} = 0$ für jede Konstante c konvergiert der Zähler gegen 3 und der Nenner gegen 7. Damit gilt

$$\lim_{n\to\infty} a_n = \frac{3}{7}.$$

b) Kürzen durch 5^n liefert

$$a_n = \frac{2 \cdot \left(\frac{4}{5}\right)^n + 5}{3 + 7 \cdot \left(\frac{2}{5}\right)^n};$$ wegen $\lim\limits_{n\to\infty} q^n = 0$ für $|q| < 1$ folgt hieraus

$$\lim_{n\to\infty} a_n = \frac{5}{3}.$$

c) Division von Nenner und Zähler durch $n \cdot \sqrt{n}$ ergibt

$$a_n = \frac{2 - \frac{7}{\sqrt{n}}}{\frac{1}{\sqrt{n}} + 1};$$ aus $\lim\limits_{n\to\infty} \frac{c}{\sqrt{n}} = 0$ für jede Konstante c folgt

$$\lim_{n\to\infty} a_n = 2.$$

Das Rechnen mit Grenzwerten:

Aus $\lim\limits_{n\to\infty} a_n = a$ und $\lim\limits_{n\to\infty} b_n = b$ folgt

$$\lim_{n\to\infty} (c \cdot a_n) = c \cdot a = c \cdot \lim_{n\to\infty} a_n \quad \text{für jede Konstante c};$$

$$\lim_{n\to\infty} (a_n \pm b_n) = a \pm b = \lim_{n\to\infty} a_n \pm \lim_{n\to\infty} b_n;$$

$$\lim_{n\to\infty} (a_n \cdot b_n) = a \cdot b = \lim_{n\to\infty} a_n \cdot \lim_{n\to\infty} b_n;$$

$$\lim_{n\to\infty} \left(\frac{a_n}{b_n}\right) = \frac{a}{b} = \frac{\lim\limits_{n\to\infty} a_n}{\lim\limits_{n\to\infty} b_n} \quad \text{für } b \neq 0.$$

B 6.3 Untersuchen Sie die nachfolgenden Zahlenfolgen auf Konvergenz und bestimmen Sie gegebenenfalls ihren Grenzwert.

a) $a_n = \sqrt{n+1} - \sqrt{n-1}$;

b) $a_n = \sqrt{2n+3} - \sqrt{n+1}$;

c) $a_n = \dfrac{5 + n + (-1)^n \cdot n^2}{2 + 4n + n^2}$;

d) $a_n = \dfrac{n^3 + 2n^2 + n}{4n^4 + 8n + 7}$;

e) $a_n = \dfrac{n^4 + 2n^3 + 3n}{n^3 \cdot \sqrt{n} + n^2 + 7}$.

Lösung:

a) $$a_n = \frac{\left(\sqrt{n+1} - \sqrt{n-1}\right)\cdot\left(\sqrt{n+1} + \sqrt{n-1}\right)}{\sqrt{n+1} + \sqrt{n-1}}$$

$$= \frac{n+1-(n-1)}{\sqrt{n+1} + \sqrt{n-1}} = \frac{2}{\sqrt{n+1} + \sqrt{n-1}} \leq \frac{2}{\sqrt{n+1}};$$

aus $0 < a_n \leq \dfrac{2}{\sqrt{n+1}}$; $\lim\limits_{n\to\infty} \dfrac{2}{\sqrt{n+1}} = 0$ folgt

$\lim\limits_{n\to\infty} a_n = 0$.

b) $$a_n = \frac{\left(\sqrt{2n+3} - \sqrt{n+1}\right)\cdot\left(\sqrt{2n+3} + \sqrt{n+1}\right)}{\sqrt{2n+3} + \sqrt{n+1}}$$

$$= \frac{2n+3-(n+1)}{\sqrt{2n+3} + \sqrt{n+1}} = \frac{n+2}{\sqrt{2n+3} + \sqrt{n+1}};$$

Division des Zählers und Nenners durch $\sqrt{n}$ ergibt

$$a_n = \frac{\sqrt{n} + \frac{2}{\sqrt{n}}}{\sqrt{2+\frac{3}{n}} + \sqrt{1+\frac{1}{n}}};$$

aus $\sqrt{2+\frac{3}{n}} + \sqrt{1+\frac{1}{n}} \leq \sqrt{5} + \sqrt{2}$ (für $n = 1$) folgt

$$a_n \geq \frac{\sqrt{n} + \frac{2}{\sqrt{n}}}{\sqrt{5} + \sqrt{2}}; \qquad \lim_{n\to\infty} a_n = +\infty;$$

(a_n), $n \in \mathbb{N}$ ist nicht konvergent, sondern ***bestimmt divergent*** gegen $+\infty$.

c) Es ist $(-1)^n = \begin{cases} +1, & \text{falls n gerade;} \\ -1, & \text{falls n ungerade.} \end{cases}$

$$a_{2n} = \frac{5+2n+4n^2}{2+8n+4n^2} \to 1 \text{ für } n \to \infty \text{ (gerade Indizes);}$$

$$a_{2n+1} = \frac{5+2n+1-(2n+1)^2}{2+4\cdot(2n+1)+(2n+1)^2} \to -1 \text{ für } n \to \infty \text{ (ungerade Indizes).}$$

(a_n), $n \in \mathbb{N}$ ist nicht konvergent, weil zwei verschiedene Teilfolgen verschiedene Grenzwerte besitzen. $+1$ und -1 sind zwei verschiedene ***Häufungspunkte*** der Folge.

d) Division von Zähler und Nenner durch n^4 ergibt

$$a_n = \frac{\frac{1}{n}+\frac{2}{n^2}+\frac{1}{n^3}}{4+\frac{8}{n^3}+\frac{7}{n^4}};$$

wegen $\lim\limits_{n\to\infty} \frac{c}{n^k} = 0$ für jede natürliche Zahl k und jede Konstante c gilt

$$\lim_{n\to\infty} a_n = 0\,.$$

e) Kürzen durch $n^3 \cdot \sqrt{n} = n^{\frac{7}{2}}$ ergibt

$$a_n = \frac{\sqrt{n}+\frac{2}{\sqrt{n}}+\frac{3}{n^2\cdot\sqrt{n}}}{1+\frac{1}{n\cdot\sqrt{n}}+\frac{7}{n^3\cdot\sqrt{n}}};$$

da der Nenner gegen 1 konvergiert und der Zähler gegen $+\infty$ divergiert, ist (a_n), $n \in \mathbb{N}$ nicht konvergent, sondern gegen $+\infty$ divergent.

Divergente Zahlenfolgen:
Die Zahlenfolge (a_n), $n \in \mathbb{N}$ heißt ***bestimmt divergent gegen*** $+\infty$, wenn zu jeder (noch so großen) Zahl $K > 0$ ein Index $n_0 = n_0(K)$ existiert, so dass für alle $n \geq n_0$ gilt $a_n > K$.
Die Zahlenfolge (a_n), $n \in \mathbb{N}$ heißt ***bestimmt divergent gegen*** $-\infty$, wenn zu jeder (noch so großen) Zahl $K > 0$ ein Index $n_0 = n_0(K)$ existiert, so dass für alle $n \geq n_0$ gilt $a_n < -K$.
Eine nicht konvergente Folge (a_n), $n \in \mathbb{N}$, die weder gegen $+\infty$ noch gegen $-\infty$ bestimmt divergent ist, heißt ***unbestimmt divergent***.

Aus $a \leq a_n \leq b_n$ für alle $n \geq n_0$ und $\lim\limits_{n\to\infty} b_n = a$ folgt $\lim\limits_{n\to\infty} a_n = a$.

Aus $a_n \leq b_n \leq b$ für alle $n \geq n_0$ und $\lim\limits_{n\to\infty} a_n = b$ folgt $\lim\limits_{n\to\infty} b_n = b$.

Eine Zahlenfolge (a_n), $n \in \mathbb{N}$ heißt ***monoton wachsend***, wenn gilt

$$a_n \leq a_{n+1} \quad \text{für alle n.}$$

Die Folge heißt ***monoton fallend***, falls gilt

$$a_n \geq a_{n+1} \quad \text{für alle n.}$$

Die Zahlenfolge (a_n), $n \in \mathbb{N}$ heißt ***beschränkt***, wenn es eine Konstante K gibt mit

$$|a_n| \leq K \quad \text{für alle n.}$$

Jede monotone und beschränkte Folge ist konvergent.

B 6.4 Gegeben ist die ***rekursiv definierte Zahlenfolge***

$$a_{n+1} = \sqrt{7a_n + 30} \quad \text{für } n = 1, 2, \ldots .$$

Durch die Vorgabe des Startgliedes a_1 ist die Folge bestimmt.

a) Zeigen Sie, dass für $0 \leq a_1 < 10$ die Zahlenfolge (a_n) monoton wachsend ist mit $a_n < 10$ für alle n (beschränkt).

b) Berechnen Sie für $a_1 = 10$ das allgemeine Folgenglied a_n.

c) Zeigen Sie, dass für $a_1 > 10$ die Folge monoton fällt mit $a_n > 10$ für alle n.

d) Berechnen Sie den Grenzwert der Folge.

Lösung:

a) 1. Behauptung: $a_n < 10$ für alle $n \in \mathbb{N}$.

Induktionsverankerung: $a_1 < 10$ (Behauptung gilt für $n = 1$).

Induktionsschluss von n_0 auf $n_0 + 1$. Behauptung gelte für n_0

$$\begin{aligned} a_{n_0} &< 10 && |\cdot 7 \\ 7 \cdot a_{n_0} &< 70 && |+30 \\ 7 \cdot a_{n_0} + 30 &< 100 && |\sqrt{} \\ a_{n_0+1} = \sqrt{7 \cdot a_{n_0} + 30} &< \sqrt{7 \cdot 10 + 30} = 10. \end{aligned}$$

Mit $n_0 \in \mathbb{N}$ gilt die Behauptung auch für $n_0 + 1$. Da sie für $n_0 = 1$ gilt, ist sie für alle $n \in \mathbb{N}$ richtig.

2. Behauptung: $a_n \leq a_{n+1}$ für alle $n \in \mathbb{N}$

$$\Leftrightarrow \quad a_n \leq a_{n+1} = \sqrt{7a_n + 30}\ .$$

$$\Leftrightarrow \quad a_n^2 \leq 7a_n + 30 \quad \Leftrightarrow \quad a_n^2 - 7a_n \leq 30$$

$$\Leftrightarrow \quad \left(a_n - \frac{7}{2}\right)^2 \leq 30 + \frac{49}{4} = \frac{169}{4}$$

$$\Leftrightarrow \quad \left|a_n - \frac{7}{2}\right| \leq \frac{13}{2} \quad \Leftrightarrow \quad -3 \leq a_n \leq 10\,.$$

Wegen $0 \leq a_n < 10$ ist obige Bedingung erfüllt, also $a_n \leq a_{n+1}$.

b) $a_1 = 10 \ \Rightarrow\ a_2 = \sqrt{7 \cdot 10 + 30} = 10 \ \Rightarrow\ a_n = 10$ für alle n.

c) 1. Behauptung: $a_n > 10$ für alle $n \in \mathbb{N}$.

Induktionsverankerung: $a_1 > 10$ (Behauptung gilt für $n = 1$).

Induktionsschluss von n_0 aus $n_0 + 1$. Behauptung gelte für n_0

$$a_{n_0} > 10 \qquad |\cdot 7$$

$$7 \cdot a_{n_0} > 70 \qquad |+30$$

$$7 \cdot a_{n_0} + 30 > 100 \qquad |\sqrt{}$$

$$a_{n_0+1} = \sqrt{7 \cdot a_{n_0} + 30} > \sqrt{7 \cdot 10 + 30} = 10.$$

Mit $n_0 \in \mathbb{N}$ gilt die Behauptung auch für $n_0 + 1$. Da sie für $n_0 = 1$ gilt, ist sie für alle $n \in \mathbb{N}$ richtig.

2. Behauptung: $a_n \geq a_{n+1}$ für alle $n \in \mathbb{N}$

$$\Leftrightarrow \quad a_n \geq a_{n+1} = \sqrt{7a_n + 30}\ .$$

$$\Leftrightarrow \quad a_n^2 \geq 7a_n + 30 \quad \Leftrightarrow \quad a_n^2 - 7a_n \geq 30$$

$$\Leftrightarrow \quad \left(a_n - \frac{7}{2}\right)^2 \geq 30 + \frac{49}{4} = \frac{169}{4}$$

$$\Leftrightarrow \quad \left|a_n - \frac{7}{2}\right| \geq \frac{13}{2} \quad \Leftrightarrow \quad a_n \leq -3 \quad \text{oder} \quad a_n \geq 10\,.$$

Wegen $a_n > 10$ ist obige Bedingung erfüllt, also $a_n \geq a_{n+1}$ für alle n.

d) Jede monotone und beschränkte Zahlenfolge ist konvergent. Mit $\lim\limits_{n \to \infty} a_n = a$ erhält man aus der Rekursionsformel

$a_{n+1} = \sqrt{7a_n + 30}$ wegen der Stetigkeit der Wurzelfunktion durch Grenzwertbildung $n \to \infty$

$a = \sqrt{7a+30} \Leftrightarrow a^2 = 7a + 30 \Leftrightarrow a^2 - 7a = 30 \Leftrightarrow \left(a - \frac{7}{2}\right)^2 = \frac{169}{4}$;

$\tilde{a}_{1,2} = \frac{7}{2} \pm \frac{13}{2}$; wegen $a_n > 0$ für alle n ist $a = 10$ der Grenzwert.

Es gilt also für jedes beliebige $a_1 \geq 0$ $\lim\limits_{n \to \infty} a_n = 10$.

B 6.5 Gegeben ist die rekursiv definierte Zahlenfolge

$a_{n+1} = \frac{5}{a_n}$ für $n = 1, 2, \ldots$ mit $a_1 = 1$.

Zeigen Sie, dass die Folge nicht konvergiert und somit der aus $a = \frac{5}{a}$ berechnete Zahlenwert $a = \sqrt{5}$ (Grenzwertbildung) nicht der Grenzwert der Folge sein kann. Für welchen Wert a_1 ist die Folge konvergent?

Lösung:

$a_1 = 1;\ a_2 = 5;\ a_3 = 1;\ a_4 = 5;\ \ldots$.

Die alternierende Folge ist nicht konvergent. Für $a_1 = \sqrt{5}$ ist wegen $a_n = \sqrt{5}$ für alle n die Folge gegen $\sqrt{5}$ konvergent.

Bei einer ***rekursiv definierten*** Zahlenfolge $a_{n+1} = f(a_n)$ für $n = 1, 2, \ldots$ mit einem vorgegebenen Startwert a_1 muss zuerst die Konvergenz der Folge nachgewiesen werden. Dazu genügt z. B. der Nachweis der Monotonie und der Beschränktheit. Falls die Funktion f stetig ist, kann dann der Grenzwert aus der Gleichung $f(a) = a$ bestimmt werden.

A 6.1 Untersuchen Sie die Folgen (a_n), $n \in \mathbb{N}$ auf Konvergenz und geben Sie gegebenenfalls ihre Grenzwerte an:

a) $a_n = \dfrac{2n^2 + 2n}{4n^2 + 8}$; b) $a_n = \dfrac{\sqrt{n} \cdot n^3 + n^2}{4n^3 + n + 9}$;

c) $a_n = \dfrac{4^{n-1} + 2 \cdot 3^n + 2^n}{4^n + 3^{n-1} + 2^{n+8}}$; d) $a_n = \dfrac{4^{2n} + 2^{n+1} + 8}{15^n + 3^{n+4}}$;

e) $a_n = \dfrac{2^n + (-3)^n}{3^n + 5^n}$; f) $a_n = \dfrac{5^n + (-7)^n}{3^n - 7^n}$.

A 6.2 Untersuchen Sie die Folgen (a_n), $n \in \mathbb{N}$ auf Konvergenz und bestimmen Sie gegebenenfalls ihre Grenzwerte:

a) $a_n = \sqrt{n+10} - \sqrt{n+5}$; b) $a_n = \dfrac{\sqrt{2n^4 + 4n^3 + n - 3}}{2n^2 + \sqrt{n^2 + 5}}$;

c) $a_n = n^2 \cdot \left(\frac{1}{n+1} - \frac{1}{n+3}\right)$; d) $a_n = \left(\frac{1}{n} - \frac{2 \cdot \sqrt{n}}{n+1}\right) \cdot (\sqrt{n} + 3)$;

e) $a_n = n \cdot \left(\frac{2}{n+2} - \frac{n}{3n^2+5}\right)$; f) $a_n = (-1)^n \cdot \left(\frac{1}{n} - (-1)^{n+1}\right)$;

g) $a_n = \dfrac{\sqrt[3]{n^5} + n^2 - 1}{(2n - 3 \cdot \sqrt{n})^2 + 8}$ h) $a_n = \dfrac{(-3)^n}{3^n} \cdot \left(\dfrac{1}{1{,}01}\right)^n$.

A 6.3 Gegeben ist die Folge $a_{n+1} = \frac{1}{2} \cdot \left(a_n^2 + 1\right)$ für $n = 1, 2, \ldots$ mit $0 < a_1 < 1$.

a) Zeigen Sie, dass für alle n gilt $0 \le a_n \le 1$.
b) Beweisen Sie, dass die Folge monoton wachsend ist.
c) Berechnen Sie den Grenzwert der Folge.
d) Für welchen Startwert a_1 ist (a_n), $n \in \mathbb{N}$ eine konstante Folge?
e) Für welche a_1 ist (a_n), $n \in \mathbb{N}$ streng monoton fallend?

A 6.4 a) Zeigen Sie, dass die Folge $a_{n+1} = \dfrac{a_n^2}{4 + a_n}$ für $n = 1, 2, \ldots$; $a_1 = 1$ streng monoton fällt.

b) Weshalb existiert der Grenzwert?
c) Berechnen Sie den Grenzwert.

A 6.5 Ein Ausgangskapital von 100 000 EUR werde jährlich mit 5 % verzinst. Am Ende eines jeden Jahres werden

α) die Hälfte der laufenden Zinsen;
β) die anfallenden Zinsen;
γ) der 2,5 fache anfallende Zinsbetrag

abgehoben.

a) Berechnen Sie jeweils den Kontostand nach n Jahren.
b) Nach wie vielen Jahren wird in γ) der Kontostand von 5 000 EUR erstmals unterschritten? Wie hoch ist der Kontostand nach dieser Abhebung?

A 6.6 Ein Kapital der Höhe K_0 werde halbjährlich mit jeweils 3 % mit Zinseszins verzinst. Zum Jahresende werde jeweils α % von dem verzinsten Kapital abgehoben.

a) Berechnen Sie den Kontostand K_n am Ende des n - ten Jahres.

Für welche Werte α ist (K_n), $n \in \mathbb{N}$ eine

b) konstante;
c) streng monoton wachsende;
d) streng monoton fallende

Folge?

e) Für welche α konvergiert die Folge (K_n), $n \in \mathbb{N}$?

A 6.7 Jeweils zum Jahresbeginn überweist ein Vater auf das Sparbuch seines Sohnes 2 000 EUR. Zur Finanzierung seines Urlaubs hebt der Sohn jeweils zum 1. Juli 70 % seines Guthabens vom Sparbuch ab. Die Verzinsung erfolge jeweils zum Jahresende anteilmäßig mit 5 %.

a) Berechnen Sie den Kontostand a_n am Ende des n-ten Jahres.

b) Zeigen Sie, dass (a_n), $n \in \mathbb{N}$ streng monoton wachsend ist.

c) Beweisen Sie, dass (a_n), $n \in \mathbb{N}$ nach oben beschränkt ist.

d) Berechnen Sie den Grenzwert der Folge (a_n), $n \in \mathbb{N}$.

e) Welchen Betrag müsste der Vater einmalig bei der ersten Einzahlung zusätzlich leisten, damit der Kontostand am Ende eines jeden Jahres gleich bliebe?

f) Bei welchen zusätzlichen Einmalzahlungen zu Beginn des ersten Jahres sind die Kontostände (a_n), $n \in \mathbb{N}$ monoton fallend?

A 6.8 Zeigen Sie, dass die Zahlenfolgen

a) $a_n = \frac{n^2}{2^n}$ für $n = 3, 4, \ldots$;

b) $a_n = \left(1 - \frac{1}{2}\right) \cdot \left(1 - \frac{1}{3}\right) \cdot \left(1 - \frac{1}{4}\right) \cdot \ldots \cdot \left(1 - \frac{1}{n+1}\right)$, $n = 1, 2, 3, \ldots$

monoton fallend sind. Weshalb existieren die Grenzwerte? Berechnen Sie diese.

A 6.9 Bestimmen Sie die Grenzwerte der Zahlenfolgen

a) $a_n = \frac{n!}{(n+1)! - n!}$;

b) $a_n = \frac{1 + 2 + 3 + \ldots + n}{n+2} - \frac{n}{2}$;

c) $a_n = \frac{2 + 2^2 + 2^3 + \ldots + 2^n}{2^{n+1}}$;

d) $a_n = \frac{1 + \frac{1}{3} + \frac{1}{9} + \ldots + \frac{1}{3^n}}{1 + \frac{1}{5} + \frac{1}{25} + \ldots + \frac{1}{5^n}}$.

A 6.10 Beweisen Sie: Für jede natürliche Zahl $n \in \mathbb{N}$ gilt

$$1^2 + 2^2 + 3^2 + \ldots + n^2 = \sum_{k=1}^{n} k^2 = \frac{n \cdot (n+1) \cdot (2n+1)}{6}.$$

7. Stetige und differenzierbare Funktionen einer Veränderlichen

B 7.1 Gegeben ist die Funktion

$$f(x) = \begin{cases} \dfrac{x}{x+2} & \text{für } x < 1\,;\ x \neq -2\,; \\[2ex] \dfrac{x+1}{2} & \text{für } x \geq 1. \end{cases}$$

a) Skizzieren Sie den Funktionsverlauf.

b) An welcher Stelle $x_0 \in D$ ist f nicht stetig? Ist f dort links- oder rechtsseitig stetig?

Lösung:

a)

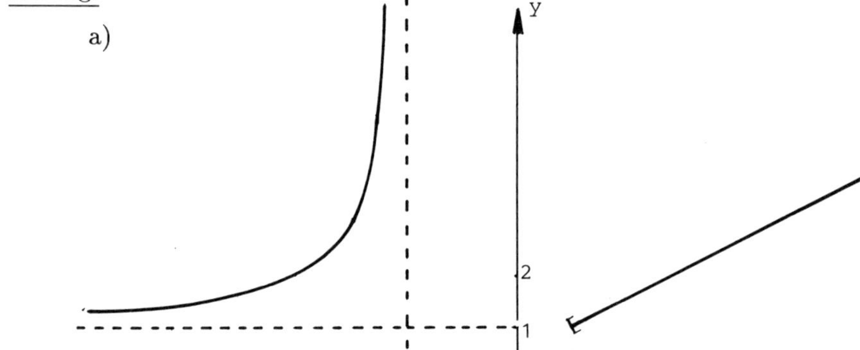

b) An allen Stellen $x_0 \notin \{-2\,;1\}$ ist f stetig.

$x_0 = 1\,;\ \ f(1) = 1\,;$

für $h > 0$ gilt $\quad \lim\limits_{h \to 0} f(1+h) = \lim\limits_{h \to 0} \dfrac{2+h}{2} = 1 = f(1)\,;$

$$\lim_{h \to 0} f(1-h) = \lim_{h \to 0} \frac{1-h}{3-h} = \frac{1}{3} \neq f(1)\,.$$

f ist an der Stelle $x_0 = 1$ rechtsseitig, jedoch nicht linksseitig stetig. Damit ist f an der Stelle $x_0 = 1$ nicht stetig. An jeder Stelle $x_0 \notin \{-2\,;1\}$ ist f stetig.

Eine Funktion f ist an der Stelle x_0 ***rechtsseitig stetig***, falls gilt

$$\lim_{x\to x_0+} f(x) = \lim_{\substack{x\to x_0\\ x>x_0}} f(x) = \lim_{h\to 0+} f(x_0+h) = \lim_{\substack{h\to 0\\ h>0}} f(x_0+h) = f(x_0)\,.$$

Im Falle

$$\lim_{x\to x_0-} f(x) = \lim_{\substack{x\to x_0\\ x<x_0}} f(x) = \lim_{h\to 0-} f(x_0+h) = \lim_{\substack{h\to 0\\ h<0}} f(x_0+h) = f(x_0)$$

ist f an der Stelle x_0 ***linksseitig stetig***.

f ist an der Stelle x_0 ***stetig***, wenn f dort sowohl links- also auch rechtsseitig stetig ist, wenn also gilt

$$\lim_{x\to x_0} f(x) = \lim_{h\to 0} f(x_0+h) = f(x_0) \qquad \text{(x und h beliebig).}$$

Eine Funktion f heißt ***stetig***, wenn f an jeder Stelle x_0 des Definitionsbereichs stetig ist.

B 7.2 Gegeben ist die Funktion $f(x) = |x+3| + |x-4| - 5$. Stellen Sie die Funktion ohne Betragszeichen dar. Skizzieren Sie f. Ist f stetig?

Lösung:

1. Fall: $x \geq 4$: $f(x) = x+3+x-4-5 = 2x-6$;

2. Fall: $-3 \leq x < 4$: $f(x) = x+3-(x-4)-5 = 2$;

3. Fall: $x < -3$: $f(x) = -(x+3)-(x-4)-5 = -2x-4$;

f setzt sich also aus Geradenstücken zusammen durch

$$f(x) = \begin{cases} -2x-4 & \text{für } x < -3\,;\\ 2 & \text{für } -3 \leq x \leq 4\,;\\ 2x-6 & \text{für } x > 4\,. \end{cases}$$

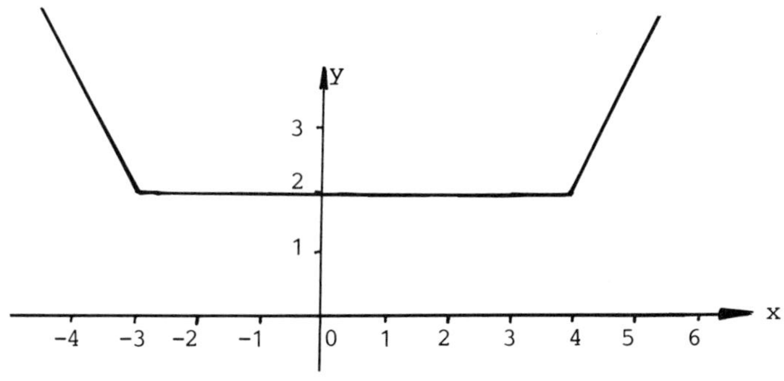

f ist als Summe der stetigen Funktionen $|x+3|$, $|x-4|$ und 5 stetig.

Mit f und g sind auch folgende Funktionen stetig:
$c \cdot f$ für jede Konstante c; $f+g$; $f-g$; $f \cdot g$; $\frac{f}{g}$ für $g \neq 0$; $f \circ g$; $g \circ f$.

B 7.3 a) Bilden Sie die Ableitungen der Funktion (s. B 7.2)

$$f(x) = |x+3| + |x-4| - 5$$

an den Stellen, an denen sie existieren.

b) Bestimmen Sie an den übrigen Stellen die linksseitige und rechtsseitige Ableitung.

Lösung:

a) An allen Stellen $x \notin \{-3; 4\}$ existiert die Ableitung

$$f'(x) = \begin{cases} -2 & \text{für } x < -3; \\ 0 & \text{für } -3 < x < 4; \\ 2 & \text{für } x > 4. \end{cases}$$

b) Die Ableitung existiert nicht für $x_0 \in \{-3; 4\}$;

$x_0 = -3$; $f(-3) = 2$;
rechtsseitige Ableitung:

$$f_r'(-3) = \lim_{\substack{h \to 0 \\ h > 0}} \frac{f(-3+h) - f(-3)}{h} = \lim_{\substack{h \to 0 \\ h > 0}} \frac{2-2}{h} = 0;$$

linksseitige Ableitung:

$$f_l'(-3) =$$

$$\lim_{\substack{h \to 0 \\ h < 0}} \frac{f(-3+h) - f(-3)}{h} = \lim_{\substack{h \to 0 \\ h < 0}} \frac{-2 \cdot (-3+h) - 4 - 2}{h} = -2;$$

$x_0 = 4$; $f(4) = 2$;

rechtsseitige Ableitung:

$$f_r'(4) = \lim_{\substack{h \to 0 \\ h > 0}} \frac{f(4+h) - f(4)}{h} = \lim_{\substack{h \to 0 \\ h > 0}} \frac{2 \cdot (4+h) - 6 - 2}{h} = 2;$$

linksseitige Ableitung:

$$f_l'(4) = \lim_{\substack{h \to 0 \\ h < 0}} \frac{f(4+h) - f(4)}{h} = \lim_{\substack{h \to 0 \\ h < 0}} \frac{2-2}{h} = 0.$$

Rechtsseitige Ableitung: $f_r'(x_0) = \lim\limits_{\substack{h \to 0 \\ h > 0}} \dfrac{f(x_0+h) - f(x_0)}{h}$ (h positiv);

linksseitige Ableitung: $f_l'(x_0) = \lim\limits_{\substack{h \to 0 \\ h < 0}} \dfrac{f(x_0+h) - f(x_0)}{h}$ (h negativ);

Ableitung:

$$f'(x_0) = \frac{d\,f(x)}{d\,x}\bigg|_{x = x_0} = \frac{d\,y}{d\,x}\bigg|_{x = x_0} = \lim_{\Delta x \to 0} \frac{f(x_0 + \Delta x) - f(x_0)}{\Delta x}$$

(Δx beliebig);

$f'(x_0) = f_l'(x_0) = f_r'(x_0)$.

Eine an der Stelle x_0 differenzierbare Funktion ist dort auch stetig.

B 7.4 Gegeben ist die Funktion $f(x) = \begin{cases} \frac{1}{2}x^2 + x - 4 & \text{für } x < 3\,; \\ mx + b & \text{für } x \geq 3\,. \end{cases}$

a) Welche Bedingungen müssen die Konstanten m und b erfüllen, damit f an der Stelle $x_0 = 3$ stetig ist?

b) Für welche Werte m und b ist f an der Stelle $x_0 = 3$ differenzierbar?

c) Stellen Sie die differenzierbare Funktion aus b) graphisch dar. In welcher Beziehung stehen das Geraden- und das Parabelstück?

Lösung:

a) $f(3) = 3m + b$;

linksseitiger Grenzwert: $f(3-) = \lim\limits_{\substack{h \to 0 \\ h>0}} f(3-h) = \frac{3^2}{2} + 3 - 4 = \frac{7}{2}$;

$f(3-) = f(3)$ ergibt $3m + b = \frac{7}{2}$; $b = -3m + \frac{7}{2}$

$\Rightarrow \; mx + b = mx - 3m + \frac{7}{2} = m \cdot (x-3) + \frac{7}{2}$.

b) $3m + b = \frac{7}{2}$ (Stetigkeit);

rechtsseitige Ableitung: $f_r'(3) = m$;

linksseitige Ableitung: $f_l'(3) = x + 1\,|_{\,x=3} = 4$;

$m = 4$; $b = -3 \cdot 4 + \frac{7}{2} = -\frac{17}{2}$;

$mx + b = 4x - \frac{17}{2}$.

c) $y = \frac{x^2}{2} + x - 4$ stellt eine nach oben geöffnete Parabel dar mit den Nullstellen $x_1 = -4$ und $x_2 = 2$. Der Scheitel liegt in der Mitte bei $x_S = -1$ mit dem Funktionswert $f(x_S) = -\frac{9}{2}$.
$4x - \frac{17}{2}$ stellt die Tangente an die Parabel im Punkt $P(3; \frac{7}{2})$ dar.

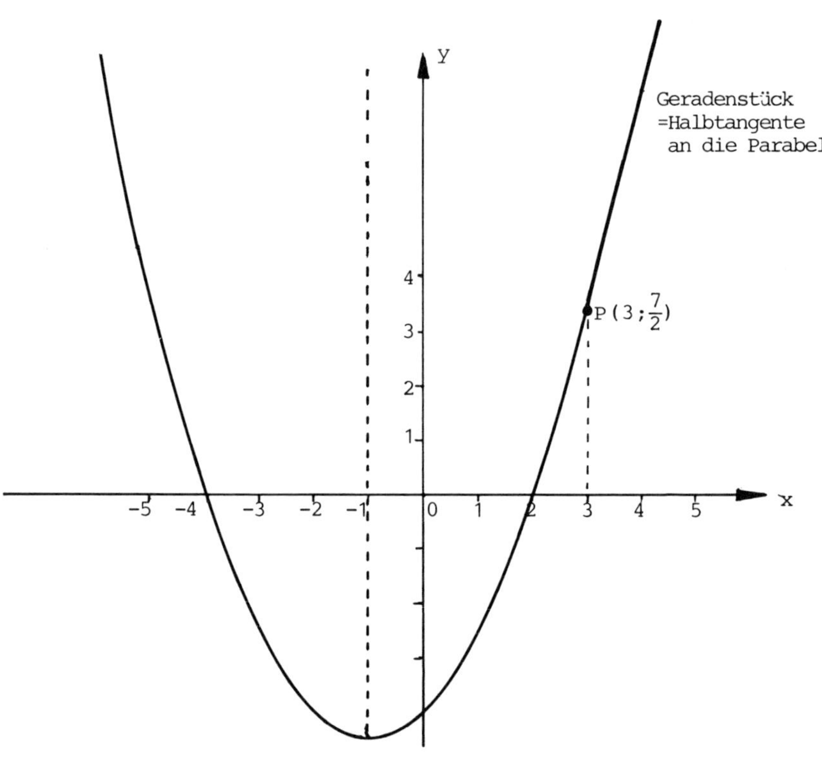

B 7.5 Stellen Sie folgende Funktion graphisch dar

$$f(x) = \frac{1}{2} \cdot (|x| + |x-1| + |x-2| + |x-3| + |x-4| + |x-5|) - \frac{9}{2}.$$

Lösung:

f setzt sich stückweise aus Geradenstücken zusammen mit den Knickstellen 0; 1; 2; 3; 4; 5. Die Funktionswerte an den Knickstellen lauten

x	0	1	2	3	4	5
f(x)	3	1	0	0	1	3

Für $x \geq 5$ gilt $x - k \geq 0$ für $k = 0, 1, \ldots, 5$, während für $x < 0$ gilt $x - k < 0$ für $k = 0, 1, \ldots, 5$. Daraus folgt

$$f(x) = \begin{cases} 3x - 12 & \text{für} \quad x \geq 5; \\ -3x + 3 & \text{für} \quad x < 0. \end{cases}$$

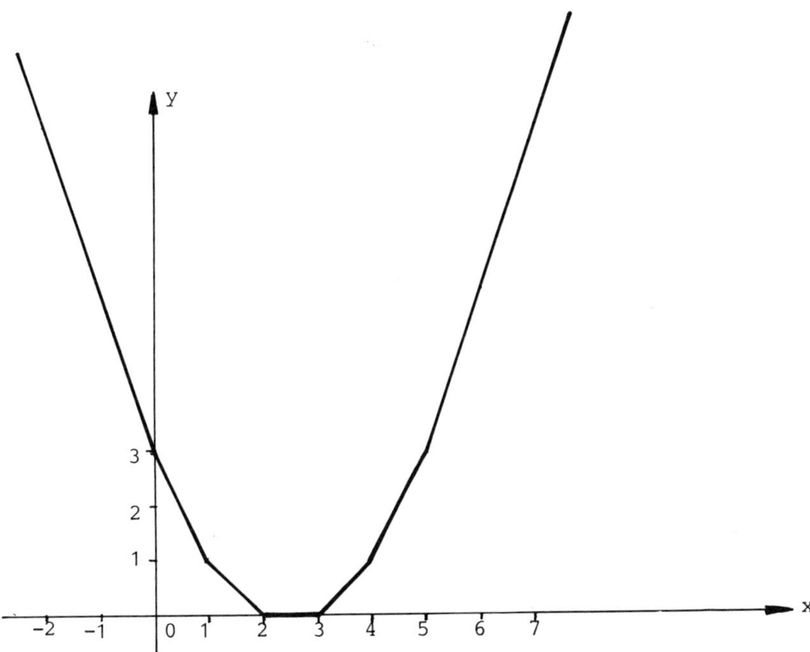

A 7.1 Stellen Sie folgende Funktionen f(x) graphisch dar. An welchen Stellen ist f(x) nicht differenzierbar? Existiert dort die linksseitige oder rechtsseitige Ableitung?

a) $f(x) = |\frac{1}{2}x - 1| + 1;$

b) $f(x) = |x + 1| + |x - 1|;$

c) $f(x) = |x + 1| - |x - 1|;$

d) $f(x) = x + |x|;$

e) $f(x) = \frac{x}{2} + |x|;$

f) $f(x) = x \cdot |x|$;

g) $f(x) = \begin{cases} \dfrac{x}{|x|} & \text{für } x \neq 0; \\ 0 & \text{für } x = 0. \end{cases}$

A 7.2 Es sei $f(x) = \begin{cases} x + 2 & \text{für } x \leq 1; \\ a + bx^2 & \text{für } x > 1. \end{cases}$

a) Bestimmen Sie die Konstanten a und b so, dass f stetig ist.
b) Für welche Werte a und b ist f differenzierbar?

A 7.3 Skizzieren Sie den Verlauf der folgenden Funktionen. Überprüfen Sie, ob diese Funktionen differenzierbar sind.

a) $f(x) = |x|^3$;

b) $f(x) = \sqrt{|x|}$;

c) $f(x) = |\frac{1}{2}x^2 - \frac{1}{2}x - 3|$;

d) $f(x) = \frac{1}{4}x^2 - |\frac{1}{4}x^2 - 1|$;

e) $f(x) = \frac{1}{27}x^3 + |\frac{1}{27}x^3 - 1|$.

A 7.4 Für $x \in [-3; 10]$ sei $f(x)$ erklärt durch $f(x) = x^3 + 3x^2 - 4x + 1$. Außerhalb dieses Bereichs soll f durch die Tangenten an den Stellen $x = -3$ und $x = 10$ fortgesetzt werden. Bestimmen Sie die Gleichungen dieser Tangenten.
Ist die so gewonnene Funktion differenzierbar?

8. Differenziationsregeln

B 8.1 Bilden Sie die erste Ableitung der folgenden Funktionen:

a) $f(x) = 2x^3 + 3x^2 + 4x + 5$;

b) $f(x) = \sqrt{x} + \ln x + 2 \cdot e^x$;

c) $f(x) = x^2 \cdot e^x$;

d) $f(x) = x \cdot \ln x$;

e) $f(x) = \dfrac{x^2+1}{x^3-1}$;

f) $f(x) = \sqrt{x^3 + 2x^2 + 8}$;

g) $f(x) = \ln(x^2 - 3x + 5)$;

h) $f(x) = e^{\sqrt{x^2+5}}$.

<u>Lösung:</u>

a) $f'(x) = 6x^2 + 6x + 4$ (Ableitung einer Summe);

b) $f'(x) = \dfrac{1}{2\cdot\sqrt{x}} + \frac{1}{x} + 2 \cdot e^x$ (Ableitung einer Summe);

c) $f'(x) = 2x \cdot e^x + x^2 \cdot e^x = (2x + x^2) \cdot e^x$ (Produktregel);

d) $f'(x) = 1 \cdot \ln x + x \cdot \frac{1}{x} = 1 + \ln x$ (Produktregel);

e) $f'(x) = \dfrac{(x^3-1)\cdot 2x - (x^2+1)\cdot 3x^2}{(x^3-1)^2} = -\dfrac{x^4+3x^2+2x}{(x^3-1)^2}$

(Quotientenregel);

f) $f'(x) = \underbrace{\dfrac{1}{2\cdot\sqrt{x^3+2x^2+8}}}_{\text{äußere Abl.}} \cdot \underbrace{(3x^2+4x)}_{\text{innere Abl.}} = \dfrac{3x^2+4x}{2\cdot\sqrt{x^3+2x^2+8}}$

(Kettenregel);

g) $f'(x) = \underbrace{\dfrac{1}{x^2-3x+5}}_{\text{äußere Abl.}} \cdot \underbrace{(2x-3)}_{\text{innere Abl.}} = \dfrac{2x-3}{x^2-3x+5}$

(Kettenregel);

h) $f'(x) = \underbrace{e^{\sqrt{x^2+5}}}_{\text{Exponent.}} \cdot \underbrace{\dfrac{1}{2\cdot\sqrt{x^2+5}}}_{\text{Wurzel}} \cdot \underbrace{2\,x}_{\text{innere Ableitung}} = \dfrac{x\cdot e^{\sqrt{x^2+5}}}{\sqrt{x^2+5}}$

(wiederholte Anwendung der Kettenregel).

Ableitungsregeln:

$(c \cdot f(x))' = c \cdot f'(x), \quad c \in \mathbb{R}$ (***Multiplikation mit einer Konstanten*** c);

$(u(x) \pm v(x))' = u'(x) \pm v'(x)$

(Ableitung einer ***Summe*** und ***Differenz***);

$(u(x) \cdot v(x))' = u'(x) \cdot v(x) + u(x) \cdot v'(x)$ (***Produktregel***);

$\left(\frac{u(x)}{v(x)}\right)' = \frac{v(x) \cdot u'(x) - u(x) \cdot v'(x)}{v^2(x)}$ (***Quotientenregel***);

$\left(\frac{1}{v(x)}\right)' = \frac{-v'(x)}{v^2(x)}$ (***spezielle Quotientenregel***);

$f(u(x)) = \frac{df\,u(x)}{dx} = \underbrace{\frac{df(u)}{du}}_{\text{äußere}} \cdot \underbrace{\frac{du(x)}{dx}}_{\text{innere}}$ *Ableitung* (***Kettenregel***).

B 8.2 Bilden Sie die ersten Ableitungen der Funktionen:

a) $f(x) = x \cdot \sin x + x^2 \cdot \cos x$;

b) $f(x) = x^2 \cdot \tan x + \frac{\operatorname{ctg} x}{x}$;

c) $f(x) = 10^{x^2 + 5x}$;

d) $f(x) = \lg(x^2 + x + 10)$ (lg = Logarithmus zur Basis 10).

Lösung:

a) $f'(x) = \sin x + x \cdot \cos x + 2x \cdot \cos x - x^2 \cdot \sin x$
$= (1 - x^2) \cdot \sin x + 3x \cdot \cos x$;

b) $f'(x) = 2x \cdot \tan x + x^2 \cdot \frac{1}{\cos^2 x} - \frac{1}{x^2} \cdot \operatorname{ctg} x - \frac{1}{x} \cdot \frac{1}{\sin^2 x}$;

c) $f'(x) = 10^{x^2 + 5x} \cdot \ln 10 \cdot (2x + 5)$;

d) $f'(x) = \frac{1}{\ln 10} \cdot \frac{2x + 1}{x^2 + x + 10}$.

B 8.3 Bilden Sie die Ableitungen der Funktionen

a) $f(x) = x^x$ für $x > 0$;

b) $f(x) = (\ln x)^x$ für $x > 1$;

c) $f(x) = x^{\cos x}$ für $x > 0$.

Lösung:

a) $f(x) = x^x$; Logarithmieren liefert

$\ln f(x) = x \cdot \ln x$;

Differenziation nach x ergibt mit der Kettenregel

$$\frac{f'(x)}{f(x)} = \ln x + x \cdot \tfrac{1}{x} = 1 + \ln x;$$

$$f'(x) = f(x) \cdot (1 + \ln x) = x^x \cdot (1 + \ln x);$$

b) $f(x) = (\ln x)^x$; $\ln f(x) = x \cdot \ln(\ln x)$;

$$\frac{f'(x)}{f(x)} = 1 \cdot \ln(\ln x) + x \cdot \frac{d}{dx}\ln(\ln x) = \ln(\ln x) + x \cdot \frac{1}{\ln x} \cdot \tfrac{1}{x}$$

$$= \ln(\ln x) + \frac{1}{\ln x};$$

$$f'(x) = f(x) \cdot \left(\ln(\ln x) + \frac{1}{\ln x}\right) = (\ln x)^x \cdot \left(\ln(\ln x) + \frac{1}{\ln x}\right);$$

c) $f(x) = x^{\cos x}$; $\ln f(x) = \cos x \cdot \ln x$;

$$\frac{f'(x)}{f(x)} = -\sin x \cdot \ln x + \tfrac{1}{x} \cdot \cos x;$$

$$f'(x) = f(x) \cdot (-\sin x \cdot \ln x + \tfrac{1}{x} \cdot \cos x)$$

$$= x^{\cos x} \cdot (\tfrac{1}{x} \cdot \cos x - \sin x \cdot \ln x).$$

B 8.4 Gegeben ist die Funktion $x = g(y) = y \cdot e^{(y-1)}$. Bestimmen Sie die Ableitung der Umkehrfunktion $y = g^{-1}(x) = h(x)$ an der Stelle $x = 1$.

Lösung:

$x = 1 \Leftrightarrow y = 1$.

$$h'(1) = \left.\frac{dy}{dx}\right|_{x=1} = \frac{1}{\left.\frac{dx}{dy}\right|_{y=1}} = \frac{1}{\left.e^{y-1} + y \cdot e^{y-1}\right|_{y=1}}$$

$$= \frac{1}{1+1} = \frac{1}{2}.$$

Ableitung einer Umkehrfunktion:

$y = g^{-1}(x)$ sei die Umkehrfunktion von $x = g(y)$. Dann gilt

$$y' = (g^{-1}(x))' = \frac{d}{dx}g^{-1}(x) = \frac{dy}{dx} = \frac{1}{\frac{dx}{dy}} = \frac{1}{\underbrace{\left.g'(y)\right|_{y=g^{-1}(x)}}_{\text{Ableitung nach } y}}.$$

A 8.1 Bilden Sie die Ableitungen der folgenden Funktionen:

a) $f(x) = \sqrt[5]{x^8} + x^4 + 2 + \frac{1}{\sqrt{x}}$;

b) $f(x) = (2x^2 + 4x + 9)^{12}$;

c) $f(x) = \sqrt{x} \cdot \ln x$;

d) $f(x) = \frac{\ln x}{x^2}$;

e) $f(x) = \frac{x^2 - x + 2}{x^2 + 2x + 5}$;

f) $f(x) = e^{x^2 + x - \cos x}$;

g) $f(x) = e^{\sqrt{x^2 + \sin^2 x + \cos^2 x}}$.

A 8.2 Bilden Sie die Ableitungen der Funktionen

a) $f(x) = \frac{e^x - e^{-x}}{e^x + e^{-x}}$;

b) $f(x) = \sin(\ln(x^2))$;

c) $f(x) = \ln\left(\frac{e^x}{x^2 + 2}\right)$;

d) $f(x) = \sin\left(\frac{1}{x}\right) \cdot \cos x$;

e) $f(x) = 2^{\sqrt{x}}$;

f) $f(x) = x^{2x}$.

A 8.3 Bilden Sie die Ableitungen der Funktionen:

a) $f(x) = \ln \frac{x^2 - 4}{x^2 - 6x + 8}$;

b) $f(x) = (\tan x)^{\tan x}$;

c) $f(x) = \frac{\ln(\ln x)}{\sqrt{\ln x}}$;

d) $f(x) = \sin^2 x \cdot \cos^2 x$.

9. Unbestimmte Ausdrücke - die Regel von de L' Hospital

B 9.1 Berechnen Sie im Fall der Existenz folgende Grenzwerte:

a) $\lim\limits_{x \to 2} \dfrac{x^2 - x - 2}{x^2 + 2x - 8}$;

b) $\lim\limits_{x \to \infty} \dfrac{x^2}{e^x}$;

c) $\lim\limits_{x \to 0+} x \cdot \ln x$;

d) $\lim\limits_{x \to 1} \left(\dfrac{x}{x-1} - \dfrac{1}{\ln x} \right)$.

Lösung:

a) In $f(x) = \dfrac{x^2 - x - 2}{x^2 + 2x - 8} = \dfrac{u(x)}{v(x)}$ gilt $u(2) = v(2) = 0$, also

$f(2) = "\frac{0}{0}"$. Nach der Regel von de l'Hospital erhält man durch getrennte Differenziation von Zähler und Nenner

$$\lim_{x \to 2} \frac{x^2 - x - 2}{x^2 + 2x - 8} = \lim_{x \to 2} \frac{2x - 1}{2x + 2} = \frac{3}{6} = \frac{1}{2}.$$

b) In $f(x) = \dfrac{x^2}{e^x} = \dfrac{u(x)}{v(x)}$ gilt $u(\infty) = v(\infty) = \infty$, also $f(\infty) = "\frac{\infty}{\infty}"$.

Differenziation von Zähler und Nenner ergibt

$$\lim_{x \to \infty} \frac{x^2}{e^x} = \lim_{x \to \infty} \frac{2x}{e^x} \ \left(= "\frac{\infty}{\infty}" \text{ für } x = \infty\right) = \lim_{x \to \infty} \frac{2}{e^x} = 0.$$

c) $f(x) = x \cdot \ln x$; $f(0) = "0 \cdot (-\infty)"$. Umformung ergibt

$f(x) = x \cdot \ln x = \dfrac{\ln x}{\frac{1}{x}}$ mit $f(0) = -"\frac{\infty}{\infty}"$;

$$\lim_{x \to 0+} x \cdot \ln x = \lim_{x \to 0+} \frac{\ln x}{\frac{1}{x}} = \lim_{x \to 0+} \frac{\frac{1}{x}}{-\frac{1}{x^2}} = \lim_{x \to 0+} (-x) = 0.$$

d) $f(x) = \dfrac{x}{x-1} - \dfrac{1}{\ln x}$; $f(1) = "\infty - \infty"$. Umformung ergibt

$f(x) = \dfrac{x \cdot \ln x - (x-1)}{(x-1) \cdot \ln x}$; $f(1) = "\frac{0}{0}"$;

$$\lim_{x \to 1} \left(\frac{x}{x-1} - \frac{1}{\ln x} \right) = \lim_{x \to 1} \frac{x \cdot \ln x - (x-1)}{(x-1) \cdot \ln x} = \lim_{x \to 1} \frac{\ln x + \frac{x}{x} - 1}{\ln x + \frac{x-1}{x}}$$

$$= \lim_{x \to 1} \frac{\ln x}{\ln x + 1 - \frac{1}{x}} \ \left(= "\frac{0}{0}" \text{ für } x = 1\right) = \lim_{x \to 1} \frac{\frac{1}{x}}{\frac{1}{x} + \frac{1}{x^2}} = \frac{1}{2}.$$

Ausdrücke der Form $\frac{0}{0}$; $\frac{\infty}{\infty}$; $\frac{-\infty}{-\infty}$; $0 \cdot \infty$; 0^{∞}; 1^{∞}; 0^0 heißen ***unbestimmte Ausdrücke.***

Regel von de L' Hospital:

Für endliches x_0 oder $x_0 = \pm\infty$ sei

$$u(x_0) = u'(x_0) = u''(x_0) = \ldots = u^{(n-1)}(x_0) = 0 \text{ (bzw. } = \pm\infty)$$

und $v(x_0) = v'(x_0) = v''(x_0) = \ldots = v^{(n-1)}(x_0) = 0$ (bzw. $= \pm\infty$).

Falls der Grenzwert $\lim\limits_{x \to x_0} \frac{u^{(n)}(x)}{v^{(n)}(x)}$ existiert, gilt

$$\lim_{x \to x_0} \frac{u(x)}{v(x)} = \lim_{x \to x_0} \frac{u'(x)}{v'(x)} = \ldots = \lim_{x \to x_0} \frac{u^{(n-1)}(x)}{v^{(n-1)}(x)} = \lim_{x \to x_0} \frac{u^{(n)}(x)}{v^{(n)}(x)} .$$

B 9.2 Gegeben ist die Funktion $f(x) = \frac{x^2 - 2x - 3}{x^2 - 4x + 3}$.

a) Bestimmen Sie den Definitionsbereich D von f.

b) Lässt sich die Funktion f an einer Stelle, an der sie nicht definiert ist, stetig fortsetzen? Wenn ja, wie lautet die stetig fortgesetzte Funktion?

Lösung:

a) Nullstellen des Nenners: $x_1 = 3$; $x_2 = 1$.

$D = \{x \in \mathbb{R} \mid x \neq 3;\ x \neq 1\}$.

b) $f(3) = \frac{0}{0}$; $\quad \lim\limits_{x \to 3} \frac{x^2 - 2x - 3}{x^2 - 4x + 3} = \lim\limits_{x \to 3} \frac{2x - 2}{2x - 4} = 2$;

durch $f(3) = 2$ ist f auf $\{3\}$ stetig fortgesetzt.

Aus

$$f(1+h) = \frac{(1+h)^2 - 2 \cdot (1+h) - 3}{(1+h)^2 - 4 \cdot (1+h) + 3} = \frac{h^2 - 4}{h^2 - 2h} = \frac{h - \frac{4}{h}}{h - 2}$$

folgt

$$\lim_{\substack{h \to 0 \\ h > 0}} f(1+h) = +\infty \text{ (Grenzwert von rechts)}$$

$$\lim_{\substack{h \to 0 \\ h < 0}} f(1+h) = -\infty \text{ (Grenzwert von links)}.$$

Für $x_0 = 1$ ist also keine stetige Fortsetzung möglich.

Die stetige Fortsetzung lautet

$$g(x) = \begin{cases} 2 & \text{für } x = 3; \\ \dfrac{x^2 - 2x - 3}{x^2 - 4x + 3} & \text{für } x \notin \{1; 3\}. \end{cases}$$

Aus $f(x) = \dfrac{x^2 - 2x - 3}{x^2 - 4x + 3} = \dfrac{(x-3)\cdot(x+1)}{(x-3)\cdot(x-1)}$ für $x \notin \{3; 1\}$

erhält man nach Kürzen durch $(x - 3)$ die Darstellung

$f(x) = \dfrac{x+1}{x-1} = g(x)$ für $x \neq 3$ und $x \neq 1$.

Wegen $g(3) = 2$ ist $g(x) = \dfrac{x+1}{x-1}$ die stetige Fortsetzung. Die Fortsetzungsfunktion g hat den Definitionsbereich

$D_g = \{x \in \mathbb{R} \mid x \neq 1\}$.

B 9.3 Untersuchen Sie, ob folgende Grenzwerte existieren:

a) $\lim\limits_{x \to 0} x^x$;

b) $\lim\limits_{x \to 0} \left(\frac{1}{x}\right)^x$;

c) $\lim\limits_{x \to 0} x^{\frac{1}{\ln(e^x - 1)}}$.

Lösung:

a) $f(x) = x^x$; $f(0) = 0^0$; $\ln f(x) = x \cdot \ln x = \dfrac{\ln x}{\frac{1}{x}}$ $\left(-\frac{\infty}{\infty} \text{ für } x = 0\right)$;

$$\lim_{x \to 0} \ln f(x) = \lim_{x \to 0} \frac{\ln x}{\frac{1}{x}} = \lim_{x \to 0} \frac{\frac{1}{x}}{-\frac{1}{x^2}} = \lim_{x \to 0} (-x) = 0;$$

wegen der Stetigkeit der Exponentialfunktion folgt daraus

$$\lim_{x \to 0} x^x = \lim_{x \to 0} f(x) = \lim_{x \to 0} e^{\ln f(x)} = e^{\lim\limits_{x \to 0} \ln f(x)} = e^0 = 1.$$

b) Wegen $\left(\frac{1}{x}\right)^x = \frac{1}{x^x}$ gilt

$$\lim_{x \to 0} \left(\frac{1}{x}\right)^x = \lim_{x \to 0} \frac{1}{x^x} = \frac{1}{\lim\limits_{x \to 0} x^x} = 1.$$

c) $f(x) = x^{\frac{1}{\ln(e^x - 1)}}; \quad f(0) = 0^0;$

$$\ln f(x) = \frac{\ln x}{\ln(e^x - 1)} = \frac{\infty}{\infty} \text{ für } x = 0;$$

$$\lim_{x\to 0} \ln f(x) = \lim_{x\to 0} \frac{\frac{1}{x}}{\frac{e^x}{e^x - 1}} = \lim_{x\to 0} \frac{e^x - 1}{x \cdot e^x} \quad (\tfrac{0}{0} \text{ für } x = 0)$$

$$= \lim_{x\to 0} \frac{e^x}{e^x + x \cdot e^x} = 1;$$

$$\lim_{x\to 0} f(x) = \lim_{x\to 0} e^{\ln f(x)} = e^{\lim\limits_{x\to 0} \ln f(x)} = e^1 = e.$$

A 9.1 Berechnen Sie im Falle der Existenz folgende Grenzwerte:

a) $\lim\limits_{x\to 0} \frac{\sin 2x}{3x};$

b) $\lim\limits_{x\to 2} \frac{x^3 - x^2 - x - 2}{x^2 - 4};$

c) $\lim\limits_{x\to 0} \frac{1 - \cos x}{x};$

d) $\lim\limits_{x\to a} \frac{\sqrt{x} - \sqrt{a}}{x - a}$ für $a \geq 0;$

e) $\lim\limits_{x\to 0} \frac{\ln(\cos x)}{x};$

f) $\lim\limits_{x\to \infty} (x^n \cdot e^{-x})$ für $n \in \mathbb{N};$

g) $\lim\limits_{x\to 0} \frac{x}{e^x - e^{-x}};$

h) $\lim\limits_{x\to 0} x^3 \cdot \ln x;$

i) $\lim\limits_{x\to 0+} x \cdot e^{\frac{1}{x}};$

j) $\lim\limits_{x\to \infty} x \cdot e^{\frac{1}{x}}.$

A 9.2 Berechnen Sie im Falle der Existenz folgende Grenzwerte:

a) $\lim\limits_{x\to 0} \sqrt{x} \cdot \ln x$;

b) $\lim\limits_{x\to 0} \left(\frac{1}{x} - \frac{1}{e^x - 1}\right)$;

c) $\lim\limits_{x\to 0} \left(\frac{2}{x} - \frac{1}{e^x - 1}\right)$;

d) $\lim\limits_{x\to 1} \left(\frac{1}{\ln x} - \frac{x}{\ln x}\right)$.

A 9.3 Berechnen Sie im Falle der Existenz folgende Grenzwerte:

a) $\lim\limits_{x\to 0} x^{2x}$;

b) $\lim\limits_{x\to 0} (e^x + x)^{\frac{1}{x}}$;

c) $\lim\limits_{x\to \infty} \left(1 + \frac{1}{x}\right)^x$;

d) $\lim\limits_{x\to \infty} \left(1 + \frac{1}{x^2}\right)^x$.

A 9.4 Für die Produktionsmenge $x > 1$ sei $K(x) = x + 2 \cdot \sqrt[3]{x} + 5$ die Kostenfunktion und $E(x) = 2 \cdot \ln x + 1{,}5x + 2$ die Ertragsfunktion.

a) Existiert der Grenzwert $\lim\limits_{x\to \infty} \frac{E(x)}{K(x)}$?

b) Interpretieren Sie das Ergebnis.

A 9.5 Bei einer Produktionsmenge $x > 0$ sei $K(x) = \sqrt{9x^2 - 5x + 1}$ die Kostenfunktion (in Tausend EUR). Die gesamte Produktionsmenge x kann zum festen Preis von 3 (Tausend EUR) pro Mengeneinheit (ME) verkauft werden.

a) Stellen Sie die Funktion G (x) des Reingewinns auf.

b) Berechnen Sie im Falle der Existenz den Grenzwert $\lim\limits_{x\to \infty} G(x)$. Interpretieren Sie das Ergebnis.

c) Berechnen Sie für den Stückgewinn den Grenzwert

$$\lim_{x\to \infty} \frac{G(x)}{x}.$$

10. Wachstumsraten und Elastizitäten

B 10.1 Gegeben ist die von der Produktionsmenge x abhängige Angebotsfunktion

$$y = f(x) = x^3 \cdot e^{-\frac{x}{300}} \quad \text{für } 20 \leq x \leq 500.$$

a) Ist f(x) im Intervall [20 ; 500] streng monoton wachsend?

b) Bestimmen Sie die Wachstumsrate der Nachfragefunktion $y = f(x)$.

c) Geben Sie einen Näherungswert für die relative Änderung der Nachfragemenge y an, falls x von 300 auf 300,5 erhöht wird.

d) Berechnen Sie die Elastizität von f an der Stelle x.

e) x werde von $x_0 = 100$ um 1,5 % erhöht. Um wie viel Prozent nimmt dann die Angebotsmenge ungefähr zu?

Lösung:

$$f'(x) = 3x^2 \cdot e^{-\frac{x}{300}} - \frac{x^3}{300} \cdot e^{-\frac{x}{300}} = x^2 \cdot (3 - \frac{x}{300}) \cdot e^{-\frac{x}{300}}.$$

a) Im Bereich: $f'(x) > 0$ ist f streng monoton wachsend.

$$f'(x) > 0 \Leftrightarrow 3 - \frac{x}{300} > 0 \quad \Leftrightarrow \quad x < 900;$$

damit ist f im angegebenen Bereich streng monoton wachsend.

b) Wachstumsrate: $r_f(x) = \dfrac{f'(x)}{f(x)} = \dfrac{3}{x} - \dfrac{1}{300}$.

c) Relative Änderung der Nachfrage:

$$\frac{\Delta y}{y} \approx r_f(300) \cdot 0{,}5 = (\frac{3}{300} - \frac{1}{300}) \cdot 0{,}5 = \frac{1}{300}.$$

d) $\varepsilon(x) = x \cdot \dfrac{f'(x)}{f(x)} = 3 - \dfrac{x}{300}$.

e) Relativer Zuwachs der Angebotsmenge:

$$\frac{\Delta y}{y} = \frac{\Delta f(x)}{f(x)} \approx \varepsilon(x_0) \cdot \frac{\Delta x}{x_0} = (3 - \frac{100}{300}) \cdot 0{,}015 = 0{,}04.$$

Prozentualer Zuwachs: $100 \cdot \dfrac{\Delta y}{y} \approx 4\,\%$.

B 10.2 Ein Kapital K_0 werde mit p % stetig verzinst. Berechnen Sie die Wachstumsrate und die Elastizität der Funktion K(t), welche den Kontostand zur Zeit t beschreibt und interpretieren Sie die gewonnenen Ergebnisse.

Lösung:

$$K(t) = K_0 \cdot e^{\frac{p}{100} \cdot t}; \quad K'(t) = \frac{p}{100} \cdot K_0 \cdot e^{\frac{p}{100} \cdot t} = \frac{p}{100} \cdot K(t);$$

Wachstumsrate: $r_K(t) = \frac{K'(t)}{K(t)} = \frac{p}{100}$;

Elastizität: $\varepsilon_K(t) = t \cdot \frac{K'(t)}{K(t)} = \frac{p}{100} \cdot t$.

Die Wachstumsrate ist von der Zeit t unabhängig, während die Elastizität linear in t wächst.

$$r_f(x) = \frac{f'(x)}{f(x)}$$

heißt die ***Wachstums-*** oder ***relative Änderungsrate*** der Funktion f an der Stelle x.

Interpretation: Falls f′ an der Stelle x_0 stetig ist, gilt für kleine Änderungen Δx der Variablen x die Näherung

$$\underbrace{\frac{f(x_0 + \Delta x) - f(x_0)}{f(x_0)}}_{\text{relative Änderung von y}} \approx r_f(x) \cdot \underbrace{\Delta x}_{\text{absolute Änderung von x}};$$

$$\varepsilon_f(x) = x \cdot \frac{f'(x)}{f(x)} = x \cdot r_f(x)$$

heißt die ***Elastizität*** von f an der Stelle x.

Interpretation: Falls f′ an der Stelle x_0 stetig ist, gilt für kleine Änderungen Δx die Näherung

$$\underbrace{\frac{\Delta y}{y_0}}_{\text{relative Änderung von y}} = \frac{f(x_0 + \Delta x) - f(x_0)}{f(x_0)} \cdot \underbrace{\frac{\Delta x}{x_0}}_{\text{relative Änderung von x}}$$

Die Elastizität beschreibt lokal das Verhältnis der relativen Änderungen der abhängigen Variablen y und der unabhängigen Variablen x.

B 10.3 Es stelle

$$x = f(p) = 2p \cdot e^{-0{,}02p^2}$$

die Nachfragemenge in Abhängigkeit vom Preis p je Mengeneinheit dar.

a) In welchem Bereich ist f(p) streng monoton fallend?

b) Berechnen Sie die Elastizität der Nachfragemenge für den Preis $p = 6$.

c) Berechnen Sie über die Umkehrfunktion die Elastizität des Preises $p = 6$ in Abhängigkeit von der zugehörigen Nachfragemenge x.

d) Falls die Nachfragemenge voll verkauft wird, stellt

$$U(x) = x \cdot f^{-1}(x)$$

die Umsatzfunktion dar. Berechnen Sie über die Umkehrfunktion den Grenzumsatz $U'(x)$ an der Stelle $x = f(6)$. Bestätigen Sie die Formel von Amoroso - Robinson.

e) Berechnen Sie die Elastizität der vom Preis p je Mengeneinheit abhängigen Umsatzfunktion

$$\tilde{U}(p) = p \cdot f(p) = 2p^2 \cdot e^{-0{,}2p^2}$$

α) auf direktem Weg;

β) über die Elastizitäten der beiden Faktoren p und f(p).

Lösung:

a) $$f'(p) = 2 \cdot e^{-0{,}02p^2} + 2p \cdot (-0{,}04p) \cdot e^{-0{,}02p^2} = 2 \cdot (1 - 0{,}04p^2) \cdot e^{-0{,}02p^2};$$

$$f'(p) < 0 \Leftrightarrow 1 - 0{,}04p^2 < 0 \Leftrightarrow p^2 > 25 \Leftrightarrow p > 5.$$

b) $$\varepsilon_x(p) = \varepsilon_f(p) = p \cdot \frac{2 \cdot (1 - 0{,}04p^2) \cdot e^{-0{,}02p^2}}{2p \cdot e^{-0{,}02p^2}} = 1 - 0{,}04p^2;$$

$$\varepsilon_x(6) = -0{,}44.$$

c) $x = f(p)$ ist nicht geschlossen nach p auflösbar.

$$p = 6 \Leftrightarrow x = f(6) = 5{,}841027.$$

$$x = f(p) \Leftrightarrow p = f^{-1}(x).$$

Für die Elastizität der inversen Funktion gilt allgemein

$$\varepsilon_p(x) = \frac{1}{\varepsilon_x(p)} = \frac{1}{\varepsilon_f(p)} = \frac{1}{1 - 0{,}04p^2\big|_{p = f^{-1}(x)}};$$

$$x_0 = f(6); \; \varepsilon_p(x_0) = \frac{1}{-0{,}44} = -\frac{25}{11}.$$

d) $$U'(x) = f^{-1}(x) + x \cdot \frac{df^{-1}(x)}{dx} = f^{-1}(x) + \frac{x}{f'(p)\big|_{p = f^{-1}(x)}};$$

$$x_0 = f(6); \; U'(f(6)) = 6 + \frac{f(6)}{2 \cdot e^{-0{,}02 \cdot 6^2} \cdot (1 - 0{,}04 \cdot 6^2)}.$$

Aus $f(6) = 2 \cdot 6 \cdot e^{-0{,}02 \cdot 6^2}$ folgt

$$U'(f(6)) = 6 + \frac{6}{1 - 0{,}04 \cdot 6^2} = 6 \cdot [1 + \frac{1}{1 - 0{,}04 \cdot 6^2}] = -\tfrac{84}{11};$$

$$\underbrace{U'(x_0) \;= p \cdot [1 + \varepsilon_p(x_0)]}_{\text{Formel von Amoroso-Robinson}} = -6 \cdot \tfrac{14}{11} = -\tfrac{84}{11}.$$

e) α) $\tilde{U}(p) = 2p^2 \cdot e^{-0{,}2p^2}$; $\tilde{U}'(p) = (4p - 0{,}08p^3) \cdot e^{-0{,}2p^2}$;

$\varepsilon_{\tilde{U}}(p) = 2 - 0{,}04p^2$.

β) $\tilde{U}(p) = p \cdot f(p) \Rightarrow \quad \varepsilon_{\tilde{U}}(p) = \varepsilon_p(p) + \varepsilon_f(p)$

$= 1 + \varepsilon_f(p) = 2 - 0{,}04p^2$.

Für die Elastizität gelten folgende Eigenschaften:

Produkt $f \cdot g$:	$\varepsilon_{f \cdot g}(x)$	$= \varepsilon_f(x) + \varepsilon_g(x)$;
Quotient $\frac{f}{g}$:	$\varepsilon_{\frac{f}{g}}(x)$	$= \varepsilon_f(x) - \varepsilon_g(x)$;
Quotient $\frac{1}{g}$:	$\varepsilon_{\frac{1}{g}}(x)$	$= -\varepsilon_g(x)$;
zusammengesetzte Funktion $f(g(x))$:	$\varepsilon_{f(g(x))}(x)$	$= \varepsilon_f(g(x)) \cdot \varepsilon_g(x)$;
inverse Funktion	$\varepsilon_{f^{-1}}(y)$	$= \left.\frac{1}{\varepsilon_f(x)}\right\vert_{x = f^{-1}(y)}$.

Für die Umsatzfunktion $U(x) = x \cdot p(x)$

(x = Produktionsmenge, $p(x)$ = Preis je Mengeneinheit) gilt speziell

$$\varepsilon_U(x) = 1 + \varepsilon_p(x).$$

Für den Grenzumsatz $U'(x) = p(x) + x \cdot p'(x)$ gilt die

Formel von ***Amoroso-Robinson***

$$U'(x) = p(x) + x \cdot p'(x) \;= p \cdot [1 + \varepsilon_p(x)] = p \cdot \left[1 + \frac{1}{\varepsilon_x(p)}\right].$$

B 10.4 Gegeben ist die Kostenfunktion $K(x) = \sqrt{5 + x + \sqrt{x}}$.

a) Berechnen Sie die Elastizität dieser Kostenfunktion an der Stelle $x_0 = 100$.

b) Bestimmen Sie die Elastizität der Stückkosten an der Stelle $x_0 = 100$.

c) Um wie viel Prozent ändern sich ungefähr die Stückkosten, wenn die Produktionsmenge $x_0 = 100$ um 1,5 % erhöht wird?
d) Berechnen Sie den Grenzwert der Elastizität der Stückkosten für $x \to \infty$ und interpretieren Sie das Ergebnis.

Lösung:

a) $K'(x) = \dfrac{1 + \frac{1}{2 \cdot \sqrt{x}}}{2 \cdot \sqrt{5 + x + \sqrt{x}}}$;

$$\varepsilon_K(x) = x \cdot \frac{K'(x)}{K(x)} = \frac{x \cdot (1 + \frac{1}{2 \cdot \sqrt{x}})}{2 \cdot \sqrt{5 + x + \sqrt{x}} \cdot \sqrt{5 + x + \sqrt{x}}} = \frac{x + \frac{\sqrt{x}}{2}}{2 \cdot (5 + x + \sqrt{x})}.$$

b) Stückkosten $S(x) = \dfrac{K(x)}{x}$;

$$\varepsilon_S(x) = \varepsilon_K(x) - \varepsilon_x(x) = \varepsilon_K(x) - 1 = \frac{x + \frac{\sqrt{x}}{2}}{2 \cdot (5 + x + \sqrt{x})} - 1.$$

$$\varepsilon_S(100) = \frac{100 + \frac{10}{2}}{2 \cdot (5 + 100 + 10)} - 1 = \frac{105}{230} - 1 = -\frac{125}{230} = -\frac{25}{46}.$$

c) Prozentuale Änderung: $100 \cdot \dfrac{\Delta S}{S} \approx \varepsilon_S(100) \cdot 1{,}5 = -0{,}8152\,\%$.

Die Stückkosten fallen um etwa 0,8152 %.

d) $$\lim_{x\to\infty} \varepsilon_S(x) = \lim_{x\to\infty} \frac{1 + \frac{1}{2 \cdot \sqrt{x}}}{2 \cdot (\frac{5}{x} + 1 + \frac{1}{\sqrt{x}})} - 1 = \frac{1}{2} - 1 = -\frac{1}{2}.$$

Interpretation:
Falls bei großen Produktionsmengen x eine Produktionserhöhung um α % (α klein) erfolgt, sinken die Stückkosten um etwa $\frac{\alpha}{2}$ %.

A 10.1 Bei einem bestimmten Artikel laute die Angebotsfunktion

$$A(p) = 1\,000p^2 - 1\,800p + 800 \qquad \text{für} \quad p \geq 1$$

und die Nachfragefunktion

$$N(p) = \frac{1\,000 + 10p}{p^2} \qquad \text{für} \quad p \geq 1.$$

Dabei ist p der Preis in EUR je Mengeneinheit.

a) Berechnen Sie die Elastizitäten dieser beiden Funktionen.
b) Berechnen Sie näherungsweise, um wie viel Prozent sich Nachfrage und Angebot ändern, falls der Preis p von 2,5 EUR um 2 % erhöht wird.

A 10.2 In Abhängigkeit vom Preis p je Mengeneinheit lauten Nachfrage- und Angebotsfunktion einer Ware für $2 < p < 16$

$$N(p) = 64 - \frac{1}{4}p^2;$$

$$A(p) = \frac{1}{20}p^2 + 3p + 4.$$

a) Bestimmen Sie den Gleichgewichtspreis (Marktpreis) p_M aus $A(p_M) = N(p_M)$.

b) Berechnen Sie die Elastizitäten der Nachfrage- und Angebotsfunktion beim Marktpreis p_M.

A 10.3 Berechnen Sie die Elastizitäten der folgenden Funktionen:

a) $f(x) = 5x + 10;$

b) $f(x) = 2x^3 + 2x + 4;$

c) $f(x) = 3 \cdot \sqrt[4]{x^5};$

d) $f(x) = \sqrt{x^2 + 3x + 4};$

e) $f(x) = x \cdot e^{x^2+1};$

f) $f(x) = \left(1 + e^{4 - \frac{x}{800}}\right)^{-1};$

g) $f(x) = (x^2 + 1) \cdot e^{-x}.$

A 10.4 a) Gegeben ist die Kostenfunktion $K(x) = \sqrt{\sqrt{x^3} + 5}$. Berechnen Sie die Elastizität von $K(x)$.

b) Die Ausbringungsmenge x werde von $x_0 = 10$ um 2 % erhöht. Berechnen Sie näherungsweise, um wie viel Prozent sich die Kosten erhöhen.

c) Berechnen Sie die Elastizität der Stückkosten $\frac{K(x)}{x}$.

d) Um wie viel Prozent ändern sich näherungsweise die Stückkosten, falls die Ausbringungsmenge x wie in b) erhöht wird?

A 10.5 Nach der Relativitätstheorie gilt für die Masse m eines Körpers, der sich mit der Geschwindigkeit v bewegt

$$m(v) = \frac{m_0}{\sqrt{1 - \frac{v^2}{c^2}}}.$$

Dabei ist c die Lichtgeschwindigkeit und m_0 die Masse im Ruhepunkt.

a) Berechnen Sie die Elastizität von m (v).

b) Um wie viel Prozent ändert sich näherungsweise die Masse, wenn sich die Geschwindigkeit von $v_0 = \alpha \cdot c$ um 2 % erhöht (α ist eine Konstante mit $0 < \alpha < 1$)?

A 10.6 Es sei

$$x = N(p) = \frac{1}{\ln p}, \quad p > 1$$

die Nachfragefunktion für ein Luxusgut in Abhängigkeit vom Preis p je Mengeneinheit.

a) Berechnen Sie die Elastizität der Nachfragemenge x in Abhängigkeit vom Preis p.

b) Stellen Sie den Preis p als Funktion der Nachfragemenge x dar. Berechnen Sie die Elastizität des Preises p in Abhängigkeit von der Nachfragemenge x.

c) $U(p) = x \cdot p$ sei die Umsatzfunktion. In welchem Bereich ist U (p) streng monoton wachsend?

d) Bestimmen Sie die Elastizität der Umsatzfunktion U (p).

e) Um wie viel Prozent ändert sich näherungsweise der Umsatz, wenn der Preis von 7,80 EUR um 2,5 % steigt?

f) Berechnen Sie die Grenzumsatzfunktion $U'(x)$ bezüglich der Nachfragemenge x und bestätigen Sie die Formel von Amoroso-Robinson.

A 10.7 Es sei

$$K(x) = \sqrt[4]{x^3 + 2x^2 + 4x + 1}$$

eine Kostenfunktion.

a) Berechnen Sie die Elastizität $\varepsilon_K(x)$.

b) Existiert der Grenzwert $\lim_{x \to \infty} \varepsilon_K(x)$?

c) Geben Sie die Elastizität der Stückkosten an.

d) Um wie viel Prozent ändern sich ungefähr die Stückkosten, falls die Produktionsmenge von $x_0 = 50$ aus um 2 % erhöht wird?

11. Extremwertaufgaben bei einer einzigen Variablen

B 11.1 Gegeben ist ein rechteckiger Karton mit den Seitenlängen a und b. Aus den Ecken werden gleich große Quadrate der Länge x ausgeschnitten und der Rest zu einer Schachtel (ohne Deckel) gefaltet.
Wie groß muss x gewählt werden, damit das Volumen der Schachtel maximal wird?
Zahlenbeispiel:
$a = 10$ und $b = 16$.
Vereinfachen Sie die Formel für $a = b = c$.

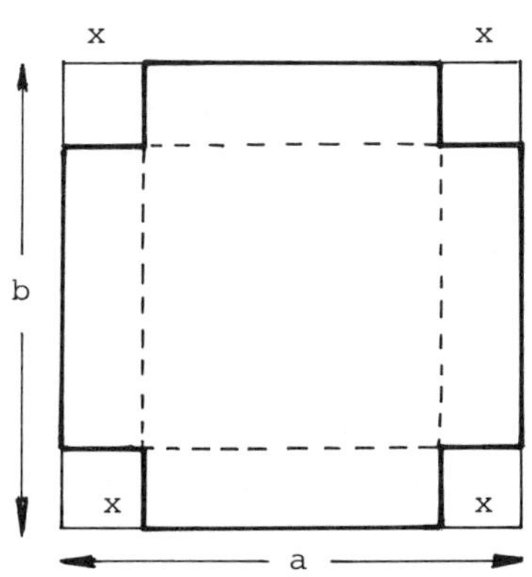

Lösung:

Volumen $V(x) = (a - 2x) \cdot (b - 2x) \cdot x = 4x^3 - 2 \cdot (a + b) \cdot x^2 + abx$

$$V'(x) = 12x^2 - 4 \cdot (a + b) \cdot x + a \cdot b = 0;$$

$$x^2 - \frac{a+b}{3} \cdot x = -\frac{a \cdot b}{12}$$

$$\left(x - \frac{a+b}{6}\right)^2 = -\frac{a \cdot b}{12} + \frac{(a+b)^2}{36} = \frac{a^2 - ab + b^2}{36} = \frac{(a-b)^2 + ab}{36} > 0$$

$$x_{1,2} = \frac{a+b}{6} \pm \frac{1}{6} \cdot \sqrt{a^2 - ab + b^2} = \frac{a + b \pm \sqrt{a^2 - ab + b^2}}{6};$$

aus $a^2 - ab + b^2 < a^2 + 2ab + b^2 = (a+b)^2$ folgt durch Wurzelziehen

$\sqrt{a^2 - ab + b^2} < a + b$; damit sind x_1 und x_2 positiv.

$V''(x) = 24x - 4 \cdot (a + b);$

$V''(x_1) = 4 \cdot \sqrt{a^2 - ab + b^2} > 0;$ $\Rightarrow$ Minimum;

$V''(x_2) = -4 \cdot \sqrt{a^2 - ab + b^2} < 0$ $\Rightarrow$ Maximum;

Ergebnis: $x = \frac{1}{6} \cdot \left(a + b - \sqrt{a^2 - ab + b^2}\right);$

$a = 10;\ b = 16 \Rightarrow x = \frac{1}{6} \cdot (26 - 14) = 2;$

$a = b = c \Rightarrow x = \frac{1}{6} \cdot (c + c - c) = \frac{c}{6}.$

Notwendige Bedingung für ein ***relatives Extremum*** der Funktion f an der Stelle x_E:

$f'(x_E) = 0$, falls f' in einer Umgebung von x_E existiert und stetig ist.

Hinreichende Bedingung: Für ein **gerades n** gelte:

$$f'(x_E) = f''(x_E) = \ \dots\ = f^{(n-1)}(x_E) = 0\,; \quad f^{(n)}(x_E) \neq 0.$$

$f^{(n)}(x_E) > 0 \Rightarrow$ ***relatives Minimum*** an der Stelle x_E;

$f^{(n)}(x_E) < 0 \Rightarrow$ ***relatives Maximum*** an der Stelle x_E;

Für $f'(x_E) = 0$ und $f''(x_E) \neq 0$ ist die Bedingung mit $n = 2$ erfüllt.

B 11.2 In einem Halbkreis mit dem Radius r sei ein Rechteck mit den Seitenlängen 2a und b zu zeichnen.
Wie muss a gewählt werden, damit
a) der Flächeninhalt;
b) der Umfang
des Rechtecks möglichst groß wird? Berechnen Sie den entsprechenden Inhalt bzw. Umfang.

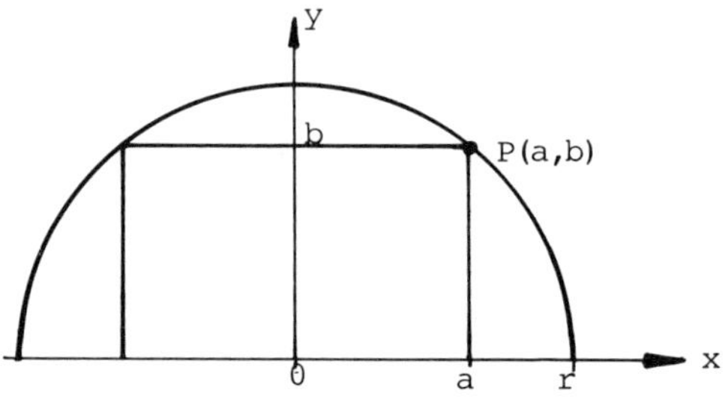

Lösung:

Kreisgleichung $x^2 + y^2 = r^2$; Halbkreis: $y = \sqrt{r^2 - x^2}$;

$x = a \ \Rightarrow \ b = \sqrt{r^2 - a^2}$.

a) Flächeninhalt des Rechtecks: $F(a) = 2ab = 2a \cdot \sqrt{r^2 - a^2}$.
Weil die Quadratfunktion für $x > 0$ streng monoton wachsend ist, ist $F(a)$ maximal $\Leftrightarrow F^2(a)$ ist maximal.

$$g(a) = \frac{1}{4} \cdot F^2(a) = a^2 \cdot (r^2 - a^2) = a^2 r^2 - a^4 \rightarrow \max.$$

$$g'(a) = 2ar^2 - 4a^3 = 0\,; \quad r^2 - 2a^2 = 0\,; \quad a = \frac{r}{\sqrt{2}} = \frac{\sqrt{2}}{2} \cdot r\,.$$

Da es für $a > 0$ nur eine Lösung gibt, muss diese das Maximum sein, weil ein Maximum existiert.

$$b = \sqrt{r^2 - \frac{r^2}{2}} = \frac{\sqrt{2}}{2} \cdot r = a\,; \quad F_{max} = 2a \cdot a = 2a^2 = r^2\,.$$

b) $U(a) = 4a + 2b = 4a + 2 \cdot \sqrt{r^2 - a^2}$;

$$U'(a) = 4 - \frac{2a}{\sqrt{r^2 - a^2}} = 0\,; \quad \frac{a}{\sqrt{r^2 - a^2}} = 2;$$

$$a^2 = 4 \cdot (r^2 - a^2) = 4r^2 - 4a^2 \Leftrightarrow 5a^2 = 4r^2 \Leftrightarrow a = \frac{2 \cdot \sqrt{5}}{5} \cdot r\,;$$

$$b = \sqrt{r^2 - a^2} = \sqrt{r^2 - \frac{4}{5}r^2} = \sqrt{\frac{1}{5}r^2} = \frac{\sqrt{5}}{5} \cdot r = \frac{a}{2}\,;$$

$$U_{max} = 4a + 2b = 5a = 2 \cdot \sqrt{5} \cdot r.$$

B 11.3 Ein Baumstamm der Länge l habe die Form eines Kegelstumpfes. Der Durchmesser der Grundfläche sei a, der Durchmesser der Deckfläche b mit $b < a$. Aus dem Stamm soll ein Balken mit quadratischem Querschnitt ausgesägt werden, dessen Achse die Achse des Baumstammes ist. Bei welchen Balkenmaßen wird das Volumen des Balkens maximal? Berechnen Sie die Balkenmaße für:
1) $l = 20\,m$; $a = 2\,m$; $b = 1\,m$; 2) $l = 20\,m$; $a = 2\,m$; $b = 1{,}5\,m$.

Lösung:

x = Seitenlänge des Balkenquerschnitts;
$\Rightarrow \sqrt{2} \cdot x$ = Länge der Diagonalen des Balkenquerschnitts.

1. Fall: $\sqrt{2} \cdot x \leq b \Leftrightarrow x \leq \frac{\sqrt{2}}{2} \cdot b.$

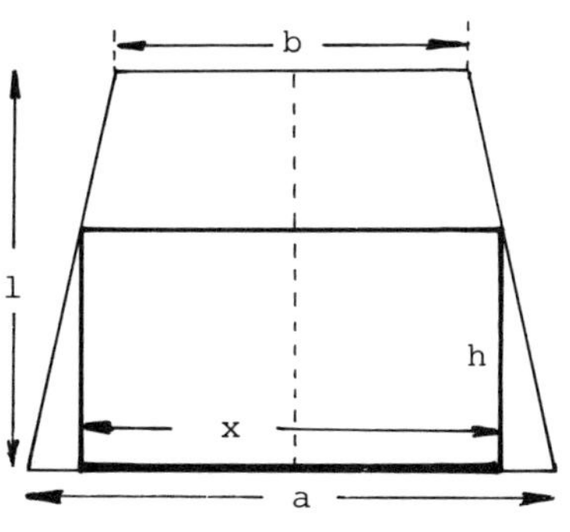

In diesem Fall ist die Länge des Balkens gleich l und das Volumen gleich

$V(x) = x^2 \cdot l$ mit

$$V_{max} = \frac{b^2}{2} \cdot l.$$

2. Fall: $\sqrt{2} \cdot x > b \Leftrightarrow x > \frac{\sqrt{2}}{2} \cdot b.$

Nach dem Strahlensatz gilt

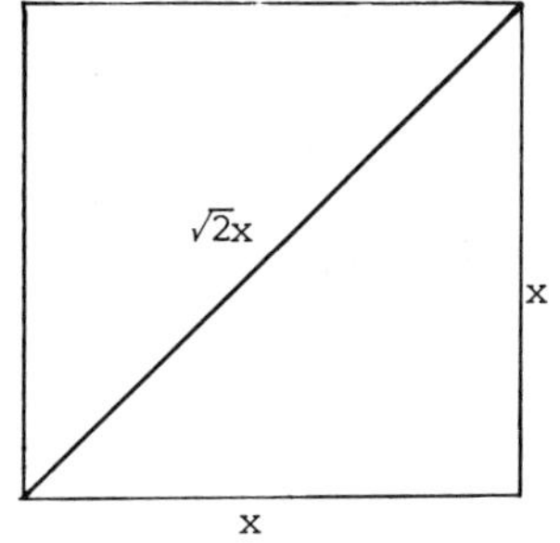

$$\frac{h}{l} = \frac{\frac{a - \sqrt{2} \cdot x}{2}}{\frac{a - b}{2}} = \frac{a - \sqrt{2} \cdot x}{a - b}\,;$$

$$h = \frac{a - \sqrt{2} \cdot x}{a - b} \cdot l\,.$$

$$V(x) = x^2 \cdot h = \frac{x^2 \cdot (a - \sqrt{2} \cdot x) \cdot l}{a - b}\,;$$

$$V'(x) = \frac{2ax - 3 \cdot \sqrt{2} \cdot x^2}{a - b} \cdot l = 0\,;$$

$$2a = 3 \cdot \sqrt{2} \cdot x\,;$$

$$x_E = \frac{2a}{3 \cdot \sqrt{2}} = \frac{\sqrt{2}}{3} \cdot a .$$

$$V''(x) = \frac{2a - 6 \cdot \sqrt{2} \cdot x}{a - b} \cdot l ; \qquad V''(x_E) = \frac{2a - 4a}{a - b} \cdot l < 0 ;$$

daher ist an der Stelle x_E ein Maximum.

x_E liegt nur in diesem Bereich, falls gilt

$\sqrt{2} \cdot x_E = \frac{2}{3} a > b \;\Leftrightarrow\; a > \frac{3}{2} b.$

Für die Länge des Balkens erhält man dann $h = \dfrac{a \cdot l}{3 \cdot (a - b)}$.

Ergebnis:

$$\text{Balkenbreite } x = \begin{cases} \frac{\sqrt{2}}{2} b & \text{für } b < a \le \frac{3}{2} b ; \\ \frac{\sqrt{2}}{3} a & \text{für } a > \frac{3}{2} b ; \end{cases}$$

$$\text{Balkenlänge } h = \begin{cases} l & \text{für } b < a \le \frac{3}{2} b ; \\ \frac{a \cdot l}{3 \cdot (a - b)} & \text{für } a > \frac{3}{2} b . \end{cases}$$

Spezialfälle:

1) Es ist $a > \frac{3}{2} b$; Balkenbreite $x = \frac{2 \cdot \sqrt{2}}{3}\,m$; Länge $h = \frac{40}{3}\,m$.

2) Es ist $a < \frac{3}{2} b$; Balkenbreite $x = \frac{1{,}5 \cdot \sqrt{2}}{2}\,m$; Länge $h = 20\,m$.

B 11.4 Bei der Produktionsmenge x betragen die Kosten $K(x) = \sqrt{a + bx}$, wobei a und b positive Konstanten sind.

a) Der Verkaufspreis p_0 je ME sei fest vorgegeben und von der Produktionsmenge x unabhängig. Zeigen Sie, dass die Gewinnfunktion $G(x)$ kein (relatives) Maximum besitzt. Interpretieren Sie das Ergebnis.

b) Zeigen Sie, dass die Stückkostenfunktion $S(x) = \frac{K(x)}{x}$ kein (relatives) Extremum besitzt und berechnen Sie den Grenzwert $\lim\limits_{x \to \infty} S(x)$.

Lösung:

a) Gewinnfunktion $G(x) = p_0 \cdot x - \sqrt{a + bx}$;

$$G'(x) = p_0 - \frac{b}{2 \cdot \sqrt{a + bx}} = 0 ; \qquad G''(x) = \frac{b^2}{4 \cdot (a + bx)^{\frac{3}{2}}} > 0 .$$

Es gibt kein endliches (relatives) Maximum von G (x), da an dieser Stelle die zweite Ableitung negativ sein müsste.

Wegen $\lim_{x \to \infty} G(x) = +\infty$ ist es für den Unternehmer sinnvoll, möglichst viel zu produzieren.

b) Stückkostenfunktion $S(x) = \frac{K(x)}{x} = \frac{\sqrt{a + bx}}{x}$;

$$S'(x) = \frac{\frac{x \cdot b}{2 \cdot \sqrt{a + bx}} - \sqrt{a + bx}}{x^2} = 0;$$

$bx = 2 \cdot (a + bx) = 2a + 2bx \quad \Leftrightarrow \quad x = -\frac{2a}{b}$ ist negativ.

Damit besitzt S (x) für $x > 0$ kein relatives Extremum.

$$\lim_{x \to \infty} S(x) = \lim_{x \to \infty} \sqrt{\frac{a}{x^2} + \frac{b}{x}} = 0.$$

B 11.5 Bei einer Tagesproduktion von x Elektrogeräten betragen die Produktionskosten

$$K(x) = x^2 + 150x + 2500 \text{ EUR}.$$

a) Bei welcher Produktionsmenge x sind die Stückkosten minimal? Berechnen Sie diese minimalen Stückkosten.

b) Jedes produzierte Gerät kann die Firma zu 310 EUR verkaufen. Bei welcher Produktionsmenge x ist der Reingewinn maximal? Berechnen Sie diesen maximalen Reingewinn.

Lösung:

a) $S(x) = \frac{K(x)}{x} = \frac{x^2 + 150x + 2500}{x} = x + 150 + \frac{2500}{x}$;

$S'(x) = 1 - \frac{2500}{x^2} = 0$; $x_E = 50$; $S(50) = 250$;

$S''(x) = \frac{5000}{x^3} > 0$;

an der Stelle $x_E = 50$ liegt ein Minimum vor.

b) Reingewinn:

$G(x) = 310x - x^2 - 150x - 2500 = -x^2 + 160x - 2500$;

$G'(x) = -2x + 160 = 0$; $x_E = 80$;

$G''(x) = -2 \quad \Rightarrow$ Maximum bei $x_E = 80$;

$G(80) = 3\,900$ EUR.

B 11.6 Bei einer Produktionsmenge x betragen die Herstellungskosten für ein bestimmtes Gut pro Tag $K(x) = 5x + 200$. Falls der Hersteller pro Mengeneinheit den Preis p [EUR] verlangt, kann er zu diesem Preis die Menge $x = \frac{2880}{p} - 100$ verkaufen. Bei welchem Preis p wird der Tagesgewinn G(x) maximal? Berechnen Sie die zugehörige Absatzmenge x und den Gewinn.

Lösung:

$$G(p) = p \cdot x - K(x) = p \cdot \left(\frac{2880}{p} - 100\right) - 5\left(\frac{2880}{p} - 100\right) - 200$$

$$= 2880 - 100p - \frac{14400}{p} + 500 - 200 = 3180 - 100p - \frac{14400}{p};$$

$$G'(p) = -100 + \frac{14400}{p^2} = 0 \quad \Leftrightarrow \quad p^2 = 144 \quad \Leftrightarrow \quad p_E = 12 \text{ EUR.}$$

$$G''(p) = -\frac{28800}{p^3} < 0 \quad \Rightarrow \quad \text{Maximum.}$$

$$x(12) = \frac{2880}{12} - 100 = 140 \text{ ME}; \quad G(12) = 780 \text{ EUR.}$$

Extremwerte der Durchschnittsfunktionen:
Für die Extremwerte der Durchschnittsfunktion $\frac{f(x)}{x}$ gilt

$$\left(\frac{f(x)}{x}\right)' = \frac{x \cdot f'(x) - f(x)}{x^2} = 0 \quad \Leftrightarrow \quad x_E \cdot f'(x_E) = f(x_E);$$

$$f'(x_E) = \frac{f(x_E)}{x_E}.$$ Im Falle

$$\left(\frac{f(x)}{x}\right)''\Bigg|_{x = x_E} = \frac{f''(x_E)}{x_E} \neq 0 \text{ gilt:}$$

$f''(x_E)$ und x_E haben gleiches Vorzeichen $\Rightarrow$ x_E ist relatives Minimum;

$f''(x_E)$ und x_E haben verschiedene Vorzeichen $\Rightarrow$ x_E ist relatives Maximum.

Für $x_E > 0$ gilt: $f''(x_E) > 0 \Rightarrow$ relatives Minimum;

$f''(x_E) < 0 \Rightarrow$ relatives Maximum.

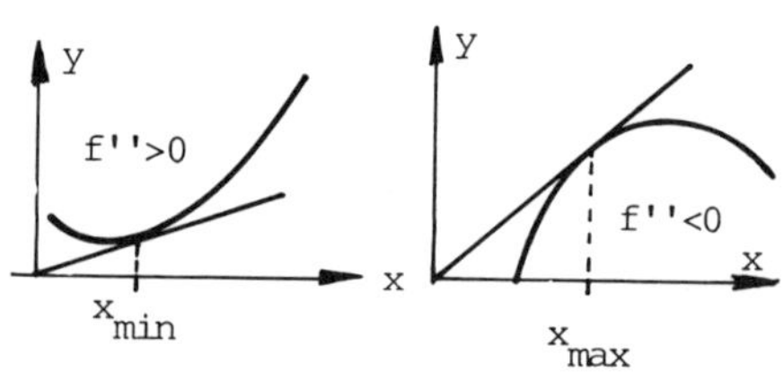

B 11.7 Gegeben ist die Kostenfunktion $K(x) = 5 \cdot e^{\frac{x^2}{32}}$. Bestimmen Sie die minimalen Stückkosten. Weshalb handelt es sich um ein Minimum?

Lösung:

Für ein Extremum von $S(x) = \frac{K(x)}{x}$ gilt

$x_E \cdot K'(x_E) = K(x_E)$.

Aus $K'(x) = \frac{5}{16} \cdot e^{\frac{x^2}{32}} \cdot x$ erhält man die Bestimmungsgleichung

$x^2 \cdot \frac{5}{16} \cdot e^{\frac{x^2}{32}} = 5 \cdot e^{\frac{x^2}{32}}$; Division durch $5 \cdot e^{\frac{x^2}{32}}$ ergibt

$x^2 = 16 \Leftrightarrow x_E = 4$.

Wegen $K''(x) = \left(1 + \frac{1}{16}x^2\right) \cdot \frac{5}{16} \cdot e^{\frac{x^2}{32}} > 0$ handelt es sich um ein Minimum.

B 11.8 Bei einer Produktionsmenge $x \geq 5$ sei $G(x) = 3 \cdot \sqrt{x-5}$ der gesamte Reingewinn.

a) Weshalb besitzt der Gewinn pro Mengeneinheit $\frac{G(x)}{x}$ ein Maximum?

b) Für welche Produktionsmenge wird der Gewinn pro Mengeneinheit maximal? Berechnen Sie diesen maximalen Gewinn pro Mengeneinheit.

Lösung:

a) $G'(x) = \frac{3}{2 \cdot \sqrt{x-5}}$; $\quad G''(x) = -\frac{3}{4 \cdot (x-5)^{\frac{3}{2}}}$.

Wegen $G''(x) < 0$ für $x > 5$ und $G(5) = 0$

existiert ein Maximum von $\frac{G(x)}{x}$.

b) $x \cdot G'(x) = G(x)$;

$\frac{3x}{2 \cdot \sqrt{x-5}} = 3 \cdot \sqrt{x-5}$; $x = 2 \cdot (x-5) = 2x - 10$; $x_{max} = 10$;

$\frac{G(10)}{10} = \frac{3 \cdot \sqrt{5}}{10} = 0{,}67082.$

A 11.1 Ein Gelände habe die Form eines rechtwinkligen Dreiecks mit den Kathetenlängen a und b. Durch Parallelen zu den Katheten soll ein rechteckiger Bauplatz mit maximalem Flächeninhalt gewonnen werden. Bestimmen Sie den maximalen Flächeninhalt.

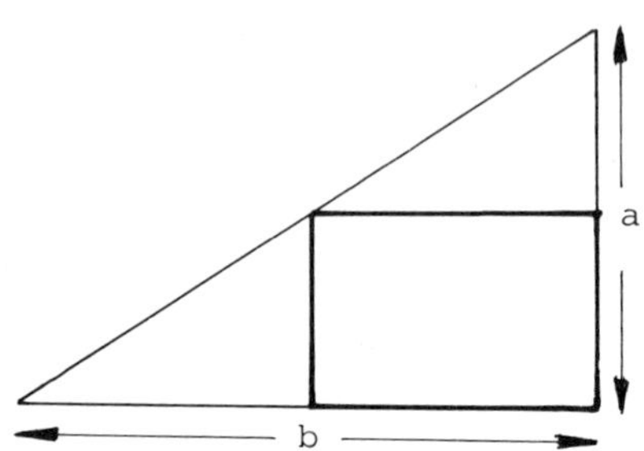

A 11.2 Blechdosen mit dem festen Volumen V_0 haben die Form eines Zylinders. In welchem Verhältnis müssen Radius r und Höhe h stehen, damit die Oberfläche der Dose minimal ist, falls die Dosen
a) oben offen;
b) oben geschlossen sind?
Berechnen Sie den Radius und die Höhe sowie die zugehörige Oberfläche.

A 11.3 Gegeben ist die Parabel $y = c \cdot x^2$ mit $c > 0$ und ein Punkt P auf der positiven x-Achse, der vom Koordinatenursprung a Einheiten entfernt ist. Bestimmen Sie die Koordinaten des Punktes Q auf der Parabel, der am nächsten beim Punkt P liegt.

A 11.4 Ein kegelförmiger Trichter mit der Mantellinie a soll so hergestellt werden, dass sein Volumen maximal ist. Berechnen Sie die Höhe h und das Volumen V.

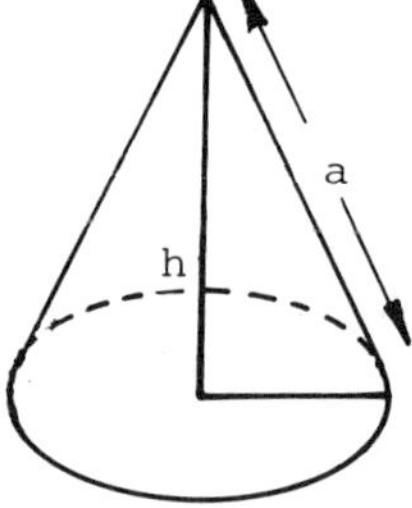

A 11.5 Bestimmen Sie das Volumen desjenigen Zylinders, der in eine Kugel mit dem Radius R einbeschrieben werden kann und maximales Volumen besitzt.

A 11.6 Ein Kegel werde einer Kugel mit dem Radius R einbeschrieben. Berechnen Sie die Höhe des Kegels, für den das Volumen maximal ist.

A 11.7 Gegeben ist die Kostenfunktion $K(x) = \sqrt{4x^2 - 40x + 180}$.

a) Zeigen Sie, dass $K(x) > 0$ ist für alle x.

b) Berechnen Sie die Elastizität $\varepsilon_K(x)$ und den Grenzwert $\lim_{x \to \infty} \varepsilon_K(x)$.

c) Für welches x sind die Stückkosten minimal? Berechnen Sie diese Stückkosten.

d) Wie hoch sind näherungsweise die Stückkosten bei sehr großen Produktionsmengen x?

A 11.8 Gegeben ist die Kostenfunktion $K(x) = 5 \cdot e^{\frac{x^2}{32} - 0,5x}$.

a) Berechnen Sie die Elastizität der Kostenfunktion $K(x)$.

b) Bestimmen Sie die Extremwerte der Elastizität der Kostenfunktion.

c) Berechnen Sie die Elastizität der Stückkosten.

d) An welcher Stelle sind die Stückkosten minimal?

A 11.9 Es sei $K(x)$ eine Kostenfunktion mit der Elastizität $\varepsilon_K(x)$. Beweisen Sie, dass für die Ableitung der Stückkostenfunktion folgende Formel gilt:

$$\left(\frac{K(x)}{x}\right)' = \frac{K(x)}{x^2} \cdot [\varepsilon_K(x) - 1].$$

Die Extremwerte der Stückkostenfunktion liegen somit an denjenigen Stellen, an denen die Elastizität der Kostenfunktion gleich 1 ist.

A 11.10 Gegeben ist die Kostenfunktion $K(x) = \sqrt[3]{0,01x + 10}$.

a) Berechnen Sie die Elastizität der Kostenfunktion.

b) Zeigen Sie mit Hilfe von A 11.9, dass die Stückkostenfunktion an keiner Stelle $x_0 < \infty$ ein Minimum besitzen kann.

A 11.11 Die Produktion von x Mengeneinheiten einer bestimmten Ware mit dem Verkaufspreis $p = 65$ je Mengeneinheit koste

$$K(x) = x^2 + 5x + 400.$$

a) Bei welcher Produktionsmenge x ist der Gesamtgewinn maximal?

b) Bei welchem x sind die Stückkosten maximal?

A 11.12 Gegeben ist die Kostenfunktion $K(x) = 80x + 50x \cdot e^{-0{,}0015x}$. Berechnen Sie im Bereich $250 \leq x \leq 500$ die minimalen Stückkosten.

A 11.13 Gegeben ist die Kostenfunktion $K(x) = \sqrt{50x^2 - 30x + 200}$. Die gesamte Produktionsmenge x kann zum festen Preis p je Mengeneinheit verkauft werden.

a) Bei welcher Produktionsmenge x ist der Stückgewinn maximal?

b) Wie hoch muss der Verkaufspreis p sein, damit ein (positiver) Stückgewinn überhaupt möglich ist?

A 11.14 Gegeben ist die Kostenfunktion $K(x) = 0{,}01x^2 + 1{,}9x + 8$. Bei einem Preis p je Mengeneinheit beträgt die Nachfragemenge

$$N(p) = 20 - 0{,}02p \quad \text{für} \quad 1 \leq p \leq 1000.$$

Bei jeder Preisfestsetzung p je Mengeneinheit mit $1 \leq p \leq 1000$ kann der Hersteller die gesamte Nachfragemenge verkaufen. Bei welcher Produktionsmenge x wird der Reingewinn maximal?

A 11.15 Ein Unternehmen erzielt bei einem Absatz von x Mengeneinheiten einen Gewinn vor Steuern von $G(x) = 20 \cdot \sqrt{x} - 10x$. Pro Mengeneinheit wird eine Steuer der Höhe s erhoben.

a) Bei welcher Absatzmenge ist der Gewinn nach Steuern maximal?

b) Bei welcher Mengensteuer s erzielt der Staat die höchste Steuer? Dabei sei vorausgesetzt, dass von dem Hersteller die Produktionsmenge für den maximalen Gewinn nach Steuern verkauft wird.

c) Berechnen Sie diese maximalen Steuereinnahmen des Staates und den zugehörigen Nettogewinn des Unternehmens.

d) Bei welcher Absatzmenge wäre ohne Steuern der Nettogewinn des Unternehmens maximal? Berechnen Sie diesen maximalen Gewinn.

A 11.16 Bei einem Absatz von x Mengeneinheiten eines Gutes erzielt ein Unternehmen einen Bruttogewinn von

$$G(x) = 300 \cdot \sqrt[3]{x} - 10x + 15.$$

Vom Bruttogewinn muss für jede verkaufte Einheit eine Lizenzgebühr von a Einheiten gezahlt werden.

a) Bei welcher Absatzmenge x ist der Nettogewinn maximal?
b) Bei welcher Lizenzgebühr a erhält der Lizenzgeber maximale Lizenzgebühren? Dabei sei vorausgesetzt, dass der Lizenznehmer seinen Nettogewinn tatsächlich maximiert. Berechnen Sie die maximalen Lizenzgebühren sowie den maximalen Nettogewinn des Unternehmens.
c) Bei welcher Absatzmenge wäre ohne Lizenzgebühren der Nettogewinn des Unternehmens maximal? Berechnen Sie diesen maximalen Nettogewinn.

A 11.17 Bei einer Stahlproduktion von x Mengeneinheiten erleiden die Hersteller einen Verlust von $5 \cdot \sqrt[3]{x^2} + 20$ Einheiten. Um die Arbeitsplätze zu erhalten, zahlt der Staat bei einer Produktionsmenge x eine Subvention von $s \cdot \sqrt{x}$ Einheiten.
Wie groß muss s mindestens sein, damit das Unternehmen überhaupt in der Lage ist, kostendeckend zu arbeiten?

A 11.18 Bei einer Absatzmenge x gilt für einen Monopolisten:

Gesamterlös: $E(x) = 15 \cdot \sqrt{x} - 2x;$

Gesamtkosten: $K(x) = 3 \cdot \sqrt{x} + x + 2.$

a) Bei welcher Produktionsmenge x wird der Reingewinn maximal?
b) Auf die Absatzmenge x werde eine Steuer s pro Mengeneinheit erhoben. Bei welcher Absatzmenge wird der Reingewinn des Monopolisten maximal? Berechnen Sie diesen maximalen Reingewinn.
c) Wie hoch darf die Mengensteuer s höchstens sein, damit der Monopolist beim Gewinnmaximum keinen Verlust erleidet?
d) Bei welchem Steuersatz s sind die Steuereinnahmen des Staates maximal, falls auch der Monopolist seinen Gewinn maximiert?
e) Anstelle der Absatzsteuer verlange der Staat eine Gewinnsteuer und zwar $\alpha\,\%$ vom Reingewinn. Bei welcher Absatzmenge wird für den Monopolisten der Gewinn nach Steuern maximal?

12. Kurvendiskussion

B 12.1 Bestimmen Sie für die Funktion

$$f(x) = \frac{1}{16} \cdot x^2 \cdot (x^2 - 16) = \frac{1}{16} x^4 - x^2$$

Symmetrien, Definitionsbereich, Nullstellen, Extremwerte und Wendepunkte. Skizzieren Sie den Funktionsverlauf.

Lösung:

1. Symmetrie: Wegen $f(-x) = f(x)$ ist die y-Achse Symmetrieachse.

2. Definitionsbereich: $f(x)$ ist für alle $x \in \mathbb{R}$ erklärt, also $D = \mathbb{R}$.

3. Nullstellen: $f(x) = 0 \Leftrightarrow x^2 = 0$ oder $x^2 = 16 \Leftrightarrow$
$x_1 = 0$ (doppelte Nullstelle); $x_2 = 4$; $x_3 = -4$.

4. Ableitungen:

$$f'(x) = \frac{1}{4} x^3 - 2x = \frac{x}{4} \cdot (x^2 - 8);$$

$$f''(x) = \frac{3}{4} x^2 - 2;$$

$$f'''(x) = \frac{3}{2} x;$$

$$f^{(4)}(x) = \frac{3}{2}.$$

5. Extremwerte:
$f'(x) = 0$; $x_4 = 0$; $x_5 = \sqrt{8}$; $x_6 = -\sqrt{8}$;

$f''(0) = -2 \Rightarrow$ an der Stelle $x_4 = 0$ liegt ein relatives Maximum mit $f(0) = 0$;

$f''(\sqrt{8}) = f''(-\sqrt{8}) = 4 > 0 \Rightarrow$ an den Stellen $x_5 = \sqrt{8}$ und

$x_6 = -\sqrt{8}$ liegt ein relatives Minimum.

$f(\sqrt{8}) = f(-\sqrt{8}) = \frac{64}{16} - 8 = -4.$

Relatives Maximum: $P_1(0;0)$.

Relative Minima: $P_2(-\sqrt{8};-4)$; $P_3\sqrt{8};-4)$.

6. Wendepunkte: $f''(x) = 0$; $x^2 = \frac{8}{3}$; $x_7 = \sqrt{\frac{8}{3}}$; $x_8 = -\sqrt{\frac{8}{3}}$;

$f'''(x_7) \neq 0$; $f'''(x_8) \neq 0 \Rightarrow$ Wendepunkte;

$$f\left(\sqrt{\frac{8}{3}}\right) = f\left(\sqrt{\frac{8}{3}}\right) = -\frac{20}{9}.$$

Wendepunkte: $P_4(-\sqrt{\frac{8}{3}}; -\frac{20}{9})$; $P_5(\sqrt{\frac{8}{3}}; -\frac{20}{9})$.

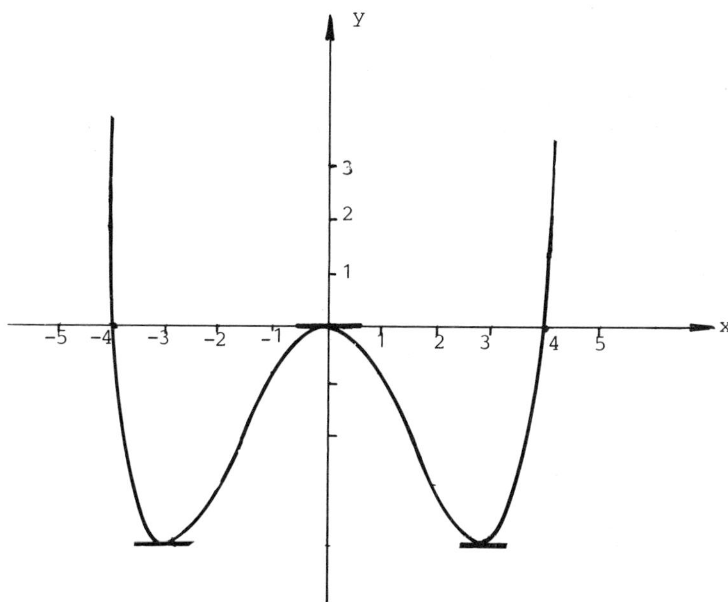

Kurvendiskussion der Funktion f (x):

Definitionsbereich: $D = \{x \in \mathbb{R} \mid f(x) \text{ ist definiert}\}$.

Symmetrie:
Symmetrie zur y-Achse: Falls gilt $f(-x) = f(x)$ für alle x und $-x \in D$, dann heißt die Funktion f ***gerade***;
Punktsymmetrie zum Koordinatenursprung: Gilt $f(-x) = -f(x)$ für alle x und $-x \in D$, dann heißt die Funktion f ***ungerade***.

Nullstelle: x_N ist Nullstelle von f, falls gilt $f(x_N) = 0$.

Relatives Extremum an der Stelle x_E:
Notwendige Bedingung: $f'(x_E) = 0$.
Hinreichende Bedingung: Für ein gerades n gilt

$$f'(x_E) = f''(x_E) = \dots = f^{(n-1)}(x_E) = 0; \quad f^{(n)}(x_E) \neq 0.$$

$f^{(n)}(x_E) < 0 \Rightarrow$ relatives Maximum; $f^{(n)}(x_E) > 0 \Rightarrow$ relatives Minimum.

Wendepunkt an der Stelle x_W: Hinreichende Bedingung: Für ungerades n gilt

$$f''(x_W) = \dots = f^{(n-1)}(x_W) = 0; \quad f^{(n)}(x_W) \neq 0.$$

Sattel- oder ***Waagepunkt***: Einen Wendepunkt mit waagrechter Tangente, also mit $f'(x_W) = 0$, nennt man ***Sattel-*** oder ***Waagepunkt***.

B 12.2 Führen Sie für die folgende Funktion

$$f(x) = 1 + \frac{x}{2} + \frac{5}{18x}$$

eine Kurvendiskussion durch. Skizzieren Sie den Kurvenverlauf. Zeichnen Sie dabei die Asymptoten ein.
Zeigen Sie, dass der Punkt P (0 ; 1) Symmetriepunkt ist.

Lösung:

Definitionsbereich: $D = \{x \in \mathbb{R} \mid x \neq 0\}$.

Nullstellen: $1 + \frac{x}{2} + \frac{5}{18x} = 0 \qquad | \cdot 2x$

$$2x + x^2 = -\frac{5}{9} \quad \Leftrightarrow \quad (x+1)^2 = -\frac{5}{9} + 1 = \frac{4}{9};$$

$$x_{1,2} = -1 \pm \frac{2}{3}; \quad x_1 = -\frac{5}{3}; \quad x_2 = -\frac{1}{3}.$$

Ableitungen:

$$f'(x) = \frac{1}{2} - \frac{5}{18x^2}; \qquad f''(x) = \frac{5}{9x^3}; \qquad f'''(x) = -\frac{5}{3x^4}.$$

Extremwerte:

$$f'(x) = \frac{1}{2} - \frac{5}{18x^2} = 0; \quad 18x^2 = 10; \quad x_3 = -\frac{\sqrt{5}}{3}; \quad x_4 = \frac{\sqrt{5}}{3};$$

$$f''(x_3) < 0 \;\Rightarrow\; \text{rel. Maximum}; \qquad f(x_3) = 1 - \frac{2 \cdot \sqrt{5}}{6};$$

$$f''(x_4) > 0 \;\Rightarrow\; \text{rel. Minimum}; \qquad f(x_4) = 1 + \frac{2 \cdot \sqrt{5}}{6}.$$

Wendepunkt: $f''(x) = \frac{5}{9x^3} = 0$ keine Lösung.

Asymptoten: $\lim\limits_{\substack{x \to 0 \\ x > 0}} f(x) = +\infty; \quad \lim\limits_{\substack{x \to 0 \\ x < 0}} f(x) = -\infty.$

Da x = 0 Polstelle ist, ist die y-Achse Asymptote.

Verhalten für große | x |;

$$\lim_{|x| \to \infty} \left| f(x) - \left(1 + \frac{x}{2}\right) \right| = 0; \quad y = 1 + \frac{x}{2} \text{ ist Asymptote.}$$

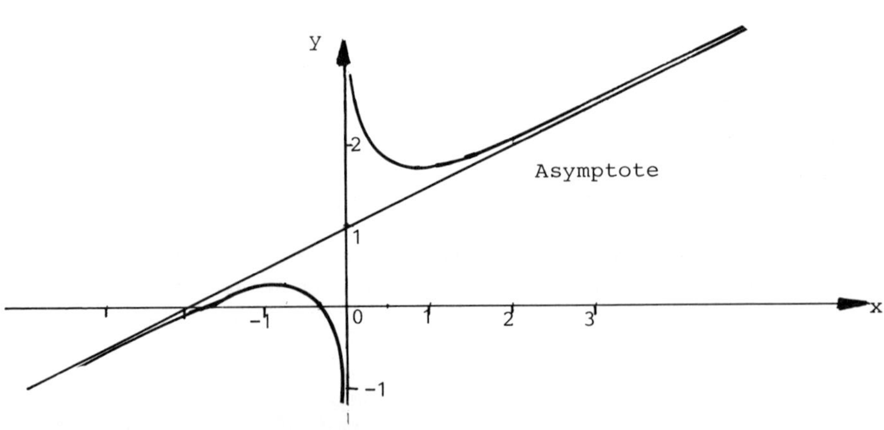

P(0 ; 1) ist genau dann Symmetriepunkt, wenn die parallel verschobene Funktion $g(x) = f(x) - 1$ ungerade ist, falls also gilt

$$f(-x) - 1 = -(f(x) - 1);$$

$$\left.\begin{array}{l} f(-x) - 1 = 1 - \frac{x}{2} - \frac{5}{18x} - 1 = -\frac{x}{2} - \frac{5}{18x} \\ -(f(x) - 1) = -\left(1 + \frac{x}{2} + \frac{5}{18x} - 1\right) = -\frac{x}{2} - \frac{5}{18x} \end{array}\right\} =$$

Damit ist P (0 ; 1) Symmetriepunkt.

Asymptoten:
Die Funktion f(x) hat die ***Asymptote*** $y = mx + b$, falls gilt

$$\lim_{x \to \infty} |f(x) - (mx + b)| = 0 \quad \text{bzw.} \quad \lim_{x \to -\infty} |f(x) - (mx + b)| = 0.$$

Im Falle $\lim_{x \to x_0 +} f(x) = \pm\infty$ bzw. $\lim_{x \to x_0 -} f(x) = \pm\infty$

ist die Parallele zur y-Achse durch den Punkt x_0 ***vertikale Asymptote*** von f(x).

Falls in $f(x) = \frac{u(x)}{v(x)}$ mit $v(x_0) = 0$ und $u(x_0) \neq 0$ gilt, ist x_0 eine ***Polstelle*** mit ***vertikaler Asymptote.***

A 12.1 Ein Polynom 3. Grades hat im Punkt P (2 ; − 44) einen Wendepunkt, $x_N = -2$ ist eine Nullstelle und an der Stelle $x_E = 5$ liegt ein relatives Extremum.

a) Bestimmen Sie die Gleichung des Polynoms.
b) Berechnen Sie alle Extremwerte.
c) Wie lauten die restlichen Nullstellen?

A 12.2 Bestimmen Sie die Nullstellen, Extremwerte und Wendepunkte von folgenden Funktionen:

a) $f(x) = x^2 - 3x + 1$;

b) $f(x) = 2x^2 - 4x + 10$;

c) $f(x) = x^3 - 3x^2 + 2x$;

d) $f(x) = (x + 1)^2 \cdot (x + 2)^2$;

e) $f(x) = x^6 - 9x^4$;

f) $f(x) = x^4 - 4x^3$.

A 12.3 Bestimmen Sie von der Funktion

$$f(x) = \frac{2x-1}{(x-1)^2}$$

Definitionsbereich, Nullstellen, Extremwerte und Wendepunkte. Welche Asymptoten besitzt f(x)? Skizzieren Sie den Kurvenverlauf.

A 12.4 Gegeben ist die Funktion $f(x) = \ln(7 + x - x^2)$. Bestimmen Sie Definitionsbereich, Nullstellen, Extremwerte, Wendepunkte und Asymptoten von f(x) und skizzieren Sie den Kurvenverlauf.

A 12.5 Bestimmen Sie von folgenden Funktionen Definitionsbereich, Nullstellen, Extremwerte, Wendepunkte und Asymptoten:

a) $f(x) = (x^2 + 2x - 1) \cdot e^{-x}$;

b) $f(x) = \ln(x^2 - 4x + 5)$;

c) $f(x) = \ln(x^2 - 4x)$;

d) $f(x) = \frac{x^2 - 3x}{x + 1}$;

e) $f(x) = \frac{x + 2}{\sqrt{x + 1}} - 2$;

f) $f(x) = (\ln(x - 2))^2$;

g) $f(x) = x \cdot \sqrt{x + 2}$;

h) $f(x) = e^{-x} - e^{-2x}$;

i) $f(x) = e^{-x^2}$.

A 12.6 Gegeben ist die logistische Funktion

$$f(x) = \frac{1}{1 + 3 \cdot e^{-2x}}.$$

a) Bestimmen Sie alle eventuell vorhandenen Nullstellen, Extremwerte, Wendepunkte und Asymptoten.
Skizzieren Sie den Kurvenverlauf.

b) Zeigen Sie, dass der Wendepunkt Symmetriepunkt der Kurve ist.

13. Taylorentwicklung

B 13.1 a) Stellen Sie für die Funktion $f(x) = \ln x$ das Taylorpolynom 5. Grades an der Entwicklungsstelle $x_0 = 1$ auf.

b) Berechnen Sie mit Hilfe dieses Taylorpolynoms einen Näherungswert für $\ln 0{,}9$.

c) Geben Sie über die Restgliedabschätzung eine obere Schranke für die Abweichung des in b) berechneten Näherungswertes vom tatsächlichen Wert $\ln 0{,}9$ an.

Lösung:

a) $f(x) = \ln x; \quad f'(x) = \frac{1}{x}; \quad f''(x) = -\frac{1}{x^2}; \quad f'''(x) = \frac{2}{x^3};$

$f^{(4)}(x) = -\frac{6}{x^4}; \quad f^{(5)}(x) = \frac{24}{x^5}; \quad f^{(6)}(x) = -\frac{120}{x^6}.$

Taylorpolynom 5. Grades:

$$T_5(x) = \sum_{k=0}^{5} \frac{f^{(k)}(1)}{k!} \cdot (x-1)^k;$$

$$f^{(0)}(1) = f(1) = \ln 1 = 0; \quad f'(1) = 1;$$

$$f^{(k)}(1) = (-1)^{k-1} \cdot (k-1)! \text{ für } k \geq 2; \quad \frac{f^{(k)}(1)}{k!} = (-1)^{k-1} \cdot \frac{1}{k};$$

$$T_5(x) = 0 + (x-1) - \frac{1}{2}(x-1)^2 + \frac{1}{3}(x-1)^3 - \frac{1}{4}(x-1)^4 + \frac{1}{5}(x-1)^5.$$

b) $\ln 0{,}9 \approx T_5(0{,}9)$; mit $x = 0{,}9$; $x - 1 = -\frac{1}{10}$ erhält man

$$\ln 0{,}9 \approx T_5(0{,}9) = -\frac{1}{10} - \frac{1}{2} \cdot \left(\frac{1}{10}\right)^2 - \frac{1}{3} \cdot \left(\frac{1}{10}\right)^3 - \frac{1}{4} \cdot \left(\frac{1}{10}\right)^4 - \frac{1}{5} \cdot \left(\frac{1}{10}\right)^5$$
$$= -0{,}1053603333.$$

c) Restgliedabschätzung:

$$T_5(x) - f(x) = \frac{f^{(6)}(\eta)}{6!} \cdot (x-1)^6 = \frac{(-0{,}1)^6}{6} \cdot \frac{1}{\eta^6} \quad \text{mit } 0{,}9 < \eta < 1.$$

$$|T_5(0{,}9) - \ln 0{,}9| = \frac{(0{,}1)^6}{6} \cdot \frac{1}{\eta^6} \quad \text{mit } 0{,}9 < \eta < 1.$$

Das Maximum von $\frac{1}{\eta^6}$ wird am linken Rand $\eta = 0{,}9$ angenommen. Daraus folgt

$$|T_5(0{,}9) - \ln 0{,}9| \leq \frac{(0{,}1)^6}{6} \cdot \frac{1}{0{,}9^6} = \frac{1}{6 \cdot 9^6}$$
$$= \frac{1}{3\,188\,646} = 0{,}0000003136.$$

Der Näherungswert ist daher auf mindestens 6 Stellen genau.

Taylorpolynom:
Die Funktion f(x) sei in einer Umgebung von x_0 $(n+1)$-mal stetig differenzierbar. Dann lautet das ***Taylorpolynom n-ten Grades*** an der Entwicklungsstelle x_0

$$T_n(x) = \sum_{k=0}^{n} \frac{f^{(k)}(x_0)}{k!} \cdot (x - x_0)^k \qquad \left(\text{mit } 0! = 1\,;\ f^{(0)}(x_0) = f(x_0)\right)$$

$$= f(x_0) + \frac{f'(x_0)}{1!} \cdot (x - x_0) + \frac{f''(x_0)}{2!} \cdot (x - x_0)^2 + \ldots + \frac{f^{(n)}(x_0)}{n!} \cdot (x - x_0)^n.$$

Bei der Approximation $f(x) \approx T_n(x)$ wird ein Fehler $R_n(x)$ gemacht. $R_n(x)$ nennt man das ***Restglied*** mit der Darstellung

$$f(x) = \underbrace{T_n(x)}_{\text{Näherungewert}} + \underbrace{R_n(x)}_{\text{Fehler}}.$$

Für das Restglied gilt die Darstellung

$$R_n(x) = \frac{f^{(n+1)}(\eta)}{(n+1)!} \cdot (x - x_0)^{n+1}.$$

Dabei liegt die unbekannte Zwischenstelle η zwischen x_0 und x. Gleichwertig ist die Darstellung

$$\eta = x_0 + \vartheta \cdot (x - x_0) \quad \text{mit einem geeigneten } \vartheta \text{ mit } 0 < \vartheta < 1.$$

Über die ***Restgliedabschätzung*** erhält man die Fehlerschranke

$$|R_n(x)| \leq \frac{|x - x_0|^{n+1}}{(n+1)!} \cdot \max_{0 \leq \vartheta \leq 1} \left| f^{(n+1)}\left(x_0 + \vartheta \cdot (x - x_0)\right) \right|.$$

Dabei wird das Maximum der Funktionswerte zwischen x_0 und x berechnet (die Existenz wird hier vorausgesetzt!).

Falls die $(n+1)$-te Ableitungsfunktion $f^{(n+1)}(\eta)$ monoton ist, wird das Maximum am Rand, also bei $\eta = x_0$ oder bei $\eta = x$ angenommen.

B 13.2 a) Für die Funktion $f(x) = \sqrt{4 + x}$ ist das Taylorpolynom 4. Grades an der Entwicklungsstelle $x_0 = 0$ gesucht.
b) Berechnen Sie aus a) einen Näherungswert für $\sqrt{5}$.
c) Geben Sie eine Restgliedabschätzung für diesen Näherungswert an.

Lösung:

a) $f(x) = (4 + x)^{\frac{1}{2}}$; $f(0) = \sqrt{4} = 2$;

$$f'(x) = \frac{1}{2} \cdot (4 + x)^{-\frac{1}{2}} = \frac{1}{2 \cdot \sqrt{4 + x}}; \quad f'(0) = \frac{1}{2 \cdot \sqrt{4}} = \frac{1}{4};$$

$$f''(x) = -\frac{1}{4}\cdot(4+x)^{-\frac{3}{2}} = -\frac{1}{4\cdot\sqrt{(4+x)^3}};$$

$$f''(0) = -\frac{1}{4\cdot 2^3} = -\frac{1}{32};$$

$$f'''(x) = \frac{3}{8}\cdot(4+x)^{-\frac{5}{2}} = \frac{3}{8\cdot\sqrt{(4+x)^5}};$$

$$f'''(0) = \frac{3}{8\cdot 2^5} = \frac{3}{256};$$

$$f^{(4)}(x) = -\frac{15}{16}\cdot(4+x)^{-\frac{7}{2}} = -\frac{15}{16\cdot\sqrt{(4+x)^7}};$$

$$f^{(4)}(0) = -\frac{15}{16\cdot 2^7} = -\frac{15}{2\,048};$$

$$f^{(5)}(x) = \frac{105}{32}\cdot(4+x)^{-\frac{9}{2}} = \frac{105}{32\cdot\sqrt{(4+x)^9}}.$$

$$T_4(x) = 2 + \frac{1}{4}\cdot x - \frac{1}{32}\cdot\frac{x^2}{2!} + \frac{3}{256}\cdot\frac{x^3}{3!} - \frac{15}{2\,048}\cdot\frac{x^4}{4!}$$

$$= 2 + \frac{1}{4}x - \frac{1}{64}x^2 + \frac{1}{512}x^3 - \frac{5}{16\,384}x^4.$$

b) $\sqrt{5} \approx T_4(1) = 2 + \frac{3\,867}{16\,384} = \frac{36\,635}{16\,384} = 2{,}236022949.$

c) $|R_4(1)| = |\sqrt{5} - T_4(1)| = \frac{\left|f^{(5)}(\eta)\right|}{5!}\cdot 1^5 = \frac{105}{5!\cdot 32\cdot\sqrt{(4+\eta)^9}};$

diese Funktion ist in η monoton fallend. Daher nimmt Sie an der Stelle $\eta = 0$ das Maximum mit

$$|\sqrt{5} - T_4(1)| \le \frac{7}{256}\cdot\frac{1}{2^9} = \frac{7}{131072} = 0{,}0000534.$$

Damit ist der Näherungswert auf mindestens 4 Stellen genau.

B 13.3 Bei einem nominellen Jahreszinssatz von p % werde ein Kapital K m-mal unterjährig mit jeweils $\frac{p}{m}$ % mit Zinseszins verzinst. Dann lautet der effektive Jahreszinssatz

$$p_{eff} = f(p) = 100\cdot\left[\left(1 + \frac{p}{100\,m}\right)^m - 1\right];\quad m \ge 2.$$

a) Stellen Sie das Taylorpolynom 2. Grades von f(p) an der Entwicklungsstelle $p_0 = 0$ auf.

b) Schätzen Sie die maximale Abweichung dieses Taylorpolynoms von f(p) im gesamten Intervall [0 ; 10] ab.

c) Berechnen Sie diese maximale Abweichung bei monatlicher Verzinsung.

d) Bestimmen Sie mit Hilfe des Taylorpolynoms aus a) näherungsweise den effektiven Jahreszinsssatz bei monatlicher Verzinsung mit dem nominellen Jahreszinssatz $p = 8\,\%$.

Lösung:

a) $f(p) = 100 \cdot \left[\left(1 + \frac{p}{100\,m} \right)^m - 1 \right]; \quad f(0) = 0;$

$$f'(p) = 100 \cdot m \cdot \left(1 + \frac{p}{100\,m} \right)^{m-1} \cdot \frac{1}{100\,m} = \left(1 + \frac{p}{100\,m} \right)^{m-1};$$

$f'(0) = 1;$

$$f''(p) = \frac{m-1}{100\,m} \cdot \left(1 + \frac{p}{100\,m} \right)^{m-2}; \quad f''(0) = \frac{m-1}{100\,m};$$

$$T_2(p) = p + \frac{m-1}{200\,m} \cdot p^2 .$$

b) $f'''(p) = \frac{(m-1)\cdot(m-2)}{(100\,m)^2} \cdot \left(1 + \frac{p}{100\,m} \right)^{m-3};$

$$|R_2(p)| = \frac{(m-1)\cdot(m-2)}{(100\,m)^2} \cdot \left(1 + \frac{\eta}{100\,m} \right)^{m-3} \cdot \frac{p^3}{3!} \quad (0 < \eta < 10)$$

$$\leq \frac{(m-1)\cdot(m-2)}{10\,000\,m^2} \cdot \left(1 + \frac{10}{100\,m} \right)^{m-3} \cdot \frac{10^3}{3!}$$

$$= \frac{1}{60} \cdot \frac{(m-1)\cdot(m-2)}{m^2} \cdot \left(1 + \frac{1}{10\,m} \right)^{m-3} .$$

c) $m = 12$:

$$|R_2(p)| \leq \frac{1}{60} \cdot \frac{11 \cdot 10}{12^2} \cdot \left(1 + \frac{1}{120} \right)^9 = 0{,}013719 .$$

d) $p_{eff} \approx T_2(8) = 8 + \frac{11}{200 \cdot 12} \cdot 8^2 = 8{,}2933\,\%$ p.a.

B 13.4 a) Bestimmen Sie das Taylorpolynom n-ten Grades der Funktion $f(x) = e^x$ an der Stelle $x_0 = 0$.

b) Wie groß muss n mindestens sein, damit mit Hilfe dieses Taylorpolynoms die Zahl

α) e;

β) $\sqrt{e}$

auf mindestens 6 Stellen genau berechnet werden kann? Geben Sie die entsprechenden Näherungswerte an.

Lösung:

a) Aus $f^{(k)}(x) = e^x$; $f^{(k)}(0) = 1$ für $k = 1, 2, \ldots$ folgt
$T_n(x) = 1 + \frac{x}{1!} + \frac{x^2}{2!} + \frac{x^3}{3!} + \ldots + \frac{x^n}{n!}$.

b) Restglied
$$|R_n(x)| = |e^x - T_n(x)| = \left|\frac{x^{n+1}}{(n+1)!} \cdot e^{\theta x}\right| \le \frac{x^{n+1}}{(n+1)!} \cdot e^x \text{ für } x \ge 0 .$$
Die Berechnung auf 6 Stellen genau bedeutet
$|R_n(x)| \le 5 \cdot 10^{-7}$.

α) $x = 1$; $|R_n(1)| \le \frac{1}{(n+1)!} \cdot e^1 \le \frac{3}{(n+1)!} \le 5 \cdot 10^{-7}$;
$(n+1)! \ge \frac{3}{5} \cdot 10^7 = 6\,000\,000$;
$10! = 3\,628\,800$; $11! = 39\,916\,800 \Rightarrow n + 1 = 11$; $n = 10$.
$e \approx 1 + \frac{1}{1!} + \frac{1}{2!} + \frac{1}{3!} + \ldots + \frac{1}{9!} + \frac{1}{10!} = 2{,}718281801$.

β) $x = \frac{1}{2}$; $|R_n(\frac{1}{2})| \le \frac{1}{2^{n+1} \cdot (n+1)!} \cdot \sqrt{e} \le \frac{2}{2^{n+1} \cdot (n+1)!}$
$$= \frac{1}{2^n \cdot (n+1)!} \le 5 \cdot 10^{-7} = 0{,}0000005;\ n \ge 7.$$
$$\sqrt{e} \approx 1 + \frac{1}{2 \cdot 1!} + \frac{1}{4 \cdot 2!} + \frac{1}{8 \cdot 3!} + \frac{1}{16 \cdot 4!} + \frac{1}{32 \cdot 5!} + \frac{1}{64 \cdot 6!} + \frac{1}{128 \cdot 7!}$$
$= 1{,}6487212$.

Taylorreihe:
Für ein festes x gelte
$$\max_{0 \le \vartheta \le 1} \left| f^{(n+1)}\left(x_0 + \vartheta \cdot (x - x_0)\right) \right| \le c \quad \text{für alle } n \in \mathbb{N}$$
mit einer Konstanten c. Dann gilt für das Restglied
$$\lim_{n \to \infty} R_n(x) = 0.$$
Damit lässt sich f(x) in die ***Taylorreihe***
$$f(x) = \lim_{n \to \infty} T_n(x) = \sum_{k=0}^{\infty} \frac{f^{(k)}(x_0)}{k!} \cdot (x - x_0)^k$$
entwickeln. In diesem Fall kann der Funktionswert f(x) durch $T_n(x)$ beliebig genau approximiert werden, wenn n nur groß genug gewählt wird.

B 13.5 Gegeben ist die Ertragsfunktion $f(x) = x - \frac{1}{18} - \ln(1+x)$, $x > 0$. Die Ausbringungsmenge x mit $f(x) = 0$ soll näherungsweise bestimmt werden.

a) Bestimmen Sie als Näherungswert die Nullstellen des Taylorpolynoms zweiten Grades von $f(x)$ an der Stelle $x_0 = 0$.

b) Um wie viel weicht f an der positiven Nullstelle aus a) von 0 höchstens ab?

Lösung:

a) $f(x) = x - \frac{1}{18} - \ln(1+x);$ $\qquad f(0) = -\frac{1}{18};$

$f'(x) = 1 - \frac{1}{1+x};$ $\qquad f'(0) = 0;$

$f''(x) = \frac{1}{(1+x)^2};$ $\qquad f''(0) = 1.$

$$T_2(x) = -\frac{1}{18} + \frac{x^2}{2} = 0; \quad x^2 = \frac{1}{9}; \; x = \frac{1}{3} \text{ (einzige positive Lösung).}$$

b) $f'''(x) = -\frac{2}{(1+x)^3};$

$$|R_2(\tfrac{1}{3})| = \left(\frac{1}{3}\right)^3 \cdot \frac{1}{3!} \cdot \frac{2}{(1+\eta)^3} \le \frac{2}{3^3 \cdot 3! \cdot 1} = \frac{1}{81}.$$

Nullstellen einer Funktion $f(x)$ können näherungsweise über die Nullstellen eines Taylorpolynoms 2. Grades berechnet werden, sofern die Entwicklungsstelle x_0 in der Nähe der Nullstelle x_N liegt.
Die Bestimmung von ***Schnittpunkten*** der Funktionen $g(x) = h(x)$ kann auf die Berechnung der Nullstellen von $f(x) = g(x) - h(x)$ zurückgeführt werden.
Näherungswerte für Nullstellen bzw. Schnittpunkte erhält man meistens aus einer groben Skizze.

A 13.1 a) Bestimmen Sie das Taylorpolynom 5. Grades der Funktion $f(x) = x \cdot \ln x$ an der Stelle $x_0 = 1$.

b) Berechnen Sie mit Hilfe dieses Polynoms Näherungswerte für $2 \cdot \ln 2$ und $\ln\sqrt{0{,}5}$.

c) Führen Sie für die beiden Näherungswerte aus b) eine Fehlerabschätzung durch.

A 13.2 Gegeben ist die Funktion

$$f(x) = (x-1)^4 + (x-3)^4 + (x+2)^3 + (x-5)^2 .$$

Stellen Sie f mit Hilfe der Taylorentwicklung als Polynom mit Potenzen von x dar. Berechnen Sie zur Probe beide Funktionswerte an der Stelle $x = 2$.

A 13.3 Entwickeln Sie das Polynom $x^3 + 5x^2 + 10x + 10$ nach Potenzen von $x + 1$.

A 13.4 a) Bestimmen Sie das Taylorpolynom 3. Grades von

$f(x) = \sqrt[5]{32 + x}$ an der Stelle $x_0 = 0$.

b) Berechnen Sie mit Hilfe dieses Taylorpolynoms Näherungswerte für

α) $\sqrt[5]{50}$;

β) $\sqrt[5]{40}$;

γ) $\sqrt[5]{33}$.

c) Führen Sie für alle 3 Näherungen eine Fehlerabschätzung durch.

A 13.5 Gesucht sind die x-Koordinaten der beiden Schnittpunkte der Funktionen

$$h(x) = e^x \quad \text{und} \quad g(x) = 5x + \frac{11}{2}x^2 ,$$

die in der Nähe des Nullpunkts $x_0 = 0$ liegen.

a) Berechnen Sie Näherungswerte für diese Schnittpunkte über die Nullstellen des Taylorpolynoms 2. Grades für die Funktion $f(x) = h(x) - g(x)$ an der Entwicklungsstelle $x_0 = 0$.

b) Um wie viel weicht $f(x)$ an den Näherunsgstellen höchstens von Null ab (Restgliedabschätzung)?

A 13.6 Bestimmen Sie das Taylorpolynom 6. Grades der Funktion

$$f(x) = e^{(e^x)}$$

an der Entwicklungsstelle $x_0 = 0$. Berechnen Sie hiermit einen Näherungswert für e^e.

A 13.7 a) Bestimmen Sie das Taylorpolynom 7. Grades der Funktion $f(x) = x^4 \cdot \ln x$ an der Stelle $x_0 = 1$.
b) Berechnen Sie einen Näherungswert für $0{,}5^4 \cdot \ln 0{,}5$.
c) Geben Sie für diesen Näherungswert eine Fehlerschranke an.

A 13.8 a) Bestimmen Sie für $f(x) = \sin^2 x$ das Taylorpolynom 6. Grades an der Stelle $x_0 = 1$.
b) Bestimmen Sie das Taylorpolynom vom Grade 2n an der Entwicklungsstelle $x_0 = 1$.

A 13.9 Die Kostenfunktion $K(x) = 0{,}25x^4 + 0{,}3x^3 - 0{,}5x^2 - x + 2$ besitzt im Intervall $[1;2]$ ein relatives Extremum, das näherunsgweise bestimmt werden soll.
a) Berechnen Sie dazu von $K'(x)$ an der Stelle $x_0 = 1$ ein Taylorpolynom 2. Grades. Bestimmen Sie als Näherungswert von x_E die entsprechende Nullstelle dieses Taylorpolynoms.
b) Handelt es sich um ein Maximum oder ein Minimum von $K(x)$?
c) Um wie viel weicht $K'(x_E)$ von 0 ab?

A 13.10 Gesucht sind die Nullstellen der Kostenfunktion

$$K(x) = e^{-x} + 10x^2 + 10x - 3, \ x \geq 0.$$

a) Weshalb besitzt die Funktion $K(x)$ für $x \geq 0$ genau eine Nullstelle, die in der Nähe des Nullpunkts liegt?
b) Bestimmen Sie einen Näherungswert x_N für diese Nullstelle über das Taylorpolynom 2. Grades an der Entwicklungsstelle $x_0 = 0$.
c) Führen Sie an der Stelle x_N eine Restgliedabschätzung durch.

14. Integralrechnung bei einer Variablen

B 14.1 Berechnen Sie die folgenden unbestimmten Integrale:

a) $\int 5x^3 dx$;

b) $\int (2x^4 - 4x^3 + 2x^2 - 3x + 5)\, dx$;

c) $\int \sqrt[3]{x^2}\, dx$;

d) $\int \sqrt[5]{x \cdot \sqrt[3]{x}}\, dx$;

e) $\int \left(\frac{1}{x} + 5\right) dx$;

f) $\int 8 \cdot e^x\, dx$;

g) $\int (10^x + 5^x)\, dx$;

h) $\int (2 \cdot \sin x + 3 \cdot \cos x)\, dx$;

i) $\int \frac{1}{\sqrt[6]{x^5}}\, dx$;

j) $\int \frac{x^2 - \sqrt{x} + 2}{\sqrt[3]{x}}\, dx$.

Lösung:

a) $\int 5x^3 dx = \frac{5}{4} x^4 + C$ (C = Integrationskonstante);

b) $\int (2x^4 - 4x^3 + 2x^2 - 3x + 5)\, dx = \frac{2}{5} x^5 - x^4 + \frac{2}{3} x^3 - \frac{3}{2} x^2 + 5x + C$;

c) $\int \sqrt[3]{x^2}\, dx = \int x^{\frac{2}{3}} dx = \frac{3}{5} \cdot x^{\frac{5}{3}} + C = \frac{3}{5} \cdot x \cdot \sqrt[3]{x^2} + C$;

d) $\int \sqrt[5]{x \cdot \sqrt[3]{x}}\, dx = \int \left(x \cdot x^{\frac{1}{3}}\right)^{\frac{1}{5}} dx = \int x^{\frac{4}{15}} dx = \frac{15}{19} \cdot x^{\frac{19}{15}} + C$

$= \frac{15}{19} \cdot \sqrt[15]{x^{19}} + C = \frac{15}{19} \cdot x \cdot \sqrt[15]{x^4} + C$;

e) $\int \left(\frac{1}{x} + 5\right) dx = \ln|x| + 5x + C$;

f) $\int 8 \cdot e^x\, dx = 8 \cdot e^x + C$;

g) $\int (10^x + 5^x)\, dx = \frac{10^x}{\ln 10} + \frac{5^x}{\ln 5} + C$;

h) $\int (2 \cdot \sin x + 3 \cdot \cos x)\, dx = -2 \cdot \cos x + 3 \cdot \sin x + C$;

i) $\int \frac{1}{\sqrt[6]{x^5}}dx = \int x^{-\frac{5}{6}}dx = \frac{1}{\frac{1}{6}} \cdot x^{\frac{1}{6}} + C = 6 \cdot \sqrt[6]{x} + C;$

j) $\int \frac{x^2 - \sqrt{x} + 2}{\sqrt[3]{x}}dx = \int (x^2 - x^{\frac{1}{2}} + 2) \cdot x^{-\frac{1}{3}}dx$

$= \int \left(x^{\frac{5}{3}} - x^{\frac{1}{6}} + 2x^{-\frac{1}{3}}\right)dx = \frac{3}{8}x^{\frac{8}{3}} - \frac{6}{7}x^{\frac{7}{6}} + 3x^{\frac{2}{3}} + C$

$= \frac{3}{8}x^2 \cdot \sqrt[3]{x^2} - \frac{6}{7}x \cdot \sqrt[6]{x} + 3 \cdot \sqrt[3]{x^2} + C.$

Jede Funktion F(x) mit $F'(x) = f(x)$ heißt ***Stammfunktion*** von f(x). Zwei Stammfunktionen $F_1(x)$ und $F_2(x)$ zur gleichen Funktion f(x) unterscheiden sich höchstens durch eine additive Konstante C, d.h.

$$F_1'(x) = F_2'(x) = f(x) \quad \Rightarrow \quad F_2(x) = F_1(x) + C\,.$$

Integrationsregeln:

$$\int (a \cdot f(x) + b \cdot g(x))dx = a \cdot \int f(x)\,dx + b \cdot \int g(x)\,dx$$

für beliebige Konstanten a, $b \in \mathbb{R}$.

Die Menge aller Stammfunktionen von f(x) heißt ***unbestimmtes Integral*** von f(x), bezeichnet mit

$$\int f(x)\,dx + C\,.$$

Spezielle unbestimmte Integrale:

$\int x^\alpha dx = \frac{1}{\alpha+1} \cdot x^{\alpha+1} + C$ für $\alpha \in \mathbb{R}, \alpha \neq -1;$

$\int \frac{1}{x}dx = \ln|x| + C;$

$\int a^x dx = \frac{a^x}{\ln a} + C$ für $a > 0;$

$\int e^x dx = e^x + C;$

$\int \sin x\,dx = -\cos x + C;$

$\int \cos x\,dx = \sin x + C.$

B 14.2 Berechnen Sie die folgenden bestimmten Integrale:

a) $\int_1^2 (2x^2 + 3x + 4)\,dx;$ b) $\int_1^8 \frac{1}{\sqrt[3]{x}}dx;$

c) $\int_0^4 \frac{(x+1)^2}{\sqrt{x}}dx;$ d) $\int_0^{\ln 5} e^x\,dx;$

e) $\int_1^{e^a} \frac{1}{x}dx$, $a \in \mathbb{R}$, $a > 0;$ f) $\int_0^\pi \sin x\,dx.$

Lösung:

a) $\int\limits_1^2 (2x^2+3x+4)\,dx = \left(\frac{2}{3}x^3+\frac{3}{2}x^2+4x\right)\Big|_1^2$
$= \frac{16}{3}+6+8-(\frac{2}{3}+\frac{3}{2}+4) = \frac{79}{6};$

b) $\int\limits_1^8 \frac{1}{\sqrt[3]{x}}\,dx = \int\limits_1^8 x^{-\frac{1}{3}}\,dx = \frac{3}{2}x^{\frac{2}{3}}\Big|_1^8 = \frac{3}{2}\cdot\left(8^{\frac{2}{3}}-1^{\frac{2}{3}}\right) = \frac{3}{2}\cdot(4-1) = \frac{9}{2};$

c) $\int\limits_0^4 \frac{(x+1)^2}{\sqrt{x}}\,dx = \int\limits_0^4 \frac{x^2+2x+1}{\sqrt{x}}\,dx = \int\limits_0^4 \left(x^{\frac{3}{2}}+2x^{\frac{1}{2}}+x^{-\frac{1}{2}}\right)dx$
$= \left(\frac{2}{5}x^{\frac{5}{2}}+\frac{4}{3}x^{\frac{3}{2}}+2x^{\frac{1}{2}}\right)\Big|_0^4 = \frac{2}{5}\cdot 32+\frac{4}{3}\cdot 8+2\cdot 2 = \frac{412}{15};$

d) $\int\limits_0^{\ln 5} e^x\,dx = e^x\,\big|_0^{\ln 5} = e^{\ln 5}-1 = 5-1 = 4;$

e) $\int\limits_1^{e^a} \frac{1}{x}\,dx = \ln x\,\big|_1^{e^a} = \ln e^a - \ln 1 = a;$

f) $\int\limits_0^{\pi} \sin x\,dx = -\cos x\,\big|_0^{\pi} = -\cos\pi+\cos 0 = 2.$

Bestimmte Integrale lassen sich mit Hilfe einer beliebigen Stammfunktion berechnen durch

$$\int\limits_a^b f(x)\,dx = F(x)\,\big|_a^b = F(b)-F(a), \quad \text{falls} \quad F'(x) = f(x).$$

B 14.3 Berechnen Sie die folgenden unbestimmten Integrale:

a) $\int x\cdot(x^2+10)^{25}\,dx;$

b) $\int \frac{3x^2+8x+1}{x^3+4x^2+x+2}\,dx;$

c) $\int x\cdot e^{x^2}\,dx;$

d) $\int \frac{\ln x}{x}\,dx.$

Lösung:

a) Mit Hilfe der Substitution $x^2+10 = u;\ 2x\,dx = du$ erhält man

$\int x\cdot(x^2+10)^{25}\,dx = \frac{1}{2}\int u^{25}du = \frac{1}{2\cdot 26}\cdot u^{26} = \frac{1}{52}(x^2+10)^{26}+C;$

b) (Zähler = Ableitung des Nenners)

Substitution: $x^3+4x^2+x+2=u$; $(3x^2+8x+1)\,dx=du$;

$$\int \frac{3x^2+8x+1}{x^3+4x^2+x+2}\,dx = \int \frac{du}{u} = \ln|u|+C$$
$$= \ln|x^3+4x^2+x+2|+C;$$

c) Substitution: $x^2=u$; $2x\,dx=du$;

$$\int x\cdot e^{x^2}\,dx = \frac{1}{2}\cdot\int e^u\,du = \frac{1}{2}\cdot e^u+C = \frac{1}{2}\cdot e^{x^2}+C;$$

d) Substitution: $\ln x=u$; $\frac{dx}{x}=du$;

$$\int \frac{\ln x}{x}\,dx = \int u\,du = \frac{1}{2}u^2+C = \frac{1}{2}\cdot(\ln x)^2+C.$$

Substitutionsregeln:

Das Integral $\int f(g(x))\cdot g'(x)\,dx$ geht mit Hilfe der Substitution

$$g(x)=u;\quad g'(x)\,dx=du$$

über in

$$\int f(g(x))\cdot g'(x)\,dx = \int f(u)\,du\Big|_{u=g(x)}.$$

Mit Hilfe der Substitution $x=h(u)$; $dx=h'(u)\,du$ gilt

(↑ Ableitung nach u)

$$\int f(x)\,dx = \int f(h(u))\cdot h'(u)\,du\Big|_{x=h(u)}.$$

Diese Substitution ist dann empfehlenswert, wenn das Integral auf der rechten Seite einfacher zu lösen ist.

Bei bestimmten Integralen können die Grenzen mittransformiert werden, falls g(x) bzw. h(u) streng monoton sind:

$$\int_a^b f(g(x))\cdot g'(x)\,dx = \int_{g(a)}^{g(b)} f(u)\,du$$

bzw.

$$\int_a^b f(x)\,dx = \int_{h^{-1}(a)}^{h^{-1}(b)} f(h(u))\cdot h'(u)\,du.$$

B 14.4 Berechnen Sie die folgenden bestimmten Integrale:

a) $\int_{-2}^{3}\sqrt{2x+5}\,dx$; b) $\int_{1}^{10}\frac{x^2}{2x^3+5}\,dx$;

c) $\int_{-1}^{0}x^2\cdot(2x^3+5)^4\,dx$; d) $\int_{1}^{9}\frac{(\sqrt{x}-1)^3}{\sqrt{x}}\,dx$;

e) $\int\limits_0^1 \frac{e^x - e^{-x}}{e^x + e^{-x}} dx$; f) $\int\limits_0^{\frac{\pi}{2}} \cos^5 x \cdot \sin x \, dx$.

Lösung:

a) Substitution: $2x + 5 = u$; $2dx = du$; $dx = \frac{1}{2} du$;

$x = -2 \Rightarrow u = 1$; $x = 3 \Rightarrow u = 11$;

$$\int\limits_{-2}^{3} \sqrt{2x+5}\, dx = \frac{1}{2} \cdot \int\limits_1^{11} \sqrt{u}\, du = \frac{1}{2} \cdot \int\limits_1^{11} u^{\frac{1}{2}} du = \frac{1}{2} \cdot \frac{2}{3} \cdot u^{\frac{3}{2}} \Big|_1^{11}$$
$$= \frac{1}{3} \cdot u \cdot \sqrt{u} \Big|_1^{11} = \frac{1}{3} \cdot (11 \cdot \sqrt{11} - 1) \approx 11{,}8276 .$$

b) Substitution: $2x^3 + 5 = u$; $6x^2 \, dx = du$; $x^2 dx = \frac{1}{6} du$;

$x = 1 \Rightarrow u = 7$; $x = 10 \Rightarrow u = 2\,005$;

$$\int\limits_1^{10} \frac{x^2}{2x^3 + 5} dx = \frac{1}{6} \cdot \int\limits_7^{2005} \frac{du}{u} = \frac{1}{6} \cdot \ln u \Big|_7^{2005}$$
$$= \frac{1}{6} \cdot (\ln 2005 - \ln 7) = \frac{1}{6} \cdot \ln \frac{2005}{7} \approx 0{,}942915 .$$

c) Substitution: $2x^3 + 5 = u$; $6x^2 \, dx = du$; $x^2 dx = \frac{1}{6} du$;

$x = -1 \Rightarrow u = 3$; $x = 0 \Rightarrow u = 5$;

$$\int\limits_{-1}^{0} x^2 (2x^3 + 5)^4 dx = \frac{1}{6} \int\limits_3^5 u^4 du = \frac{1}{30} u^5 \Big|_3^5 = \frac{1}{30} \cdot (5^5 - 3^5) = \frac{1\,441}{15} .$$

d) Substitution: $\sqrt{x} - 1 = u$; $\frac{1}{2 \cdot \sqrt{x}} dx = du$;

$x = 1 \Rightarrow u = 0$; $x = 9 \Rightarrow u = 2$;

$$\int\limits_1^9 \frac{(\sqrt{x} - 1)^3}{\sqrt{x}} dx = 2 \cdot \int\limits_0^2 u^3 du = \frac{1}{2} \cdot u^4 \Big|_0^2 = 8 .$$

e) Substitution: $e^x + e^{-x} = u$; $(e^x - e^{-x})\, dx = du$;

$x = 0 \Rightarrow u = 2$; $x = 1 \Rightarrow u = e + \frac{1}{e}$;

$$\int\limits_0^1 \frac{e^x - e^{-x}}{e^x + e^{-x}} dx = \int\limits_2^{e + \frac{1}{e}} \frac{du}{u} = \ln u \Big|_2^{e + \frac{1}{e}} = \ln (e + \tfrac{1}{e}) - \ln 2 \approx 0{,}433781.$$

f) Substitution: $\cos x = u$; $-\sin x \, dx = du$;

$x = 0 \Rightarrow u = 1$; $x = \frac{\pi}{2} \Rightarrow u = 0$;

$$\int\limits_0^{\frac{\pi}{2}} \cos^5 x \cdot \sin x \, dx = -\int\limits_1^0 u^5 du = -\frac{u^6}{6} \Big|_1^0 = \frac{1}{6} .$$

B 14.5 Berechnen Sie die folgenden Integrale:

a) $\int x^{\alpha} \cdot \ln x \, dx$ für $\alpha \in \mathbb{R}$;

b) $\int x^{\alpha} \cdot (\ln x)^2 \, dx$ für $\alpha \in \mathbb{R}$;

c) $\int x^2 \cdot e^x \, dx$;

d) $\int_1^2 x^3 \cdot e^{x^2} \, dx$;

e) $\int_0^{\frac{\pi}{2}} x \cdot \sin x \, dx$.

Lösung:

a) 1. Fall: $\alpha = -1$; $\ln x = u$; $\frac{dx}{x} = du$;

$$\int \frac{\ln x}{x} dx = \int u \, du = \frac{u^2}{2} + C = \frac{1}{2} \cdot (\ln x)^2 + C.$$

2. Fall: $\alpha \neq -1$ (partielle Integration)

$$\int \underbrace{x^{\alpha}}_{g'(x)} \cdot \underbrace{\ln x}_{f(x)} dx = \underbrace{\frac{x^{\alpha+1}}{\alpha+1}}_{g(x)} \cdot \underbrace{\ln x}_{f(x)} - \int \underbrace{\frac{x^{\alpha+1}}{\alpha+1}}_{g(x)} \cdot \underbrace{\frac{1}{x}}_{f'(x)} dx$$

$$= \frac{x^{\alpha+1}}{\alpha+1} \cdot \ln x - \frac{1}{\alpha+1} \cdot \int x^{\alpha} dx$$

$$= \frac{x^{\alpha+1}}{\alpha+1} \cdot \ln x - \frac{x^{\alpha+1}}{(\alpha+1)^2} + C$$

$$= \frac{x^{\alpha+1}}{\alpha+1} \cdot \left(\ln x - \frac{1}{\alpha+1} \right) + C.$$

Damit gilt

$$\int x^{\alpha} \cdot \ln x \, dx = \begin{cases} \frac{1}{2} \cdot (\ln x)^2 + C & \text{für } \alpha = -1; \\ \frac{x^{\alpha+1}}{\alpha+1} \cdot \left(\ln x - \frac{1}{\alpha+1} \right) + C & \text{für } \alpha \neq -1. \end{cases}$$

b) 1. Fall: $\alpha = -1$; $\ln x = u$; $\frac{dx}{x} = du$;

$$\int \frac{(\ln x)^2}{x} dx = \int u^2 \, du = \frac{u^3}{3} + C = \frac{1}{3} \cdot (\ln x)^3 + C.$$

2. Fall: $\alpha \neq -1$ (partielle Integration)

$$\int \underbrace{x^{\alpha}}_{g'(x)} \cdot \underbrace{(\ln x)^2}_{f(x)} dx = \frac{x^{\alpha+1}}{\alpha+1} \cdot (\ln x)^2 - \int \frac{x^{\alpha+1}}{\alpha+1} \cdot \frac{2 \cdot \ln x}{x} dx$$

$$= \frac{x^{\alpha+1}}{\alpha+1} \cdot (\ln x)^2 - \frac{2}{\alpha+1} \cdot \int x^{\alpha} \cdot \ln x \, dx \text{ (siehe a))}$$

$$= \frac{x^{\alpha+1}}{\alpha+1} \cdot \left((\ln x)^2 - \frac{2}{\alpha+1} \cdot \ln x + \frac{2}{(\alpha+1)^2} \right) + C .$$

Damit gilt

$$\int x^{\alpha} \cdot (\ln x)^2 dx = \begin{cases} \frac{1}{3} \cdot (\ln x)^3 + C & \text{für } \alpha = -1; \\ \frac{x^{\alpha+1}}{\alpha+1} \cdot \left((\ln x)^2 - \frac{2}{\alpha+1} \cdot \ln x + \frac{2}{(\alpha+1)^2} \right) + C & \text{für } \alpha \neq -1. \end{cases}$$

c) $\int \underbrace{x^2}_{f(x)} \cdot \underbrace{e^x}_{g'(x)} dx = x^2 \cdot e^x - 2 \cdot \int \underbrace{x}_{f(x)} \cdot \underbrace{e^x}_{g'(x)} dx$

$$= x^2 \cdot e^x - 2x \cdot e^x + 2 \cdot \int e^x dx$$

$$= x^2 \cdot e^x - 2x \cdot e^x + 2e^x + C = (x^2 - 2x + 2) \cdot e^x + C.$$

d) Substitution: $x^2 = u ;\ 2x\,dx = du ;$

$x = 1 \Rightarrow u = 1 ;\ x = 2 \Rightarrow u = 4 ;$

$$\int_1^2 x^3 \cdot e^{x^2} dx = \frac{1}{2} \cdot \int_1^4 \underbrace{u}_{f(u)} \cdot \underbrace{e^u}_{g'(u)} du = \frac{1}{2} \cdot u \cdot e^u \Big|_1^4 - \frac{1}{2} \cdot \int_1^4 e^u du$$

$$= \frac{1}{2} \cdot (u-1) \cdot e^u \Big|_1^4 = \frac{1}{2} \cdot 3 \cdot e^4 - 0 = \frac{3}{2} \cdot e^4 .$$

e) $\int_0^{\frac{\pi}{2}} \underbrace{x}_{f(x)} \cdot \underbrace{\sin x}_{g'(x)} dx = -x \cdot \cos x \,|_0^{\pi/2} + \int_0^{\frac{\pi}{2}} \cos x \, dx = 0 + \sin x \,|_0^{\pi/2}$

$= 1.$

Die ***partielle Integration***

$$\int f(x) \cdot g'(x) \, dx = f(x) \cdot g(x) - \int f'(x) \cdot g(x) \, dx$$

sollte dann benutzt werden, wenn das Integral $\int f'(x) \cdot g(x) \, dx$ einfacher zu berechnen ist als das gesuchte Integral $\int f(x) \cdot g'(x) \, dx$.

B 14.6 Berechnen Sie im Falle der Existenz die folgenden uneigentlichen Integrale:

a) $\int\limits_1^\infty \frac{dx}{x^2}$;

b) $\int\limits_0^1 \frac{dx}{x^3}$;

c) $\int\limits_1^{10} \frac{dx}{\sqrt{x-1}}$;

d) $\int\limits_0^1 \ln x \, dx$;

e) $\int\limits_1^2 \frac{dx}{x \cdot \ln x}$;

f) $\int\limits_1^e \frac{dx}{x \cdot \sqrt{\ln x}}$;

g) $\int\limits_1^a \frac{x\,dx}{\sqrt{x-1}}$, $a \in \mathbb{R}$; $a > 1$.

Lösung:

a) $$\int\limits_1^\infty \frac{dx}{x^2} = \lim_{b\to\infty} \int\limits_1^b \frac{dx}{x^2} = \lim_{b\to\infty} -\frac{1}{x}\Big|_1^b = \lim_{b\to\infty} (1 - \frac{1}{b}) = 1\,.$$

b) $$\int\limits_0^1 \frac{dx}{x^3} = \lim_{\varepsilon\to 0} \int\limits_\varepsilon^1 \frac{dx}{x^3} = \lim_{\varepsilon\to 0} -\frac{1}{2x^2}\Big|_\varepsilon^1 = \lim_{\varepsilon\to 0} \frac{1}{2} \cdot (\frac{1}{\varepsilon^2} - 1) = \infty$$

(Integral existiert nicht).

c) $$\int\limits_1^{10} \frac{dx}{\sqrt{x-1}} = \lim_{\varepsilon\to 1} \int\limits_\varepsilon^{10} \frac{dx}{\sqrt{x-1}} = \lim_{\varepsilon\to 1} 2 \cdot \sqrt{x-1}\,\Big|_\varepsilon^{10}$$

$$= \lim_{\varepsilon\to 1} 2 \cdot (3 - \sqrt{\varepsilon - 1}\,) = 6\,.$$

d) Nach B 14.5a) gilt mit $\alpha = 0$

$$\int \ln x \, dx = \int x^0 \cdot \ln x \, dx = x \cdot (\ln x - 1) + C.$$

Hieraus folgt

$$\int\limits_0^1 \ln x \, dx = \lim_{\varepsilon\to 0} x \cdot (\ln x - 1)\Big|_\varepsilon^1 = \lim_{\varepsilon\to 0} [\,-1 - \varepsilon \cdot (\ln \varepsilon - 1)]$$

$$= \lim_{\varepsilon\to 0} (\,-1 + \varepsilon - \varepsilon \cdot \ln \varepsilon)\,.$$

Mit dem unbestimmten Ausdruck $\lim\limits_{\varepsilon\to 0} \varepsilon \cdot \ln \varepsilon \; (\,= 0 \cdot (\,-\infty)\,)$

erhält man nach der Regel von de L'Hospital

$$\lim_{\varepsilon\to 0} \varepsilon\cdot\ln\varepsilon = \lim_{\varepsilon\to 0} \frac{\ln\varepsilon}{\frac{1}{\varepsilon}} = \lim_{\varepsilon\to 0} \frac{\frac{1}{\varepsilon}}{-\frac{1}{\varepsilon^2}} = \lim_{\varepsilon\to 0}(-\varepsilon) = 0.$$

Damit gilt $\int\limits_0^1 \ln x\,dx = -1.$

e) Substitution: $\ln x = u;\ \frac{dx}{x} = du;$

$x = 1 \Rightarrow u = 0;\ x = 2 \Rightarrow u = \ln 2;$

$$\int\limits_1^2 \frac{dx}{x\cdot\ln x} = \int\limits_0^{\ln 2} \frac{du}{u} = \lim_{\varepsilon\to 0} \ln u\,\Big|_\varepsilon^{\ln 2} = \lim_{\varepsilon\to 0}\,[\ln(\ln 2) - \ln\varepsilon] = \infty.$$

Wegen der Divergenz existiert das uneigentliche Integral nicht.

f) Substitution: $\ln x = u;\ \frac{dx}{x} = du;$

$x = 1 \Rightarrow u = 0;\ x = e \Rightarrow u = 1;$

$$\int\limits_1^e \frac{dx}{x\cdot\sqrt{\ln x}} = \int\limits_0^1 \frac{du}{\sqrt{u}} = \lim_{\varepsilon\to 0} 2\cdot\sqrt{u}\,\Big|_\varepsilon^1 = \lim_{\varepsilon\to 0}\, 2\cdot(1-\sqrt{\varepsilon}\,) = 2.$$

g) Substitution: $x - 1 = u;\quad dx = du;$

$x = 1 \Rightarrow u = 0;\ x = a \Rightarrow u = a - 1;$

$$\int\limits_1^a \frac{x\,dx}{\sqrt{x-1}} = \int\limits_0^{a-1} \frac{(1+u)}{\sqrt{u}}\,du = \int\limits_0^{a-1} \left(\frac{1}{\sqrt{u}} + \sqrt{u}\right) du$$

$$= \lim_{\varepsilon\to 0} \int\limits_\varepsilon^{a-1} \left(u^{-\frac{1}{2}} + u^{\frac{1}{2}}\right) du = \lim_{\varepsilon\to 0}\,\left(2\cdot\sqrt{u} + \frac{2}{3}u\cdot\sqrt{u}\,\right)\Big|_\varepsilon^{a-1}$$

$$= 2\cdot\sqrt{a-1} + \frac{2}{3}\cdot(a-1)\cdot\sqrt{a-1} = \frac{2}{3}\cdot\sqrt{a-1}\cdot(2+a).$$

Im Falle der Existenz heißen die Grenzwerte

$$\lim_{b\to\infty} \int\limits_a^b f(x)\,dx = \int\limits_a^\infty f(x)\,dx;\qquad \lim_{a\to-\infty} \int\limits_a^b f(x)\,dx = \int\limits_{-\infty}^b f(x)\,dx;$$

$$\int\limits_{x_0}^c f(x)\,dx = \lim_{\varepsilon\to 0} \int\limits_{x_0+\varepsilon}^c f(x)\,dx,\qquad \text{falls } \lim_{x\to x_0} f(x) = \pm\infty$$

uneigentliche Integrale.

A 14.1 Berechnen Sie die folgenden unbestimmten Integrale:

a) $\int (\sqrt[5]{x^2} + 2e^x + 10^x + 2^{-x})\,dx$;

b) $\int x \cdot (x^2 - 1)^5\,dx$;

c) $\int \sin^4 x \cdot \cos x\,dx$;

d) $\int \frac{x+2}{x-1}\,dx$;

e) $\int x \cdot (\sin x + \cos x)\,dx$;

f) $\int e^{\sqrt{x}}\,dx$;

g) $\int x \cdot 2^x\,dx$;

h) $\int \frac{e^{\sqrt{x}}}{\sqrt{x}}\,dx$;

i) $\int 10^x \cdot \sin(10^x)\,dx$;

j) $\int \frac{1}{2 + \sqrt{x+1}}\,dx$.

A 14.2 Berechnen Sie die bestimmten Integrale

a) $\int_1^4 (x + \frac{1}{\sqrt{x}})^2\,dx$;

b) $\int_4^{16} \sqrt{x} \cdot (1 + 2 \cdot \sqrt{x})\,dx$;

c) $\int_1^{\ln 2} (e^x + \frac{1}{x})\,dx$;

d) $\int_2^3 \frac{x^3}{(x^4 - 10)^2}\,dx$;

e) $\int_e^{e^2} \frac{1}{(\ln x)^6} \cdot \frac{1}{x}\,dx$;

f) $\int_1^{10} \frac{\ln \sqrt{x}}{2x}\,dx$;

g) $\int_0^1 \sqrt{x} \cdot \sqrt{(1 + x \cdot \sqrt{x})}\,dx$;

h) $\int_0^{\frac{\pi}{2}} x^2 \cdot \sin x\,dx$;

i) $\int\limits_{e}^{e^5} \frac{dx}{x \cdot \ln x}$;

j) $\int\limits_{0}^{\pi} x^3 \cdot \sin x \, dx$;

k) $\int\limits_{1}^{e^3} \frac{dx}{x \cdot \sqrt[3]{1 + \ln x}}$;

l) $\int\limits_{1}^{e} \sqrt{x} \cdot \ln x \, dx$;

m) $\int\limits_{0}^{1} 2x^3 \cdot e^{x^2} \, dx$.

A 14.3 Berechnen Sie im Falle der Existenz die folgenden uneigentlichen Integrale:

a) $\int\limits_{0}^{\infty} e^{-5x} \, dx$;

b) $\int\limits_{1}^{\infty} \frac{x^2 + x + 5}{x^4} \, dx$;

c) $\int\limits_{1}^{\infty} \frac{e^{\frac{1}{x}}}{x^2} \, dx$;

d) $\int\limits_{-\infty}^{0} x^2 \cdot e^x \, dx$;

e) $\int\limits_{0}^{1} \frac{dx}{x^\alpha}$;

f) $\int\limits_{0}^{20} \frac{dx}{\sqrt[3]{(x-5)^2}}$;

g) $\int\limits_{0}^{3} \frac{x}{\sqrt{9 - x^2}} \, dx$;

h) $\int\limits_{1}^{e} \frac{dx}{x \cdot \sqrt{\ln x}}$.

A 14.4 Für welche $\alpha \in \mathbb{R}$ existiert das uneigentliche Integral

$$\int\limits_{1}^{c} \frac{dx}{x \cdot (\ln x)^\alpha} \quad \text{mit } c > 1?$$

15. Anwendungen der Integralrechnung

B 15.1 Berechnen Sie den Inhalt derjenigen Figur, die von der Parabel $y = x^3 - 7x^2 + 10x$ und der Abszissenachse eingeschlossen wird. Skizzieren Sie dazu den Funktionsverlauf innerhalb der Nullstellen.

Lösung:

$f(x) = x^3 - 7x^2 + 10x = x \cdot (x^2 - 7x + 10)$;

Nullstellen: $x_1 = 0$; $x^2 - 7x = -10$; $(x - \frac{7}{2})^2 = -10 + \frac{49}{4} = \frac{9}{4}$.

$x_{2,3} = \frac{7}{2} \pm \frac{3}{2}$; $x_2 = 2$; $x_3 = 5$;

Extremwerte: $f'(x) = 3x^2 - 14x + 10 = 0$; $x_{4,5} = \frac{1}{3} \cdot (7 \pm \sqrt{19})$.

$$F_1 = \int_0^2 (x^3 - 7x^2 + 10x)\,dx = \left(\frac{x^4}{4} - \frac{7}{3}x^3 + 5x^2\right)\Big|_0^2 = 4 - \frac{56}{3} + 20 = \frac{16}{3};$$

$$F_2 = -\int_2^5 (x^3 - 7x^2 + 10x)\,dx = -\left(\frac{x^4}{4} - \frac{7}{3}x^3 + 5x^2\right)\Big|_2^5 = -\left(\frac{625}{4} - \frac{875}{3} + 125\right) + \frac{16}{3} = \frac{125}{12} + \frac{16}{3} = \frac{189}{12}.$$

Gesamtfläche: $F_1 + F_2 = \frac{253}{12}$.

Flächenberechnung:

Für $f(x) \geq 0$ stellt $\int_a^b f(x)\,dx$ den Inhalt der Fläche dar, der von der Kurve f und der Abszissenachse über dem Intervall $[a; b]$ aufgespannt wird.

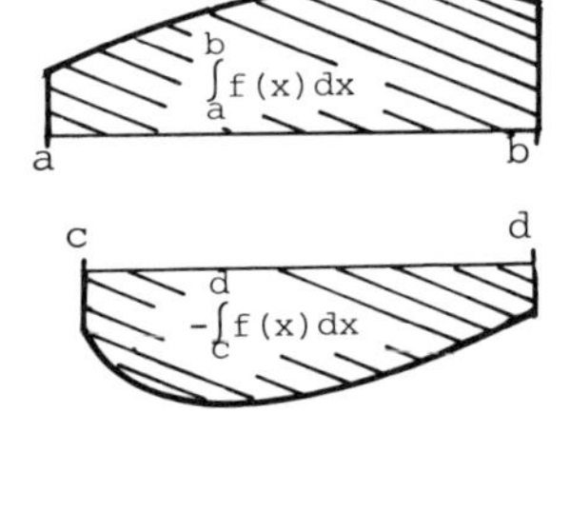

Für $f(x) \leq 0$ ist $\int_c^d f(x)\,dx$ negativ. Dann ist $-\int_c^d f(x)\,dx$ der Inhalt unterhalb der Abszissenachse zwischen c und d.

$\int_a^b f(x)\,dx$ stellt die Differenz der Inhalte der Flächen oberhalb und unterhalb der x-Achse dar.

B 15.2 Gesucht ist der Inhalt der Fläche, die von den beiden Parabeln $y = x^2 - 2$ und $y = 3 - x^2$ begrenzt wird.

Lösung:

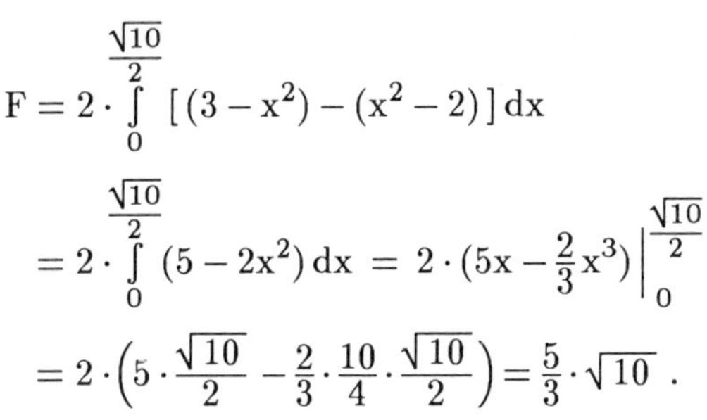

Schnittpunkte:

$$x^2 - 2 = 3 - x^2;\quad x^2 = \frac{5}{2};$$

$$x_1 = -\frac{\sqrt{10}}{2};\quad x_2 = \frac{\sqrt{10}}{2}.$$

Wegen des Symmetrie zur y-Achse gilt

$$F = 2 \cdot \int_0^{\frac{\sqrt{10}}{2}} [(3 - x^2) - (x^2 - 2)]\,dx$$

$$= 2 \cdot \int_0^{\frac{\sqrt{10}}{2}} (5 - 2x^2)\,dx = 2 \cdot (5x - \tfrac{2}{3}x^3)\Big|_0^{\frac{\sqrt{10}}{2}}$$

$$= 2 \cdot \left(5 \cdot \frac{\sqrt{10}}{2} - \frac{2}{3} \cdot \frac{10}{4} \cdot \frac{\sqrt{10}}{2}\right) = \frac{5}{3} \cdot \sqrt{10}\,.$$

> Im Intervall $[a; b]$ sei $f(x) \geq g(x)$. Dann stellt
>
> $$\int_a^b [f(x) - g(x)]\,dx$$
>
> den ***Inhalt*** derjenigen ***Fläche*** dar, die von den beiden Kurven f und g über dem Intervall $[a; b]$ begrenzt wird.

B 15.3 Gegeben ist die Grenzkostenfunktion

$$k(x) = \frac{2x}{\sqrt[3]{(43 + 3x^2)^2}}.$$

a) Gesucht ist die zugehörige Kostenfunktion K (x) mit $K(10) = 7$.

b) Bestimmen Sie sämtliche Kostenfunktionen, welche die Grenzkostenfunktion k (x) besitzen.

Lösung:

a) $$K(x) - K(10) = \int_{10}^{x} k(u)\,du = \int_{10}^{x} 2u \cdot (43 + 3u^2)^{-\frac{2}{3}}\,du$$

$$= (43 + 3u^2)^{\frac{1}{3}}\Big|_{10}^{x} = \sqrt[3]{43 + 3x^2} - \sqrt[3]{43 + 300}$$

$$= \sqrt[3]{43 + 3x^2} - 7\,;$$

$$K(x) = K(10) + \sqrt[3]{43 + 3x^2} - 7;$$

$$K(x) = \sqrt[3]{43 + 3x^2}.$$

b) Alle Stammfunktionen von k(x) bilden die zugehörigen Kostenfunktionen

$$K(x) = \sqrt[3]{43 + 3x^2} + C, \quad C \text{ beliebige Konstante.}$$

Zu einer vorgegebenen ***Grenzkostenfunktion*** k(x) ist die zugehörige ***Kostenfunktion*** K(x) mit K′(x) und vorgegebenem Funktionswert $K(x_0)$ an der Stelle x_0 bestimmt durch

$$K(x) - K(x_0) = \int_{x_0}^{x} k(u)\,du.$$

Alle Kostenfunktionen K(x) mit $K'(x) = k(x)$ sind gegeben durch

$$K(x) = \int k(x)\,dx + C \qquad \text{mit einer Integrationskonstanten } C \in \mathbb{R}.$$

B 15.4 a) Gesucht sind alle Funktionen f(x), welche die Elastizität $\varepsilon_f(x) = \frac{1}{x}$ für $x > 0$ besitzen.

b) Welche Funktion f(x) mit $f(1) = 1$ besitzt die obige Elastizität?

Lösung:

a) $$\varepsilon_f(x) = x \cdot \frac{f'(x)}{f(x)} = \frac{1}{x}; \quad \frac{f'(x)}{f(x)} = \frac{1}{x^2};$$

$$\int \frac{f'(x)}{f(x)} dx = \int \frac{1}{x^2} dx;$$

$$\ln|f(x)| = -\frac{1}{x} + C; \quad |f(x)| = e^{-\frac{1}{x} + C} = e^C \cdot e^{-\frac{1}{x}} = b \cdot e^{-\frac{1}{x}}$$

mit $b = e^C > 0$.

$$f(x) = \pm b \cdot e^{-\frac{1}{x}} = c \cdot e^{-\frac{1}{x}} \quad \text{mit } c \neq 0.$$

b) $$1 = f(1) = c \cdot e^{-1} = \frac{c}{e} \quad \Rightarrow \quad c = e.$$

$$f(x) = e \cdot e^{-\frac{1}{x}} = e^{1 - \frac{1}{x}}.$$

Sämtliche Funktionen f (x), welche eine ***vorgegebene Elastizität*** $\varepsilon_f(x)$ besitzen, erhält man aus

$$\varepsilon_f(x) = x \cdot \frac{f'(x)}{f(x)}; \quad \frac{f'(x)}{f(x)} = \frac{\varepsilon_f(x)}{x}$$

durch Integration

$$\int \frac{f'(x)}{f(x)} dx = \int \frac{\varepsilon_f(x)}{x} dx \quad \Rightarrow \quad \ln|f(x)| = \int \frac{\varepsilon_f(x)}{x} dx + C;$$

$$|f(x)| = b \cdot e^{\int \frac{\varepsilon_f(x)}{x} dx}, \; b > 0; \quad f(x) = c \cdot e^{\int \frac{\varepsilon_f(x)}{x} dx} \quad \text{mit } c \neq 0.$$

Durch die Vorgabe eines Funktionswertes $f(x_0)$ ist die Konstante c und damit die Funktion f(x) eindeutig bestimmt.

B 15.5 In Abhängigkeit vom Preis p je Mengeneinheit sei

$A(p) = 0{,}5\,p^2 - 0{,}5\,p - 3$ für $p \geq 3$ die Angebotsfunktion

und

$N(p) = 15{,}6 - 0{,}4\,p$ für $p \leq 39$ die Nachfragefunktion.

a) Gesucht ist der Marktpreis p_M.
b) Berechnen Sie die Konsumentenrente K.
c) Berechnen Sie die Produzentenrente P.

Lösung:

a) Für den Marktpreis p_M gilt $A(p_M) = N(p_M)$.

$A(p) = N(p) \quad \Rightarrow \quad 0{,}5\,p^2 - 0{,}5\,p - 3 = 15{,}6 - 0{,}4\,p;$

$0{,}5\,p^2 - 0{,}1\,p = 18{,}6 \qquad | \cdot 2$

$p^2 - 0{,}2\,p = 37{,}2 \quad \Leftrightarrow \quad (p - 0{,}1)^2 = 37{,}2 + 0{,}1^2 = 37{,}21;$

$p_{1,2} = 0{,}1 \pm \sqrt{37{,}21}; \qquad p_M = 6{,}2$ (positive Lösung).

b) $K = \int\limits_{6,2}^{39} (15{,}6 - 0{,}4\,p)\,dp = (15{,}6\,p - 0{,}2\,p^2)\Big|_{6,2}^{39}$

$= 608{,}4 - 304{,}2 - 96{,}72 + 7{,}688 = 215{,}168$ ME.

c) $P = \int\limits_{3}^{6,2} (0{,}5\,p^2 - 0{,}5\,p - 3)\,dp = (\frac{1}{6}p^3 - \frac{1}{4}p^2 - 3\,p)\Big|_{3}^{6,2}$

$= 18{,}261\overline{3}$ ME.

Angebotsfunktion A(p) und ***Nachfragefunktion*** N(p) beschreiben die von den Produzenten angebotene bzw. die von den Konsumenten nachgefragte Produktionsmenge in Abgängigkeit vom Preis p je ME.

Für den ***Marktpreis*** p_M gilt

$$A(p_M) = N(p_M).$$

Falls sofort der Marktpreis p_M als Preis festgestzt wird, sparen die Kunden, die auch höhere Preise akzeptiert hätten, die

Konsumentenrente

$$K = \int_{p_M}^{p_0} N(p)\,dp.$$

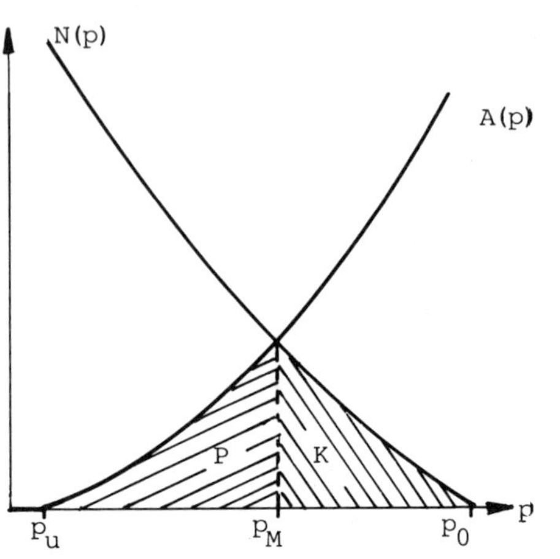

P = Produzentenrente
K = Konsumentenrente
p_M = Marktpreis

Die Anbieter, die ihre Ware auch billiger verkauft hätten, erzielen bei der sofortigen Festsetzung des Marktpreises als Mehrerlös die

Produzentenrente

$$P = \int_{p_u}^{p_M} A(p)\,dp.$$

B 15.6 Für die nächsten T Jahre erwartet ein Unternehmen einen von der Zeit t abhängigen Kapitalstrom von $5 + 2t + 3 \cdot e^{0,001\,t}$, $0 \le t \le T$.

a) Berechnen Sie den Barwert v(T) dieses Kapitalstroms in [0;T] bei stetiger Verzinsung mit dem nominellen Jahreszinssatz von p = 5%.

b) Wie lautet der Kapitalendwert K(T) zum Zeitpunkt T?

c) Berechnen Sie den Grenzwert $\lim\limits_{T\to\infty} v(T)$.

Lösung:

$$\text{a) } v(T) = \int_0^T (5 + 2t + 3 \cdot e^{0,001\,t}) \cdot e^{-0,05\,t}\,dt$$

$$= \int_0^T \underbrace{5 + 2t}_{f} \cdot \underbrace{e^{-0,05\,t}}_{g'}\,dt \;+\; 3 \cdot \int_0^T e^{-0,049\,t}\,dt$$

$$= -20\cdot(5+2t)\cdot e^{-0{,}05\,t}\Big|_0^T + 40\cdot\int_0^T e^{-0{,}05\,t}\,dt + 3\cdot\int_0^T e^{-0{,}049\,t}\,dt$$

$$= -(100+40t+800)\cdot e^{-0{,}05\,t}\Big|_0^T - \frac{3}{0{,}049}\cdot e^{-0{,}049\,t}\Big|_0^T$$

$$= -(900+40\,T)\cdot e^{-0{,}05\,T} + 900 - \frac{3\,000}{49}\cdot e^{-0{,}049\,T} + \frac{3\,000}{49}$$

$$= 900 + \frac{3\,000}{49}\cdot\left(1 - e^{-0{,}049\,T}\right) - (900+40\,T)\cdot e^{-0{,}05\,T}.$$

b) $K(T) = e^{0{,}05\,T}\cdot v(T)$

$$= \left(900 + \frac{3\,000}{49}\right)\cdot e^{0{,}05\,T} - \frac{3\,000}{49}\cdot e^{-0{,}001\,T} - 900 - 40\,T.$$

c) Wegen $\lim\limits_{T\to\infty} e^{-c\,T} = 0$ und $\lim\limits_{T\to\infty} T\cdot e^{-c\,T} = 0$ für $c > 0$ gilt

$$\lim_{T\to\infty} v(T) = 900 + \frac{3\,000}{49}.$$

Innerhalb des Zeitintervalls $[0\,;t]$, $t > 0$, erwirtschafte ein Unternehmen den Ertrag $B(t)$. Dann heißt die Ableitungsfunktion $b(t) = B'(t)$ der ***Ertragsstrom*** oder ***Grenzertrag***. Dabei gilt die lokale Näherung

$$\text{Ertragszuwachs in } [t\,;t+\Delta t] = B(t+\Delta t) - B(t) \approx b(t)\cdot\Delta t.$$

Bei einer stetigen Verzinsung mit dem nominellen Jahreszinssatz von p % heißt

$$v(T) = \int_0^T b(t)\cdot e^{-\frac{p}{100}t}\,dt$$

der ***Gegenwartswert*** (abgezinster Barwert) und

$$K(T) = v(T)\cdot e^{\frac{p}{100}t}$$

der ***Endwert*** (zum Zeitpunkt T) des Kapitalstroms in $[0\,;T]$.

A 15.1 Berechnen Sie die Inhalte aller beschränkter Flächen, die durch die Parabel $y = x^2$ und die beiden Geraden
$g_1: y = 3 + 2x$ und $g_2: y = 3 - 2x$
begrenzt werden.

A 15.2 Die Funktion $f(x)$ mit $f(0) = 5$ besitze die Elastizität $\varepsilon_f(x) = 2x^2 + x$. Bestimmen Sie $f(x)$.

A 15.3 $\varepsilon_f(x) = x^2 \cdot e^x$ sei die Elastizität einer Funktion $f(x)$ mit $f(1) = 2$. Bestimmen Sie die Funktion f.

A 15.4 Die Grenzkosten in Abhängigkeit von der Zeit t seien gegeben durch

$k(t) = 2t \cdot e^{-t^2}$.

Zu welchem Zeitpunkt t_0 nimmt die Kostenfunktion $K(t)$ mit $K(0) = 5$ den Wert 5,5 an?

A 15.5 Gegeben ist die Nachfragefunktion $N(p) = \frac{2\,275}{\sqrt{p}}$ und die Angebotsfunktion $A(p) = 30 + \sqrt{p}$.

a) Berechnen Sie den Marktpreis.

b) Berechnen Sie die Konsumentenrente für die Preisobergrenze 1 600.

c) Gesucht ist die Produzentenrente für die Preisuntergrenze 400.

A 15.6 Gegeben ist der Ertragsstrom $b(t) = 2 + 2t + 0{,}01\,t^2$. Das Kapital werde mit dem nominellen Jahreszinssatz $p = 8\,\%$ stetig verzinst. Berechnen Sie

a) den Barwert $v(T)$ des in $[0;T]$ anfallenden Ertragsstroms;

b) den Endwert $K(T)$ zum Zeitpunkt T.

c) Existiert der Grenzwert $\lim_{T\to\infty} v(T)$?

d) Welchem effektiven Jahreszinssatz entspricht diese stetige Verzinsung?

A 15.7 Bestimmen Sie sämtliche Funktionen mit den Elastizitäten

a) $\varepsilon_f(x) = c$ (Konstante);

b) $\varepsilon_f(x) = c \cdot x^\alpha$; $c, \alpha \in \mathbb{R}$ mit $\alpha \neq 0$.

A 15.8 Wie muss die Preisobergrenze p_o festgelegt werden, damit die Konsumentenrente für die Nachfragefunktion

$N(p) = \frac{1}{1+p}$ bei einem Marktpreis $p_M = 1$ den Wert 2 hat?

A 15.9 Gegeben sei die Nachfragefunktion $f(p) = p^3 \cdot e^{-p}$.

a) Zeigen Sie, dass die Nachfragefunktion für $p > 3$ monoton fallend ist.

b) Berechnen Sie die Konsumentenrente bei einem Marktpreis $p_M = 5$ und einer Preisobergrenze $p_o = 10$.

c) Wie groß kann die Konsumentenrente bei einem Marktpreis $p_M = 5$ höchstens sein?

A 15.10 Der Ertragsstrom $b(t) = 10^5 \cdot \left(\frac{10\,000}{t^2} + 5\right) \cdot e^{\frac{100}{t}}$, $t > 0$, werde mit dem nominellen Jahreszinssatz von 5 % stetig verzinst.

a) Berechnen Sie den Barwert $v(T)$ des in $[1;T]$ anfallenden Ertrags.

e) Berechnen Sie den Grenzwert $\lim\limits_{T\to\infty} v(T)$.

A 15.11 Die Grenzkosten in Abhängigkeit der Zeit t seien gegeben durch

$k(t) = 2t\, e^{-t^2}$.

Bestimmen Sie den Zeitpunkt $T > 0$, zu dem die Kostenfunktion

$$K(T) = \int_0^T k(t)\, dt$$

den Wert $1 - e^{-4}$ annimmt.

16. Stetigkeit und partielle Ableitungen von Funktionen mehrerer Variablen

B 16.1 Gesucht ist der Definitionsbereich der folgenden Funktionen:

a) $f(x, y) = \sqrt{x^2 + y^2 - 16}$;

b) $f(x, y) = \ln(2y^2 - 4x + 2)$;

c) $f(x, y) = \sin(x^2 - y^2) + e^{x \cdot y} + x \cdot y$;

d) $f(x, y) = \dfrac{x^2 + y^2}{x + y}$;

e) $f(x, y) = \dfrac{x + y}{x^2 + y^2}$.

Lösung:

a) $D = \{(x, y) \in \mathbb{R}^2 \mid x^2 + y^2 \geq 16\}$. D ist ein Gebiet auf oder außerhalb des Kreises um den Koordinatenursprung O mit dem Radius $r = 4$.

b) $D = \{(x, y) \in \mathbb{R}^2 \mid y^2 > 2x - 1\}$. D ist ein Gebiet oberhalb der Parabel $y^2 = 2x - 1$. Die Parabelpunkte gehören nicht zu D.

c) $D = \mathbb{R}^2$. Die Funktion ist für alle $(x, y) \in \mathbb{R} \times \mathbb{R}$ definiert.

d) $D = \{(x, y) \in \mathbb{R}^2 \mid y \neq -x\}$. f ist nur auf der zweiten Winkelhalbierenden $y = -x$ nicht erklärt.

e) Nur für $(x, y) = (0, 0)$ ist f nicht definiert. $D = \mathbb{R}^2 \setminus \{(0, 0)\}$.

B 16.2 Untersuchen Sie folgende Funktionen auf Stetigkeit:

a) $f(x, y) = \sqrt{5 + x^2 + y^2} + \ln(x^2 - y) + e^{x \cdot y}$;

b) $f(x, y) = \begin{cases} \dfrac{x \cdot y}{x^2 + y^2} & \text{für } (x, y) \neq (0, 0); \\ 0 & \text{für } (x, y) = (0, 0); \end{cases}$

c) $f(x, y) = \begin{cases} \dfrac{x^2 \cdot y^2}{x^2 + y^2} & \text{für } (x, y) \neq (0, 0); \\ 0 & \text{für } (x, y) = (0, 0). \end{cases}$

Lösung:

a) Wegen der Stetigkeit der Funktionen $\sqrt{u}$, $\ln u$ und e^u ist f an jeder Stelle $(x_0, y_0) \in \mathbb{R}^2$ stetig.

b) An jeder Stelle $(x_0, y_0) \neq (0, 0)$ ist f stetig wegen

$$\lim_{\substack{x \to x_0 \\ x \to y_0}} f(x, y) = \lim_{\substack{x \to x_0 \\ y \to y_0}} \frac{x \cdot y}{x^2 + y^2} = \frac{x_0 \cdot y_0}{x_0^2 + y_0^2} = f(x_0, y_0).$$

$(x_0, y_0) = (0, 0)$ (Koordinatenursprung):
(x, y) konvergiere auf der Geraden $y = \alpha x$ mit $\alpha \neq 0$ gegen $(0, 0)$. Dann gilt

$$\lim_{\substack{x \to 0 \\ y \to 0}} f(x, y) = \lim_{\substack{x \to 0 \\ y \to 0}} \frac{\alpha x^2}{x^2 + \alpha^2 x^2} = \frac{\alpha}{1 + \alpha^2} \neq 0 = f(0, 0) \text{ für } \alpha \neq 0.$$

Damit ist die Funktion f an der Stelle $(0, 0)$ nicht stetig.

c) An jeder Stelle $(x_0, y_0) \neq (0, 0)$ ist f stetig wegen

$$\lim_{\substack{x \to x_0 \\ x \to y_0}} f(x, y) = \lim_{\substack{x \to x_0 \\ y \to y_0}} \frac{x^2 \cdot y^2}{x^2 + y^2} = \frac{x_0^2 \cdot y_0^2}{x_0^2 + y_0^2} = f(x_0, y_0).$$

$(x_0, y_0) = (0, 0)$ (Koordinatenursprung):

<u>1.Fall:</u> $x = 0; y \neq 0; f(0, y) = \frac{0}{y^2} = 0; \lim_{y \to 0} f(0, y) = 0 = f(0, 0);$

<u>2.Fall:</u> $x \neq 0;$

$$0 \leq f(x, y) = \frac{y^2}{1 + \left(\frac{y}{x}\right)^2} \leq y^2; \quad \lim_{\substack{x \to 0 \\ y \to 0}} f(x, y) = 0 = f(0, 0);$$

f ist auch an der Stelle $(0, 0)$, also überall stetig.

Die Funktion $z = f(x_1, x_2, \ldots, x_n)$ ist an der Stelle $(\hat{x}_1, \hat{x}_2, \ldots, \hat{x}_n)$ ***stetig***, wenn gilt

$$\lim_{\substack{x_i \to \hat{x}_i \\ i=1,2,\ldots,n}} f(x_1, x_2, \ldots, x_n) = f(\hat{x}_1, \hat{x}_2, \ldots, \hat{x}_n).$$

Dabei dürfen die Komponenten x_i beliebig gegen $\hat{x}_i$ konvergieren.

Eine an jeder Stelle $(\hat{x}_1, \hat{x}_2, \ldots, \hat{x}_n) \in D$ stetige Funktion f heißt ***stetig***.

B 16.3 Berechnen Sie für die nachfolgenden Funktionen alle partiellen Ableitungen erster Ordnung:

a) $f(x,y) = x^5 + y^3 + x^2 \cdot y^3 + (x^2+y)^3$;

b) $f(x,y) = \ln(x^2 + y^4)$;

c) $f(x,y) = y^x$;

d) $f(x,y) = \ln\left(y + \sqrt{x^2+y^2}\right)$;

e) $f(x,y,z) = x^{y \cdot z}$;

f) $f(x,y,z) = \dfrac{x^3 + 2xz^2}{x^2+y^2}$;

g) $f(x_1, x_2, x_3, x_4, x_5, x_6) = x_1^2 + 2x_2x_3 + x_4^2 + x_4x_5x_6 + \sqrt{x_1x_3}$.

Lösung:

a) $f_x(x,y) = 5x^4 + 2xy^3 + 6x \cdot (x^2+y)^2$;

$f_y(x,y) = 3y^2 + 3x^2y^2 + 3 \cdot (x^2+y)^2$;

b) $f_x(x,y) = \dfrac{2x}{x^2+y^4}$; $\quad f_y(x,y) = \dfrac{4y^3}{x^2+y^4}$;

c) $f_x(x,y) = y^x \cdot \ln y$; $\quad f_y(x,y) = x \cdot y^{x-1}$;

$$\text{d) } f_x(x,y) = \frac{\dfrac{x}{\sqrt{x^2+y^2}}}{y+\sqrt{x^2+y^2}} = \frac{x}{y \cdot \sqrt{x^2+y^2} + x^2 + y^2};$$

$$f_y(x,y) = \frac{1 + \dfrac{y}{\sqrt{x^2+y^2}}}{y+\sqrt{x^2+y^2}} = \frac{1}{\sqrt{x^2+y^2}};$$

e) $f_x(x,y,z) = y \cdot z \cdot x^{y \cdot z - 1}$; $\quad f_y(x,y,z) = x^{y \cdot z} \cdot z \cdot \ln x$;

$f_z(x,y,z) = x^{y \cdot z} \cdot y \cdot \ln x$;

$$\text{f) } f_x(x,y,z) = \frac{(x^2+y^2) \cdot (3x^2 + 2z^2) - (x^3 + 2xz^2) \cdot 2x}{(x^2+y^2)^2}$$

$$= \frac{x^4 - 2x^2z^2 + 3x^2y^2 + 2y^2z^2}{(x^2+y^2)^2};$$

$$f_y(x,y,z) = -\frac{2y\cdot(x^3+2xz^2)}{(x^2+y^2)^2};\quad f_z(x,y,z) = \frac{4xz}{x^2+y^2};$$

g) $f_{x_1} = 2x_1 + \frac{\sqrt{x_3}}{2\cdot\sqrt{x_1}}$; $\quad f_{x_2} = 2x_3$; $\quad f_{x_3} = 2x_2 + \frac{\sqrt{x_1}}{2\cdot\sqrt{x_3}}$;

$f_{x_4} = 2x_4 + x_5x_6$; $\quad f_{x_5} = x_4\cdot x_6$; $\quad f_{x_6} = x_4\cdot x_5$.

Im Falle der Existenz heißt

$$\lim_{\Delta x_i\to 0}\frac{f(x_1,\dots,x_{i-1},x_i+\Delta x_i,x_{i+1},\dots,x_n)-f(x_1,x_2,\dots,x_n)}{\Delta x_i}$$

$$= f_{x_i}(x_1,x_2,\dots,x_n) = \frac{\partial f(x_1,x_2,\dots,x_n)}{\partial x_i}$$

die ***partielle Ableitung*** von f nach x_i. Diese partielle Ableitung stellt die Steigung von f in x_i-Richtung dar.

Bei der Berechnung der partiellen Ableitung nach x_i werden die restlichen Variablen $x_1,\dots,x_{i-1},x_{i+1},\dots,x_n$ als "unveränderliche Konstanten" aufgefasst. Damit können alle Ableitungsregeln für Funktionen einer einzigen Variablen unmittelbar benutzt werden.

B 16.4 Berechnen Sie für die folgenden Funktionen alle partiellen Ableitungen 2. Ordnung

a) $f(x,y) = x^3 + xy^5 + x^2y + y^3$;

b) $f(x,y) = x^y$.

Lösung:

a) $f_x(x,y) = 3x^2 + y^5 + 2xy$; $\quad f_y(x,y) = 5xy^4 + x^2 + 3y^2$;

$f_{xx}(x,y) = 6x + 2y$; $\quad f_{yy}(x,y) = 20xy^3 + 6y$;

$f_{xy}(x,y) = 5y^4 + 2x \quad = \quad f_{yx}(x,y) = 5y^4 + 2x$;

b) $f_x(x,y) = y\cdot x^{y-1}$; $\quad f_y(x,y) = x^y\cdot\ln x$;

$f_{xx}(x,y) = y\cdot(y-1)\cdot x^{y-2}$; $\quad f_{yy}(x,y) = x^y\cdot(\ln x)^2$;

$$\left.\begin{array}{l} f_{xy}(x,y) = x^{y-1} + y\cdot x^{y-1}\cdot\ln x \\ f_{yx}(x,y) = y\cdot x^{y-1}\cdot\ln x + x^{y-1}. \end{array}\right\} =$$

Vertauschbarkeit der Reihenfolge der Ableitungen (Satz von Schwarz): Falls von den gemischten Ableitungen

$$f_{x_i x_j}(x_1, x_2, \ldots, x_n) \quad \text{und} \quad f_{x_j x_i}(x_1, x_2, \ldots, x_n)$$

eine existiert und stetig ist, existiert auch die andere und beide sind gleich, also

$$f_{x_i x_j}(x_1, x_2, \ldots, x_n) = f_{x_j x_i}(x_1, x_2, \ldots, x_n).$$

B 16.5 Bestimmen Sie alle partiellen Ableitungen 2. Ordnung der Funktion

$$f(x, y) = (x^2 - y) \cdot e^{x+y}.$$

Lösung:

$$f_x(x, y) = 2x \cdot e^{x+y} + (x^2 - y) \cdot e^{x+y} = (x^2 + 2x - y) \cdot e^{x+y};$$

$$f_y(x, y) = -e^{x+y} + (x^2 - y) \cdot e^{x+y} = (x^2 - y - 1) \cdot e^{x+y};$$

$$f_{xx}(x, y) = (2x + 2) \cdot e^{x+y} + (x^2 + 2x - y) \cdot e^{x+y}$$
$$= (x^2 + 4x - y + 2) \cdot e^{x+y};$$

$$f_{yy}(x, y) = -e^{x+y} + (x^2 - y - 1) \cdot e^{x+y} = (x^2 - y - 2) \cdot e^{x+y};$$

$$f_{xy}(x, y) = -e^{x+y} + (x^2 + 2x - y) \cdot e^{x+y} = (x^2 + 2x - y - 1) \cdot e^{x+y};$$

$$f_{yx}(x, y) = f_{xy}(x, y).$$

A 16.1 Gesucht ist der Definitionsbereich der folgenden Funktionen:

a) $f(x, y) = \sqrt{y \cdot x^2 - 5}$;

b) $f(x, y) = \dfrac{x^2 + y^2}{x \cdot y}$;

c) $f(x, y) = \ln\big(x \cdot \ln(y - x)\big)$;

d) $f(x, y) = \ln(x \cdot y) + e^x \cdot \cos y$;

e) $f(x, y) = \sqrt{x^2 + y^2 - 4} + \sqrt{25 - x^2 - y^2}$;

f) $f(x, y) = \ln(x^2 + y^2)$;

g) $f(x, y) = \sqrt{x^2 + y^2 - 10} + \dfrac{1}{\sqrt{10 - x^2 - y^2}}$.

A 16.2 Untersuchen Sie folgende Funktionen auf Stetigkeit:

$$\text{a) } f(x,y) = \begin{cases} \dfrac{x^2 \cdot y^2}{x^4 + y^4} & \text{für } (x,y) \neq (0,0); \\ 0 & \text{für } (x,y) = (0,0); \end{cases}$$

$$\text{b) } f(x,y) = \begin{cases} \dfrac{\sqrt{x^2 + y^2 + 3} - 2}{x^2 + y^2 - 1} & \text{für } x^2 + y^2 \neq 1; \\ 0 & \text{für } x^2 + y^2 = 1. \end{cases}$$

A 16.3 Berechnen Sie für die folgenden Funktionen alle partiellen Ableitungen erster und zweiter Ordnung:

a) $f(x,y) = \sqrt{1 + 2x^2 - 3y^2}$;

b) $f(x,y) = \ln \dfrac{x^2 \cdot y}{x - y}$;

c) $f(x,y) = e^{x - y^2} + \sin(x + y) - x \cdot \sqrt{1 + y^2}$;

d) $f(x,y) = \dfrac{x \cdot y}{x^2 + y^2}$;

e) $f(x,y,z) = x \cdot \ln \dfrac{y}{z}$;

f) $f(x,y,z) = x^{\frac{y}{z}}$;

g) $f(x,y,z) = \ln \dfrac{1}{\sqrt[5]{x^2 + y^2 + z^2}}$.

17. Partielle Elastizitäten und homogene Funktionen

B 17.1 Gegeben ist die Produktionsfunktion

$$z = f(x,y) = 4x \cdot \sqrt{x} \cdot \sqrt{x+y^2}\ .$$

a) Berechnen Sie die partiellen Elastizitäten für $x = 100$ und $y = 10$.

b) Die Einsatzmenge x werde von 100 auf 101 erhöht, während y bei 10 konstant gehalten wird. Um wie viel Prozent ändert sich dann ungefähr die Ausbringungsmenge z?

c) Um wie viel Prozent ändert sich ungefähr z, falls y von 10 auf 10,3 erhöht wird bei unverändertem $x = 100$?

Lösung:

$$f(x,y) = 4x^{\frac{3}{2}} \cdot (x+y^2)^{\frac{1}{2}}.$$

a) $$f_x(x,y) = 6x^{\frac{1}{2}} \cdot (x+y^2)^{\frac{1}{2}} + 2x^{\frac{3}{2}} \cdot (x+y^2)^{-\frac{1}{2}};$$

$$f_y(x,y) = 4x^{\frac{3}{2}} \cdot y \cdot (x+y^2)^{-\frac{1}{2}};$$

partielle Elastizität bezüglich x:

$$\varepsilon_{f,x}(x,y) = \frac{x \cdot f_x(x,y)}{f(x,y)} = \frac{6x^{\frac{3}{2}} \cdot (x+y^2)^{\frac{1}{2}} + 2x^{\frac{5}{2}} \cdot (x+y^2)^{-\frac{1}{2}}}{4x^{\frac{3}{2}} \cdot (x+y^2)^{\frac{1}{2}}}$$

$$= \frac{3}{2} + \frac{x}{2 \cdot (x+y^2)};$$

partielle Elastizität bezüglich y:

$$\varepsilon_{f,y}(x,y) = \frac{y \cdot f_y(x,y)}{f(x,y)} = \frac{4x^{\frac{3}{2}} \cdot y^2 \cdot (x+y^2)^{-\frac{1}{2}}}{4x^{\frac{3}{2}} \cdot (x+y^2)^{\frac{1}{2}}}$$

$$= \frac{y^2}{x+y^2};$$

$$\varepsilon_{f,x}(100;10) = \frac{3}{2} + \frac{100}{2 \cdot 200} = \frac{7}{4} = 1{,}75;$$

$$\varepsilon_{f,y}(100;10) = \frac{100}{200} = \frac{1}{2}.$$

b) Relative Änderung von x: $\frac{\Delta x}{x_0} = \frac{1}{100} = 0{,}01;$

relative Änderung von z:

$$\frac{\Delta z}{z} \approx \varepsilon_{f,x}(x_0, y_0) \cdot \frac{\Delta x}{x_0} = \frac{7}{4} \cdot 0{,}01 = 0{,}0175\,;$$

näherungsweise prozentuale Änderung von z:

$$0{,}0175 \cdot 100 = 1{,}75\,\% = \varepsilon_{f,x}(100\,;10) \cdot 100 \cdot \frac{\Delta x}{x_0}.$$

c) Prozentuale Änderung von y: $100 \cdot \frac{\Delta y}{y_0} = 100 \cdot \frac{0{,}3}{10} = 3\,\%$:

prozentuale Änderung von z: $\approx \varepsilon_{f,y}(100\,;10) \cdot 3 = 1{,}5\,\%$.

Partielle Grenzfunktionen und partielle Elastizitäten:
Zu einer vorgegebenen Funktion $z = f(x_1, x_2, \ldots, x_n)$ heißt die partielle Ableitung nach x_i

$f_{x_i}(x_1, x_2, \ldots, x_n)$ die ***partielle Grenzfunktion*** von f bezüglich x_i

und

$$\varepsilon_{f,x_i}(x_1, x_2, \ldots, x_n) = \frac{x_i \cdot f_{x_i}(x_1, x_2, \ldots, x_n)}{f(x_1, x_2, \ldots, x_n)}$$

die ***partielle Elastizität*** bzgl. x_i.

Wenn sich die i-te unabhängige Variable von x_i aus um $\alpha_i\,\%$ ändert und die restlichen $n-1$ unabhängigen Variablen konstant gehalten werden, ändert sich die abhängige Variable $z = f(x_1, x_2, \ldots, x_n)$ um etwa

$\varepsilon_{f,x_i}(x_1, x_2, \ldots, x_n) \cdot \alpha_i$ Prozent.

Für die relativen Änderungen gilt für kleine Δx_i die Näherung

$$\frac{\Delta z}{z} = \frac{\Delta f}{f} = \frac{f(x_1, \ldots, x_{i-1}, x_i + \Delta x_i, x_{i+1}, \ldots, x_n) - f(x_1, x_2, \ldots, x_n)}{f(x_1, x_2, \ldots, x_n)}$$

$$\approx \varepsilon_{f,x_i}(x_1, x_2, \ldots, x_n) \cdot \frac{\Delta x_i}{x_i} \qquad \text{für} \quad i = 1, 2, \ldots, n.$$

Diese Näherung ist für kleine Δx_i gut, falls die partielle Ableitung stetig ist.

B 17.2 Gegeben ist die Produktionsfunktion

$$z = f(x, y) = \sqrt{x^3 + x \cdot y^2}\,.$$

a) Berechnen Sie die partiellen Elastizitäten.
b) Wie lautet die Summe der beiden partiellen Elastizitäten?
c) Zeigen Sie, dass f homogen ist und bestimmen Sie den Homogenitätsgrad r. Welche Beziehung folgt aus b)?

Lösung:

a) $f_x(x,y) = \dfrac{3x^2 + y^2}{2 \cdot \sqrt{x^3 + x \cdot y^2}}$; $\quad f_y(x,y) = \dfrac{x \cdot y}{\sqrt{x^3 + x \cdot y^2}}$;

$\varepsilon_{f,x}(x,y) = \dfrac{3x^3 + x \cdot y^2}{2(x^3 + x \cdot y^2)}$; $\quad \varepsilon_{f,y}(x,y) = \dfrac{x \cdot y^2}{x^3 + x \cdot y^2}$.

b) $\varepsilon_{f,x}(x,y) + \varepsilon_{f,y}(x,y) = \dfrac{3x^3 + x \cdot y^2 + 2x \cdot y^2}{2 \cdot (x^3 + x \cdot y^2)} = \dfrac{3}{2}$.

c) $f(\lambda x, \lambda y) = \sqrt{\lambda^3 x^3 + \lambda^3 x \cdot y^2} = \sqrt{\lambda^3 \cdot (x^3 + x \cdot y^2)} = \lambda^{\frac{3}{2}} \cdot f(x,y)$.

f ist homogen vom Grad $r = \frac{3}{2}$.

Die Summe der beiden partiellen Elastizitäten ist gleich dem Homogenitätsgrad $r = \frac{3}{2}$.

Homogene Funktion:
Eine Funktion $f(x_1, x_2, \ldots, x_n)$ heißt ***homogen vom Grad r***, wenn für alle reellen Zahlen $\lambda \in \mathbb{R}$, für die $(\lambda x_1, \lambda x_2, \ldots, \lambda x_n)$ und $(x_1, x_2, \ldots, x_n)$ im Definitionsbereich D von f liegen, gilt

$$f(\lambda x_1, \lambda x_2, \ldots, \lambda x_n) = \lambda^r \cdot f(x_1, x_2, \ldots, x_n).$$

Im Falle $r = 1$ heißt f ***linear homogen.***

Für homogene Funktionen vom Grad r gilt

$$\sum_{i=1}^{n} x_i \cdot f_{x_i}(x_1, x_2, \ldots, x_n) = r \cdot f(x_1, x_2, \ldots, x_n);$$

$$\sum_{i=1}^{n} \varepsilon_{f,x_i}(x_1, x_2, \ldots, x_n) = r \quad \text{(Eulersche Homogenitätsrelation).}$$

B 17.3 Gegeben ist die Produktionsfunktion

$$z = f(x_1, x_2, x_3) = 2 \cdot \sqrt{x_1} \cdot x_2 \cdot \sqrt{x_2} \cdot (x_2 + x_3)^2.$$

a) Ist die Funktion f homogen? Wenn ja, von welchem Grad?
b) Berechnen Sie alle partiellen Elastizitäten.

Lösung:

$$f(x_1, x_2, x_3) = 2 \cdot x_1^{\frac{1}{2}} \cdot x_2^{\frac{3}{2}} \cdot (x_2 + x_3)^2.$$

a) $$\begin{aligned} f(\lambda x_1, \lambda x_2, \lambda x_3) &= 2 \cdot (\lambda x_1)^{\frac{1}{2}} \cdot (\lambda x_2)^{\frac{3}{2}} \cdot (\lambda x_2 + \lambda x_3)^2 \\ &= \lambda^{\frac{1}{2}+\frac{3}{2}+2} \cdot 2 \cdot x_1^{\frac{1}{2}} \cdot x_2^{\frac{3}{2}} \cdot (x_2 + x_3)^2 \\ &= \lambda^4 \cdot f(x_1, x_2, x_3); \end{aligned}$$

f ist homogen vom Grad $r = 4$.

b) Wegen der Homogenität mit $r = 4$ gilt

$$\varepsilon_{f,\, x_1}(x_1, x_2, x_3) + \varepsilon_{f,\, x_2}(x_1, x_2, x_3) + \varepsilon_{f,\, x_3}(x_1, x_2, x_3) = 4\,.$$

Daher ist es sinnvoll, direkt nur zwei der partiellen Elastizitäten zu berechnen, deren Berechnung einfach ist.

$$f_{x_1}(x_1, x_2, x_3) = \frac{x_2 \cdot \sqrt{x_2} \cdot (x_2 + x_3)^2}{\sqrt{x_1}}\,;$$

$$\begin{aligned} \varepsilon_{f,\, x_1}(x_1, x_2, x_3) &= \frac{x_1 \cdot f_{x_1}(x_1, x_2, x_3)}{f(x_1, x_2, x_3)} \\ &= \frac{x_1 \cdot x_2 \cdot \sqrt{x_2} \cdot (x_2 + x_3)^2}{\sqrt{x_1} \cdot 2 \cdot \sqrt{x_1} \cdot x_2 \cdot \sqrt{x_2} \cdot (x_2 + x_3)^2} = \frac{1}{2}; \end{aligned}$$

$$f_{x_3}(x_1, x_2, x_3) = 4 \cdot \sqrt{x_1} \cdot x_2 \cdot \sqrt{x_2} \cdot (x_2 + x_3)\,;$$

$$\begin{aligned} \varepsilon_{f,\, x_3}(x_1, x_2, x_3) &= \frac{x_3 \cdot f_{x_3}(x_1, x_2, x_3)}{f(x_1, x_2, x_3)} \\ &= \frac{x_3 \cdot 4 \cdot \sqrt{x_1} \cdot x_2 \cdot \sqrt{x_2} \cdot (x_2 + x_3)}{2 \cdot \sqrt{x_1} \cdot x_2 \cdot \sqrt{x_2} \cdot (x_2 + x_3)^2} = \frac{2\,x_3}{x_2 + x_3}; \end{aligned}$$

$$\begin{aligned} \varepsilon_{f,\, x_2}(x_1, x_2, x_3) &= 4 - \varepsilon_{f,\, x_1}(x_1, x_2, x_3) - \varepsilon_{f,\, x_3}(x_1, x_2, x_3) \\ &= 4 - \frac{1}{2} - \frac{2\,x_3}{x_2 + x_3} \\ &= \frac{\frac{7}{2} \cdot (x_2 + x_3) - 2\,x_3}{(x_2 + x_3)} = \frac{7x_2 + 3x_3}{2 \cdot (x_2 + x_3)}\,. \end{aligned}$$

B 17.4 Zeigen Sie, dass die Funktion

$$f(x, y) = \frac{x \cdot y}{2x^2 + 3y^2} + 5 \cdot e^{\frac{x - 2y}{5x + 4y}} + 8 \cdot \ln \frac{2x^4}{x \cdot y^3}$$

homogen ist. Geben Sie den Homogenitätsgrad r an.

Lösung:

$$f(\lambda x, \lambda y) = \frac{\lambda^2 \cdot x \cdot y}{\lambda^2 \cdot (2x^2 + 3y^2)} + 5 \cdot e^{\frac{\lambda \cdot (x - 2y)}{\lambda \cdot (5x + 4y)}} + 8 \cdot \ln \frac{\lambda^4 \cdot 2x^4}{\lambda^4 x \cdot y^3}$$

$$= \frac{x \cdot y}{2x^2 + 3y^2} + 5 \cdot e^{\frac{x - 2y}{5x + 4y}} + 8 \cdot \ln \frac{2x^4}{x \cdot y^3}$$

$$= f(x, y) = \lambda^0 \cdot f(x, y).$$

Die Funktion f ist homogen mit dem Homogenitätsgrad $r = 0$.

A 17.1 Untersuchen Sie folgende Produktionsfunktionen auf Homogenität und berechnen Sie die partiellen Elastizitäten:

a) $f(x, y) = 5 \cdot \sqrt[4]{x} \cdot \sqrt{y}$;

b) $f(x, y) = \ln(x \cdot y) + \sqrt{x} + \sqrt{y}$;

c) $f(x, y) = \frac{x}{y} + \ln x - \ln y$.

A 17.2 Überprüfen Sie, ob folgende Funktionen homogen sind und bestimmen Sie gegebenenfalls den Homogenitätsgrad:

a) $f(x, y) = \ln\left(\frac{x}{2y}\right)^y + \ln\left(\frac{y}{5x}\right)^x$;

b) $f(x, y) = x^2 \cdot e^{\frac{x+y}{x}} - x \cdot y \cdot e^{\frac{x+y}{x-y}}$;

c) $f(x, y) = x + \sin(x - y) + y - \cos(x + y)$;

d) $f(x, y) = x \cdot y^2 + x \cdot y$;

e) $f(x, y) = x \cdot y \cdot \ln\left(\frac{x^2 + y^2}{x \cdot y}\right)$.

A 17.3 Die Funktionen $f(x, y)$ und $g(x, y)$ seien homogen vom gleichen Grad r. Zeigen Sie, dass dann auch die Funktionen

a) $h(x, y) = f(x, y) + g(x, y)$;

b) $h(x, y) = f(x, y) \cdot g(x, y)$;

c) $h(x, y) = \frac{f(x, y)}{g(x, y)}$ für $g(x, y) \neq 0$;

d) $h(x, y) = \sqrt{f(x, y)}$, falls $f(x, y) > 0$

homogen sind. Bestimmen Sie den zugehörigen Homogenitätsgrad.

18. Tangentialebene und totales Differenzial

B 18.1 Gesucht sind die Gleichungen der Tangentialebene an der Stelle $(x_0, y_0) = (1;4)$ an die Funktionen (Flächen)

a) $f(x,y) = e^{y\cdot(x-1)} + 8x\cdot\sqrt{y}$;

b) $f(x,y) = \dfrac{x\cdot\sqrt{x}\cdot y\cdot\sqrt{y}}{\sqrt{x^4 + 2x\cdot y^3}}$.

Lösung:

a) $f(1;4) = e^{4\cdot 0} + 8\cdot 2 = 17$;

$f_x(x,y) = y\cdot e^{y\cdot(x-1)} + 8\sqrt{y}$; $\qquad f_x(1;4) = 20$;

$f_y(x,y) = (x-1)\cdot e^{y\cdot(x-1)} + \dfrac{4x}{\sqrt{y}}$; $\qquad f_y(1;4) = 2$;

$T(x,y) = 17 + 20(x-1) + 2(y-4) = 20x + 2y - 11$.

b) $f(1;4) = \dfrac{4\cdot 2}{\sqrt{1+2\cdot 64}} = \dfrac{8}{\sqrt{129}} = \dfrac{8\cdot\sqrt{129}}{129}$;

$f(x,y) = x^{\frac{3}{2}}\cdot y^{\frac{3}{2}}\cdot(x^4 + 2x\cdot y^3)^{-\frac{1}{2}}$;

$$f_x(x,y) = \frac{3}{2}\cdot x^{\frac{1}{2}}\cdot y^{\frac{3}{2}}\cdot(x^4+2x\cdot y^3)^{-\frac{1}{2}} - \frac{1}{2}\cdot x^{\frac{3}{2}}\cdot y^{\frac{3}{2}}\cdot(x^4+2x\cdot y^3)^{-\frac{3}{2}}\cdot(4x^3+2y^3);$$

$$f_x(1;4) = \frac{3\cdot 8}{2\cdot\sqrt{129}} - \frac{1\cdot 8\cdot 132}{2\cdot 129\cdot\sqrt{129}} = \frac{12}{\sqrt{129}} - \frac{4\cdot 44}{43\cdot\sqrt{129}}$$

$$= \frac{12\cdot 43 - 4\cdot 44}{43\cdot\sqrt{129}} = \frac{340}{43\cdot\sqrt{129}} = \frac{340\cdot\sqrt{129}}{5\,547};$$

$$f_y(x,y) = \frac{3}{2}\cdot x^{\frac{3}{2}}\cdot y^{\frac{1}{2}}\cdot(x^4+2x\cdot y^3)^{-\frac{1}{2}} - \frac{1}{2}\cdot x^{\frac{3}{2}}\cdot y^{\frac{3}{2}}\cdot(x^4+2x\cdot y^3)^{-\frac{3}{2}}\cdot 6x\cdot y^2;$$

$$f_y(1;4) = \frac{3\cdot 2}{2\cdot\sqrt{129}} - \frac{1\cdot 8\cdot 96}{2\cdot 129\cdot\sqrt{129}} = \frac{3}{\sqrt{129}} - \frac{4\cdot 32}{43\cdot\sqrt{129}}$$

$$= \frac{3\cdot 43 - 4\cdot 32}{43\cdot\sqrt{129}} = \frac{1}{43\cdot\sqrt{129}} = \frac{\sqrt{129}}{5\,547};$$

$$T(x,y) = \frac{8\cdot\sqrt{129}}{129} + \frac{340\cdot\sqrt{129}}{5\,547}\cdot(x-1) + \frac{\sqrt{129}}{5\,547}\cdot(y-4)$$
$$= \frac{\sqrt{129}}{5\,547}\cdot(340\,x + y)\,.$$

Die Tangentialebene geht durch den Koordinatenursprung O. Wegen $f(\lambda x, \lambda y) = \lambda \cdot f(x,y)$ ist die Funktion linear homogen ($r = 1$). Bei linear homogenen Funktionen gehen alle Tangentialebenen durch den Koordinatenursprung O.

Die ***Tangentialebene*** an die Funktion $f(x,y)$ an der Stelle (x_0, y_0) besitzt die Gleichung

$$T(x,y) = f(x_0,y_0) + f_x(x_0,y_0)\cdot(x-x_0) + f_y(x_0,y_0)\cdot(y-y_0)\,.$$

Falls die Funktion f homogen ist mit dem Grad r, gilt

$$T(x,y) = (1-r)\cdot f(x_0,y_0) + f_x(x_0,y_0)\cdot x + f_y(x_0,y_0)\cdot y\,.$$

Bei linear homogenen Funktionen ($r = 1$) lautet die Tangentialebene

$$T(x,y) = f_x(x_0,y_0)\cdot x + f_y(x_0,y_0)\cdot y\,.$$

Dann gehen alle Tangentialebenen durch den Koordinatenursprung O.

B 18.2 Gegeben ist die Produktionsfunktion

$$z = f(x,y) = 5x\cdot\sqrt{y} + (x+y)^2 + \frac{3x}{y}\,.$$

a) Berechnen Sie das totale Differenzial.

b) x werde von 50 auf 51 und y von 100 auf 101,5 erhöht. Berechnen Sie näherungsweise, um wie viel sich $z = f(x,y)$ ändert.

Lösung:

a) $f_x(x,y) = 5\cdot\sqrt{y} + 2\cdot(x+y) + \frac{3}{y}\,;$

$$f_y(x,y) = \frac{5x}{2\cdot\sqrt{y}} + 2\cdot(x+y) - \frac{3x}{y^2}\,.$$

$$dz = df(x,y)$$
$$= \left(5\cdot\sqrt{y} + 2\cdot(x+y) + \frac{3}{y}\right)dx + \left(\frac{5x}{2\cdot\sqrt{y}} + 2\cdot(x+y) - \frac{3x}{y^2}\right)dy\,.$$

b) $f_x(50\,;100) = 5\cdot 10 + 2\cdot 150 + \frac{3}{100} = 350{,}03\,;$

$$f_y(50\,;100) = \frac{250}{20} + 2\cdot 150 - \frac{150}{10\,000} = 312{,}485\,;$$

mit $dx = 1$ und $dy = 1{,}5$ erhält man

$$\Delta z \approx dz = 350{,}03\cdot 1 + 312{,}485\cdot 1{,}5 = 818{,}7575.$$

Das ***totale (vollständige) Differenzial*** der Funktion $z = f(x_1, x_2, \ldots, x_n)$ lautet

$$dz = df(x_1, x_2, \ldots, x_n) = \sum_{i=1}^{n} f_{x_i}(x_1, x_2, \ldots, x_n) \cdot dx_i .$$

Die unabhängigen Variablen x_i sollen sich um dx_i ändern. Dann gilt für die Funktionsänderung Δz die Näherung

$$\Delta z = f(x_1 + dx_1, x_2 + dx_2, \ldots, x_n + dx_n) - f(x_1, x_2, \ldots, x_n) \approx dz = df.$$

Für $n = 2$ stellt $dz = df$ die ***Funktionsänderung auf der Tangentialebene*** beim Übergang von (x, y) zur benachbarten Stelle $(x + dx, y + dy)$ dar.

B 18.3 Von einem Kreiskegel wurde der Radius der Grundfläche mit 14,2 cm und die Länge der Mantellinie mit 68,3 cm gemessen.

a) Berechnen Sie mit diesen Messergebnissen das Volumen V des Kegels.

b) Radius und Mantellinie sollen nur auf 1 mm genau gemessen worden sein. Geben Sie damit eine Fehlerabschätzung für das berechnete Volumen an.

Lösung:

a) $h^2 + r^2 = m^2; \quad h = \sqrt{m^2 - r^2}\;;$

$$V = \frac{\pi \cdot r^2 \cdot h}{3} = \frac{\pi \cdot r^2 \cdot \sqrt{m^2 - r^2}}{3}$$

$$= \frac{\pi}{3} \cdot r^2 \cdot (m^2 - r^2)^{\frac{1}{2}}.$$

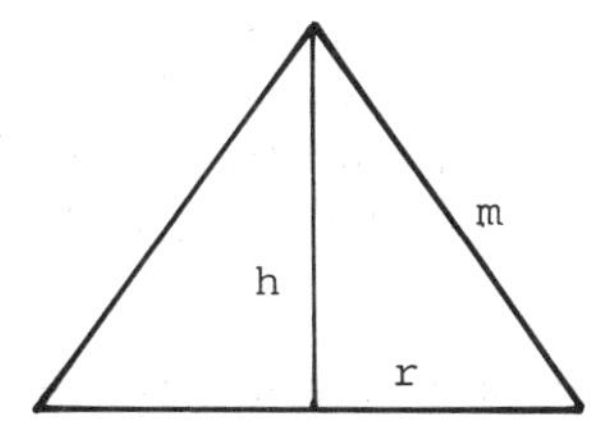

$$V_0 = \frac{\pi \cdot 14{,}2^2 \cdot \sqrt{68{,}3^2 - 14{,}2^2}}{3}$$

$$= 14\,106{,}8781 \text{ cm}^3.$$

b) $$V_r(r, m) = \frac{2\pi}{3} \cdot r \cdot (m^2 - r^2)^{\frac{1}{2}} - \frac{\pi}{3} \cdot r^3 \cdot (m^2 - r^2)^{-\frac{1}{2}}$$

$$= \frac{\pi \cdot (2\,r \cdot m^2 - 3r^3)}{3 \cdot \sqrt{m^2 - r^2}};$$

$$V_m(r, m) = \frac{\pi \cdot r^2 \cdot m}{3 \cdot \sqrt{m^2 - r^2}}.$$

Für den Messfehler dr bzw. dm gilt

$|dr| \le 0{,}1$ und $|dm| \le 0{,}1$.

Für den maximalen Fehler $|dV|$ gilt die Abschätzung

$$|dV| \leq |V_r(r,m)| \cdot |dr| + |V_m(r,m)| \cdot |dm|$$

$$\leq \frac{\pi \cdot |2rm^2 - 3r^3|}{3 \cdot \sqrt{m^2 - r^2}} \cdot 0{,}1 + \frac{\pi r^2 m}{3 \cdot \sqrt{m^2 - r^2}} \cdot 0{,}1$$

$$= \frac{0{,}1 \cdot \pi \cdot r \cdot (|2m^2 - 3r^2| + r \cdot m)}{3 \cdot \sqrt{m^2 - r^2}} = 215{,}7877 \text{ cm}^3;$$

$V = 14\,106{,}8781 \pm 215{,}7877$, d.h.

$13\,891{,}1 \text{ cm}^3 \leq V \leq 14\,322{,}7 \text{ cm}^3$.

A 18.1 Gegeben ist ein Rechteck mit den Seitenlängen x und y. Um wie viel ändert sich näherungsweise die Länge der Diagonalen des Rechtecks, falls x von 4 auf 3,95 verkleinert und y von 3 auf 3,1 vergrößert wird?

A 18.2 Eine Firma stellt zylindrische Gläser mit dem Radius $r = 6$ cm und der Höhe $h = 12$ cm her. Der Radius soll um 0,2 cm vergrößert und die Höhe um 1 cm verkleinert werden. Um wie viel verändert sich dann ungefähr

a) die Oberfläche (ohne Deckel);

b) das Volumen?

A 18.3 Bestimmen Sie die Gleichung der Tangentialebene an die Funktion

$$f(x,y) = \frac{x \cdot y}{1 + 3x^2}$$

an der Stelle $(x_0, y_0) = (1;\ 1)$.

A 18.4 Grund- und Deckfläche eines Kegelstumpfes besitzen die Radien $r_1 = 40$ cm und $r_2 = 30$ cm. Die Höhe betrage $h = 50$ cm.

a) Wie ändert sich ungefähr das Volumen, falls r_1 um 2 mm, r_2 um 1 mm und h um 3 mm vergrößert wird?

b) Um wie viel Prozent ändert sich dabei ungefähr das Volumen?

19. Extremwerte und Sattelpunkte bei Funktionen von zwei Variablen ohne Nebenbedingung

B 19.1 Gesucht sind alle (relativen) Extremwerte und Sattelpunkte der Funktion

$$f(x,y) = -x^3 - y^2 + 3x + 8y + 38.$$

Lösung:

$f_x(x,y) = -3x^2 + 3 = 3\cdot(1-x^2) = 0;\qquad x_1 = 1;\quad x_2 = -1;$

$f_y(x,y) = -2y + 8 = 0;\qquad y = 4;$

Lösungspunkte: $P_1(1;4);\quad P_2(-1;4);$

$f_{xx}(x,y) = -6x;\quad f_{yy}(x,y) = -2;\quad f_{xy}(x,y) = 0;$

$\Delta(x,y) = f_{xx}(x,y)\cdot f_{yy}(x,y) - f_{xy}^2(x,y) = 12x;$

$P_1(1;4):\quad \Delta = 12 > 0 \Rightarrow$ Extremum; $f_{xx}(1;4) = -6 < 0;$

an der Stelle $(1;4)$ liegt ein relatives Maximum.

$P_2(-1;4):\quad \Delta = -12 < 0.$

an der Stelle $(-1;4)$ liegt ein Sattelpunkt.

Notwendige Bedingungen für ein relatives Extremum an der Stelle (x_0, y_0):

$$f_x(x_0,y_0) = 0;\quad f_y(x_0,y_0) = 0,$$

falls die partiellen Ableitungen stetig sind.

Hinreichende Bedingungen für ein relatives Extremum:

1. $f_x(x_0,y_0) = 0$ und $f_y(x_0,y_0) = 0.$
2. $\Delta = f_{xx}(x_0,y_0)\cdot f_{yy}(x_0,y_0) - f_{xy}^2(x_0,y_0) > 0;$
   a) $f_{xx}(x_0,y_0) < 0 \quad\Rightarrow\quad$ relatives Maximum an der Stelle (x_0,y_0);
   b) $f_{xx}(x_0,y_0) > 0 \quad\Rightarrow\quad$ relatives Minimum an der Stelle (x_0,y_0).

Im Falle $\Delta < 0$ hat $f(x,y)$ an der Stelle (x_0,y_0) einen ***Sattelpunkt***. Für $\Delta = 0$ ist ohne weitere Untersuchungen keine Aussage möglich.

B 19.2 Berechnen Sie alle Extrema und Sattelpunkte der Funktion

$$f(x,y) = -x^2 \cdot (e^y - 2) + y^2 .$$

Lösung:

$$f_x(x,y) = -2x \cdot (e^y - 2) = 0; \quad x = 0 \quad \text{oder } y = \ln 2;$$

$$f_y(x,y) = -x^2 \cdot e^y + 2y = 0;$$

$$x = 0 \quad \Rightarrow \quad f_y(0,y) = 2y = 0; \quad y = 0; \quad P_1(0;0);$$

$$y = \ln 2 \quad \Rightarrow \quad f_y(x, \ln 2) = -x^2 \cdot 2 + 2 \cdot \ln 2 = 0;$$

$$x^2 = \ln 2; \quad x = \pm\sqrt{\ln 2};$$

$$P_1(0;0); \quad P_2(\sqrt{\ln 2}; \ln 2); \quad P_3(-\sqrt{\ln 2}; \ln 2);$$

$$f_{xx}(x,y) = -2 \cdot (e^y - 2);$$

$$f_{yy}(x,y) = -x^2 \cdot e^y + 2;$$

$$f_{xy}(x,y) = -2x \cdot e^y;$$

$$\Delta(x,y) = f_{xx}(x,y) \cdot f_{yy}(x,y) - f_{xy}^2(x,y)$$
$$= -2 \cdot (e^y - 2) \cdot (-x^2 \cdot e^y + 2) - 4x^2 \cdot e^{2y};$$

$P_1(0;0)$; $\Delta(0,0) = 2 \cdot 2 = 4 > 0$; $f_{xx}(0,0) = 2 > 0$;

relatives Minimum;

$P_2(\sqrt{\ln 2}; \ln 2)$; $\Delta = 0 - 4\ln 2 \cdot 4 = -16 \cdot \ln 2 < 0$;

Sattelpunkt;

$P_3(-\sqrt{\ln 2}; \ln 2)$; $\Delta = -16 \cdot \ln 2 < 0$; Sattelpunkt.

B 19.3 Ein Monopolist stellt ein Produkt in zwei verschiedenen Ausführungen her. Bei einem Verkaufspreis x je ME der Sorte 1 und einem Verkaufspreis y je ME der Sorte 2 lauten die Nachfragefunktionen:

nach Sorte 1: $f_1(x,y) = 39\,500 - 1\,000x + 400y;$
nach Sorte 2: $f_2(x,y) = 6\,500 + 300x - 800y.$

Gesucht sind die Preise x und y, bei denen der Gesamtumsatz maximal ist. Dabei sei vorausgesetzt, dass die Nachfragemengen auch abgesetzt werden. Berechnen Sie den maximalen Umsatz.

Lösung:

Gesamtumsatz:

$$U(x,y) = x \cdot f_1(x,y) + y \cdot f_2(x,y)$$

$$= 39\,500x - 1\,000x^2 + 400xy + 6\,500y + 300xy - 800y^2$$
$$= -1\,000\,x^2 + 39\,500\,x + 700\,x\,y + 6\,500y - 800y^2 .$$

$$U_x(x,y) = 39\,500 - 2\,000\,x + 700\,y = 0 \qquad |:100$$
$$U_y(x,y) = 6\,500 + 700\,x - 1\,600\,y = 0 \qquad |:100$$

$$\left.\begin{array}{ll} 395 - 20\,x + 7\,y = 0 & |\cdot 7 \\ 65 + 7\,x - 16\,y = 0 & |\cdot 20 \end{array}\right\} +$$

$$4\,065 - 271\,y = 0 \Rightarrow \underline{y = 15};$$
$$7x = 16y - 65 = 16 \cdot 15 - 65 = 175;\ \underline{x = 25}.$$

$U_{xx}(x,y) = -2\,000;\quad U_{yy}(x,y) = -1\,600;\quad U_{xy}(x,y) = 700;$

$\Delta = U_{xx}(x,y) \cdot U_{yy}(x,y) - U_{xy}^2(x,y) = 2\,000 \cdot 1\,600 - 700^2 > 0;$

$U_{xx}(25;15) = -2\,000 < 0 \quad \Rightarrow$ Maximum.

Bei den Preisen $x = 25$ und $y = 15$ je ME für die Ware erster bzw. zweiter Sorte ist der Umsatz maximal mit $U(25;15) = 542\,500$ E.

A 19.1 Berechnen Sie alle Extremwerte und Sattelpunkte der folgenden Funktionen:

a) $f(x,y) = y^2 - y\,x^2 + 4y + 1;$

b) $f(x,y) = y^2 + x^2 y + \frac{1}{2}x^4 - 2\,x^2 + 2;$

c) $f(x,y) = x^3 + \frac{2y^2}{1+x} - 3x^2;$

d) $f(x,y) = y^2 \cdot (x+2) + (x-6)^2;$

e) $f(x,y) = 3x\,y^2 + \frac{9}{2}x^2 - 6y^2 - 45x;$

f) $f(x,y) = x^2 \cdot (e^y - 2) - y^2;$

g) $f(x,y) = x\,y - \ln(x+y)^2;$

h) $f(x,y) = e^x \cdot (x^2 - y^2);$

i) $f(x,y) = e^{(x-1)^2 + (y-2)^2};$

j) $f(x,y) = e^{2xy} + 5x\,y + 7y;$

k) $f(x,y) = x\,y^3 - 3x\,y + \frac{1}{2} \cdot x^2;$

l) $f(x,y) = (x^2 - x\,y) \cdot e^y .$

A 19.2 Die Nachfragemenge z nach Pulverkaffee hänge vom Preis x je ME Bohnenkaffee und vom Preis y je ME Pulverkaffee ab durch

$$z = f(x, y) = \ln x - \frac{1}{10} \cdot (x - y)^2 - \frac{1}{5} y.$$

Bei welcher Preiskombination wird die Nachfrage z maximal?

A 19.3 Bei den Preisen p_1 pro ME von Gut 1 und p_2 pro ME von Gut 2 lautet die

Nachfragemenge nach Gut 1: $x = 100 - 5\,p_1$;
Nachfragemenge nach Gut 2: $y = 200 - 4\,p_2$.

Die Herstellungskosten betragen $K(x, y) = x^2 + xy + y^2$.
Bei welcher Preiskombination wird der Reingewinn maximal, falls die gesamten Nachfragemengen hergestellt werden können? Wie hoch ist der maximale Reingewinn?

A 19.4 In der vorangehenden Aufgabe muss der Unternehmer
a) 30 % vom Reingewinn;
b) 20 % vom Umsatz
an Steuern abführen. Bei welchem Preis wird in a) bzw. b) der Reingewinn des Unternehmers maximal?

A 19.5 Ein Monopolist stellt zwei Güter her. In Abhängigkeit von den Preisen p_1 und p_2 je ME von Gut 1 bzw. Gut 2 lautet die

Absatzmenge für das Gut 1: $x = 30 - 3p_1 + 2p_2$;
Absatzmenge für das Gut 2: $y = 20 + p_1 - p_2$.

a) Stellen Sie den Gesamtumsatz nur durch x und y dar.
b) Die Produktionskosten lauten $K(x, y) = x^2 + x \cdot y + y^2$.
Bei welchen Produktionsmengen x und y wird der Reingewinn maximal?

20. Extremwerte bei Funktionen von mehr als zwei Variablen ohne Nebenbedingung

B 20.1 Ein Monopolist stellt drei artverwandte Güter her. Bei den Preisen x_i je ME für das i-te Gut für i = 1, 2, 3 lauten die Nachfragefunktionen nach den Gütern:

$f_1(x_1, x_2, x_3) = 120 - 20x_1 + 2x_2 + 3x_3$ (nach Gut 1);

$f_2(x_1, x_2, x_3) = 80 + 8x_1 - 15x_2 + 2x_3$ (nach Gut 2);

$f_3(x_1, x_2, x_3) = 100 + 7x_1 + 8x_2 - 30x_3$ (nach Gut 3).

a) Berechnen Sie den Gesamtumsatz U als Funktion der Preise x_1, x_2, x_3.

b) Bei welchen Preisen wird der Umsatz maximal?

c) Berechnen Sie den maximalen Umsatz.

Lösung:

a)
$$\begin{aligned} U(x_1, x_2, x_3) &= x_1 \cdot f_1 + x_2 \cdot f_2 + x_3 \cdot f_3 \\ &= 120x_1 - 20x_1^2 + 2x_1x_2 + 3x_1x_3 \\ &\quad + 80x_2 + 8x_1x_2 - 15x_2^2 + 2x_2x_3 \\ &\quad + 100x_3 + 7x_1x_3 + 8x_2x_3 - 30x_3^2 \\ &= -20x_1^2 - 15x_2^2 - 30x_3^2 + 10x_1x_2 + 10x_1x_3 + 10x_2x_3 \\ &\quad + 120x_1 + 80x_2 + 100x_3 . \end{aligned}$$

b)
$$\begin{aligned} U_{x_1}(x_1, x_2, x_3) &= -40x_1 + 10x_2 + 10x_3 + 120 = 0 \\ U_{x_2}(x_1, x_2, x_3) &= 10x_1 - 30x_2 + 10x_3 + 80 = 0 \\ U_{x_3}(x_1, x_2, x_3) &= 10x_1 + 10x_2 - 60x_3 + 100 = 0 . \end{aligned}$$

Dieses lineare Gleichungssystem wird in B 24.1 gelöst. Wegen $U(0;0;0) = 0$ und $U(\infty;\infty;\infty) = -\infty$ existiert mindestens ein Maximum. Es wird nach B 24.1 angenommen für

$$x_1 = \frac{300}{57}; \quad x_2 = \frac{318}{57}; \quad x_3 = \frac{198}{57}.$$

c)
$$\begin{aligned} U_{max} &= -20 \cdot \frac{300^2}{57^2} - 15 \cdot \frac{318^2}{57^2} - 30 \cdot \frac{198^2}{57^2} + 10 \cdot \frac{300 \cdot 318}{57^2} \\ &\quad + 10 \cdot \frac{300 \cdot 198}{57^2} + 10 \cdot \frac{318 \cdot 198}{57^2} + 120 \cdot \frac{300}{57} + 80 \cdot \frac{318}{57} + 100 \cdot \frac{198}{57} \\ &= 712{,}63 . \end{aligned}$$

Notwendige Bedingung für ein relatives Extremum:
Falls die partiellen Ableitungen der Funktion $f(x_1, x_2, \ldots, x_n)$ stetig sind, lauten die notwendigen Bedingungen für ein relatives Extremum

$$f_{x_i}(x_1, x_2, \ldots, x_n) = 0 \qquad \text{für } i = 1, 2, \ldots, n.$$

Sämtliche Lösungen dieser n Gleichungen heißen ***stationäre Punkte.***
Die Feststellung, ob es sich bei einem stationären Punkt um ein Extremum handelt, ist für $n \geq 3$ nicht mit elementaren Methoden möglich.

B 20.2 Gesucht sind alle stationäre Punkte der Funktion

$$\begin{aligned} z &= f(x_1, x_2, x_3) \\ &= x_1^2 + x_2^2 + x_3^2 + x_1x_2 + 2x_1x_3 + 3x_2x_3 + 10x_1 + 5x_2 + 20\,x_3 . \end{aligned}$$

Lösung:

$$f_{x_1}(x_1, x_2, x_3) = 2x_1 + x_2 + 2x_3 + 10 = 0 \qquad (1)$$

$$f_{x_2}(x_1, x_2, x_3) = x_1 + 2x_2 + 3x_3 + 5 = 0 \qquad (2)$$

$$f_{x_3}(x_1, x_2, x_3) = 2x_1 + 3x_2 + 2x_3 + 20 = 0 \qquad (3)$$

$$(3) - (1) \qquad \Rightarrow \quad 2x_2 + 10 = 0; \quad x_2 = -5;$$

$$(1) - 2 \times (2) \qquad \Rightarrow \quad -3x_2 - 4x_3 = 0; \quad x_3 = -\tfrac{3}{4}x_2 = \tfrac{15}{4};$$

$$(2) \qquad \Rightarrow x_1 = -5 - 2x_2 - 3x_3 = -\tfrac{25}{4}.$$

Lösung: $\underline{x_1 = -\tfrac{25}{4};\ x_2 = -5;\ x_3 = \tfrac{15}{4}}$.

A 20.1 Gesucht sind alle stationäre Punkte der Funktionen:

a) $f(x_1, x_2, x_3) = x_1^2 - 2x_1 + x_2^3 + x_2x_3 + x_3^2 - 8x_2;$

b) $f(x_1, x_2, x_3) = x_1^2 + 2x_2^2 + 4x_3 - x_1x_3 - 2x_2x_3;$

c) $f(x_1, x_2, x_3) = \ln x_1 + \ln x_2^2 + \ln x_3^2 + \ln(14 - x_1 - x_2 - x_3);$

d) $f(x_1, x_2, x_3, x_4) = x_1^2x_2 + x_1x_2^2 + x_3^3 - 27x_3 + x_4^2 - 4x_4;$

e) $f(x_1, x_2, \ldots, x_n) = \sum_{i=1}^{n} \left(\ln x_i^{a_i} - b_i\right)^2$ mit $a_i \neq 0;$

f) $f(x_1, x_2, \ldots, x_n) = \sum_{i=1}^{n} e^{-(ax_i - b_i)^2}$ mit $a_i \neq 0.$

21. Extremwerte unter Nebenbedingungen

B 21.1 Die Produktionsfunktion $f(x,y,z) = 2x \cdot \sqrt{y \cdot z}$, $x,y,z > 0$ gibt die Ausbringungsmenge in Abhängigkeit von den Einsatzmengen x, y und z dreier Produktionsfaktoren an. Gesucht ist das Maximum der Funktion $f(x,y,z)$ unter der Nebenbedingung $x + y + z = 12$.

Lösung:

a) Einsetzungsmethode: aus der Nebenbedingung folgt

$x = 12 - y - z$. Eingesetzt in f ergibt

$$f(x,y,z) = 2 \cdot (12 - y - z) \cdot \sqrt{y \cdot z} = w(y,z) \to \max.$$

$$w_y(y,z) = -2 \cdot \sqrt{y \cdot z} + (12 - y - z) \cdot \frac{z}{\sqrt{y \cdot z}} = 0;$$

$$w_z(y,z) = -2 \cdot \sqrt{y \cdot z} + (12 - y - z) \cdot \frac{y}{\sqrt{y \cdot z}} = 0;$$

$$(12 - y - z) \cdot z = 2 \cdot y \cdot z; \qquad (12 - y - z) \cdot y = 2 \cdot y \cdot z;$$

$$12 - y - z = 2y; \qquad 12 - y - z = 2z \quad \Rightarrow \quad y = z;$$

$$12 - 2y = 2y; \; y = 3; \; z = 3; \; x = 6; \; \underline{x = 6; \; y = 3; \; z = 3.}$$

$$w_{yy}(y,z) = -\frac{z}{\sqrt{y \cdot z}} - \frac{z}{\sqrt{y \cdot z}} - (12 - y - z) \cdot z^2 \cdot \frac{1}{y \cdot z \cdot \sqrt{y \cdot z}};$$

$$w_{yy}(3,3) = -1 - 1 - 6 \cdot 9 \cdot \frac{1}{3 \cdot 3 \cdot 3} = -4; \; w_{zz}(3,3) = -4;$$

$$w_{yz}(y,z) = -\frac{y}{\sqrt{y \cdot z}} - \frac{z}{\sqrt{y \cdot z}} + (12 - y - z) \cdot \frac{\sqrt{y \cdot z} - \frac{z \cdot y}{\sqrt{y \cdot z}}}{y \cdot z};$$

$$w_{yz}(3,3) = -1 - 1 + 6 \cdot \frac{3 - 3}{3 \cdot 3} = -2;$$

$$\Delta = (-4) \cdot (-4) - 2^2 > 0; \; w_{yy}(3,3) < 0 \Rightarrow \text{Maximum.}$$

b) Methode von Lagrange:

$$F(x,y,z,\lambda) = 2x \cdot \sqrt{y \cdot z} + \lambda \cdot (x + y + z - 12).$$

(1) $F_x(x,y,z,\lambda) = 2 \cdot \sqrt{y \cdot z} + \lambda = 0$

(2) $F_y(x,y,z,\lambda) = \dfrac{x \cdot \sqrt{z}}{\sqrt{y}} + \lambda = 0$

(3) $F_z(x,y,z,\lambda) = \dfrac{x \cdot \sqrt{y}}{\sqrt{z}} + \lambda = 0$

(4) $F_\lambda(x,y,z,\lambda) = x + y + z - 12 = 0$ (Nebenbedingung).

(2) – (3) liefert $x \cdot \left(\frac{\sqrt{z}}{\sqrt{y}} - \frac{\sqrt{y}}{\sqrt{z}} \right) = 0$;

für $x \neq 0$ ($x = 0$ ist nach Vorgabe nicht möglich) gilt $y = z$;

(1) – (2) ergibt mit $y = z$ $\quad 2y = x; \quad y = z = \frac{x}{2}$;

aus (4) folgt $x + x - 12 = 0; \; x = 6$;

Lösung: $x = 6; \; y = 3; \; z = 3.$

Extremwerte der Funktion $f(x_1, x_2, \ldots, x_n)$ unter $m < n$ ***Nebenbedingingen***

$$g_k(x_1, x_2, \ldots, x_n) = 0 \qquad \text{für } k = 1, 2, \ldots, m$$

können mit Hilfe der ***Lagrange - Funktion***

$$F(x_1, x_2, \ldots, x_n, \lambda_1, \lambda_2, \ldots, \lambda_m)$$
$$= f(x_1, x_2, \ldots, x_n) + \sum_{k=1}^{m} \lambda_k \cdot g_k(x_1, x_2, \ldots, x_n)$$

berechnet werden. Die Extremwerte sind Lösungen der $m + n$ Gleichungen (partielle Ableitungen):

$$F_{x_i}(x_1, x_2, \ldots, x_n, \lambda_1, \lambda_2, \ldots, \lambda_m) = 0 \qquad \text{für } i = 1, 2, \ldots, n;$$
$$F_{\lambda_k}(x_1, x_2, \ldots, x_n, \lambda_1, \lambda_2, \ldots, \lambda_m) = g_k(x_1, x_2, \ldots, x_n) = 0$$
$$\text{für } k = 1, 2, \ldots, m.$$

Bei Funktionen von zwei Variablen darf höchstens eine Nebenbedingung auftreten.

B 21.2 Gesucht sind die Extremwerte der Funktion

$f(x, y, z) = x^2 + x \cdot y + z^2$ unter den beiden Nebenbedingungen

$x + y + z = 10$ und $x = 2y$.

Lösung:

a) Einsetzungsmethode: Aus den Nebenbedingungen folgt

$x = 2y; \; z = 10 - x - y = 10 - 3y$. Einsetzen ergibt

$$f(x, y, z) = 4y^2 + 2y^2 + (10 - 3y)^2 = 6y^2 + 100 - 60y + 9y^2$$
$$= 15y^2 - 60y + 100 = w(y);$$

$w'(y) = 30y - 60 = 0 \Rightarrow y = 2; \; x = 4; \; z = 4;$

$w''(y) = 30 > 0 \Rightarrow$ relatives Minimum.

b) Methode von Lagrange:

$F(x,y,z,\lambda,\mu) = x^2 + xy + z^2 + \lambda \cdot (x+y+z-10) + \mu \cdot (x-2y).$

$F_x(x,y,z,\lambda,\mu) = 2x + y + \lambda + \mu = 0$ (1)

$F_y(x,y,z,\lambda,\mu) = x + \lambda - 2\mu = 0$ (2)

$F_z(x,y,z,\lambda,\mu) = 2z + \lambda = 0$ (3) $\Rightarrow \lambda = -2z$

$F_\lambda(x,y,z,\lambda,\mu) = x + y + z - 10 = 0$ (4)

$F_\mu(x,y,z,\lambda,\mu) = x - 2y = 0$ (5) $\Rightarrow x = 2y$

$2 \times (1) + (2) \Rightarrow 5x + 2y + 3\lambda = 0;$

$\lambda = -2z$ und $x = 2y$ ergibt hieraus $10y + 2y - 6z = 0; \quad z = 2y;$

$(4) \Rightarrow 2y + y + 2y - 10 = 0; \quad y = 2;$

Lösung: $\underline{x = 4; \quad y = 2; \quad z = 4;} \quad f(4;2;4) = 40.$

Für $x = y = 0$ und $z = 10$ sind beide Nebenbedingungen erfüllt. Wegen $f(0;0;10) = 100 > f(4;2;4)$ handelt es sich dabei um ein Minimum.

A 21.1 Ein Teegroßhändler will seinen Tee in quaderförmigen Blechdosen mit quadratischer Grund- und Deckfläche auf den Markt bringen. Welche Abmessungen müssen die Blechdosen haben, damit bei einem Volumen von einem Liter ein möglichst geringer Blechverbrauch benötigt wird (minimale Oberfläche)?

A 21.2 Welcher Punkt $P(x,y)$ auf der Geraden $y = 3x + 5$ hat den kleinsten Abstand vom Koordinatenursprung O?

A 21.3 Ein Unternehmen hat zwei unabhängige Verkaufsfilialen, deren Gewinne $G_1(x)$ bzw. $G_2(y)$ von den eingesetzten Kapitalmengen in folgender Weise abhängen:

$G_1(x) = \ln(1+x); \quad G_2(y) = \frac{y}{1+y}.$

Bestimmen Sie den maximalen Gewinn $G_1(x) + G_2(y)$ unter der Bedingung, dass insgesamt 10 Geldeinheiten zur Verfügung stehen.

A 21.4 Ein Betrieb verkauft von zwei Gütern die Mengen x und y. Die Gewinnfunktion lautet $G(x, y) = 20x + 39y - 2x^2 - 3y^2$.
Bei welcher Mengenkombination x, y ist der Gewinn maximal, wenn die Produktionsbeschränkung $4x + 6y = 24$ eingehalten werden muss?

A 21.5 Die Produktionsfunktion $f(x, y) = x \cdot \sqrt{y} - 4y \cdot \sqrt{y}$ gibt die Ausbringungsmenge pro Tag in Abhängigkeit von den Mengen x und y zweier Einsatzfaktoren an. Wie hoch ist die maximale Ausbringungsmenge, wenn die Bedingung $x = 3y + 6$ eingehalten werden muss?

A 21.6 Bestimmen Sie das Minimum der Funktion

$$f(x, y) = 4x^2 + y^2, \quad x, y > 0$$

unter der Nebenbedingung $x \cdot y = 1$.

A 21.7 Wie groß muss der Radius r und die Höhe h eines Kreiskegels sein, damit das Volumen bei vorgegebener Mantellinie $m = 3$ maximal wird?

A 21.8 Bei einer Herstellungsmenge x betragen die Kosten

$$K(x) = x^2 - 10x - 10.$$

a) Berechnen Sie den Reingewinn in Abhängigkeit von x und vom Preis p je ME.
b) Bei welcher Herstellungsmenge x und welchem Preis p wird der Reingewinn maximal, falls der Umsatz $p \cdot x$ genau 10 [Mio EUR] betragen soll? Benutzen Sie zur Berechnung sowohl die Lagrange- als auch die Eliminationsmethode, bei der aus der Nebenbedingung eine Variable durch die andere ersetzt wird.

A 21.9 Gesucht sind die Extremwerte der Funktion

$$f(x, y, x) = \sqrt{x} + y + z^2$$

unter den Nebenbedingungen

$$x + y + z = 10 \quad \text{und} \quad z = x + y.$$

A 21.10 Gesucht sind der höchste und tiefste Punkt auf der Ebene $x + 2y + z - 20 = 0$, der gleichzeitig auf dem durch $x^2 + y^2 = 25$ beschriebenen Zylinder liegt.

A 21.11 Falls von drei Produkten x_1, x_2 bzw. x_3 Einheiten produziert werden, betragen die Kosten

$$K(x_1, x_2, x_3) = x_1^2 + x_2^2 + x_3^2 + x_1x_2 + 2x_1x_3 + 3x_2x_3 .$$

Gesucht sind die niedrigsten Produktionskosten unter den beiden Bedingungen

1) insgesamt müssen 1 000 Einheiten produziert werden;
2) vom dritten Produkt (Produktionsmenge x_3) muss halb so viel hergestellt werden wie von den beiden anderen Produkten zusammen.

Berechnen Sie das Minimum

a) nach der Methode von Lagrange;
b) dadurch, dass aus den beiden Nebenbedingungen zwei der drei Unbekannten durch die dritte ersetzt werden.

A 21.12 Ein Zelt habe folgende Form: auf einem Zylinder mit dem Radius r und der Höhe h_1 sei ein Kegel mit der Höhe h_2 aufgesetzt. Welche Bedingungen müssen h_1, h_2 und r erfüllen, damit bei vorgegebenem Volumen V_0 am wenigsten Herstellungsmaterial verbraucht wird (minimale Oberfläche)?

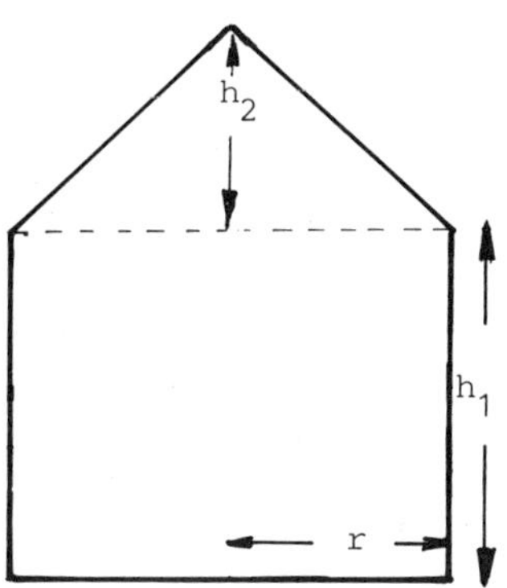

A 21.13 Bestimmen Sie das Extremum der Funktion

$$f(x_1, x_2, x_3) = x_1 \cdot x_2^2 \cdot x_3^3 \quad \text{im Bereich } x_1, x_2, x_3 > 0$$

unter der Nebenbedingung $x_1 + x_2 + x_3 = 6$.

A 21.14 Bestimmen Sie diejenigen Punkte auf der Kurve

$$13x^2 + 10xy + 13y^2 = 72,$$

deren Abstandsquadrat vom Koordinatenursprung O am größten bzw. am kleinsten ist. Stellen Sie dabei fest, ob es sich bei den jeweiligen Lösungen um ein Maximum oder ein Minimum handelt.

22. Vektorrechnung und analytische Geometrie

B 22.1 Ein Unternehmen stellt 5 verschiedene Artikel her. Die Herstellungsmengen im 1. und 2. Halbjahr sowie die Verkaufspreise pro ME sind in der nachfolgenden Tabelle zusammengestellt:

	Artikel				
	1	2	3	4	5
Herstellungsmengen im 1. Halbjahr	120	148	261	315	816
Herstellungsmengen im 2. Halbjahr	130	171	248	403	758
Preis je ME	60	72	87	95	120

a) $\vec{a}$ und $\vec{b}$ seien die Spaltenvektoren der Herstellungsmengen im 1. bzw. 2. Halbjahr. Der Spaltenvektor $\vec{p}$ sei aus den Preisen je ME zusammengesetzt. Stellen Sie die drei Spaltenvektoren und die zugehörigen Zeilenvektoren dar.

b) Wie lautet der Vektor $\vec{c}$, der die Herstellungsmengen im ganzen Jahr beschreibt?

c) Berechnen Sie den Jahresumsatz über das Skalarprodukt.

d) Im darauffolgenden Jahr sollen alle Herstellungsmengen um 20 % erhöht werden. Wie lautet der zugehörige Zeilenvektor? Welcher Umsatz wird bei einer Preiserhöhung von 5 % erzielt?

Lösung:

a)
$$\vec{a} = \begin{pmatrix} 120 \\ 148 \\ 261 \\ 315 \\ 816 \end{pmatrix}; \quad \vec{b} = \begin{pmatrix} 130 \\ 171 \\ 248 \\ 403 \\ 758 \end{pmatrix}; \quad \vec{p} = \begin{pmatrix} 60 \\ 72 \\ 87 \\ 95 \\ 120 \end{pmatrix};$$

$$\vec{a}^T = \vec{a}' = (120\,;148\,;261\,;315\,;816)\,;$$

$$\vec{b}^T = \vec{b}' = (130\,;171\,;248\,;403\,;758)\,;$$

$$\vec{p}^T = \vec{p}' = (60\,;72\,;87\,;95\,;120)\,.$$

b) $\vec{c}^T = \vec{a}^T + \vec{b}^T = (250\,;319\,;509\,;718\,;1\,574)$.

c) $U = \vec{c}^T \cdot \vec{p} = (250\,;319\,;509\,;718\,;1\,574) \cdot \begin{pmatrix} 60 \\ 72 \\ 87 \\ 95 \\ 120 \end{pmatrix}$

$= 250 \cdot 60 + 319 \cdot 72 + 509 \cdot 87 + 718 \cdot 95 + 1\,574 \cdot 120 = 339\,341$ GE.

d) $1{,}2 \cdot \vec{c}^T = (300\,;\,382{,}8\,;\,610{,}8\,;\,861{,}6\,;\,1\,888{,}8)$;

$\tilde{U} = 1{,}2 \cdot \vec{c}^T \cdot 1{,}05 \cdot \vec{p} = 1{,}2 \cdot 1{,}05 \cdot \vec{c}^T \cdot \vec{p} = 1{,}2 \cdot 1{,}05 \cdot 339\,341$
$= 427\,569{,}66$ GE.

$\vec{a} = \begin{pmatrix} a_1 \\ a_2 \\ \vdots \\ a_i \\ \vdots \\ a_n \end{pmatrix}$ und $\vec{b} = \begin{pmatrix} b_1 \\ b_2 \\ \vdots \\ b_i \\ \vdots \\ b_n \end{pmatrix}$ seien zwei ***Spaltenvektoren*** mit jeweils n ***Komponenten.***

Dann gilt

Addition: $\vec{c} = \vec{a} + \vec{b} = \begin{pmatrix} a_1 + b_1 \\ a_2 + b_2 \\ \vdots \\ a_i + b_i \\ \vdots \\ a_n + b_n \end{pmatrix}$; **Multiplikation mit einem Skalar** $\lambda \in \mathbb{R}$ $\lambda \cdot \vec{a} = \begin{pmatrix} \lambda \cdot a_1 \\ \lambda \cdot a_2 \\ \vdots \\ \lambda \cdot a_i \\ \vdots \\ \lambda \cdot a_n \end{pmatrix}$.

Die Addition zweier Vektoren und die Multiplikation mit einem Skalar $\lambda \in \mathbb{R}$ sind ***komponentenweise*** durchzuführen.

$\vec{a}^T = \vec{a}' = (a_1\,, a_2\,, \ldots, a_i\,, \ldots, a_n)$ ist der ***transponierte Zeilenvektor.***

Skalarprodukt oder ***inneres Produkt*** eines Zeilenvektors mit einem Spaltenvektor:

$\vec{a}^T \cdot \vec{b} = (a_1\,, a_2\,, \ldots, a_i\,, \ldots, a_n) \cdot \begin{pmatrix} b_1 \\ b_2 \\ \vdots \\ b_i \\ \vdots \\ b_n \end{pmatrix} = \sum_{i=1}^{n} a_i \cdot b_i = \vec{b}^T \cdot \vec{a}$

Summe der Komponentenprodukte.

B 22.2 Im $\mathbb{R}^3$ seien die beiden Punkte $P(2\,;-1\,;4)$ und $Q\ (5\,;3\,;-1)$ gegeben.

a) Gesucht ist die Darstellung des Verbindungsvektors $\vec{b} = \overrightarrow{PQ}$.

b) Bestimmen Sie den Abstand der beiden Punkte P und Q.
c) Geben Sie eine Gleichung für die Gerade g durch die beiden Punkte P und Q an.
d) Liegen die beiden Punkte $P_1(-1;-5;9)$ bzw. $P_2(8;7;-5)$ auf der Geraden g?

Lösung:

a) $\vec{b} = \overrightarrow{PQ} = \overrightarrow{OP} - \overrightarrow{OQ} = \begin{pmatrix} 5 \\ 3 \\ -1 \end{pmatrix} - \begin{pmatrix} 2 \\ -1 \\ 4 \end{pmatrix} = \begin{pmatrix} 3 \\ 4 \\ -5 \end{pmatrix}.$

b) $\overline{PQ} = |PQ| = |\vec{b}| = \sqrt{3^2+4^2+5^2} = \sqrt{50}.$

c) Ortsvektor zur Geraden g: $\vec{a} = \overrightarrow{OP} = \begin{pmatrix} 2 \\ -1 \\ 4 \end{pmatrix}.$

Vektor in Richtung der Geraden g: $\vec{b} = \overrightarrow{PQ} = \begin{pmatrix} 3 \\ 4 \\ -5 \end{pmatrix}.$

X (x, y, z) sei ein Punkt auf der Geraden g mit den Koordinaten x, y und z.

Ortsvektor zum Punkt X:

$$\vec{x} = \overrightarrow{OX} = \begin{pmatrix} x \\ y \\ z \end{pmatrix} = \overrightarrow{OP} + \lambda \cdot \overrightarrow{PQ} = \begin{pmatrix} 2 \\ -1 \\ 4 \end{pmatrix} + \lambda \cdot \begin{pmatrix} 3 \\ 4 \\ -5 \end{pmatrix}, \; \lambda \in \mathbb{R}$$

(Parameterdarstellung der Geraden g).

d) $P_1(-1;-5;9)$: $P_1 \in g \Leftrightarrow$ es gibt ein λ mit $\overrightarrow{OP} + \lambda \cdot \overrightarrow{PQ} = \overrightarrow{OX}$;

$$\begin{pmatrix} 2 \\ -1 \\ 4 \end{pmatrix} + \lambda \cdot \begin{pmatrix} 3 \\ 4 \\ -5 \end{pmatrix} = \begin{pmatrix} -1 \\ -5 \\ 9 \end{pmatrix} \qquad \begin{aligned} 2+3\lambda &= -1 &\Rightarrow \lambda = -1 \\ -1+4\lambda &= -5 &\Rightarrow \lambda = -1 \\ 4-5\lambda &= 9 &\Rightarrow \lambda = -1. \end{aligned}$$

Die Vektorgleichung besitzt die Lösung $\lambda = -1$. Somit liegt der Punkt P_1 auf der Geraden g.

$P_2(8;7;-5)$

$$\begin{pmatrix} 2 \\ -1 \\ 4 \end{pmatrix} + \lambda \cdot \begin{pmatrix} 3 \\ 4 \\ -5 \end{pmatrix} = \begin{pmatrix} 8 \\ 7 \\ -5 \end{pmatrix} \qquad \begin{aligned} 2+3\lambda &= 8 &\Rightarrow \lambda = 2 \\ -1+4\lambda &= 7 &\Rightarrow \lambda = 2 \\ 4-5\lambda &= -5 &\Rightarrow \lambda = \frac{9}{5}. \end{aligned}$$

Es gibt kein $\lambda \in \mathbb{R}$, das alle drei Koordinatengleichungen erfüllt. Daher besitzt die Vektorgleichung keine Lösung λ. Der Punkt P_2 liegt nicht auf der Geraden g.

Parameterdarstellung einer Geraden:

$$\vec{x} = \overrightarrow{OX} = \begin{pmatrix} x \\ y \\ z \end{pmatrix} = \begin{pmatrix} a_1 \\ a_2 \\ a_3 \end{pmatrix} + \lambda \cdot \begin{pmatrix} b_1 \\ b_2 \\ b_3 \end{pmatrix} = \vec{a} + \lambda \cdot \vec{b}\ ,\ \lambda \in \mathbb{R}$$

ist eine ***Parameterdarstellung*** einer Geraden g mit

$\overrightarrow{OX}$ = Ortsvektor zu einem variablen Punkt X auf der Geraden;

$\vec{a}$ = Ortsvektor zu einem festen Punkt auf der Geraden;

$\vec{b}$ = freier Richtungsvektor auf der Geraden.

Die Gerade durch die beiden Punkte $P(p_1, p_2, p_3)$ und $Q(q_1, q_2, q_3)$ mit $P \neq Q$ besitzt die Parameterdarstellung

$$\vec{x} = \overrightarrow{OX} = \overrightarrow{OP} + \lambda \cdot \overrightarrow{PQ} = \begin{pmatrix} p_1 \\ p_2 \\ p_3 \end{pmatrix} + \lambda \cdot \begin{pmatrix} q_1 - p_1 \\ q_2 - p_2 \\ q_3 - p_3 \end{pmatrix},\ \lambda \in \mathbb{R}.$$

B 22.3 a) Zeigen Sie, dass die drei Punkte $P_1(1;2;-1)$; $P_2(3;-2;5)$ und $P_3(-2;8;-10)$ auf einer Geraden liegen.

b) Liegen die Punkte $P(1;3;2)$; $Q(5;-3;6)$ und $R(-3;9;10)$ auf einer Geraden?

Lösung:

a) $\vec{a} = \overrightarrow{P_1P_2} = \begin{pmatrix} 2 \\ -4 \\ 6 \end{pmatrix}$; $\vec{b} = \overrightarrow{P_1P_3} = \begin{pmatrix} -3 \\ 6 \\ -9 \end{pmatrix}$.

Wegen $\vec{b} = -1{,}5 \cdot \vec{a}$ sind die Verbindungsvektoren $\vec{a}$ und $\vec{b}$ parallel. Daher liegen alle drei Punkte auf einer Geraden.

b) $\vec{a} = \overrightarrow{PQ} = \begin{pmatrix} 4 \\ -6 \\ 4 \end{pmatrix}$; $\vec{b} = \overrightarrow{PR} = \begin{pmatrix} -4 \\ 6 \\ 8 \end{pmatrix}$.

Es gibt kein $\lambda \in \mathbb{R}$ mit $\vec{b} = \lambda \cdot \vec{a}$. Die Verbindungsvektoren sind nicht parallel. Daher liegen die drei Punkte P, Q und R nicht auf einer Geraden.

B 22.4 Gegeben sind die drei Punkte $P_1(1;2;-1)$; $P_2(-2;4;8)$ und $P_3(3;-1;-5)$. Gesucht ist eine Gleichung der von den drei Punkten aufgespannten Ebene E

a) als Parameterdarstellung;

b) als Koordinatengleichung.

Lösung:

a) $\vec{a} = \overrightarrow{OP_1} = \begin{pmatrix} 1 \\ 2 \\ -1 \end{pmatrix}$; $\vec{b} = \overrightarrow{P_1P_2} = \begin{pmatrix} -3 \\ 2 \\ 9 \end{pmatrix}$; $\vec{c} = \overrightarrow{P_1P_3} = \begin{pmatrix} 2 \\ -3 \\ -4 \end{pmatrix}$;

X (x , y , z) sei ein beliebiger Punkt auf der Ebene E mit den Koordinaten x , y und z. Dann lautet eine Parameterdarstellung der Ebene E

$$\vec{x} = \overrightarrow{OX} = \begin{pmatrix} x \\ y \\ z \end{pmatrix} = \begin{pmatrix} 1 \\ 2 \\ -1 \end{pmatrix} + \lambda \cdot \begin{pmatrix} -3 \\ 2 \\ 9 \end{pmatrix} + \mu \cdot \begin{pmatrix} 2 \\ -3 \\ -4 \end{pmatrix}, \ \lambda, \mu \in \mathbb{R}.$$

b)
$$\begin{aligned} x &= 1 - 3\lambda + 2\mu \quad (1) \\ y &= 2 + 2\lambda - 3\mu \quad (2) \\ z &= -1 + 9\lambda - 4\mu \quad (3) \end{aligned}$$

Elimination von λ: $\quad 2 \times (1) + 3 \times (2)$

$\Rightarrow 2x + 3y = 8 - 5\mu; \quad \mu = \frac{8}{5} - \frac{2}{5}x - \frac{3}{5}y;$

$(1) \Rightarrow 3\lambda = 1 + 2\mu - x = 1 + \frac{16}{5} - \frac{4}{5}x - \frac{6}{5}y - x$

$= \frac{21}{5} - \frac{9}{5}x - \frac{6}{5}y;$

$(3) \Rightarrow z = -1 + 3 \cdot \left(\frac{21}{5} - \frac{9}{5}x - \frac{6}{5}y\right) - 4 \cdot \left(\frac{8}{5} - \frac{2}{5}x - \frac{3}{5}y\right);$

$z = \frac{26}{5} - \frac{19}{5}x - \frac{6}{5}y \quad | \cdot (-5)$

$\underline{19x + 6y + 5z - 26 = 0}$ (Koordinatengleichung für E).

B 22.5 Gegeben ist die Ebenengleichung
$2x - 3y + 4z + 8 = 0.$
Gesucht ist eine Parameterdarstellung für diese Ebene.

Lösung:

Mit $x = \lambda$ und $y = \mu$ erhält man $z = -2 - \frac{1}{2}\lambda + \frac{3}{4}\mu$.

In Vektorform erhält man die Parameterdarstellung

$$\vec{x} = \overrightarrow{OX} = \begin{pmatrix} x \\ y \\ z \end{pmatrix} = \begin{pmatrix} 0 \\ 0 \\ -2 \end{pmatrix} + \lambda \cdot \begin{pmatrix} 1 \\ 0 \\ -\frac{1}{2} \end{pmatrix} + \mu \cdot \begin{pmatrix} 0 \\ 1 \\ \frac{3}{4} \end{pmatrix}; \ \lambda, \mu \in \mathbb{R}.$$

Darstellungen einer Ebene E:

$$\vec{x} = \overrightarrow{OX} = \begin{pmatrix} x \\ y \\ z \end{pmatrix} = \begin{pmatrix} a_1 \\ a_2 \\ a_3 \end{pmatrix} + \lambda \cdot \begin{pmatrix} b_1 \\ b_2 \\ b_3 \end{pmatrix} + \mu \cdot \begin{pmatrix} c_1 \\ c_2 \\ c_3 \end{pmatrix}$$

$$= \vec{a} + \lambda \cdot \vec{b} + \mu \cdot \vec{c} \ , \ \lambda, \mu \in \mathbb{R}$$

heißt ***Parameterdarstellung einer Ebene E.*** Dabei ist X ein Punkt auf der Ebene E mit den Koordinaten x, y, z und $\vec{a}$ ein Ortsvektor zur Ebene E. Die beiden Vektoren $\vec{b}$ und $\vec{c}$, welche die Ebene aufspannen, dürfen nicht parallel sein.
Die Koordinaten x, y, z eines beliebigen Punktes X auf der Ebene erfüllen eine
Koordinatengleichung der Ebene

$$ax + by + cz + d = 0 \quad \text{mit Konstanten a, b, c, d} \in \mathbb{R}.$$

Die Konstanten a, b und c dürfen nicht alle gleich Null sein.

B 22.6 Gegeben sind die beiden Vektoren

$$\vec{a} = \begin{pmatrix} 2 \\ 3 \\ -4 \end{pmatrix} \quad \text{und} \quad \vec{b} = \begin{pmatrix} -1 \\ 2 \\ 1 \end{pmatrix}.$$

a) Bestimmen Sie die Beträge (Längen) der beiden Vektoren.
b) Stehen die beiden Vektoren aufeinander senkrecht?

Lösung:

a) $|\vec{a}| = \sqrt{2^2 + 3^2 + 4^2} = \sqrt{29}$; $|\vec{b}| = \sqrt{1^2 + 2^2 + 1^2} = \sqrt{6}$;

b)
$$\vec{a}^T \cdot \vec{b} = (2;3;-4) \cdot \begin{pmatrix} -1 \\ 2 \\ 1 \end{pmatrix} = 2 \cdot (-1) + 3 \cdot 2 + (-4) \cdot 1 = 0.$$

Weil das Skalarprodukt $\vec{a}^T \cdot \vec{b}$ verschwindet, stehen die Vektoren aufeinander senkrecht.

Der ***Betrag eines Vektors*** $\vec{a}^T = (a_1, a_2, \ldots, a_n)$ ist erklärt durch

$$|\vec{a}| = \sqrt{a_1^2 + a_2^2 + \ldots + a_n^2} = \sqrt{\sum_{i=1}^{n} a_i^2} = \sqrt{\vec{a}^T \cdot \vec{a}} \ .$$

Dabei gilt die Dreiecksungleichung

$$|\vec{a} + \vec{b}| \leq |\vec{a}| + |\vec{b}|.$$

Für $n \leq 3$ stellt der Betrag die ***Länge*** des Vektors dar.
Für $n \leq 3$ besitzt das Skalarprodukt die Eigenschaft:

$$\vec{a}^T \cdot \vec{b} = |\vec{a}| \cdot |\vec{b}| \cdot \cos\varphi .$$

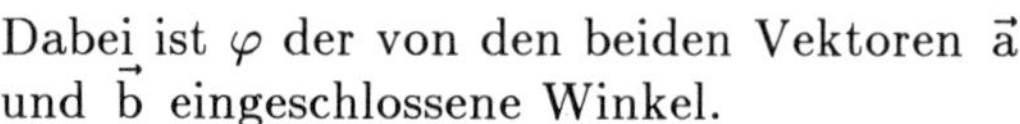

Dabei ist φ der von den beiden Vektoren $\vec{a}$ und $\vec{b}$ eingeschlossene Winkel.

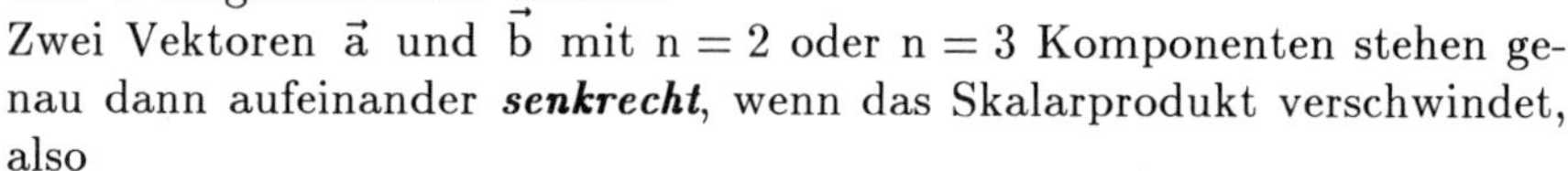

Zwei Vektoren $\vec{a}$ und $\vec{b}$ mit $n = 2$ oder $n = 3$ Komponenten stehen genau dann aufeinander ***senkrecht***, wenn das Skalarprodukt verschwindet, also

$$\vec{a} \perp \vec{b} \;\Leftrightarrow\; \vec{a}^T \cdot \vec{b} = 0.$$

A 22.1 Gegeben sind die Vektoren

$$\vec{a} = \begin{pmatrix} 2 \\ -1 \\ 0 \\ 3 \end{pmatrix}; \quad \vec{b} = \begin{pmatrix} -1 \\ 2 \\ 1 \\ 4 \end{pmatrix}; \quad \vec{c} = \begin{pmatrix} 8 \\ 4 \\ 2 \\ 0 \end{pmatrix}.$$

a) Berechnen Sie die Komponenten des Vektors $2\vec{a} + \vec{b} - 2\vec{c}$.
b) Bestimmen Sie die Beträge der angegebenen Vektoren.
c) Berechnen Sie die Skalarprodukte

$$\vec{a}^T \cdot \vec{b}; \quad \vec{a}^T \cdot \vec{c}; \quad \vec{a}^T \cdot (\vec{b} + \vec{c}); \quad \vec{b}^T \cdot \vec{a}; \quad \vec{a}^T \cdot \vec{a}.$$

d) Berechnen Sie $(\vec{a}^T \cdot \vec{b}) \cdot \vec{c}$.

A 22.2 Bestimmen Sie die Komponenten a, b und c so, dass die Vektoren

$$\vec{a} = \begin{pmatrix} 1 \\ 2 \\ -1 \end{pmatrix}; \quad \vec{b} = \begin{pmatrix} 4 \\ 2 \\ a \end{pmatrix}; \quad \vec{c} = \begin{pmatrix} b \\ c \\ 1 \end{pmatrix}$$

paarweise aufeinander senkrecht stehen.

A 22.3 a) Stellen Sie eine Gleichung für die Gerade g auf, welche durch die beiden Punkte $P(-1; 0; 2)$ und $Q(4; -2; 8)$ geht.
b) Welche der drei Punkte $P_1(-11; 4; -10)$; $P_2(14; -6; 20)$; $P_3(2; 4; -3)$ liegen auf der Geraden g?

A 22.4 Bestimmen Sie eine Gleichung der Ebene E, die durch die drei Punkte $P_1(1;2;-3)$; $P_2(1;1;-1)$; $P_3(2;-5;0)$ geht

a) als Parameterdarstellung;

b) als Koordinatengleichung.

c) Liegen die Punkte $P_4(1;1;-1)$; $P_5(2;2;8)$ auf der Ebene E?

A 22.5 Gegeben ist die Gleichung der Ebene E

$-x+2y-3z+5=0.$

a) Geben Sie eine Parameterdarstellung für diese Ebene an.

b) In welchem Punkt P schneidet die Gerade

$$g_1: \begin{pmatrix} x \\ y \\ z \end{pmatrix} = \begin{pmatrix} 3 \\ -1 \\ 2 \end{pmatrix} + \rho \cdot \begin{pmatrix} -1 \\ 1 \\ 0 \end{pmatrix}, \quad \rho \in \mathbb{R}$$

die Ebene E?

c) Zeigen Sie, dass die Gerade

$$g_2: \begin{pmatrix} x \\ y \\ z \end{pmatrix} = \begin{pmatrix} 2 \\ 4 \\ 8 \end{pmatrix} + \rho \cdot \begin{pmatrix} 1 \\ 2 \\ 1 \end{pmatrix}, \quad \rho \in \mathbb{R}$$

die Ebene E nicht schneidet.

A 22.6 Zeigen Sie, dass die vier Punkte

$P_1(-1;2;3)$; $P_2(0;3;4)$; $P_3(2;1;3)$ und $P_4(3;2;4)$

in einer Ebene liegen.

Stellen Sie dazu eine Parameterdarstellung der durch die Punkte P_1, P_2 und P_3 aufgespannten Ebene auf.

A 22.7 Gegeben ist die Ebenengleichung

$x-2y+z+3=0.$

a) Geben Sie eine Parameterdarstellung für die Ebene E an.

b) Wie müssen in der Geradengleichung

$$\begin{pmatrix} x \\ y \\ z \end{pmatrix} = \begin{pmatrix} 2 \\ 1 \\ 3 \end{pmatrix} + \rho \cdot \begin{pmatrix} 5 \\ b \\ c \end{pmatrix}, \quad \rho \in \mathbb{R}$$

die Konstanten b und c gewählt werden, damit diese Gerade auf der Ebene E senkrecht steht?

23. Das Rechnen mit Matrizen

B 23.1 Drei Produktionsbetriebe liefern das gleiche Produkt an vier verschiedene Abnehmer. Die gelieferten Mengen im 1. und 2. Halbjahr sind in der nachfolgenden Tabelle zusammengestellt:

Liefermengen im 1. Halbjahr:

	Abnehmer 1	2	3	4
Betrieb 1	380	0	420	820
Betrieb 2	425	140	360	520
Betrieb 3	225	180	480	650

Liefermengen im 2. Halbjahr:

	Abnehmer 1	2	3	4
Betrieb 1	320	250	390	950
Betrieb 2	460	210	400	610
Betrieb 3	310	400	280	840

a) Stellen Sie die Halbjahreslieferungen als Matrizen dar.

b) Wie würden die entsprechenden Matrizen lauten, falls in den entsprechenden Tabellen die Betriebe in den Zeilen und die Abnehmer in den Spalten aufgeführt wären?

c) Durch welche Matrix lässt sich die Liefermenge für das ganze Jahr darstellen?

d) Durch Lieferverträge müssen die Kunden drei Jahre lang die gleichen Mengen wie im 1. Jahr abnehmen. Stellen Sie die Liefermengen während der drei Jahre durch eine Matrix dar.

Lösung:

a) 1. Halbjahr; 2. Halbjahr

$$A = \begin{pmatrix} 380 & 0 & 420 & 820 \\ 425 & 140 & 360 & 520 \\ 225 & 180 & 480 & 650 \end{pmatrix}; \quad B = \begin{pmatrix} 320 & 250 & 390 & 950 \\ 460 & 210 & 400 & 610 \\ 310 & 400 & 280 & 840 \end{pmatrix}.$$

b)

$$A^{T} = \begin{pmatrix} 380 & 425 & 225 \\ 0 & 140 & 180 \\ 420 & 360 & 480 \\ 820 & 520 & 650 \end{pmatrix}; \quad B^{T} = \begin{pmatrix} 320 & 460 & 310 \\ 250 & 210 & 400 \\ 390 & 400 & 280 \\ 950 & 610 & 840 \end{pmatrix}$$

(transponierte Matrizen).

c)

$$C = A + B = \begin{pmatrix} 700 & 250 & 810 & 1770 \\ 885 & 350 & 760 & 1130 \\ 535 & 580 & 760 & 1490 \end{pmatrix}.$$

d)

$$D = 3 \cdot C = \begin{pmatrix} 2100 & 750 & 2430 & 5310 \\ 2655 & 1050 & 2280 & 3390 \\ 1605 & 1740 & 2280 & 4470 \end{pmatrix}.$$

Eine $m \times n$ - ***Matrix*** A hat m Zeilen und n Spalten

$$A = \begin{pmatrix} a_{11} & a_{12} & \cdots & a_{1j} & \cdots & a_{1n} \\ a_{21} & a_{22} & \cdots & a_{2j} & \cdots & a_{2n} \\ \cdots & \cdots & \cdots & \cdots & \cdots & \cdots \\ a_{i1} & a_{i2} & \cdots & a_{ij} & \cdots & a_{in} \\ \cdots & \cdots & \cdots & \cdots & \cdots & \cdots \\ a_{m1} & a_{m2} & \cdots & a_{mj} & \cdots & a_{mn} \end{pmatrix} = \left(a_{ij}\,;\, i = 1, \ldots, m\,;\, j = 1, \ldots, n\right).$$

Multiplikation einer Matrix mit einem Skalar $\lambda \in \mathbb{R}$:

$$\lambda \cdot A = \begin{pmatrix} \lambda a_{11} & \lambda a_{12} & \cdots & \lambda a_{1n} \\ \cdots & \cdots & \cdots & \cdots \\ \lambda a_{i1} & \lambda a_{i2} & \cdots & \lambda a_{in} \\ \cdots & \cdots & \cdots & \cdots \\ \lambda a_{m1} & \lambda a_{m2} & \cdots & \lambda a_{mn} \end{pmatrix} = \left(\lambda \cdot a_{ij}\right).$$

Jedes Element a_{ij} wird mit λ multipliziert.

B sei ebenfalls eine $m \times n$ - Matrix mit den Elementen b_{ij}, $i = 1, \ldots, m$; $j = 1, \ldots, n$. Dann ist die ***Summe*** der beiden Matrizen vom gleichen Typ erklärt durch

$$A + B = \begin{pmatrix} a_{11} + b_{11} & a_{12} + b_{12} & \cdots & a_{1n} + b_{1n} \\ a_{21} + b_{21} & a_{22} + b_{22} & \cdots & a_{2n} + b_{2n} \\ \vdots & \vdots & \vdots & \vdots \\ a_{m1} + b_{m1} & a_{m2} + b_{m2} & \cdots & a_{mn} + b_{mn} \end{pmatrix} = \left(a_{ij} + b_{ij}\right)$$

(elementenweise Addition).

Die ***transponierte Matrix*** A^T geht aus A dadurch hervor, dass alle Zeilen von A der Reihe nach als Spalten von A^T geschrieben werden. Damit gehen die Spalten von A ist die Zeilen von A^T über.

$$A = \begin{pmatrix} a_{11} & a_{12} & \cdots & a_{1n} \\ a_{21} & a_{22} & \cdots & a_{2n} \\ \vdots & \vdots & \vdots & \vdots \\ a_{m1} & a_{m2} & \cdots & a_{mn} \end{pmatrix}; \qquad A^T = \begin{pmatrix} a_{11} & a_{21} & \cdots & a_{m1} \\ a_{12} & a_{22} & \cdots & a_{m2} \\ \vdots & \vdots & \vdots & \vdots \\ a_{1n} & a_{2n} & \cdots & a_{mn} \end{pmatrix}.$$

B 23.2 Ein landwirtschaftlicher Betrieb baut Mais, Zuckerrüben, Kartoffeln und Weizen an. Zur Bearbeitung der Felder werden drei Maschinen M_1, M_2 und M_3 eingesetzt. Die Maschinenzeiten, die für 1 ha Anbaufläche benötigt werden, sind in der nachfolgenden Tabelle (in Stunden/ha) zusammengestellt.

	M_1	M_2	M_3
Mais	3	5	10
Zuckerrüben	2	2	8
Kartoffeln	6	0	12
Weizen	4	4	15

Die Kosten pro Maschinenstunde (in EUR/Stunde) betragen für

M_1 120 EUR;

M_2 50 EUR;

M_3 35 EUR.

a) Berechnen Sie die Kosten, die pro ha Anbaufläche durch alle drei Maschinen zusammen verursacht werden.

b) Im laufenden Jahr werden 15 ha Mais, 8 ha Zuckerrüben, 12 ha Kartoffeln und 6 ha Weizen angebaut. Wie lange müssen die einzelnen Maschinen dafür eingesetzt werden?

c) Welche Maschinenkosten entstehen insgesamt bei den Anbauflächen aus b)?

<u>Lösung:</u>

a)

$$\begin{pmatrix} 3 & 5 & 10 \\ 2 & 2 & 8 \\ 6 & 0 & 12 \\ 4 & 4 & 15 \end{pmatrix} \cdot \begin{pmatrix} 120 \\ 50 \\ 35 \end{pmatrix} = \begin{pmatrix} 960 \\ 620 \\ 1140 \\ 1205 \end{pmatrix} = \begin{pmatrix} \text{Kosten pro ha Mais} \\ \text{Kosten pro ha Zuckerrüben} \\ \text{Kosten pro ha Kartoffeln} \\ \text{Kosten pro ha Weizen} \end{pmatrix};$$

b) $$(15\,;8\,;12\,;6) \cdot \begin{pmatrix} 3 & 5 & 10 \\ 2 & 2 & 8 \\ 6 & 0 & 12 \\ 4 & 4 & 15 \end{pmatrix} = (157\,;\ 115\,;448).$$

Die Maschine M_1 ist 157 Stunden, die Maschine M_2 115 Stunden und die Maschine M_3 448 Stunden im Einsatz.

B 23.3 Zur Herstellung von vier Zwischenprodukten Z_1, Z_2, Z_3 und Z_4 werden die Rohstoffe R_1, R_2 und R_3 benötigt. Aus den Zwischenprodukten werden die Endprodukte E_1, E_2, E_3, E_4 und E_5 hergestellt. Die zur Herstellung von einer Einheit eines Produktes benötigten Ausgangsmengen sind in der folgenden Tabelle zusammengestellt:

	Z_1	Z_2	Z_3	Z_4
R_1	1	2	1	2
R_2	2	1	0	3
R_3	1	1	2	0

$$\begin{pmatrix} 1 & 2 & 1 & 2 \\ 2 & 1 & 0 & 3 \\ 1 & 1 & 2 & 0 \end{pmatrix} = A;$$

	E_1	E_2	E_3	E_4	E_5
Z_1	1	0	2	1	2
Z_2	2	1	2	1	0
Z_3	3	1	1	2	1
Z_4	0	2	1	0	3

$$\begin{pmatrix} 1 & 0 & 2 & 1 & 2 \\ 2 & 1 & 2 & 1 & 0 \\ 3 & 1 & 1 & 2 & 1 \\ 0 & 2 & 1 & 0 & 3 \end{pmatrix} = B.$$

a) Stellen Sie zusammen, wie viele Einheiten von den einzelnen Rohstoffen zur Herstellung von je einer Einheit der fünf Endprodukte benötigt werden.

b) Welche Rohstoffmengen benötigt man zur Herstellung von 5 ME von E_1, 10 ME von E_2, 20 ME von E_3, 15 ME von E_4 und 30 ME von E_5?

c) Welche Rohstoffkosten entstehen in b) bei folgenden Rohstoffpreisen je ME: 8 EUR für R_1, 12 EUR für R_2 und 5 EUR für R_3?

Lösung:

a)

	E_1	E_2	E_3	E_4	E_5
R_1	8	7	9	5	9
R_2	4	7	9	3	13
R_3	9	3	6	6	4

$$\begin{pmatrix} 8 & 7 & 9 & 5 & 9 \\ 4 & 7 & 9 & 3 & 13 \\ 9 & 3 & 6 & 6 & 4 \end{pmatrix} = C = A \cdot B.$$

b) $$\begin{pmatrix} 8 & 7 & 9 & 5 & 9 \\ 4 & 7 & 9 & 3 & 13 \\ 9 & 3 & 6 & 6 & 4 \end{pmatrix} \cdot \begin{pmatrix} 5 \\ 10 \\ 20 \\ 15 \\ 30 \end{pmatrix} = \begin{pmatrix} 635 \\ 705 \\ 405 \end{pmatrix}.$$

Von R_1 werden 635 Mengeneinheiten, von R_2 705 Mengeneinheiten und von R_3 405 Mengeneinheiten benötigt.

c) Gesamtkosten

$$(8\,;12\,;5) \cdot \begin{pmatrix} 635 \\ 705 \\ 405 \end{pmatrix} = 15\,565 \text{ EUR.}$$

Produkt zweier Matrizen:
Es sei A eine $m \times n$-Matrix und B eine $n \times r$-Matrix (die Spaltenanzahl von A muss mit der Zeilenanzahl von B übereinstimmen). Dann ist das ***Produkt*** $C = A \cdot B = (c_{ik})$ eine $m \times r$-Matrix mit den Elementen

$$c_{ik} = \sum_{j=1}^{n} a_{ij} \cdot b_{jk} = \vec{a}_i^T \cdot \vec{b}_k \quad \text{für } i = 1, 2, \ldots, m;\ k = 1, 2, \ldots, r.$$

Dabei ist $\vec{a}_i^T$ der i-te Zeilenvektor von A und $\vec{b}_k$ der k-te Spaltenvektor von B. Die Produktmatrix $A \cdot B$ hat genauso viele Zeilen wie A und so viele Spalten wie B.

Durch folgende versetzte Schreibweise kann das Matrizenprodukt $A \cdot B$ übersichtlich berechnet werden

$$\left.\begin{pmatrix} b_{11} & \cdots & \boxed{b_{1k}} & \cdots b_{1r} \\ b_{21} & \cdots & b_{2k} & \cdots b_{2r} \\ \vdots & & & \\ b_{n1} & \cdots & b_{nk} & \cdots b_{nr} \end{pmatrix}\right\} = B$$

$$\underbrace{\begin{pmatrix} a_{11}\ a_{12} & \cdots & a_{1n} \\ \cdots & \cdots & \cdots \\ \boxed{a_{i1}\ a_{i2} \ \cdots \ a_{in}} & & \\ \cdots & \cdots & \cdots \\ a_{m1} a_{m2} & \cdots & a_{mn} \end{pmatrix}}_{=A} \underbrace{\begin{pmatrix} & & \\ & \boxed{c_{ik}} & \\ & & \end{pmatrix}}_{C = A \cdot B}$$

B 23.4 Gegeben sind die Matrizen

$$A = \begin{pmatrix} 1 & 2 \\ 4 & 1 \end{pmatrix}; \quad B = \begin{pmatrix} 2 & 3 \\ 0 & 1 \end{pmatrix}; \quad C = \begin{pmatrix} 1 & -1 & 2 \\ 2 & 1 & 3 \end{pmatrix};$$

$$D = \begin{pmatrix} 2 & 0 & 4 & 2 \\ 1 & 1 & 0 & 1 \\ 3 & 1 & 5 & 7 \end{pmatrix}.$$

Multiplizieren Sie jeweils zwei dieser Matrizen in beliebiger Reihenfolge, sofern dies möglich ist.

Lösung:

$$A \cdot B = \begin{pmatrix} 1 & 2 \\ 4 & 1 \end{pmatrix} \cdot \begin{pmatrix} 2 & 3 \\ 0 & 1 \end{pmatrix} = \begin{pmatrix} 2 & 5 \\ 8 & 13 \end{pmatrix}; \qquad B \cdot A = \begin{pmatrix} 14 & 7 \\ 4 & 1 \end{pmatrix};$$

$$A \cdot C = \begin{pmatrix} 1 & 2 \\ 4 & 1 \end{pmatrix} \cdot \begin{pmatrix} 1 & -1 & 2 \\ 2 & 1 & 3 \end{pmatrix} = \begin{pmatrix} 5 & 1 & 8 \\ 6 & -3 & 11 \end{pmatrix};$$

$$C \cdot A = \begin{pmatrix} 1 & -1 & 2 \\ 2 & 1 & 3 \end{pmatrix} \cdot \begin{pmatrix} 1 & 2 \\ 4 & 1 \end{pmatrix} \text{ existiert nicht.}$$

$A \cdot D$ und $D \cdot A$ existieren nicht.

$$B \cdot C = \begin{pmatrix} 2 & 3 \\ 0 & 1 \end{pmatrix} \cdot \begin{pmatrix} 1 & -1 & 2 \\ 2 & 1 & 3 \end{pmatrix} = \begin{pmatrix} 8 & 1 & 13 \\ 2 & 1 & 3 \end{pmatrix};$$

$C \cdot B$ existiert nicht.

$$C \cdot D = \begin{pmatrix} 1 & -1 & 2 \\ 2 & 1 & 3 \end{pmatrix} \cdot \begin{pmatrix} 2 & 0 & 4 & 2 \\ 1 & 1 & 0 & 1 \\ 3 & 1 & 5 & 7 \end{pmatrix} = \begin{pmatrix} 7 & 1 & 14 & 15 \\ 14 & 4 & 23 & 26 \end{pmatrix};$$

$D \cdot C$ existiert nicht.

Nur wenn A und B beides quadratische Matrizen mit jeweils gleich vielen Zeilen und Spalten sind, existieren beide Produkte $A \cdot B$ und $B \cdot A$. Die Produkte $A \cdot B$ und $B \cdot A$ müssen nicht übereinstimmen. Bei der Matrizenmultiplikation gilt das ***Kommutativgesetz nicht.***
Die n-te ***Potenz*** A^n einer quadratischen Matrix ist das n-fache Produkt von A mit sich selbst, also

$$A^n = A \cdot A \cdot \ldots \cdot A \quad \text{(n Faktoren).}$$

A 23.1 Gegeben sind die Matrizen

$$A = \begin{pmatrix} 1 & 2 & -1 \\ 2 & 1 & 4 \end{pmatrix}; \quad B = \begin{pmatrix} 1 & 2 \\ -1 & 1 \\ 3 & 4 \end{pmatrix}.$$

a) Berechnen Sie die Matrix $C = 2\,A^T + 3\,B$ (A^T = transponierte Matrix).
b) Berechnen Sie die Produkte $A \cdot B$ und $B \cdot A$.
c) Berechnen Sie $A \cdot (B \cdot A) \cdot B$.

A 23.2 Gegeben sind die Matrizen

$$A = \begin{pmatrix} 0 & -1 & 0 & 0 \\ 1 & 0 & 0 & 0 \\ 0 & 0 & 0 & 1 \\ 0 & 0 & -1 & 0 \end{pmatrix}; \quad B = \begin{pmatrix} 0 & 1 & 1 & 0 \\ 0 & 0 & 1 & 1 \\ 1 & 0 & 0 & 1 \\ 1 & 1 & 0 & 0 \end{pmatrix}; \quad \vec{a} = \begin{pmatrix} 1 \\ -1 \\ 1 \\ -1 \end{pmatrix}.$$

Berechnen Sie $A \cdot B \cdot \vec{a}$; $A \cdot B$; B^2; A^2; A^3; A^4; $\vec{a}^T \cdot B$.

A 23.3 Berechnen Sie für die Matrix

$$A = \begin{pmatrix} 2 & -3 & -5 \\ -1 & 4 & 5 \\ 1 & -3 & -4 \end{pmatrix}$$

A^2; $A^2 - A$; A^3 und A^{10}.

A 23.4 In einer Fabrik werden Stühle, Tische und Schränke hergestellt. Für die Produktion werden drei Maschinen benötigt. Die Maschinenzeiten zur Herstellung eines Möbelstücks sind in der folgenden Tabelle zusammengestellt:

	Maschinenzeiten in Min.		
	M_1	M_2	M_3
Stuhl	5	3	4
Tisch	15	18	20
Schrank	30	45	50

a) Welche Maschinenzeiten werden zur Herstellung von 200 Stühlen, 50 Tischen und 30 Schränken benötigt?
b) Eine Betriebsstunde der Maschinen koste
30 EUR für M_1;
42 EUR für M_2;
48 EUR für M_3.
Welche Maschinenkosten verursacht die Produktion aus a)?

c) Welche Maschinenkosten verursacht jedes der drei Möbelstücke? Berechnen Sie die Maschinenkosten für die Produktion von x_1 Stühlen, x_2 Tischen und x_3 Schränken.

A 23.5 Ein Betrieb stellt aus fünf Rohstoffen R_1, R_2, R_3, R_4, R_5 vier Zwischenprodukte Z_1, Z_2, Z_3, Z_4 her. Aus diesen vier Zwischenprodukten werden vier Produkte P_1, P_2, P_3, P_4 erzeugt, aus denen schließlich die drei Endprodukte E_1, E_2, E_3 gefertigt werden. Der Materialverbrauch (in ME) zur Herstellung je einer Einheit der entsprechenden Produkte ist folgender Tabelle zu entnehmen:

	Z_1	Z_2	Z_3	Z_4
R_1	1	2	0	0
R_2	1	1	1	0
R_3	2	0	1	1
R_4	0	1	0	1
R_5	1	1	0	1

$= A$;

	P_1	P_2	P_3	P_4
Z_1	1	0	2	1
Z_2	1	1	1	0
Z_3	0	3	1	3
Z_4	2	0	0	1

$= B$;

	E_1	E_2	E_3
P_1	1	2	0
P_2	1	1	3
P_3	1	0	2
P_4	1	1	0

$= C$.

a) Stellen Sie die Rohstoffverbrauchsmatrix für die Produkte P_1, P_2, P_3, P_4 dar.

b) Stellen Sie den Verbrauch an Zwischenprodukten Z_1, Z_2, Z_3, Z_4 für die Endprodukte E_1, E_2 und E_3 dar.

c) Berechnen Sie aus a) und zur Kontrolle aus b) die Rohstoffverbrauchsmatrix für die Endprodukte E_1, E_2, E_3.
d) Welche Rohstoffmengen werden zur Erzeugung von 20 ME von E_1, 50 ME von E_2 und 100 ME von E_3 benötigt?
e) Die Einkaufskosten für eine Einheit der Rohstoffe betragen $p_1 = 4$; $p_2 = 3$; $p_3 = 5$; $p_4 = 2$; $p_5 = 8$ Tsd. EUR. Welche Rohstoffkosten entstehen bei den Produktionsmengen aus c)?

A 23.6 Die Vitamingehalte dreier Lebensmittel (je ME) sind in der nachfolgenden Tabelle zusammengestellt.

	Lebensmittel		
Vitamin	L_1	L_2	L_3
A	0,5	0,3	0,1
B	0,5	0	0,1
C	0	0,2	0,2
D	0	0,1	0,5

Ein Produkt besteht aus 2 ME L_1, 3 ME L_2 und 5 ME L_3. Berechnen Sie die Vitamingehalte dieser Produkte.

A 23.7 Eine Firma stellt drei Produkte A, B, C her. Dazu werden vier Rohstoffe R_1, R_2, R_3, R_4 benötigt. Die zur Herstellung je eines Stückes benötigten Rohstoffmengen sind in der nachfolgenden Tabelle zusammengestellt (Angaben in kg):

Produkt	R_1	R_2	R_3	R_4
A	10	5	0	3
B	4	2	6	0
C	3	1	1	4

Welche Rohstoffmengen müssen bestellt werden für einen Auftrag von 1000 Stück A, 2000 Stück B und 2000 Stück C?

24. Lineare Gleichungssysteme

B 24.1 Gesucht ist die Lösung des linearen Gleichungssystems

$$\begin{aligned} -20x_1 + 5x_2 + 5x_3 &= -60 \\ x_1 - 3x_2 + x_3 &= -8 \\ x_1 + x_2 - 6x_3 &= -10\,. \end{aligned}$$

Lösung:

Zur Lösung des Gleichungssystems mit dem ***Gaußschen Algorithmus*** werden nur die entsprechenden Koeffizienten aufgeschrieben. Da die 3. Gleichung mit 1 beginnt, wird diese Gleichung als erste benutzt.

	x_1	x_2	x_3	rechte Seite	
(1)	$\boxed{1}$	1	-6	-10	(3. Gleichung)
(2)	1	-3	1	-8	(2. Gleichung)
(3)	-20	5	5	-60	(1. Gleichung)
(1′)	1	1	-6	-10	$(1) = (1')$
(2′)	0	-4	7	2	$(2) - (1')$
(3′)	0	25	-115	-260	$(3) + 20 \times (1')$
(1′)	1	1	-6	-10	
(2″)	0	$\boxed{1}$	$-\frac{7}{4}$	$-\frac{1}{2}$	$-\frac{1}{4} \times (2')$
(3″)	0	0	$-\frac{285}{4}$	$-\frac{495}{2}$	$(3') - 25 \times (2'')$
(1″)	1	0	$-\frac{17}{4}$	$-\frac{19}{2}$	$(1') - (2'')$
(2″)	0	1	$-\frac{7}{4}$	$-\frac{1}{2}$	$(2'')$
(3‴)	0	0	$\boxed{1}$	$\frac{198}{57}$	$-\frac{4}{285} \times (3'')$
(1‴)	1	0	0	$\mathbf{\frac{300}{57}} = \mathbf{x_1}$	$(1'') + \frac{17}{4} \times (3''')$
(2‴)	0	1	0	$\mathbf{\frac{318}{57}} = \mathbf{x_2}$	$(2'') + \frac{7}{4} \times (3''')$
(3‴)	0	0	1	$\mathbf{\frac{198}{57}} = \mathbf{x_3}$	

Im ***linearen Gleichungssystem***

$$
\begin{array}{lllllllll}
a_{11}x_1 & + & a_{12}x_2 & + \dots + & a_{1j}x_j & + \dots + & a_{1n}x_n & = & b_1 \\
a_{21}x_1 & + & a_{22}x_2 & + \dots + & a_{2j}x_j & + \dots + & a_{2n}x_n & = & b_2 \\
\dots & & & & & & & & \\
a_{i1}x_1 & + & a_{i2}x_2 & + \dots + & a_{ij}x_j & + \dots + & a_{in}x_n & = & b_i \\
\dots & & & & & & & & \\
a_{m1}x_1 & + & a_{m2}x_2 & + \dots + & a_{mj}x_j & + \dots + & a_{mn}x_n & = & b_m
\end{array}
$$

sind die Koeffizienten a_{ij} und rechten Seiten b_i vorgegebene reelle Zahlen. Daraus sind die Lösungen für die Unbekannten $x_1, x_2, \dots, x_n$ zu bestimmen. Das Gleichungssystem kann in der Matrizenschreibweise

$$
\begin{pmatrix} a_{11} & a_{12} & \cdots & a_{1n} \\ a_{21} & a_{22} & \cdots & a_{2n} \\ \dots & \dots & \dots & \dots \\ a_{m1} & a_{m2} & \cdots & a_{mn} \end{pmatrix} \cdot \begin{pmatrix} x_1 \\ x_2 \\ \vdots \\ x_n \end{pmatrix} = \begin{pmatrix} b_1 \\ b_2 \\ \vdots \\ b_m \end{pmatrix},
$$

d. h. in der Form $A \cdot \vec{x} = \vec{b}$ dargestellt werden.

Ist $\vec{a}_j$ der j-te Spaltenvektor der Matrix A, so ist das lineare Gleichungssystem gleichwertig mit der Vektorgleichung

$$\sum_{j=1}^{n} x_j \cdot \vec{a}_j = \vec{b}\,.$$

Das lineare Gleichungssystem ist nur dann lösbar, wenn der Vektor $\vec{b}$ als Linearkombination der Spaltenvektoren $\vec{a}_j$ darstellbar ist.

Die Lösungsmenge eines linearen Gleichungssystems bleibt unverändert, falls folgende Operationen durchgeführt werden:
Vertauschen zweier Gleichungen;
Multiplikation einer Gleichung mit einer Konstanten $c \neq 0$;
Addition eines Vielfachen einer Gleichung zu einer anderen Gleichung;
Vertauschen (Umnummerierung) von zwei Unbekannten.

B 24.2 Für welche Konstante $a \in \mathbb{R}$ besitzt das nachfolgende lineare Gleichungssystem Lösungen?

$$
\begin{aligned}
2x_1 - 2x_2 + 4x_3 - 6x_4 &= 4 \\
-3x_1 + x_2 + x_3 + 3x_4 &= 5 \\
2x_1 + x_2 - x_3 + 2x_4 &= 9 \\
2x_1 + 3x_2 + 3x_3 + 6x_4 &= a\,.
\end{aligned}
$$

Geben Sie für den berechneten Wert a alle Lösungen an.

Lösung:

x_1	x_2	x_3	x_4	rechte Seite	
2	-2	4	-6	4	$\mid :2$
-3	1	1	3	5	
2	1	-1	2	9	
2	3	3	6	a	
$\boxed{1}$	-1	2	-3	2	
0	-2	7	-6	11	
0	3	-5	8	5	
0	5	-1	12	$a-4$	
1	-1	2	-3	2	$\}+$
0	$\boxed{1}$	$-\frac{7}{2}$	3	$-\frac{11}{2}$	
0	0	$\frac{11}{2}$	-1	$\frac{43}{2}$	$\mid \cdot\frac{2}{11}$
0	0	$\frac{33}{2}$	-3	$a+\frac{47}{2}$	
1	0	$-\frac{3}{2}$	0	$-\frac{7}{2}$	$\}+$
0	1	$-\frac{7}{2}$	3	$-\frac{11}{2}$	
0	0	$\boxed{1}$	$-\frac{2}{11}$	$\frac{43}{11}$	$\mid \cdot\frac{3}{2}$
0	0	0	0	**$a-41 \Rightarrow a \neq 41 \Rightarrow$ keine Lösung**	
1	0	0	$-\frac{3}{11}$	$\frac{26}{11}$	
0	1	0	$\frac{26}{11}$	$\frac{90}{11}$	
0	0	1	$-\frac{2}{11}$	$\frac{43}{11}$.	

Für $a \neq 41$ existiert keine Lösung. Für $a = 41$ ist die vierte Gleichung für beliebige x_1, x_2, x_3, x_4 erfüllt.

$x_4 = \lambda \in \mathbb{R}$ (beliebig);

$x_1 = \frac{26}{11} + \frac{3}{11}\cdot\lambda$; $x_2 = \frac{90}{11} - \frac{26}{11}\cdot\lambda$; $x_3 = \frac{43}{11} + \frac{2}{11}\cdot\lambda$;

$\frac{\lambda}{11} = \rho$ ergibt die

Lösung für $a = 41$: $\begin{pmatrix} x_1 \\ x_2 \\ x_3 \\ x_4 \end{pmatrix} = \frac{1}{11}\cdot\begin{pmatrix} 26 \\ 90 \\ 43 \\ 0 \end{pmatrix} + \rho\cdot\begin{pmatrix} 3 \\ -26 \\ 2 \\ 11 \end{pmatrix}, \ \rho \in \mathbb{R}$.

B 24.3 Gegeben ist das lineare Gleichungssystem

$$\begin{aligned} x_1 + x_2 + 2x_3 &= 6 \\ 2x_1 - x_2 - 3x_3 &= 4 \\ 4x_1 + x_2 + ax_3 &= 16a \end{aligned}$$

mit einer Konstanten $a \in \mathbb{R}$.

Für welches a gibt es unendlich viele Lösungen, für welche a gibt es genau eine Lösung? Geben Sie die jeweiligen Lösungen an.

	x_1	x_2	x_3	rechte Seite	
	1	1	2	6	
	2	−1	−3	4	
	4	1	a	16a	
	$\boxed{1}$	1	2	6	
$-\{$	0	−3	−7	−8	$\mid : (-3)$
	0	−3	a − 8	16a − 24	
	1	1	2	6	
	0	$\boxed{1}$	$\frac{7}{3}$	$\frac{8}{3}$	
	0	0	a − 1	$16a - 16 = 16 \cdot (a-1)$.	

<u>1.Fall: a = 1</u>: Die letzte Zeile ist für $a = 1$ eine Nullzeile und für beliebige x_1, x_2, x_3 erfüllt.

Aus den ersten beiden Gleichungen erhält man

$x_3 = \lambda; \quad x_2 = \frac{8}{3} - \frac{7}{3} \cdot \lambda;$

$x_1 = 6 - x_2 - 2x_3 = 6 - \frac{8}{3} + \frac{7}{3} \cdot \lambda - 2\lambda = \frac{10}{3} + \frac{1}{3} \cdot \lambda.$

Lösungsgerade:

$$\begin{pmatrix} x_1 \\ x_2 \\ x_3 \end{pmatrix} = \begin{pmatrix} \frac{10}{3} \\ \frac{8}{3} \\ 0 \end{pmatrix} + \lambda \cdot \begin{pmatrix} \frac{1}{3} \\ -\frac{7}{3} \\ 1 \end{pmatrix} \quad \text{für } a = 1.$$

2. Fall: $a \neq 1$:

Division durch $a-1 \neq 0$ ergibt das Endtableau

x_1	x_2	x_3	rechte Seite
1	1	2	6
0	1	$\frac{7}{3}$	$\frac{8}{3}$
0	0	1	16.

$x_3 = 16; \quad x_2 = \frac{8}{3} - \frac{7}{3} \cdot 16 = -\frac{104}{3};$

$x_1 = 6 - x_2 - 2x_3 = 6 + \frac{104}{3} - 32 = \frac{26}{3}.$

$$\text{Lösung:} \quad \begin{pmatrix} x_1 \\ x_2 \\ x_3 \end{pmatrix} = \begin{pmatrix} \frac{26}{3} \\ -\frac{104}{3} \\ 16 \end{pmatrix} \quad \text{für } a \neq 1.$$

B 24.4 Lösen Sie das Gleichungssystem

$$\begin{aligned}
x_1 + 2x_2 - x_3 + x_4 + x_5 &= 1 \\
2x_1 - x_2 + x_3 - 2x_4 - x_5 &= 3 \\
x_1 + x_2 - x_3 - x_4 + x_5 &= 3 \\
4x_1 + 2x_2 - x_3 - 2x_4 + x_5 &= 7 \\
-x_1 + 3x_2 - 2x_3 + 3x_4 + 2x_5 &= -2.
\end{aligned}$$

Lösung:

x_1	x_2	x_3	x_4	x_5	rechte Seite	
1	2	−1	1	1	1	
2	−1	1	−2	−1	3	
1	1	−1	−1	1	3	
4	2	−1	−2	1	7	
−1	3	−2	3	2	−2	
1	2	−1	1	1	1	
0	−5	3	−4	−3	1	} vertauschen
0	−1	0	−2	0	2 | $\cdot(-1)$	} vertauschen
0	−6	3	−6	−3	3	
0	5	−3	4	3	−1	

1	2	-1	1	1	1	
0	1	0	2	0	-2	$\mid \cdot(-2)$ (Zeilen 1, 2: +)
0	0	3	6	-3	-9	$\mid :3$
0	0	3	6	-3	-9	(Zeilen 3, 4: +)
0	0	-3	-6	3	9	(Zeilen 4, 5: −)
1	0	-1	-3	1	5	(Zeilen 1–3: +)
0	1	0	2	0	-2	
0	0	1	2	-1	-3	
0	0	0	0	0	0	
0	0	0	0	0	0	
1	0	0	-1	0	2	$\Rightarrow x_1 = 2+\lambda$
0	1	0	2	0	-2	$\Rightarrow x_2 = -2-2\lambda$
0	0	1	2	-1	-3	$\Rightarrow x_3 = -3-2\lambda+\mu$
0	0	0	0	0	0	$\Rightarrow x_4 = \lambda$
0	0	0	0	0	0	$\Rightarrow x_5 = \mu$

Lösung:

$$\begin{pmatrix} x_1 \\ x_2 \\ x_3 \\ x_4 \\ x_5 \end{pmatrix} = \begin{pmatrix} 2 \\ -2 \\ -3 \\ 0 \\ 0 \end{pmatrix} + \lambda \cdot \begin{pmatrix} 1 \\ -2 \\ -2 \\ 1 \\ 0 \end{pmatrix} + \mu \cdot \begin{pmatrix} 0 \\ 0 \\ 1 \\ 0 \\ 1 \end{pmatrix}, \quad \lambda, \mu \in \mathbb{R}.$$

Ein lineares Gleichungssystem

x_1	x_2	x_3	......	x_n	rechte Seite
a_{11}	a_{12}	a_{13}	......	a_{1n}	b_1
a_{21}	a_{22}	a_{23}	......	a_{2n}	b_2
....	....	....	....	....	...
a_{m1}	a_{m2}	a_{m3}	......	a_{mn}	b_m

kann durch wiederholte Anwendung der zulässigen Operationen (s. S. 156), welche die Lösungsmenge unverändert lassen, nach evtl. Umbenennung von Variablen immer in das folgende ***Endtableau*** übergeführt werden:

x_1	x_2				x_r	x_{r+1}	x_{r+2}		x_n	r. S.
1	**0**	**0**	....		**0**	$a^*_{1,r+1}$	$a^*_{1,r+2}$	...	$a^*_{1,n}$	b^*_1
0	**1**	**0**	....		**0**	$a^*_{2,r+1}$	$a^*_{2,r+2}$	...	$a^*_{2,n}$	b^*_2
...										...
0	....			**0**	**1**	$a^*_{r,r+1}$	$a^*_{r,r+2}$	...	$a^*_{r,n}$	b^*_r
0	0	....		0	0	0	... 0	....	0	b^*_{r+1}
...										...
0	0	....		0	0	0	... 0	....	0	b^*_m

Auf der linken Seite steht links oben eine r-reihige Einheitsmatrix E, rechts oben eine $r \times (n-r)$-reihige Matrix, während die Elemente der restlichen $m-r$ Zeilen verschwinden. Die letzten $(m-r)$ Gleichungen

$$0 \cdot x_{r+1} + 0 \cdot x_{r+2} + \ldots + 0 \cdot x_n = b_i^* \quad \text{für } i = r+1, \ldots, m$$

besitzen nur dann eine Lösung, wenn alle rechten Seiten $b^*_{r+1}, \ldots, b^*_m$ gleich Null sind. Dann sind diese $m-r$ Gleichungen für beliebige $x_{r+1}, \ldots, x_n$ erfüllt. Gibt man für die $n-r$ Unbekannten $x_{r+1}, \ldots, x_n$ beliebige Werte vor, so sind durch die ersten r Gleichungen die Unbekannten $x_1, x_2, \ldots, x_r$ eindeutig bestimmt.
Das Gleichungssystem ist genau dann lösbar, wenn im Endtableau gilt

$$b^*_{r+1} = b^*_{r+2} = \ldots = b^*_m = 0.$$

In diesem Fall können für die Unbekannten $x_{r+1}, \ldots, x_n$ beliebige Werte vorgegeben werden, z. B.

$$x_{r+1} = \lambda_{r+1};\ x_{r+2} = \lambda_{r+2}; \ldots;\ x_{n-1} = \lambda_{n-1};\ x_n = \lambda_n;\ \lambda_i \in \mathbb{R}.$$

Dann gilt für die restlichen Unbekannten

$$x_1 = b_1^* - \sum_{j=r+1}^{n} \lambda_j \cdot a^*_{1j}$$

$$x_2 = b_2^* - \sum_{j=r+1}^{n} \lambda_j \cdot a^*_{2j}$$

....

$$x_r = b_r^* - \sum_{j=r+1}^{n} \lambda_j \cdot a^*_{rj} \;.$$

B 24.5 Drei Produkte P_1, P_2 und P_3 werden auf drei Maschinen M_1, M_2 und M_3 gefertigt. Die für die Herstellung von je einer Produktionseinheit benötigten Maschinenzeiten (in Stunden) sind in der nachfolgenden Tabelle zusammengestellt:

	P_1	P_2	P_3
M_1	1	1	1
M_2	$\frac{3}{2}$	2	$\frac{1}{2}$
M_3	3	$\frac{5}{3}$	$\frac{1}{3}$

Wie viele Einheiten von P_1, P_2, P_3 können hergestellt werden, wenn alle Maschinen 8 Stunden in Betrieb sind?

Lösung:

Ansatz: x_i Einheiten vom Produkt P_i

$$\begin{aligned} x_1 + x_2 + x_3 &= 8 \\ \tfrac{3}{2}x_1 + 2x_2 + \tfrac{1}{2}x_3 &= 8 \quad |\cdot 2 \\ 3x_1 + \tfrac{5}{3}x_2 + \tfrac{1}{3}x_3 &= 8 \quad |\cdot 3 \end{aligned}$$

x_1	x_2	x_3	rechte Seite	
1	1	1	8	
3	4	1	16	
9	5	1	24	
1	1	1	8	}–
0	1	– 2	– 8	
0	– 4	– 8	– 48	
1	0	3	16	
0	1	– 2	– 8	
0	0	– 16	– 80	$\|:(-16)$
1	0	3	16	
0	1	– 2	– 8	
0	0	1	5	
1	0	0	**1 = x_1**	
0	1	0	**2 = x_2**	
0	0	1	**5 = x_3**	

Lösung: $\begin{pmatrix} x_1 \\ x_2 \\ x_3 \end{pmatrix} = \begin{pmatrix} 1 \\ 2 \\ 5 \end{pmatrix}$.

B 24.6 Aus den Rohstoffen R_1, R_2, R_3 und R_4 werden die Produkte P_1, P_2, P_3 und P_4 hergestellt. Der Rohstoffverbrauch zur Herstellung von je einer ME der einzelnen Produkte ist in der nachfolgenden Tabelle zusammengestellt:

	P_1	P_2	P_3	P_4
R_1	2	3	1	8
R_2	5	3	5	5
R_3	3	4	4	2
R_4	10	15	5	10

Wie viele Einheiten können von P_1, P_2, P_3, P_4 hergestellt werden, wenn von R_1 und R_2 jeweils 200 ME, von R_3 120 ME und von R_4 400 ME zur Verfügumg stehen?

Lösung:

x_i = Herstellungsmenge von P_i für $i = 1, 2, 3, 4$. Damit erhält man das Gleichungssystem

$$\begin{aligned} 2x_1 + 3x_2 + x_3 + 8x_4 &= 200 \\ 5x_1 + 3x_2 + 5x_3 + 5x_4 &= 200 \\ 3x_1 + 4x_2 + 4x_3 + 2x_4 &= 120 \\ 10x_1 + 15x_2 + 5x_3 + 10x_4 &= 400 \end{aligned}$$

x_1	x_2	x_3	x_4	rechte Seite	
2	3	1	8	200	$\mid :2$
5	3	5	5	200	
3	4	4	2	120	
10	15	5	10	400	
1	$\frac{3}{2}$	$\frac{1}{2}$	4	100	
0	$-\frac{9}{2}$	$\frac{5}{2}$	-15	-300	
0	$-\frac{1}{2}$	$\frac{5}{2}$	-10	-180	$\mid \cdot(-2)$
0	0	0	-30	-600	
1	$\frac{3}{2}$	$\frac{1}{2}$	4	100	
0	1	-5	20	360	
0	0	-20	75	1320	$\mid :(-20)$
0	0	0	1	**20** $= \mathbf{x_4}$	

$x_4 = 20\,;$

$20x_3 = 75 \cdot x_4 - 1320 = 180\,; \quad x_3 = 9\,;$

$x_2 = 360 + 5x_3 - 20x_4 = 360 + 45 - 400 = 5\,;$

$x_1 = 100 - \frac{3}{2}x_2 - \frac{1}{2}x_3 - 4x_4 = 100 - \frac{15}{2} - \frac{9}{2} - 80 = 8\,.$

Lösung: $\underline{x_1 = 8\,; \quad x_2 = 5\,; \quad x_3 = 9\,; \quad x_4 = 20.}$

A 24.1 Berechnen Sie die Schnittgerade der beiden Ebenen:

$E_1: \quad 4x - 6y + 2z - 4 = 0$

$E_2: \quad 4x - 5y + z - 4 = 0.$

A 24.2 Lösen Sie die folgenden Gleichungssysteme:

a)
$$\begin{aligned} x + y + z &= 6 \\ x + 2y + 3z &= 10 \\ x + 3y + 6z &= 15\,; \end{aligned}$$

b)
$$\begin{aligned} x + y + 2z &= 1 \\ 6x + y + 3z &= 2 \\ 8x + 3y + 7z &= 3\,; \end{aligned}$$

c)
$$\begin{aligned} x + 2y - 3z &= 6 \\ 2x - y + 4z &= 2 \\ 4x + 3y - 2z &= 14\,. \end{aligned}$$

A 24.3 Gegeben ist das Gleichungssystem

$$\begin{aligned} -x + y + 4z &= 3 \\ -x \qquad + 2z &= 1 \\ 2x + 2y + az &= 3 \end{aligned}$$

mit einem Parameter $a \in \mathbb{R}$. Bestimmen Sie, für welche a das Gleichungssystem genau eine bzw. keine Lösung besitzt. Geben Sie die Lösung an.

A 24.4 Für welche reelle Zahl $a \in \mathbb{R}$ ist das Gleichungssystem

$$\begin{aligned} 2x + 4y + 2z &= 2 \\ 4x + y + 2z &= 3 \\ 2x - 3y \qquad &= a \end{aligned}$$

lösbar? Geben Sie alle Lösungen an.

A 24.5 Ein Unternehmen produziert drei Güter G_1, G_2 und G_3, die an drei verschiedenen Orten O_1, O_2, O_3 verkauft werden. Die Verkaufsmengen an den einzelnen Orten sind in der folgenden Tabelle zusammengestellt:

	G_1	G_2	G_3
O_1	2	1	3
O_2	2	2	4
O_3	4	0	4

a) Wie müssen die Preise p_1, p_2, p_3 je ME von G_1, G_2, G_3 festgesetzt werden, damit an den einzelnen Orten folgende Umsätze erzielt werden?

Ort	O_1	O_2	O_3
Umsatz	24	32	32

Lösen Sie dazu ein geeignetes Gleichungssystem.

b) Welche Lösungen erhält man, falls die Preise p_2 und p_3 übereinstimmen müssen?

A 24.6 Bestimmen Sie im Falle der Existenz den Schnittpunkt der drei Ebenen

$$E_1: \; 2x + y - z + 3 = 0$$
$$E_2: \; x - y + z = 0$$
$$E_3: -3x - y + 2z - 5 = 0.$$

A 24.7 Die Produkte P_1, P_2, P_3 und P_4 werden auf vier Maschinen M_1, M_2, M_3, M_4 gefertigt. Die Fertigungszeiten (in Minuten) sind in der nachfolgenden Tabelle zusammengestellt:

	P_1	P_2	P_3	P_4
M_1	10	7	8	4
M_2	5	5	4	11
M_3	8	9	6	6
M_4	10	5	9	4

Jede Maschine sei in zwei Tagesschichten insgesamt 16 Stunden in Betrieb. Wie viele Einheiten der einzelnen Produkte können pro Tag auf den Maschinen gefertigt werden?

A 24.8 Ein Haushaltswarenladen führt zwei Sorten Dübel in zwei verschiedenen Packungseinheiten

	Dübel A	Dübel B
Packung 1	7	2
Packung 2	6	5

Wie viele Packungen von jeder Sorte muss ein Kunde kaufen, wenn er 45 Dübel A und 26 Dübel B benötigt, er aber keine Packung aufreißen darf?

A 24.9 Von einer dreistelligen Telefonnummer, die keine Nullen enthält, ist folgendes bekannt:

die Summe der ersten beiden Ziffern ist um 8 größer als die dritte Ziffer;

beim Vertauschen der ersten mit der dritten Ziffer entsteht eine dreistellige Zahl, die um 198 kleiner ist als die Telefonnummer;

die zweite Ziffer und das Dreifache der dritten Ziffer ist zusammen so groß wie das Dreifache der ersten Ziffer.

Wie lautet die Telefonnummer?

A 24.10 Füllt man bei drei Fässern mit dem ersten vollen Fass die beiden leeren anderen Fässer, so bleibt im ersten Fass 10 Liter mehr als die Hälfte zurück.

Füllt man mit dem ersten vollen Fass das zweite dreimal, so bleiben im ersten Fass 20 Liter zurück.

Mit dem dritten vollen Fass kann man das zweite nur zur Hälfte füllen.

a) Wie viele Liter nimmt jedes Fass auf?

b) Berechnen Sie die Inhalte, falls alle drei Fässer zusammen 560 Liter aufnehmen.

A 24.11 Ein Goldschmied möchte 200 g Silber vom Feingehalt 750 herstellen. Hierfür will er zwei Sorten Silber zusammenschmelzen, die den Feingehalt 600 bzw. 800 haben. Wie viel Gramm muss er von jeder Sorte verwenden?

Hinweis: Feingehalt 750 bedeutet, dass eine Legierung von 1000 g 750 g reines Silber enthält.

A 24.12 Vier Werkstücke W_1, W_2, W_3, W_4 müssen jeweils drei Maschinen durchlaufen. Die für die einzelnen Werkstücke benötigten Bearbeitungszeiten (in Min.) sind in der nachfolgenden Tabelle zusammengestellt:

	W_1	W_2	W_3	W_4
M_1	10	20	20	15
M_2	10	30	16	5
M_3	20	20	10	25

Die Maschinen laufen täglich 480 Minuten. Der Reingewinn (in EUR) für die vier Werkstücke betrage der Reihe nach
$q_1 = 5$; $q_2 = 10$; $q_3 = 12$; $q_4 = 5$.
Bei welchen Produktionsmengen beträgt der Reingewinn aus der Gesamtproduktion 250 EUR?

A 24.13 Lösen Sie das folgende lineare Gleichungssystem

$$\begin{aligned} x_1 + 2x_2 - x_3 + 2x_4 - 3x_5 &= 9 \\ -x_1 - x_2 + 2x_3 + x_4 + x_5 &= 0 \\ 2x_1 + 4x_2 + 3x_3 - 4x_4 - x_5 &= 2 \\ -2x_1 + x_2 - 4x_3 + 5x_4 - 2x_5 &= 2 \\ x_1 - x_2 + 3x_3 - 2x_4 + 3x_5 &= -1 . \end{aligned}$$

25. Linear unabhängige und linear abhängige Vektoren

B 25.1 Gegeben sind die Vektoren

$$\vec{a}_1 = \begin{pmatrix} 2 \\ -1 \\ 1 \end{pmatrix}; \quad \vec{a}_2 = \begin{pmatrix} 1 \\ 3 \\ 4 \end{pmatrix}; \quad \vec{a}_3 = \begin{pmatrix} -1 \\ 1 \\ 5 \end{pmatrix}.$$

a) Berechnen Sie die folgenden Linearkombinationen:

$$\vec{a}_1 + 2\vec{a}_2 + 3\vec{a}_3; \quad -\vec{a}_1 + \vec{a}_2 - 5\vec{a}_3; \quad \vec{a}_1 - \vec{a}_2.$$

b) Zeigen Sie, dass die Vektoren $\vec{a}_1$, $\vec{a}_2$, $\vec{a}_3$ linear unabhängig sind.

Lösung:

a) $$\vec{a}_1 + 2\vec{a}_2 + 3\vec{a}_3 = \begin{pmatrix} 2 \\ -1 \\ 1 \end{pmatrix} + 2 \cdot \begin{pmatrix} 1 \\ 3 \\ 4 \end{pmatrix} + 3 \cdot \begin{pmatrix} -1 \\ 1 \\ 5 \end{pmatrix} = \begin{pmatrix} 1 \\ 8 \\ 24 \end{pmatrix};$$

$$-\vec{a}_1 + \vec{a}_2 - 5\vec{a}_3 = \begin{pmatrix} 4 \\ -1 \\ -22 \end{pmatrix}; \quad \vec{a}_1 - \vec{a}_2 = \begin{pmatrix} 1 \\ -4 \\ -3 \end{pmatrix}.$$

b) Ansatz:

$$\lambda_1 \vec{a}_1 + \lambda_2 \vec{a}_2 + \lambda_3 \vec{a}_3 = \lambda_1 \cdot \begin{pmatrix} 2 \\ -1 \\ 1 \end{pmatrix} + \lambda_2 \cdot \begin{pmatrix} 1 \\ 3 \\ 4 \end{pmatrix} + \lambda_3 . \begin{pmatrix} -1 \\ 1 \\ 5 \end{pmatrix} = \begin{pmatrix} 0 \\ 0 \\ 0 \end{pmatrix}.$$

Komponentenweise erhält man hieraus das Gleichungssystem

$$\begin{aligned} 2\lambda_1 + \lambda_2 - \lambda_3 &= 0 \\ -\lambda_1 + 3\lambda_2 + \lambda_3 &= 0 \\ \lambda_1 + 4\lambda_2 + 5\lambda_3 &= 0 \end{aligned}$$

λ_1	λ_2	λ_3	rechte Seite	
1	4	5	0	(3. Gleichung)
0	7	6	0	$\mid :7$ } +
0	-7	-11	0	
1	4	5	0	
0	1	$\frac{6}{7}$	0	
0	0	-5	0	$\Rightarrow \lambda_3 = 0$

$\lambda_3 = 0; \; \lambda_2 = 0; \; \lambda_1 = 0.$

Da die Vektorgleichung $\lambda_1 \vec{a}_1 + \lambda_2 \vec{a}_2 + \lambda_3 \vec{a}_3 = \vec{0}$ (Nullvektor) nur die triviale Lösung $\lambda_1 = \lambda_2 = \lambda_3 = 0$ besitzt, sind die drei Vektoren linear unabhängig.

B 25.2 a) Zeigen Sie, dass die drei Vektoren

$$\vec{a}_1 = \begin{pmatrix} -1 \\ 2 \\ 1 \end{pmatrix}; \quad \vec{a}_2 = \begin{pmatrix} 1 \\ -1 \\ 3 \end{pmatrix}; \quad \vec{a}_3 = \begin{pmatrix} 1 \\ 0 \\ 7 \end{pmatrix}$$

linear abhängig sind.

b) Stellen Sie jeden der drei Vektoren als Linearkombination der beiden anderen dar.

Lösung:

a) $\lambda_1 \vec{a}_1 + \lambda_2 \vec{a}_2 + \lambda_3 \vec{a}_3 = \vec{0}$

ergibt das lineare Gleichungssystem

λ_1	λ_2	λ_3	rechte Seite	
−1	1	1	0	
2	−1	0	0	
1	3	7	0	
1	−1	−1	0	}+
0	1	2	0	
0	4	8	0	
1	0	1	0	
0	1	2	0	
0	0	0	0	

Lösung: $\lambda_3 = \lambda$ (beliebig); $\lambda_2 = -2\lambda$; $\lambda_1 = -\lambda$.

$-\lambda \vec{a}_1 - 2\lambda \vec{a}_2 + \lambda \vec{a}_3 = \vec{0}$ für beliebiges $\lambda \in \mathbb{R}$.

Daher sind die drei Vektoren linear abhängig.

b) $\lambda = 1$ ergibt aus a) die Darstellungen

$$-\vec{a}_1 - 2\vec{a}_2 + \vec{a}_3 = \vec{0}; \qquad \vec{a}_1 = -2\vec{a}_2 + \vec{a}_3;$$

$$\vec{a}_2 = -\frac{1}{2}\vec{a}_1 + \frac{1}{2}\vec{a}_3; \qquad \vec{a}_3 = \vec{a}_1 + 2\vec{a}_2.$$

Gegeben seien m Vektoren $\vec{a}_1, \vec{a}_2, \ldots, \vec{a}_m$ mit jeweils n Komponenten. Mit beliebigen reellen Zahlen $\lambda_i \in \mathbb{R}$ für $i = 1, 2, \ldots, m$ heißt der Vektor

$$\vec{a} = \lambda_1 \vec{a}_1 + \lambda_2 \vec{a}_2 + \ldots + \lambda_m \vec{a}_m = \sum_{i=1}^{m} \lambda_i \cdot \vec{a}_i$$

eine ***Linearkombination*** der m Vektoren $\vec{a}_1, \vec{a}_2, \ldots, \vec{a}_m$.

Die Vektoren $\vec{a}_1, \vec{a}_2, \ldots, \vec{a}_m$ heißen ***linear unabhängig***, wenn die Vektorgleichung

$$\lambda_1 \vec{a}_1 + \lambda_2 \vec{a}_2 + \ldots + \lambda_m \vec{a}_m = \sum_{i=1}^{m} \lambda_i \cdot \vec{a}_i = \vec{0} \quad \text{(Nullvektor)}$$

nur die triviale Lösung $\lambda_1 = \lambda_2 = \ldots = \lambda_m = 0$ besitzt.

Die Vektoren $\vec{a}_1, \vec{a}_2, \ldots, \vec{a}_m$ heißen ***linear abhängig***, wenn die obige Vektorgleichung Lösungen $\lambda_1, \lambda_2, \ldots, \lambda_m$ besitzt, die nicht alle gleich Null sind (nichttriviale Lösungen).

m Vektoren sind genau dann abhängig, wenn sich mindestens einer dieser Vektoren als Linearkombination der übrigen darstellen lässt.

Bei n-dimensionalen Vektoren sind mehr als n Vektoren stets linear abhängig.

B 25.3 Überprüfen Sie, ob die fünf Vektoren

$$\begin{pmatrix} 1 \\ -1 \\ 0 \\ 2 \\ 1 \\ 2 \end{pmatrix}; \begin{pmatrix} 3 \\ 0 \\ 1 \\ 1 \\ 0 \\ 0 \end{pmatrix}; \begin{pmatrix} -1 \\ 2 \\ -2 \\ 1 \\ 4 \\ 3 \end{pmatrix}; \begin{pmatrix} 0 \\ 0 \\ 1 \\ 1 \\ 0 \\ 1 \end{pmatrix}; \begin{pmatrix} 1 \\ 1 \\ 1 \\ 1 \\ 1 \\ 2 \end{pmatrix}$$

linear unabhängig sind.

Lösung:

λ_1	λ_2	λ_3	λ_4	λ_5	rechte Seite
1	3	−1	0	1	0
−1	0	2	0	1	0
0	1	−2	1	1	0
2	1	1	1	1	0
1	0	4	0	1	0
2	0	3	1	2	0

1	3	−1	0	1	0	
0	3	1	0	2	0	} vertauschen
0	1	−2	1	1	0	
0	−5	3	1	−1	0	
0	−3	5	0	0	0	
0	−6	5	1	0	0	
1	3	−1	0	1	0	
0	1	−2	1	1	0	
0	0	7	−3	−1	0	
0	0	−7	6	4	0	
0	0	−1	3	3	0	
0	0	−7	7	6	0	
1	3	−1	0	1	0	
0	1	−2	1	1	0	
0	0	1	−3	−3	0	
0	0	0	18	20	0	
0	0	0	−15	−17	0	
0	0	0	−14	−15	0	
1	3	−1	0	1	0	$\Rightarrow \lambda_1 = 0$
0	1	−2	1	1	0	$\Rightarrow \lambda_2 = 0$
0	0	1	−3	−3	0	$\Rightarrow \lambda_3 = 0$
0	0	0	1	$\frac{10}{9}$	0	$\Rightarrow \lambda_4 = 0$
0	0	0	0	$-\frac{1}{3}$	0	} $\Rightarrow \underline{\lambda_5 = 0}$
0	0	0	0	$\frac{5}{9}$	0	

Wegen $\lambda_1 = \lambda_2 = \lambda_3 = \lambda_4 = \lambda_5 = 0$ sind die fünf Vektoren linear unabhängig.

A 25.1 Untersuchen Sie folgende Vektoren auf lineare Unabhängigkeit:

a) $\begin{pmatrix} 1 \\ 2 \end{pmatrix}$; $\begin{pmatrix} 2 \\ 3 \end{pmatrix}$;

b) $\begin{pmatrix} 4 \\ 6 \end{pmatrix}$; $\begin{pmatrix} 6 \\ 9 \end{pmatrix}$;

c) $\begin{pmatrix} 1 \\ 2 \\ 0 \end{pmatrix}; \begin{pmatrix} 2 \\ -1 \\ 1 \end{pmatrix}; \begin{pmatrix} -1 \\ 1 \\ 1 \end{pmatrix};$

d) $\begin{pmatrix} -1 \\ 1 \\ 2 \end{pmatrix}; \begin{pmatrix} 2 \\ -1 \\ 3 \end{pmatrix}; \begin{pmatrix} 5 \\ -3 \\ 4 \end{pmatrix};$

e) $\begin{pmatrix} 1 \\ 0 \\ 0 \end{pmatrix}; \begin{pmatrix} 0 \\ 1 \\ 0 \end{pmatrix}; \begin{pmatrix} 0 \\ 0 \\ 1 \end{pmatrix};$

f) $\begin{pmatrix} 1 \\ 2 \\ 3 \\ 4 \end{pmatrix}; \begin{pmatrix} -1 \\ -1 \\ 2 \\ 3 \end{pmatrix}; \begin{pmatrix} -1 \\ 1 \\ 12 \\ 17 \end{pmatrix}.$

A 25.2 Geben Sie eine Begründung dafür an, dass folgende Vektoren jeweils linear abhängig sind:

a) $\begin{pmatrix} 4 \\ 6 \end{pmatrix}; \begin{pmatrix} 8 \\ 12 \end{pmatrix};$

b) $\begin{pmatrix} 1 \\ 2 \\ 1 \end{pmatrix}; \begin{pmatrix} -1 \\ -2 \\ -1 \end{pmatrix}; \begin{pmatrix} 5 \\ 8 \\ 4 \end{pmatrix};$

c) $\vec{a} = \begin{pmatrix} 1 \\ 4 \\ 2 \\ 8 \end{pmatrix}; \quad \vec{b} = \begin{pmatrix} 3 \\ 2 \\ 8 \\ 16 \end{pmatrix}; \quad \vec{c} = 2\vec{a} - 3\vec{b};$

d) $\begin{pmatrix} 1 \\ -1 \\ 3 \\ 4 \end{pmatrix}; \begin{pmatrix} 2 \\ 4 \\ 3 \\ 16 \end{pmatrix}; \begin{pmatrix} 5 \\ 8 \\ 1 \\ 4 \end{pmatrix}; \begin{pmatrix} -19 \\ -37 \\ 2 \\ 8 \end{pmatrix}; \begin{pmatrix} 5 \\ 17 \\ 9 \\ 38 \end{pmatrix}.$

A 25.3 Beweisen Sie folgende Eigenschaft:
$\vec{a}$ und $\vec{b}$ seien linear unabhängige Vektoren.
Dann sind auch die beiden Vektoren $\vec{a} + \vec{b}$ und $\vec{a} - \vec{b}$ linear unabhängig.

26. Der Rang einer Matrix

B 26.1 Bestimmen Sie den Rang der Matrix

$$A = \begin{pmatrix} 2 & 4 & 3 & 2 & 5 \\ 3 & 2 & 1 & 4 & 3 \\ -1 & 2 & 4 & -2 & 6 \\ 4 & 8 & 8 & 4 & 14 \end{pmatrix}.$$

Lösung:

$$A = \begin{pmatrix} 2 & 4 & 3 & 2 & 5 \\ 3 & 2 & 1 & 4 & 3 \\ -1 & 2 & 4 & -2 & 6 \\ 4 & 8 & 8 & 4 & 14 \end{pmatrix} \quad |:2$$

$$\begin{array}{ccccc|l} 1 & 2 & 1{,}5 & 1 & 2{,}5 & \\ 0 & -4 & -3{,}5 & 1 & -4{,}5 & |:(-4) \\ 0 & 4 & 5{,}5 & -1 & 8{,}5 & \\ 0 & 0 & 2 & 0 & 4 & \\ \hline 1 & 2 & 1{,}5 & 1 & 2{,}5 & \\ 0 & 1 & 0{,}875 & -0{,}25 & 1{,}125 & \\ 0 & 0 & 2 & 0 & 4 & \\ 0 & 0 & 2 & 0 & 4 & \end{array}$$

$$A^* = \begin{pmatrix} \boxed{\begin{matrix} 1 & 2 & 1{,}5 \\ 0 & 1 & 0{,}875 \\ 0 & 0 & 1 \end{matrix}} & \begin{matrix} 1 & 2{,}5 \\ -0{,}25 & 1{,}125 \\ 0 & 2 \end{matrix} \\ \begin{matrix} 0 & 0 & 0 \end{matrix} & \begin{matrix} 0 & 0 \end{matrix} \end{pmatrix}$$

Die maximale Anzahl linear unabhängiger Spaltenvektoren in der umgeformten Matrix A^* ist drei. Diese Maximalzahl stimmt mit dem Rang der Matrix A überein. Damit gilt $\mathrm{Rg}(A) = 3$.

Berechnung des Rangs einer Matrix:
Eine $m \times n$ - Matrix

$$A = \begin{pmatrix} a_{11} & a_{12} & \cdots & a_{1n} \\ a_{21} & a_{22} & \cdots & a_{2n} \\ \vdots & \vdots & \vdots & \vdots \\ a_{m1} & a_{m2} & \cdots & a_{mn} \end{pmatrix} = \left(\vec{a}_1 , \vec{a}_2 , \ldots , \vec{a}_n\right) = \begin{pmatrix} \vec{b}_1^T \\ \vec{b}_2^T \\ \vdots \\ \vec{b}_m^T \end{pmatrix}$$

ist aus n Spaltenvektoren $\vec{a}_i = \begin{pmatrix} a_{1i} \\ a_{2i} \\ \vdots \\ a_{mi} \end{pmatrix}$ für $i = 1, 2, \ldots, n$

bzw. aus m Zeilenvektoren $\vec{b}_k^T = (a_{k1}, a_{k2}, \ldots, a_{kn})$ für $k = 1, 2, \ldots, m$ zusammengesetzt.

Die maximale Anzahl linear unabhängiger Zeilenvektoren bzw. Spaltenvektoren heißt ***Zeilenrang*** bzw. ***Spaltenrang*** der Matrix A. In jeder Matrix stimmen Zeilenrang und Spaltenrang überein. Dieser gemeinsame Wert $r(A) = Rg(A)$ heißt der ***Rang*** der Matrix A.

Praktische Berechnung des Rangs einer Matrix:
Durch folgende Gaußsche Rechenoperationen wird der Rang einer Matrix nicht geändert:

Multiplikation einer Zeile (Spalte) mit einer Konstanten $c \neq 0$.

Addition eines Vielfachen einer Zeile (Spalte) zu einer anderen.

Vertauschen von Zeilen (Spalten).

Durch diese zulässigen Operationen kann jede $m \times n$ - Matrix A übergeführt werden in die Form

$$A^* = \left(\begin{array}{cccc|ccc} a_{11}^* & a_{12}^* & \ldots & a_{1r}^* & a_{1\,r+1}^* & \cdots & a_{1n}^* \\ 0 & a_{22}^* & \ldots & a_{2r}^* & a_{2\,r+1}^* & \cdots & a_{2n}^* \\ \cdots & \cdots & \cdots & \cdots & \cdots & \cdots & \cdots \\ 0 & 0 & \ldots & a_{rr}^* & a_{r\,r+1}^* & \cdots & a_{rn}^* \\ 0 & 0 & \ldots & 0 & 0 & \ldots & 0 \\ \cdots & \cdots & \cdots & \cdots & \cdots & \cdots & \cdots \\ 0 & 0 & \ldots & 0 & 0 & \ldots & 0 \end{array}\right)$$

mit $a_{11}^*, a_{22}^*, \ldots , a_{rr}^* \neq 0$.

Dann ist r der Rang der Matrix A.

B 26.2 Gesucht ist der Rang der Matrix

$$A = \begin{pmatrix} 1 & 2 & -1 \\ 2 & 1 & 0 \\ -1 & -1 & 3 \end{pmatrix}.$$

<u>Lösung:</u>

$$\begin{array}{rrrl}
1 & 2 & -1 & \\
2 & 1 & 0 & \\
-1 & -1 & 3 & \\
\hline
1 & 2 & -1 & \\
0 & -3 & 2 & \left.\begin{matrix} \\ \end{matrix}\right\} \text{vertauschen} \\
0 & 1 & 2 & \\
\hline
1 & 2 & -1 & \\
0 & 1 & 2 & \\
0 & 0 & 8 & \qquad \underline{r = \mathrm{Rg}(A) = 3.}
\end{array}$$

B 26.3 Gesucht ist der Rang der Matrix

$$A = \begin{pmatrix} 1 & 2 & 1 & 0 \\ -1 & 3 & -1 & 4 \\ 2 & -3 & 2 & -3 \\ 2 & 2 & 2 & 1 \end{pmatrix}.$$

<u>Lösung:</u>

$$\begin{array}{rrrrl}
1 & 2 & 1 & 0 & \\
-1 & 3 & -1 & 4 & \\
2 & -3 & 2 & -3 & \\
2 & 2 & 2 & 1 & \\
\hline
1 & 2 & 1 & 0 & \\
0 & 5 & 0 & 4 & \\
0 & -7 & 0 & -3 & \\
0 & -2 & 0 & 1 & \\
\hline
1 & 2 & 1 & 0 & \\
0 & 1 & 0 & 0{,}8 & \left.\begin{matrix} \\ \end{matrix}\right\} \text{3. und 4. Spalte vertauschen} \\
0 & 0 & 0 & 2{,}6 & \\
0 & 0 & 0 & 2{,}6 & \\
\hline
1 & 2 & 0 & 1 & \\
0 & 1 & 0{,}8 & 0 & \\
0 & 0 & 2{,}6 & 0 & \\
0 & 0 & 0 & 0 & \qquad \underline{\text{Rang } \mathrm{Rg}(A) = 3.}
\end{array}$$

B 26.4 Bestimmen Sie den Rang der Matrix

$$A = \begin{pmatrix} 1 & 0 & 1 \\ 1 & a & a \\ 1 & 1 & 0 \end{pmatrix}$$

in Abhängigkeit von der Konstanten a.

Lösung:

Vertauschung der beiden letzten Zeilen ergibt

1	0	1
1	1	0
1	a	a
1	0	1
0	1	-1
0	a	$a-1$
1	0	1
0	1	-1
0	0	$2a-1$.

Für $a = \frac{1}{2}$ ist der Rang von A gleich 2, für $a \neq \frac{1}{2}$ ist der Rang 3.

A 26.1 Gesucht sind die Ränge der folgenden Matrizen:

a) $A = \begin{pmatrix} 2 & -3 \\ 4 & 5 \end{pmatrix}$; b) $A = \begin{pmatrix} 4 & -8 \\ -3 & 6 \end{pmatrix}$;

c) $A = \begin{pmatrix} 2 & 5 & 8 \\ 4 & 2 & 6 \end{pmatrix}$; d) $A = \begin{pmatrix} 1 & 1 & 1 \\ -2 & 1 & 4 \\ 3 & 1 & 7 \end{pmatrix}$;

e) $A = \begin{pmatrix} 2 & 4 & 6 & 8 \\ -1 & 2 & 1 & 4 \\ 3 & 10 & 13 & 20 \\ 4 & 0 & 4 & 0 \end{pmatrix}$.

A 26.2 Gegeben ist die Matrix

$$A = \begin{pmatrix} 2 & -4 & 2 \\ 3 & 1 & 2 \\ 0 & 14 & a \end{pmatrix}.$$

Für welche a ist der Rang der Matrix gleich zwei, für welche a ist der Rang gleich drei?

27. Lösungskriterien für lineare Gleichungssysteme

B 27.1 a) Berechnen Sie die Ränge der Matrizen

$$A = \begin{pmatrix} 1 & 2 & 0 \\ 3 & 2 & 4 \\ 8 & 4 & 12 \end{pmatrix}; \; B = \begin{pmatrix} 1 & 2 & 0 & 2 \\ 3 & 2 & 4 & 1 \\ 8 & 4 & 12 & 3 \end{pmatrix} = \left(A , \vec{b}\right) \text{ mit } \vec{b} = \begin{pmatrix} 2 \\ 1 \\ 3 \end{pmatrix}.$$

b) Weshalb ist mit dieser Matrix A das Gleichungssystem

$$A \cdot \begin{pmatrix} x_1 \\ x_2 \\ x_3 \end{pmatrix} = \begin{pmatrix} 2 \\ 1 \\ 3 \end{pmatrix} = \vec{b}$$

nicht lösbar?

Lösung:

a) Die Matrix A wird um den Vektor $\vec{b}$ erweitert.

1	2	0	2
3	2	4	1
8	4	12	3
1	2	0	2
0	− 4	4	− 5
0	− 12	12	− 13
1	2	0	2
0	− 4	4	− 5
0	0	0	2

$\mathrm{Rg}\,(A) = 2; \;\; \mathrm{Rg}\,(B) = \mathrm{Rg}\left(A , \vec{b}\right) = 3.$

b) Wegen $\mathrm{Rg}\left(A , \vec{b}\right) > \mathrm{Rg}\,(A)$ ist das Gleichungssystem nicht lösbar.

Mit den Spaltenvektoren $\vec{a}_i$ der Matrix A für $i = 1, 2, \ldots, n$ kann das lineare Gleichungssystem

$$\begin{pmatrix} a_{11} & a_{12} & \cdots & a_{1n} \\ a_{21} & a_{22} & \cdots & a_{2n} \\ \cdots & \cdots & \cdots & \cdots \\ a_{m1} & a_{m2} & \cdots & a_{mn} \end{pmatrix} \cdot \begin{pmatrix} x_1 \\ x_2 \\ \vdots \\ x_n \end{pmatrix} = \begin{pmatrix} b_1 \\ b_2 \\ \vdots \\ b_m \end{pmatrix} = \vec{b}$$

geschrieben werden in der Form

$$\vec{b} = x_1 \cdot \vec{a}_1 + x_2 \cdot \vec{a}_2 + \ldots + x_n \cdot \vec{a}_n = \sum_{i=1}^{n} x_i \cdot \vec{a}_i \, .$$

Das Gleichungssystem ist genau dann lösbar, wenn der Vektor $\vec{b}$ (rechte Seite) eine Linearkombination der Spaltenvektoren der Koeffizientenmatrix A ist.

Das Gleichungssystem ist nur lösbar, wenn die Koeffizientenmatrix A und die um $\vec{b}$ erweiterte Matrix $(A, \vec{b})$ den gleichen Rang besitzen, also für

$$\mathrm{Rg}(A) = \mathrm{Rg}(A, \vec{b}).$$

Im Falle $\mathrm{Rg}(A) = \mathrm{Rg}(A, \vec{b}) = r$ können für $n - r$ Unbekannte beliebige Werte vorgegeben werden. Nur für $n = r$ gibt es genau eine Lösung.

B 27.2 Gegeben ist das Gleichungssystem

$$\begin{aligned} -2x_1 + 2x_2 + 2x_3 &= 2 \\ 3x_1 + 2x_2 + 7x_3 &= 12 \\ -x_1 + x_2 + x_3 &= c \end{aligned}$$

mit einer Konstanten $c \in \mathbb{R}$.

a) Bestimmen Sie über die Ränge der Matrizen den Wert c, für den das Gleichungssystem lösbar ist.

b) Berechnen Sie für den in a) erhaltenen Wert c die Lösung des linearen Gleichungssystems.

Lösung:

a)

A			$\vec{b}$	
−2	2	2	2	$\mid :(-2)$
3	2	7	12	
−1	1	1	c	
1	−1	−1	−1	
0	5	10	15	
0	0	0	c − 1	

$\mathrm{Rg}(A) = 2$;

1. Fall: $c \neq 1$: $\mathrm{Rg}(A, \vec{b}) = 3 > \mathrm{Rg}(A) \Rightarrow$ keine Lösung.
2. Fall: $c = 1$: $\mathrm{Rg}(A, \vec{b}) = 2 = \mathrm{Rg}(A) \Rightarrow$ Lösungen existieren.

b) $c = 1$: $x_3 = \lambda$ (beliebig);
$x_2 = 3 - 2x_3 = 3 - 2\lambda$;
$x_1 = -1 + x_2 + x_3 = 2 - \lambda$.

Lösungsgerade für $c = 1$: $\begin{pmatrix} x_1 \\ x_2 \\ x_3 \end{pmatrix} = \begin{pmatrix} 2 \\ 3 \\ 0 \end{pmatrix} + \lambda \cdot \begin{pmatrix} -1 \\ -2 \\ 1 \end{pmatrix}$; $\lambda \in \mathbb{R}$.

28. Inverse Matrizen

B 28.1 Berechnen Sie im Falle der Existenz die Inversen der Matrizen

$$\text{a) } A = \begin{pmatrix} 2 & 1 \\ 6 & 8 \end{pmatrix}; \qquad \text{b) } B = \begin{pmatrix} -4 & 10 \\ 3 & -7{,}5 \end{pmatrix}.$$

Lösung:

a) Ausgangstableau: $A = \begin{pmatrix} 2 & 1 \\ 6 & 8 \end{pmatrix} \Bigg| \begin{pmatrix} 1 & 0 \\ 0 & 1 \end{pmatrix} = E$

1	0,5	0,5	0
0	5	−3	1
1	0,5	0,5	0
0	1	−0,6	0,2

Endtableau: $E = \begin{pmatrix} 1 & 0 \\ 0 & 1 \end{pmatrix} \Bigg| \begin{pmatrix} 0{,}8 & -0{,}1 \\ -0{,}6 & 0{,}2 \end{pmatrix} = A^{-1}.$

b) Ausgangstableau: $B = \begin{pmatrix} -4 & 10 \\ 3 & -7{,}5 \end{pmatrix} \Bigg| \begin{pmatrix} 1 & 0 \\ 0 & 1 \end{pmatrix} = E$

1	−2,5	−0,25	0
0	0	0,75	1

Diese letzte Gleichung besitzt keine Lösung.

B^{-1} existiert nicht.

Es sei

$$A = \begin{pmatrix} a_{11} & a_{12} & \cdots & a_{1n} \\ a_{21} & a_{22} & \cdots & a_{2n} \\ \cdots & \cdots & \cdots & \cdots \\ a_{n1} & a_{n2} & \cdots & a_{nn} \end{pmatrix} \text{ eine } \textit{quadratische Matrix}$$

mit n Zeilen und n Spalten. Die Inverse A^{-1} der Matrix A mit

$$A^{-1} \cdot A = A \cdot A^{-1}$$

existiert genau dann, wenn der Rang der Matrix A gleich n ist. Dann nennt man A ***nichtsingulär*** oder ***regulär.***

Die Inverse kann mit Hilfe des Gaußschen Algorithmus berechnet werden. Im Ausgangstableau steht links die Matrix A und rechts die Einheitsmatrix. Der Gaußsche Algorithmus wird so lange auf die Matrix A und gleichzeitig auf alle rechten Seiten angewandt, bis eine der beiden Möglichkeiten auftritt:

a) links entsteht eine Nullzeile $\Rightarrow$ A^{-1} existiert nicht;

b) links entsteht die Einheitsmatrix $\Rightarrow$ rechts steht A^{-1}.

Ausgangstableau:

a)

A	E
....	....
[0 0 ... 0]	....

A^{-1} existiert nicht.

b)

A	E
....	....
E	A^{-1}

B 28.2 Berechnen Sie im Falle der Existenz die Inverse von

$$A = \begin{pmatrix} -1 & 2 & 1 \\ 2 & -3 & -1 \\ 3 & 1 & 2 \end{pmatrix}.$$

<u>Lösung:</u>

A			E			
−1	2	1	1	0	0	
2	−3	−1	0	1	0	
3	1	2	0	0	1	
1	−2	−1	−1	0	0	}+
0	1	1	2	1	0	·2 }+
0	7	5	3	0	1	
1	0	1	3	2	0	
0	1	1	2	1	0	
0	0	−2	−11	−7	1	
1	0	1	3	2	0	
0	1	1	2	1	0	
0	0	1	5,5	3,5	−0,5	
1	0	0	−2,5	−1,5	0,5	
0	1	0	−3,5	−2,5	0,5	$= A^{-1}$.
0	0	1	5,5	3,5	−0,5	

$$A^{-1} = \begin{pmatrix} -2{,}5 & -1{,}5 & 0{,}5 \\ -3{,}5 & -2{,}5 & 0{,}5 \\ 5{,}5 & 3{,}5 & -0{,}5 \end{pmatrix} = \frac{1}{2} \cdot \begin{pmatrix} -5 & -3 & 1 \\ -7 & -5 & 1 \\ 11 & 7 & -1 \end{pmatrix}.$$

B 28.3 Gesucht sind die Lösungen der vier Gleichungssysteme

$$\begin{pmatrix} -1 & 2 & 1 \\ 2 & -3 & -1 \\ 3 & 1 & 2 \end{pmatrix} \cdot \begin{pmatrix} x_1 \\ x_2 \\ x_3 \end{pmatrix} = \begin{pmatrix} b_1 \\ b_2 \\ b_3 \end{pmatrix} = \vec{b}$$

für die rechten Seiten

$$\text{a) } \vec{b} = \begin{pmatrix} 1 \\ 1 \\ 1 \end{pmatrix}; \quad \text{b) } \vec{b} = \begin{pmatrix} -1 \\ 2 \\ 4 \end{pmatrix}; \quad \text{c) } \vec{b} = \begin{pmatrix} 2 \\ 8 \\ 5 \end{pmatrix}; \quad \text{d) } \vec{b} = \begin{pmatrix} -1 \\ -2 \\ 8 \end{pmatrix}.$$

Benutzen Sie zur Berechnung das Ergebnis aus B 28.2.

Lösung:

Aus $\vec{x} = \begin{pmatrix} x_1 \\ x_2 \\ x_3 \end{pmatrix}$; $A \cdot \vec{x} = \vec{b}$ erhält man mit der inversen Matrix

die Lösung $\vec{x} = A^{-1} \cdot \vec{b} = \frac{1}{2} \cdot \begin{pmatrix} -5 & -3 & 1 \\ -7 & -5 & 1 \\ 11 & 7 & -1 \end{pmatrix} \cdot \vec{b}$;

$$\text{a) } \begin{pmatrix} x_1 \\ x_2 \\ x_3 \end{pmatrix} = \frac{1}{2} \cdot \begin{pmatrix} -5 & -3 & 1 \\ -7 & -5 & 1 \\ 11 & 7 & -1 \end{pmatrix} \cdot \begin{pmatrix} 1 \\ 1 \\ 1 \end{pmatrix} = \frac{1}{2} \cdot \begin{pmatrix} -7 \\ -11 \\ 17 \end{pmatrix};$$

$$\text{b) } \begin{pmatrix} x_1 \\ x_2 \\ x_3 \end{pmatrix} = \frac{1}{2} \cdot \begin{pmatrix} -5 & -3 & 1 \\ -7 & -5 & 1 \\ 11 & 7 & -1 \end{pmatrix} \cdot \begin{pmatrix} -1 \\ 2 \\ 4 \end{pmatrix} = \frac{1}{2} \cdot \begin{pmatrix} 3 \\ 1 \\ -1 \end{pmatrix};$$

$$\text{c) } \begin{pmatrix} x_1 \\ x_2 \\ x_3 \end{pmatrix} = \frac{1}{2} \cdot \begin{pmatrix} -5 & -3 & 1 \\ -7 & -5 & 1 \\ 11 & 7 & -1 \end{pmatrix} \cdot \begin{pmatrix} 2 \\ 8 \\ 5 \end{pmatrix} = \frac{1}{2} \cdot \begin{pmatrix} -29 \\ -49 \\ 73 \end{pmatrix};$$

$$\text{d) } \begin{pmatrix} x_1 \\ x_2 \\ x_3 \end{pmatrix} = \frac{1}{2} \cdot \begin{pmatrix} -5 & -3 & 1 \\ -7 & -5 & 1 \\ 11 & 7 & -1 \end{pmatrix} \cdot \begin{pmatrix} -1 \\ -2 \\ 8 \end{pmatrix} = \frac{1}{2} \cdot \begin{pmatrix} 19 \\ 25 \\ -33 \end{pmatrix}.$$

Ist A eine ***quadratische nichtsinguläre*** Matrix mit der Inversen A^{-1}, so besitzt das lineare Gleichungssystem

$A \cdot \vec{x} = \vec{b}$ ($\vec{b}$ beliebig)

die eindeutig bestimmte Lösung

$\vec{x} = A^{-1} \cdot \vec{b}$.

B 28.4 Gegeben sind die Matrizen

$$A = \begin{pmatrix} 1 & 0 & 2 \\ 1 & -1 & 2 \\ 2 & 1 & 0 \end{pmatrix}; \quad B = \begin{pmatrix} 1 & -1 & 0 \\ 2 & 0 & -1 \\ 1 & 1 & 1 \end{pmatrix}.$$

a) Berechnen Sie die Inversen A^{-1} und B^{-1}.
b) Berechnen Sie $(A \cdot B)^{-1}$.
c) Berechnen Sie $B^{-1} \cdot A^{-1}$. Vergleichen Sie das Ergebnis mit b).
d) Berechnen Sie auf direktem Weg
$(B \cdot A)^{-1}$ sowie $A^{-1} \cdot B^{-1}$.

Lösung:

a)

A			E			
1	0	2	1	0	0	
1	-1	2	0	1	0	
2	1	0	0	0	1	
1	0	2	1	0	0	
0	-1	0	-1	1	0	}+
0	1	-4	-2	0	1	
1	0	2	1	0	0	
0	1	0	1	-1	0	}+
0	0	-4	-3	1	1	|:2
1	0	0	$-\frac{1}{2}$	$\frac{1}{2}$	$\frac{1}{2}$	
0	1	0	1	-1	0	
0	0	1	$\frac{3}{4}$	$-\frac{1}{4}$	$-\frac{1}{4}$	

$$A^{-1} = \begin{pmatrix} -\frac{1}{2} & \frac{1}{2} & \frac{1}{2} \\ 1 & -1 & 0 \\ \frac{3}{4} & -\frac{1}{4} & -\frac{1}{4} \end{pmatrix} = \frac{1}{4} \cdot \begin{pmatrix} -2 & 2 & 2 \\ 4 & -4 & 0 \\ 3 & -1 & -1 \end{pmatrix}.$$

B			E			
1	-1	0	1	0	0	
2	0	-1	0	1	0	
1	1	1	0	0	1	
1	-1	0	1	0	0	
0	2	-1	-2	1	0	}−
0	2	1	-1	0	1	
1	-1	0	1	0	0	
0	2	-1	-2	1	0	
0	0	2	1	-1	1	|:2

1	-1	0	1	0	0
0	1	$-\frac{1}{2}$	-1	$\frac{1}{2}$	0
0	0	1	$\frac{1}{2}$	$-\frac{1}{2}$	$\frac{1}{2}$
1	0	0	$\frac{1}{4}$	$\frac{1}{4}$	$\frac{1}{4}$
0	1	0	$-\frac{3}{4}$	$\frac{1}{4}$	$\frac{1}{4}$
0	0	1	$\frac{1}{2}$	$-\frac{1}{2}$	$\frac{1}{2}$

$$B^{-1} = \frac{1}{4} \cdot \begin{pmatrix} 1 & 1 & 1 \\ -3 & 1 & 1 \\ 2 & -2 & 2. \end{pmatrix}$$

b) $C = A \cdot B = \begin{pmatrix} 1 & 0 & 2 \\ 1 & -1 & 2 \\ 2 & 1 & 0 \end{pmatrix} \cdot \begin{pmatrix} 1 & -1 & 0 \\ 2 & 0 & -1 \\ 1 & 1 & 1 \end{pmatrix} = \begin{pmatrix} 3 & 1 & 2 \\ 1 & 1 & 3 \\ 4 & -2 & -1 \end{pmatrix}.$

C			E			
3	1	2	1	0	0	} vertauschen
1	1	3	0	1	0	
4	-2	-1	0	0	1	
1	1	3	0	1	0	
0	-2	-7	1	-3	0	$\mid \cdot 3$ }–
0	-6	-13	0	-4	1	
1	1	3	0	1	0	
0	-2	-7	1	-3	0	
0	0	8	-3	5	1	
1	0	$-\frac{1}{2}$	$\frac{1}{2}$	$-\frac{1}{2}$	0	
0	1	$\frac{7}{2}$	$-\frac{1}{2}$	$\frac{3}{2}$	0	
0	0	1	$-\frac{3}{8}$	$\frac{5}{8}$	$\frac{1}{8}$	
1	0	0	$\frac{5}{16}$	$-\frac{3}{16}$	$\frac{1}{16}$	
0	1	0	$\frac{13}{16}$	$-\frac{11}{16}$	$-\frac{7}{16}$	
0	0	1	$-\frac{3}{8}$	$\frac{5}{8}$	$\frac{1}{8}$	

$$(A \cdot B)^{-1} = \begin{pmatrix} \frac{5}{16} & -\frac{3}{16} & \frac{1}{16} \\ \frac{13}{16} & -\frac{11}{16} & -\frac{7}{16} \\ -\frac{3}{8} & \frac{5}{8} & \frac{1}{8} \end{pmatrix} = \frac{1}{16} \cdot \begin{pmatrix} 5 & -3 & 1 \\ 13 & -11 & -7 \\ -6 & 10 & 2 \end{pmatrix}.$$

c) $$B^{-1} \cdot A^{-1} = \frac{1}{4} \cdot \begin{pmatrix} 1 & 1 & 1 \\ -3 & 1 & 1 \\ 2 & -2 & 2 \end{pmatrix} \cdot \frac{1}{4} \cdot \begin{pmatrix} -2 & 2 & 2 \\ 4 & -4 & 0 \\ 3 & -1 & -1 \end{pmatrix}$$

$$= \frac{1}{16} \cdot \begin{pmatrix} 5 & -3 & 1 \\ 13 & -11 & -7 \\ -6 & 10 & 2 \end{pmatrix} = (A \cdot B)^{-1}.$$

d) $$B \cdot A = \begin{pmatrix} 1 & -1 & 0 \\ 2 & 0 & -1 \\ 1 & 1 & 1 \end{pmatrix} \cdot \begin{pmatrix} 1 & 0 & 2 \\ 1 & -1 & 2 \\ 2 & 1 & 0 \end{pmatrix} = \begin{pmatrix} 0 & 1 & 0 \\ 0 & -1 & 4 \\ 4 & 0 & 4 \end{pmatrix}.$$

B · A			E			
0	1	0	1	0	0	(1)
0	−1	4	0	1	0	(2)
4	0	4	0	0	1	(3)
1	0	1	0	0	$\frac{1}{4}$	$\frac{1}{4} \times (3) = (1')$
0	1	0	1	0	0	(1)
0	0	4	1	1	0	$(1) + (2) = (3')$
1	0	1	0	0	$\frac{1}{4}$	$(1')$
0	1	0	1	0	0	(1)
0	0	1	$\frac{1}{4}$	$\frac{1}{4}$	0	$\frac{1}{4} \times (3') = (3'')$
1	0	0	$-\frac{1}{4}$	$-\frac{1}{4}$	$\frac{1}{4}$	
0	1	0	1	0	0	$(1') - (3'')$
0	0	1	$\frac{1}{4}$	$\frac{1}{4}$	0	

$$(B \cdot A)^{-1} = \frac{1}{4} \cdot \begin{pmatrix} -1 & -1 & 1 \\ 4 & 0 & 0 \\ 1 & 1 & 0 \end{pmatrix}.$$

$$A^{-1}\cdot B^{-1}=\frac{1}{16}\cdot\begin{pmatrix}-2 & 2 & 2\\ 4 & -4 & 0\\ 3 & -1 & -1\end{pmatrix}\cdot\begin{pmatrix}1 & 1 & 1\\ -3 & 1 & 1\\ 2 & -2 & 2\end{pmatrix}$$

$$=\frac{1}{4}\cdot\begin{pmatrix}-1 & -1 & 1\\ 4 & 0 & 0\\ 1 & 1 & 0\end{pmatrix}=(B\cdot A)^{-1}.$$

> A und B seien n-reihige quadratische Matrizen mit existierenden Inversen A^{-1} und B^{-1}. Dann besitzt auch das Produkt $A\cdot B$ eine Inverse und es gilt
>
> $(A\cdot B)^{-1}=B^{-1}\cdot A^{-1}$ (Reihenfolge beachten).

A 28.1 Berechnen Sie im Falle der Existenz die Inversen der Matrizen

$$A=\begin{pmatrix}1 & 1\\ 1 & 2\end{pmatrix};\quad B=\begin{pmatrix}6 & -4\\ 4 & -\frac{8}{3}\end{pmatrix};\quad C=\begin{pmatrix}5 & 0\\ 0 & \frac{1}{4}\end{pmatrix}.$$

A 28.2 Berechnen Sie im Falle der Existenz die Inversen der Matrizen

$$A=\begin{pmatrix}1 & 2 & 0\\ 3 & 2 & 1\\ 4 & 0 & 1\end{pmatrix};\quad B=\begin{pmatrix}2 & 1 & 1\\ 1 & 2 & 1\\ 1 & 1 & 2\end{pmatrix};$$

$$C=\begin{pmatrix}1 & 0 & 2\\ -1 & 1 & -2\\ -1 & 3 & -2\end{pmatrix};\quad D=\begin{pmatrix}1 & 2 & 2\\ 1 & 4 & 2\\ 1 & -2 & 4\end{pmatrix};$$

$$F=\begin{pmatrix}1 & -3 & 0\\ 3 & -2 & 1\\ 1 & -2 & 0\end{pmatrix};\quad G=\begin{pmatrix}2 & 0 & -2\\ 0 & 1 & 1\\ 3 & 0 & -2\end{pmatrix}.$$

A 28.3 Gegeben ist die Matrix

$$A=\begin{pmatrix}2 & -3 & -5\\ -1 & 4 & 5\\ 1 & -3 & -4\end{pmatrix}.$$

a) Zeigen Sie, dass $A^2=A$ gilt.
b) Benutzen Sie a) zum Nachweis dafür, dass die Inverse A^{-1} nicht existiert.

A 28.4 Gegeben ist die Matrix

$$A = \begin{pmatrix} 0 & -1 & 0 & 0 \\ 1 & 0 & 0 & 0 \\ 0 & 0 & 0 & 1 \\ 0 & 0 & -1 & 0 \end{pmatrix}.$$

a) Berechnen Sie A^2, A^3 und A^4.
b) Bestimmen Sie die Inverse A^{-1} einmal auf direktem Weg, zum anderen mit Hilfe der Ergebnisse aus a).

A 28.5 Gegeben sind die Matrizen

$$A = \begin{pmatrix} -1 & 2 & 1 \\ 2 & -3 & -1 \\ 3 & 1 & 2 \end{pmatrix}; \quad B = \begin{pmatrix} -5 & -3 & 1 \\ -7 & -5 & 1 \\ 11 & 7 & -1 \end{pmatrix}.$$

a) Berechnen Sie die Produkte $A \cdot B$ und $B \cdot A$.
b) Bestimmen Sie die Inversen A^{-1} und B^{-1}.

A 28.6 Gegeben ist die Matrix

$$A = \begin{pmatrix} 1 & -1 & -1 \\ -1 & 1 & -1 \\ -1 & -1 & 1 \end{pmatrix}.$$

a) Berechnen Sie die inverse Matrix A^{-1}.
b) Bestimmen Sie die Lösungen der Gleichungssysteme

$$\begin{pmatrix} 1 & -1 & -1 \\ -1 & 1 & -1 \\ -1 & -1 & 1 \end{pmatrix} \cdot \begin{pmatrix} x_1 \\ x_2 \\ x_3 \end{pmatrix} = \begin{pmatrix} b_1 \\ b_2 \\ b_3 \end{pmatrix} = \vec{b} \quad \text{für}$$

$$\alpha) \ \vec{b} = \begin{pmatrix} 1 \\ 1 \\ 1 \end{pmatrix}; \quad \beta) \ \vec{b} = \begin{pmatrix} 2 \\ -1 \\ -1 \end{pmatrix}; \quad \gamma) \ \vec{b} = \begin{pmatrix} 3 \\ -2 \\ 5 \end{pmatrix}.$$

A 28.7 Gegeben ist die Matrix

$$A = \begin{pmatrix} 1 & 3 & 3 \\ 1 & 3 & 4 \\ 1 & 4 & 3 \end{pmatrix}.$$

Berechnen Sie die Matrizen X und Y aus

$$A \cdot X = \begin{pmatrix} 1 & 1 & 1 \\ 1 & 1 & 1 \\ 1 & 1 & 1 \end{pmatrix}; \quad A \cdot Y = \begin{pmatrix} -1 & 2 & 0 & 1 \\ 4 & 2 & 1 & 0 \\ 2 & 1 & 1 & 1 \end{pmatrix}.$$

A 28.8 a) Berechnen Sie die Inverse der Matrix

$$A = \begin{pmatrix} 3 & -2 & -1 \\ 1 & 1 & 3 \\ 2 & -3 & 1 \end{pmatrix}.$$

b) Lösen Sie mit Hilfe von a) das lineare Gleichungssystem

$$\begin{pmatrix} 3 & -2 & -1 \\ 1 & 1 & 3 \\ 2 & -3 & 1 \end{pmatrix} \cdot \begin{pmatrix} x_1 \\ x_2 \\ x_3 \end{pmatrix} = \begin{pmatrix} b_1 \\ b_2 \\ b_3 \end{pmatrix} = \vec{b}$$

für

$$\alpha) \ \vec{b} = \begin{pmatrix} 0 \\ 0 \\ 0 \end{pmatrix}; \quad \beta) \ \vec{b} = \begin{pmatrix} 15 \\ 10 \\ 5 \end{pmatrix}; \quad \gamma) \ \vec{b} = \begin{pmatrix} 3 \\ 0 \\ 1 \end{pmatrix}.$$

A 28.9 Gegeben ist die Matrix

$$A = \begin{pmatrix} 1 & 1 & 0 \\ -1 & 0 & a \\ 1 & -1 & 0 \end{pmatrix} \text{ mit einer Konstanten } a \in \mathbb{R}.$$

Für welche a existiert die Inverse von A? Berechnen Sie diese Inverse.

29. Lineare Programmierung (Optimierung)bei zwei Variablen

B 29.1 Aus vier Rohstoffen R_1, R_2, R_3, R_4 werden die beiden Produkte P_1 und P_2 hergestellt. Die zur Herstellung von je einer ME benötigten Rohstoffmengen sind in der nachfolgenden Tabelle zusammengestellt. Die für die Produktion zur Verfügung stehenden Rohstoffmengen sind in der letzten Spalte angegeben.

	benötigte Rohstoffmengen zur Herstellung einer ME		verfügbare Rohstoffmengen (ME)
	P_1	P_2	
R_1	1	2	100
R_2	2	1,5	120
R_3	0	2	80
R_4	4	0	180

Von P_1 werden x_1 und von P_2 x_2 ME hergestellt.

a) Bestimmen und skizzieren Sie den zulässigen Bereich Z für (x_1, x_2).

b) Eine ME des Produkts P_1 ergibt einen Reingewinn von 15 GE (Geldeinheiten), eine ME von P_2 liefert einen Reingewinn von 60 GE.

α) Bestimmen und skizzieren Sie alle Produktionsmengen (x_1, x_2), für die der Gesamtgewinn $z = 1\,500$ GE beträgt.

β) Für welche zulässigen Produktionsmengen x_1 und x_2 wird der Gesamtgewinn maximal?

Lösung:

a) Da die Herstellungsmengen nicht negativ sein können, gilt

(1) $x_1 \geq 0$; (2) $x_2 \geq 0$.

Aus den benötigten und den vorgegebenen Rohstoffmengen erhält man die Ungleichungen:

(3) $x_1 + 2x_2 \leq 100$; Halbebene unterhalb von g_3;

(4) $2x_1 + 1{,}5x_2 \leq 120$; Halbebene unterhalb von g_4;

(5) $2x_2 \leq 80$; Halbebene unterhalb von g_5;

(6) $4x_1 \leq 180$; Halbebene links von g_6.

Wählt man in den Ungleichungen (1) bis (6) jeweils das Gleichheitszeichen, so erhält man die Gleichungen für die Geraden

$$\begin{aligned}
g_1&: & x_1 & & &= 0\\
g_2&: & & & x_2 &= 0\\
g_3&: & x_1 &+ & 2x_2 &= 100\\
g_4&: & 2x_1 &+ & 1{,}5x_2 &= 120\\
g_5&: & & & 2x_2 &= 80\\
g_6&: & 4x_1 & & &= 180\,.
\end{aligned}$$

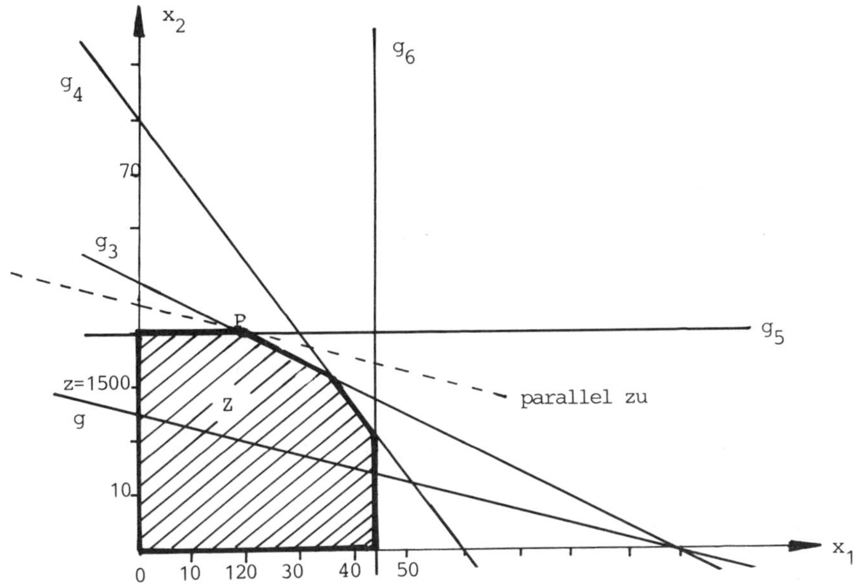

b) Gesamtgewinn: $z = 15x_1 + 60x_2$.

α) $15x_1 + 60x_2 = 1\,500$ (Gerade g).

β) Die Gerade g wird so weit parallel nach oben verschoben, bis sie den zulässigen Bereich Z gerade noch berührt. Diese Berührung findet im Punkt P statt. P ist der Schnittpunkt von g_3 und g_5, also $P = g_3 \cap g_5$.

$$\begin{aligned}
g_3&: & x_1 + 2x_2 &= 100\\
g_5&: & 2x_2 &= 80 \quad \Rightarrow \quad \underline{x_2 = 40;\ x_1 = 20.}
\end{aligned}$$

Maximaler Reingewinn: $z_{max} = 15 \cdot 20 + 60 \cdot 40 = 2\,700$ GE.

Die Lösungsmenge L einer ***linearen Ungleichung***

$$a_1 x_1 + a_2 x_2 \le b \quad \text{bzw.} \quad a_1 x_1 + a_2 x_2 \ge b$$

mit $a_1, a_2, b \in \mathbb{R}$, wobei die Konstanten a_1 und a_2 nicht beide gleich Null sein dürfen, stellt eine Halbebene dar, welche begrenzt wird durch die Gerade

$$g: \; a_1 x_1 + a_2 x_2 = b \, .$$

Auf welcher Seite von g die Lösungsmenge L liegt, kann folgendermaßen bestimmt werden: Die Koordinaten eines nicht auf g liegenden Punktes werden in die Ungleichung eingesetzt. Falls sie die Ungleichung erfüllen, liegt dieser in der Lösungsmenge, sonst nicht.

Durch Multiplikation mit (-1) kann jede Ungleichung der Form

$$c_1 x_1 + c_2 x_2 \ge d \quad | \quad \cdot (-1)$$

übergeführt werden in die "Standardform"

$$-c_1 x_1 - c_2 x_2 \le -d \, .$$

Die Lösungsmenge Z eines ***linearen Ungleichungssystems***

$$\begin{array}{l} a_{11} x_1 + \; a_{12} x_2 \le b_1 \\ a_{21} x_1 + \; a_{22} x_2 \le b_2 \\ \cdots\cdots\cdots\cdots\cdots\cdots \\ a_{m1} x_1 + \; a_{m2} x_2 \le b_m \end{array} \qquad \begin{array}{l} \text{Matrizenschreibweise} \\ A \cdot \vec{x} \le \vec{b} \end{array}$$

ist ***konvex***, d.h. mit zwei Punkten $\vec{x}$, $\vec{y} \in Z$ liegt die gesamte Verbindungsstrecke

$$\{\lambda \cdot \vec{x} + (1-\lambda) \cdot \vec{y} \;\; \text{mit } 0 \le \lambda \le 1\}$$

in Z.

Die Lösungsmenge Z kann ***leer***, ***beschränkt*** oder ***unbeschränkt*** sein.

Falls Z beschränkt ist, stellt Z die Fläche eines r-Ecks dar. Ein Eckpunkt von Z muss zwei der m Gleichungen und die restlichen $m-2$ Ungleichungen erfüllen.

B 29.2 Stellen Sie die Lösungsmengen der nachfolgenden linearen Ungleichungssysteme graphisch dar. Bestimmen Sie dabei alle Eckpunkte. Sind die Lösungsmengen beschränkt?

a)
$$\begin{array}{rl} x_1 + \; x_2 &\le 1 \\ -x_1 + \; 2x_2 &\le 4 \\ -x_1 - \; 4x_2 &\le 4 \, . \end{array}$$

b)
$$\begin{aligned} -3x_1 + x_2 &\le 2 \\ x_1 + 2x_2 &\le 4 \\ 2x_1 + x_2 &\le 5 \\ -4x_1 - x_2 &\le 4 \\ -2x_1 + 5x_2 &\le 15; \end{aligned}$$

c)
$$\begin{aligned} x_1 - x_2 &\le -1 \\ -x_1 - x_2 &\le -2 \\ x_1 + 4x_2 &\le -4. \end{aligned}$$

Lösung:

a) g_1: $x_1 + x_2 = 1$ (1)
g_2: $-x_1 + 2x_2 = 4$ (2)
g_3: $-x_1 - 4x_2 = 4$ (3)

Z ist beschränkt (Dreiecksfläche).
Eckpunkte:

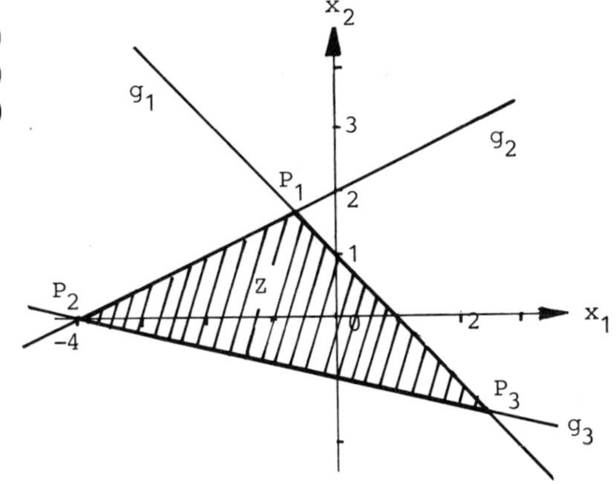

$P_1 = g_1 \cap g_2$;

$(1) + (2) \Rightarrow x_2 = \frac{5}{3}$;

$(1) \Rightarrow x_1 = -\frac{2}{3}$.

$P_1(-\frac{2}{3}; \frac{5}{3})$;

$P_2 = g_2 \cap g_3$;

$(2) - (3) \Rightarrow 6x_2 = 0; \; x_2 = 0; \; x_1 = -4;$ $P_2(-4; 0)$;

$P_3 = g_1 \cap g_3$;

$(1) + (3) \Rightarrow -3x_2 = 5; \; x_2 = -\frac{5}{3}; \; x_1 = \frac{8}{3};$ $P_3(\frac{8}{3}; -\frac{5}{3})$.

b) g_1: $-3x_1 + x_2 = 2$ (1)
g_2: $x_1 + 2x_2 = 4$ (2)
g_3: $2x_1 + x_2 = 5$ (3)
g_4: $-4x_1 - x_2 = 4$ (4)
g_5: $-2x_1 + 5x_2 = 15$ (5)

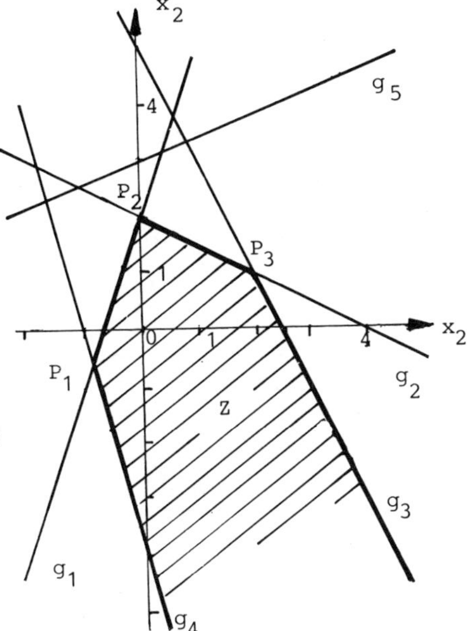

$P_1 = g_1 \cap g_4$

$(1) + (4) \Rightarrow x_1 = -\frac{6}{7}$;

$(1) \Rightarrow x_2 = -\frac{4}{7}$.

$P_1(-\frac{6}{7}; -\frac{4}{7})$;

$P_2 = g_1 \cap g_2$

$(1) + 3 \times (2) \Rightarrow x_2 = 2; \; x_1 = 0$

$P_2(0; 2)$;

$P_3 = g_2 \cap g_3$; $(3) - 2 \times (2)$
$x_2 = 1; \; x_1 = 2;$ $P_3(2; 1)$;

Z ist nicht beschränkt.

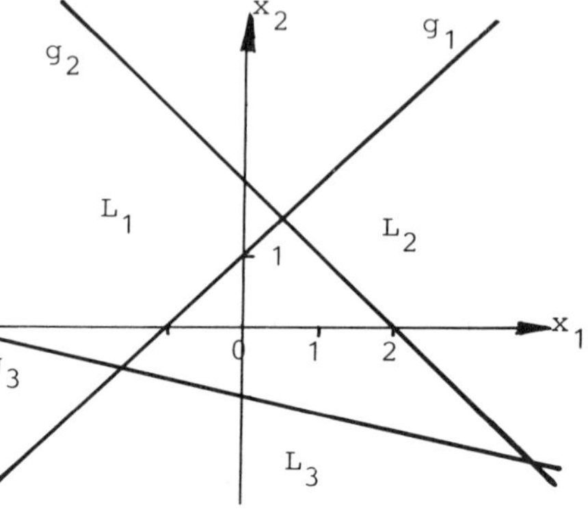

c) $x_1 - x_2 \leq -1$

Lösungsmenge: L_1 = Halbebene oberhalb von g_1: $x_1 - x_2 = -1$.

$-x_1 - x_2 \leq -2$

Lösungsmenge: L_2 = Halbebene oberhalb von g_2: $-x_1 - x_2 = -2$.

$x_1 + 4x_2 \leq -4$

Lösungsmenge: L_3 = Halbebene oberhalb von g_3: $x_1 + 4x_2 = -4$.

Lösungsmenge des gesamten Ungleichungssystems:

$L = L_1 \cap L_2 \cap L_3 = \emptyset$ (leere Menge).

Es gibt also kein Punkt, dessen Koordinaten alle drei Ungleichungen erfüllen.

Lineares Programm (lineare Optimierung):

Unter allen Lösungsvektoren $\vec{x} = \begin{pmatrix} x_1 \\ x_2 \end{pmatrix}$ aus der zulässigen Lösungsmenge Z eines linearen Ungleichungssystems $A \cdot \vec{x} \leq \vec{b}$ sind diejenigen gesucht, für welche die

lineare Zielfunktion $z = c_1 x_1 + c_2 x_2, \quad c_1, c_2 \in \mathbb{R}$

ein Extremum (Maximum oder Minimum) besitzt.

Im Falle der Existenz kann ein Extremum graphisch bestimmt werden. Für einen beliebig vorgegebenen Wert c wird die Gerade

$$g: \quad c_1 x_1 + c_2 x_2 = c \; (= z)$$

gezeichnet. Zur Bestimmung des Maximums (Minimums) wird diese Gerade so lange nach oben (unten) verschoben, bis sie den zulässigen Bereich gerade noch berührt. In diesem Berührungspunkt P wird das Extremum angenommen, falls es existiert.

Bei beschränktem Z wird ein Extremum in einem Eckpunkt angenommen. Sind zwei benachbarte Eckpunkte Lösungen, dann ist auch jeder Punkt auf der gesamten Verbindungsstrecke dieser Punkte Lösung. Bei beschränktem Z können alle Eckpunkte berechnet werden und die Werte der Zielfunktion in diesen Eckpunkten bestimmt werden. Der maximale Wert ergibt das Maximum, der minimale das Minimum.

B 29.3 Ein Vitaminpräparat, welches neu auf den Markt gebracht werden soll, wird aus den Präparaten V_1 und V_2 zusammengesetzt. Es soll aus x_1 Gramm von V_1 und x_2 Gramm von V_2 bestehen und höchstens 14 Gramm wiegen. In der nachfolgenden Tabelle sind die Vitaminanteile (in Gewichtseinheiten) je g der Präparate V_1 und V_2 an gegeben sowie der Mindestbedarf, der abgedeckt werden soll.

	Präparat		
Vitamin	V_1	V_2	Mindestbedarf
A	2	5	40
B	0	7	28
C	12	5	65

a) Skizzieren Sie den zulässigen Bereich der Mischungen.

b) Für welche Mischung wird das neue Präparat am billigsten, wenn 1 g von V_1 2 EUR und 1 g von V_2 6 EUR kosten?

Lösung:

a) $x_1 \geq 0$; $x_2 \geq 0$;

Aus den Angaben erhält man die Ungleichungen

(1)	$x_1 + x_2 \leq 14$	Halbebene unterhalb von g_1
(2)	$2x_1 + 5x_2 \geq 40$	Halbebene oberhalb von g_2
(3)	$7x_2 \geq 28$	Halbebene oberhalb von g_3
(4)	$12x_1 + 5x_2 \geq 65$	Halbebene oberhalb von g_4.

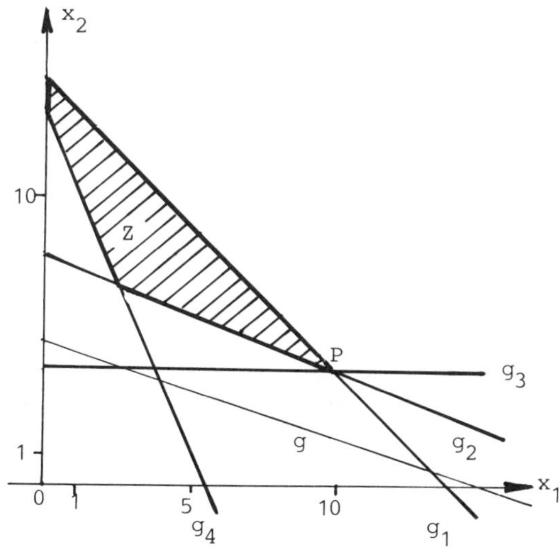

b) $z = 2x_1 + 6x_2 = \min.$

Die Gerade g : $2x_1 + 6x_2 = 30$ wird parallel nach oben verschoben, bis Z erstmals von ihr berührt wird. Das Minimum liegt im Punkt $P = g_2 \cap g_3$.

$$2x_1 + 5x_2 = 40$$

$$7x_2 = 28 \quad \Rightarrow \quad x_2 = 4;$$

$$x_1 = 20 - \frac{5}{2}x_2 = 10; \quad z_{min} = 2 \cdot 10 + 6 \cdot 4 = 44 \text{ EUR/g}.$$

Lösung: $\underline{x_1 = 10;\ x_2 = 4;\ z_{min.} = 44 \text{ EUR/g}.}$

A 29.1 Mit Hilfe der nachfolgenden Geradengleichungen soll jeweils eine Ungleichung für eine Halbebene bestimmt werden, die den jeweils angegebenen Punkt P enthält.

a) g: $y = 5x + 4$; $P(0;0)$;

b) g: $y = -2x - 3$; $P(0;0)$;

c) g: $y = -3x + 8$; $P(-3;4)$;

d) g: $y = x - 1$; $P(1;5)$.

A 29.2 a) Stellen Sie die Lösungsmenge des folgenden linearen Ungleichungssystems graphisch dar:

$$\begin{aligned} 2x_1 + x_2 &\le 10 \\ x_2 &\le 6 \\ -x_1 + x_2 &\le 10 \\ x_1 + x_2 &\ge -5 \\ x_1 - x_2 &\le 5. \end{aligned}$$

b) Berechnen Sie die Koordinaten aller Eckpunkte der Lösungsmenge.

A 29.3 Die Punkte $P_1(0;0)$, $P_2(7;0)$, $P_3(5;4)$, $P_4(3;6)$ und $P_5(0;6)$ bilden die Eckpunkte eines beschränkten Gebietes Z.

a) Stellen Sie für die Lösungsmenge Z ein lineares Ungleichungssystem auf.

b) Bestimmen Sie diejenigen Punkte aus Z, in denen folgende Zielfunktionen ihr Maximum bzw. Minimum annehmen:

α) $z = 2x + 3y$;

β) $z = 4x + 3y$;

γ) $z = -5x + 3y$;

δ) $z = 5x + 5y$.

A 29.4 Bestimmen Sie im Falle der Existenz die Extremwerte der Funktionen

a) $z = -x_1 + x_2$;

b) $z = -7x_1 + 4x_2$

unter den Nebenbedingungen

$$\begin{aligned} x_1 + x_2 &\geq 2 \\ x_1 - 3x_2 &\leq 0 \\ 3x_1 - 2x_2 &\leq 10 \\ x_1, x_2 &\geq 0 . \end{aligned}$$

c) In der Zielfunktion

$z = a x_1 + x_2$

sei a eine Konstante.

α) Welche Bedingung muss a erfüllen, damit unter den obigen Nebenbedingungen jeweils ein Extremum existiert? Wird dann ein Minimum oder ein Maximum angenommen?

β) Für welche Werte a wird das entsprechende Extremum an mehreren Stellen (x_1, x_2) angenommen?

A 29.5 Zur Fertigung der Produkte P_1 und P_2 müssen fünf Maschinen eingesetzt werden. Die zur Herstellung je einer Einheit benötigten Maschinenzeiten (in Minuten) sowie die maximale Nutzungsdauer pro Tag der einzelnen Maschinen sind in der nachfolgenden Tabelle zusammengestellt.

	benötigte Zeit zur Herstellung einer Einheit		Maschinen-kapazität
Maschine	P_1	P_2	
M_1	4	6	480
M_2	5	$\frac{15}{4}$	375
M_3	6	3	420
M_4	0	5	350
M_5	4	0	360

Pro Tag sollen x_1 Einheiten von P_1 und x_2 Einheiten von P_2 produziert werden.

a) Skizzieren Sie den zulässigen Bereich für (x_1, x_2).

b) Eine Mengeneinheit von P_1 erziele einen Reingewinn von 42 EUR, eine Einheit von P_2 den Reingewinn 60 EUR.
Bei welchen Produktionsmengen wird der Tagesgewinn maximal?

A 29.6 In einer Gaststätte sollen nach zwei Rezepten R_1 und R_2 Obstsalate aus Äpfeln, Bananen und Clementinen hergestellt werden. Je kg Obstsalat sind dabei nach Rezept R_1 bzw. R_2 folgende Mengen zu verarbeiten (Anzahl in Stück)

	R_1	R_2
Äpfel	2	3
Bananen	1	3
Clementinen	4	1

Dabei sollen mindestens 30 Äpfel verbraucht werden. Andererseits stehen maximal 60 Bananen und 64 Clementinen zur Verfügung.
Es sollen x_1 kg Obstsalat nach R_1 und x_2 kg nach R_2 hergestellt werden.

a) Skizzieren Sie den zulässigen Bereich der Herstellungsmengen und bestimmen Sie die Koordinaten der Eckpunkte dieses zulässigen Bereichs.

b) Ein kg Obstsalat nach R_1 bzw. R_2 ergibt einen Gewinn von 5 bzw. 10 EUR. Bei welcher Mengenkombination wird der Gesamtgewinn maximal?

A 29.7 Ein Gemüsebauer beabsichtigt, ins Tiefkühlgeschäft einzusteigen. Er will dafür 30 Morgen seines Landes für den Anbau von Erbsen und Möhren verwenden. Ein Morgen Erbsen verursache 200 EUR und ein Morgen Möhren 100 EUR Saatkosten. Mehr als 5 000 EUR sollen zunächst nicht investiert werden. Der Zeitaufwand für den Anbau eines Morgens Erbsen wird mit einem Arbeitstag, für Möhren mit zwei Arbeitstagen veranschlagt. Insgesamt kann maximal mit 50 Arbeitstagen gerechnet werden.
Bei welchen zulässigen Anbauflächen wird der Gesamtgewinn maximal, falls ein Morgen Erbsen 400 EUR und ein Morgen Möhren 600 EUR Reingewinn bringt?

A 29.8 In einer Textilfabrik werden zwei Sorten von Stoffen hergestellt. Ein Meter des Stoffes A verursacht 7,50 EUR Rohkosten und 3 EUR Verarbeitungskosten. Beim Stoff B betragen die Rohkosten 2,50 EUR und die Verarbeitungskosten 6 EUR pro Meter.
Die Rohkosten dürfen pro Tag 1 500 EUR und die Bearbeitungskosten 1 800 EUR nicht überschreiten. Außerdem kann von A höchstens 150 m und von B höchstens 250 m Rohware pro Tag angeliefert werden.
Die Verkaufspreise betragen für A 35,50 EUR und für B 28,50 EUR pro Meter. Bei welchen zulässigen Herstellungsmengen wird der Tagesgewinn maximal?

A 29.9 Aus Orangensaft und Sekt soll ein Drink gemixt werden, und zwar mindestens 9 Liter, aber höchstens 30 Liter. Dabei soll das Verhältnis Orangensaft zu Sekt mindestens 1 : 2 betragen. Ferner sollen höchstens 3 Liter Orangensaft mehr verbraucht werden als Sekt.

a) Stellen Sie das zugehörige Ungleichungssystem für x_1 (Menge Orangensaft) und x_2 (Menge Sekt) auf und skizzieren Sie den Bereich der zulässigen Mengen. Berechnen Sie die Koordinaten der Eckpunkte des zulässigen Bereichs.

b) Ein Liter Orangensaft kostet 1,20 EUR und ein Liter Sekt 12 EUR. Bei wie viel Liter Orangensaft und Sekt aus der zulässigen Menge aus a) wird das gesamte Getränk am billigsten?

Lösungen der Aufgaben

1. Mengen

A 1.1 $\emptyset$, $\{a\}$, $\{b\}$, $\{c\}$, $\{d\}$, $\{a,b\}$, $\{a,c\}$, $\{a,d\}$, $\{b,c\}$, $\{b,d\}$, $\{c,d\}$, $\{b,c,d\}$, $\{a,c,d\}$, $\{a,b,d\}$, $\{a,b,c\}$, $\{a,b,c,d\}$.

A 1.2 $\Omega = \{1,2,3,\ldots,36\}$.

a) $G = \{2,4,6,\ldots,34,36\}$; $U = \{1,3,5,\ldots,33,35\}$;
$A = \{1,4,9,16,25,36\}$;
$B = \{1,2,3,5,7,11,13,17,19,23,29,31\}$;
$C = \{9,18,27,36\}$.

b) $A \cup C = \{1,4,9,16,18,25,27,36\}$; $A \cap C = \{9,36\}$;
$A \backslash C = \{1,4,16,25\}$; $C \backslash A = \{18,27\}$; $B \cap G = \{2\}$.

A 1.3 a) $A \times B = \{(1,2), (1,3), (2,2), (2,3)\}$;

b) $B \times A = \{(2,1), (2,2), (3,1), (3,2)\}$;

c) $(A \times B) \cap (B \times A) = \{(2,2)\}$;

d) $(A \times B) \backslash (B \times A) = \{(1,2), (1,3), (2,3)\}$;

e) $(A \backslash B) \times (B \backslash A) = \{(1,3)\}$;

f) $A \times B \times B = \{(1,2,2), (1,2,3), (1,3,2), (1,3,3), (2,2,2), (2,2,3), (2,3,2), (2,3,3)\}$;

g) $2^5 = 32$.

A 1.4 a) $\Omega = \{(1,1), (1,2), \ldots, (1,6), (2,1), (2,2), \ldots, (2,6), \ldots, (6,1), (6,2), \ldots, (6,6)\}$;
$|\Omega| = 6 \cdot 6 = 36$;

b) $A = \{(6,1), (6,2), (6,3), (6,4), (6,5), (6,6)\}$;
$B = \{(1,6), (2,6), (3,6), (4,6), (5,6), (6,6)\}$;
$C = \{(6,4), (6,5), (6,6), (5,5), (5,6), (4,6)\}$;
$D = \{(6,4), (4,6)\}$;

c) $A \cap B = \{(6,6)\}$;
$C \backslash D = \{(6,5), (6,6), (5,5), (5,6)\}$; $D \backslash C = \emptyset$.

A 1.5 a) $A = [-3;3]$; $B = [-2;-1] \cup [1;2]$.

b)

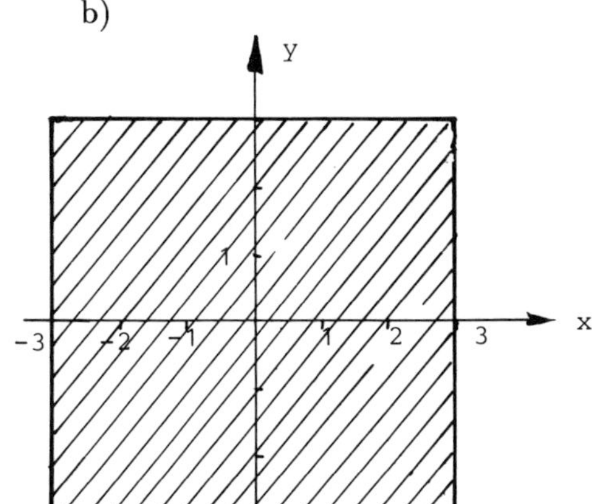

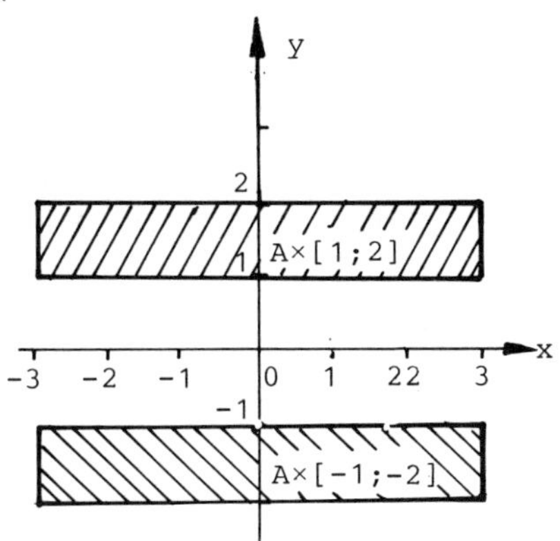

A 1.6

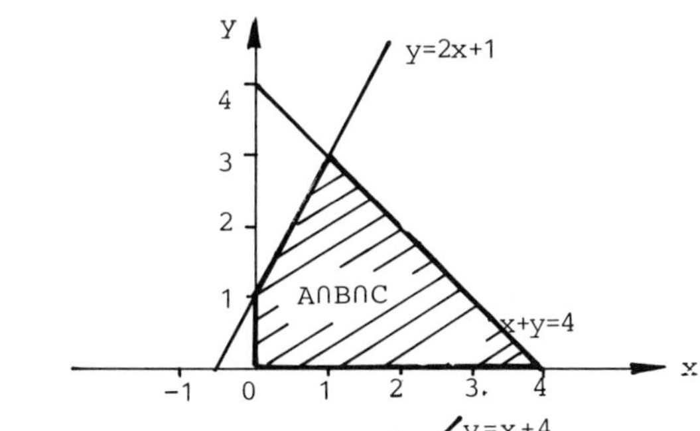

A 1.7 a)

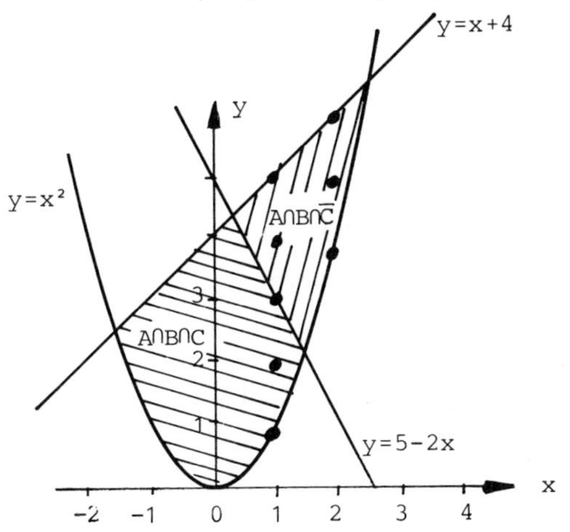

b) $A \cap B \cap (\mathbb{N} \times \mathbb{N})$

$= \{(1,1), (1,2), (1,3), (1,4), (1,5), (2,4), (2,5), (2,6)\}$.

A 1.8 $A \cup B = [-5;3]$; $A \cap B = [-3;-1]$; $A \backslash B = [-5;-3)$;
$B \backslash A = (-1;3]$; $B \cup C = B$; $B \cap C = C$;
$B \backslash C = [-3;0] \cup [1;3]$; $C \backslash B = \emptyset$;
$C \cup D \cup E = (0;2) \cup (2;\infty) = (0;\infty) \backslash \{2\}$; $\overline{E} = (-\infty;2]$;
$\overline{D} = (-\infty;1) \cup [2;\infty)$; $\overline{E \cup D} = (-\infty;1) \cup \{2\}$.

A 1.9 A: Autobesitzer; B: Aktienbesitzer.

$$|\overline{A} \cap \overline{B}| = |\overline{A \cup B}| = 100 - |A \cup B| = 100 - |A| - |B| + |A \cap B|$$
$$= 100 - 71 - 19 + 11 = 21.$$

A 1.10 G: Grippe; I: geimpft;

$$|I \cap G| = 200 - |\overline{I \cap G}| = 200 - |\overline{I} \cup \overline{G}|$$
$$= 200 - |\overline{I}| - |\overline{G}| + |\overline{I} \cap \overline{G}| = 200 - 130 - 166 + 104 = 8.$$

A 1.11 a) $T_1 = A \cap B \cap C$; $T_2 = A \cap B \cap \overline{C}$; $T_3 = A \cap \overline{B} \cap C$;
$T_4 = \overline{A} \cap B \cap C$; $T_5 = A \cap \overline{B} \cap \overline{C}$; $T_6 = \overline{A} \cap \overline{B} \cap C$;
$T_7 = \overline{A} \cap B \cap \overline{C}$; $T_8 = \overline{A \cup B \cup C} = \overline{A} \cap \overline{B} \cap \overline{C}$.

b) Alle Punkte, die in genau zwei der Mengen A, B, C liegen.

c) $T_5 \cup T_6 \cup T_7$.

d) $T_5 \cup T_6 \cup T_7 \cup T_8$.

A 1.12 E: spricht Englisch, F: spricht Französisch; D: spricht Deutsch.

Gegeben: $|E| = 663$; $|F| = 524$; $|D| = 442$; $|E \cup F \cup D| = 1015$;
$|E \cap F| = 223$; $|E \cap D| = 288$; $|F \cap D| = 181$.

a) Aus

$$|E \cup F \cup D| = |E| + |F| + |D| - |E \cap F| - |E \cap D| - |F \cap D| + |E \cap F \cap D|, \text{ also}$$

$$1015 = 663 + 524 + 442 - 223 - 288 - 181 + |E \cap F \cap D|$$

folgt $|E \cap F \cap D| = 78$.

b) $|E \cap F| = |E \cap F \cap D| + |E \cap F \cap \overline{D}| \Rightarrow$

$|E \cap F \cap \overline{D}| = 223 - 78 = 145;$

$|E \cap D| = |E \cap F \cap D| + |E \cap \overline{F} \cap D| \Rightarrow$

$|E \cap \overline{F} \cap D| = 288 - 78 = 210;$

$|F \cap D| = |E \cap F \cap D| + |\overline{E} \cap F \cap D| \Rightarrow$

$|\overline{E} \cap F \cap D| = 181 - 78 = 103.$

Summe: genau zwei Sprachen sprechen 458 Teilnehmer.

c) $\underbrace{|E \cup F \cup D|}_{=1015} = \underbrace{78}_{\text{alle drei Sprachen}} + \underbrace{458}_{\text{genau zwei Sprachen}} + \underbrace{x}_{\text{genau eine Sprache}}$

$x = 1015 - 78 - 458 = 479$ (sprechen genau eine Sprache).

d) $|E| = |E \cap \overline{F} \cap \overline{D}| + |E \cap F \cap \overline{D}| + |E \cap \overline{F} \cap D| + |E \cap F \cap D|;$

$$|E \cap \overline{F} \cap \overline{D}| = |E| - |E \cap F \cap \overline{D}| - |E \cap \overline{F} \cap D| - |E \cap F \cap D|$$
$$= 663 - 145 - 210 - 78 = 230.$$

e) $$|\overline{E} \cap F \cap \overline{D}| = |F| - |E \cap F \cap \overline{D}| - |\overline{E} \cap F \cap D| - |E \cap F \cap D|$$
$$= 524 - 145 - 103 - 78 = 198.$$

f) $$|\overline{E} \cap \overline{F} \cap D| = |D| - |E \cap D \cap \overline{F}| - |\overline{E} \cap F \cap D| - |E \cap F \cap D|$$
$$= 442 - 210 - 103 - 78 = 51.$$

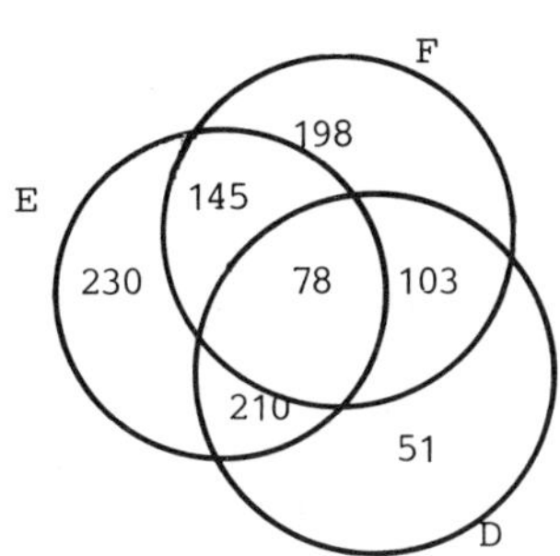

A 1.13 a) $290 = \underbrace{101}_{\text{alle drei Kl.}} + \underbrace{92}_{\text{zwei Kl.}} + \underbrace{81}_{\text{eine Kl.}} + \underbrace{x}_{\text{keine Kl.}}$

$x = 290 - 101 - 92 - 81 = 16.$

b) In der Summe $|A| + |B| + |C|$ werden die Studierednen mit nur einem bestandenem Fach einfach, die mit zwei bestandenen Fächern doppelt und die mit drei bestandenen Fächern dreifach gezählt. Damit gilt

$|A| + |B| + |C| = 81 + 2 \cdot 92 + 3 \cdot 101 = 568.$

Hieraus folgt

$|C| = 568 - |A| - |B| = 568 - 195 - 201 = 172.$

A 1.14 $A = [1;3] \times [1;4]$; $B = \{4;5\} \times (1;3)$; $C = [4;6{,}5] \times \{4;5\}$.

2. Abbildungen

A 2.1 a) f ist bijektiv, also eine eineindeutige Abbildung von $\mathbb{R}$ auf $\mathbb{R}$.

$x = f^{-1}(y) = 6 - 2y$.

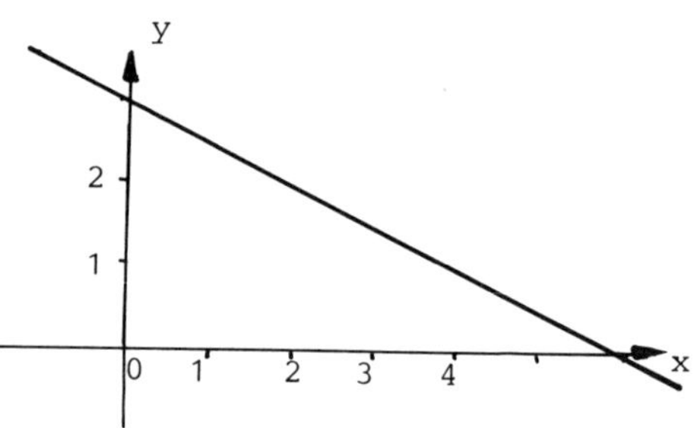

b)
$$f(x) = \begin{cases} x - 1 & \text{für } x \geq 1; \\ 1 - x & \text{für } x < 1. \end{cases}$$

f ist surjektiv, also eine Abbildung von $\mathbb{R}$ auf $\mathbb{R}_+$; f ist nicht eineindeutig wegen $f(1 + w) = f(1 - w)$.

c)

$$f(x) = \frac{x}{|x|} = \begin{cases} 1 & \text{für } x > 0; \\ -1 & \text{für } x < 0. \end{cases}$$

f ist weder surjektiv noch injektiv.

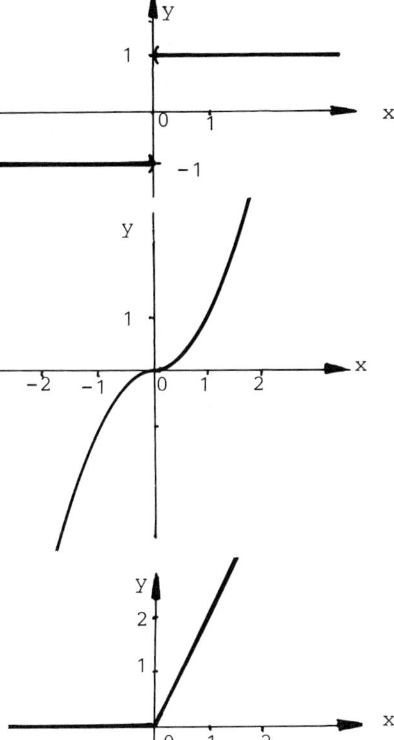

d)

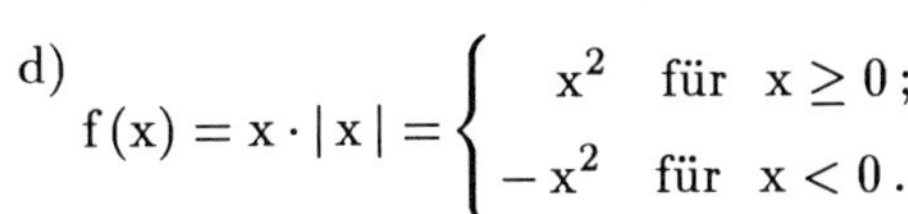

$$f(x) = x \cdot |x| = \begin{cases} x^2 & \text{für } x \geq 0; \\ -x^2 & \text{für } x < 0. \end{cases}$$

f ist bijektiv,
also eine eineindeutige Abbildung von $\mathbb{R}$ auf $\mathbb{R}$.

$$f^{-1}(y) = \begin{cases} +\sqrt{y} & \text{für } y \geq 0; \\ -\sqrt{-y} & \text{für } y < 0. \end{cases}$$

e)

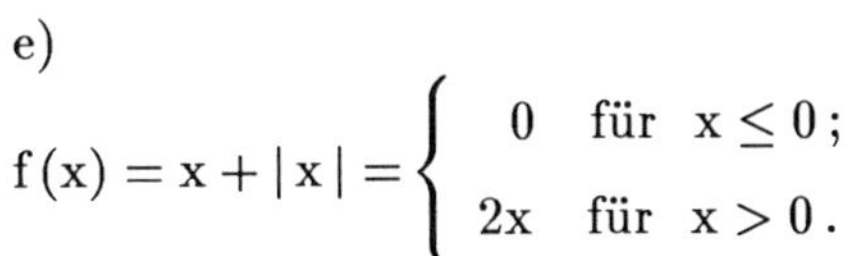

$$f(x) = x + |x| = \begin{cases} 0 & \text{für } x \leq 0; \\ 2x & \text{für } x > 0. \end{cases}$$

f ist keine Abbildung von $\mathbb{R}$ auf $\mathbb{R}$, sondern nur eine von $\mathbb{R}$ auf $\mathbb{R}_+$.
f ist nicht injektiv, da alle negativen Zahlen auf 0 abgebildet werden.

A 2.2 n muss ungerade sein.

Dann ist f bijektiv mit der Umkehrabbildung
$f^{-1}(y) = \sqrt[n]{y} + a$.

A 2.3 a) $D = \{x \in \mathbb{R} \mid x^2 \leq 25\} = \{x \mid -5 \leq x \leq 5\} = [-5;5]$;
$W = \{y \in \mathbb{R} \mid 0 \leq y \leq 5\} = [0;5]$.

b) $D = \{x \in \mathbb{R} \mid x^2 \geq 4\} = (-\infty; -2] \cup [2;\infty)$;
$W = \mathbb{R}_+ = [0;\infty)$;

c) $D = \mathbb{R}$; $W = \{y \in \mathbb{R} \mid y \geq \sqrt{2}\} = [\sqrt{2};\infty)$.

A 2.4 $D = \mathbb{R} \setminus \{3\}$.

$$\frac{x+2}{x-3} = y; \quad x + 2 = y \cdot (x-3) = y \cdot x - 3y$$

$$x \cdot (y-1) = 2 + 3y;$$

$x = \dfrac{2+3y}{y-1}$ existiert für jedes $y \neq 1$; $W = \mathbb{R} \setminus \{1\}$.

Aus $f(x_1) = f(x_2)$, also $\dfrac{x_1+2}{x_1-3} = \dfrac{x_2+2}{x_2-3}$ folgt

$$(x_1+2) \cdot (x_2-3) = (x_2+2) \cdot (x_1-3);$$

$$x_1 \cdot x_2 + 2x_2 - 3x_1 - 6 = x_1 \cdot x_2 + 2x_1 - 3x_2 - 6;$$

$5x_2 - 5x_1 = 0$, also $x_1 = x_2$.

Damit ist f eine eineindeutige Abbildung von D auf W (bijektiv) mit der Umkehrabbildung

$$f^{-1}(y) = \frac{2+3y}{y-1}; \quad f^{-1}: W \to D.$$

A 2.5 a) $g(f(x)) = f(g(x)) = x^5$;

b) $g(f(x)) = \left(\sqrt{|x-5|}\right)^5 = |x-5|^{\frac{5}{2}}$;

$f(g(x)) = \sqrt{|x^5 - 5|}$;

c) $g(f(x)) = (x^2 + 4x + 7)^4$;

$f(g(x)) = x^8 + 4x^4 + 7$.

A 2.6 a) $D = W = \mathbb{R}$; $f^{-1}(y) = \dfrac{y-8}{3}$;

b) $D = \mathbb{R}$; $W = [10; \infty)$.

f^{-1} existiert nicht.

c) $D = W = \mathbb{R} \setminus \{0\}$;

$f^{-1}(y) = \frac{1}{y} = f(y)$;

d) $D = \mathbb{R} \setminus \{-\frac{5}{3}\}$; $W = \mathbb{R} \setminus \{0\}$;

$f^{-1}(y) = \frac{2}{y} - \frac{5}{3}$.

3. Ungleichungen mit einer Unbekannten

A 3.1 a) $2x + 3 \cdot (1 + 4x) \leq 31$;

$2x + 3+12x \leq 31$; $14x \leq 28$; $x \leq 2$; $L = (-\infty; 2\,]$;

b) $2 \cdot (1 + x) + 3 \cdot (1 - 2x) > 8$;

$2 + 2x + 3 - 6x > 8$; $-3 > 4x$; $x < -\frac{3}{4}$; $L = (-\infty; -\frac{3}{4})$;

c) $\frac{2x-1}{x+1} > 1$; $x \neq -1$;

1. Fall: $x + 1 > 0 \Leftrightarrow x > -1$;

$2x - 1 > x + 1 \Leftrightarrow x > 2$; $L_1 = \{x \mid x > 2\} = (2; \infty)$;

2. Fall: $x + 1 < 0 \Leftrightarrow x < -1$;

$2x - 1 < x + 1 \Leftrightarrow x < 2$;

$L_2 = \{x \mid x < -1\} = (-\infty; -1)$;

Lösungsmenge $L = L_2 \cup L_1 = (-\infty; -1) \cup (2; \infty)$.

d) 1. Fall: $2x - 1 \geq 0 \Leftrightarrow x \geq \frac{1}{2}$;

$|2x - 1| = 2x - 1 \leq 3 \Leftrightarrow x \leq 2$;

$L_1 = \{x \mid \frac{1}{2} \leq x \leq 2\} = [\frac{1}{2}; 2]$;

2. Fall: $2x - 1 < 0 \Leftrightarrow x < \frac{1}{2}$;

$|2x - 1| = -2x + 1 \leq 3 \Leftrightarrow x \geq -1$;

$L_2 = \{x \mid -1 \leq x < -\frac{1}{2}\} = [-1; -\frac{1}{2})$;

Lösungsmenge $L = L_1 \cup L_2 = [-1; -\frac{1}{2}) \cup [\frac{1}{2}; 2] = [-1; 2]$.

A 3.2 a) 1. Fall: $2x - 1 \geq 0 \Leftrightarrow x \geq \frac{1}{2}$;

$2x - 1 + x < 2 \Leftrightarrow x < 1$; $L_1 = [\frac{1}{2}; 1)$;

2. Fall: $2x - 1 < 0 \Leftrightarrow x < \frac{1}{2}$

$-2x + 1 + x < 2 \Leftrightarrow x > -1$; $L_2 = (-1; \frac{1}{2})$;

$L = L_1 \cup L_2 = (-1; 1)$.

b) 1. Fall: $x < 2$; $\Rightarrow x - 2 < 0$ und $x - 5 < 0$;

$-x + 2 < -x + 5 \Leftrightarrow 2 < 5$ ist für alle $x \in \mathbb{R}$ erfüllt;

$L_1 = (-\infty; 2)$;

2. Fall: $2 \le x \le 5 \quad \Rightarrow x-2 \ge 0$ und $x-5 \le 0$;

$x-2 < -x+5 \Leftrightarrow x < \frac{7}{2}$; $L_2 = [2; \frac{7}{2})$;

3. Fall: $x > 5$; $\Rightarrow x-2 > 0$ und $x-5 > 0$;

$x-2 < x-5 \Leftrightarrow -2 < -5$; $L_3 = \emptyset$;

$L = L_1 \cup L_2 = (-\infty; \frac{7}{2})$.

c) Gemeinsamer Nenner:

$\frac{1}{5-x} + \frac{1}{5+x} = \frac{5+x+5-x}{(5-x)\cdot(5+x)} = \frac{10}{25-x^2} < 5$; $\frac{2}{25-x^2} < 1$;

1. Fall: Nenner negativ: $25 - x^2 < 0 \Leftrightarrow x^2 > 25 \Leftrightarrow |x| > 5$;

dann ist die Ungleichung immer erfüllt.

$L_1 = (-\infty; -5) \cup (5; \infty)$.

2. Fall: Nenner positiv: $25 - x^2 > 0 \Leftrightarrow x^2 < 25 \Leftrightarrow |x| < 5$;

$2 < 25 - x^2 \Leftrightarrow x^2 < 23 \Leftrightarrow |x| < \sqrt{23}$

$L_2 = (-\sqrt{23}; \sqrt{23})$.

$L = L_1 \cup L_2 = (-\infty; -5) \cup (-\sqrt{23}; \sqrt{23}) \cup (5; \infty)$.

d) 1. Fall: $(+, +)$: $x \ge 0$ und $x+1 \ge 0 \Leftrightarrow x \ge 0$;

$3x < x+1-x \Leftrightarrow x < \frac{1}{3}$; $L_1 = [0; \frac{1}{3})$;

2. Fall: $(+, -)$: $x \ge 0$ und $x+1 < 0$ geht nicht; $L_2 = \emptyset$.

3. Fall: $(-, +)$: $x < 0$ und $x+1 \ge 0 \Leftrightarrow -1 \le x < 0$;

$-3x < x+1-x = 1 \Leftrightarrow x > -\frac{1}{3}$;

$L_3 = (-\frac{1}{3}; 0)$

4. Fall: $(-, -)$: $x < 0$ und $x+1 < 0 \Leftrightarrow x < -1$;

$-3x < -x-1-x \Leftrightarrow x > 1$; $L_4 = \emptyset$;

$L = L_1 \cup L_3 = (-\frac{1}{3}; \frac{1}{3})$.

e) 1. Fall: $x \ge 1$; $x-1 \le \frac{x}{4}+2 \Leftrightarrow \frac{3}{4}x \le 3 \Leftrightarrow x \le 4$; $L_1 = [1; 4]$;

2. Fall: $x < 1$; $-x+1 \le \frac{x}{4}+2 \Leftrightarrow x \ge -\frac{4}{5}$; $L_2 = [-\frac{4}{5}; 1)$;

$L = L_1 \cup L_2 = [-\frac{4}{5}; 4]$.

f) 1. Fall: $x-1 > 0 \Rightarrow x > 1$;

$|x-2| < x-1$;

1. Teilfall: $x \geq 2 \Rightarrow x - 2 < x - 1$ immer erfüllt; $L_{11} = [2; \infty)$;

2. Teilfall: $x < 2 \Rightarrow -x + 2 < x - 1 \Leftrightarrow x > \frac{3}{2}$; $L_{12} = (\frac{3}{2}; 2)$;

2. Fall: $x - 1 < 0 \Rightarrow x < 1$;

$|x - 2| > x - 1$;

1. Teilfall: $x \geq 2 \Rightarrow x - 2 > x - 1$ keine Lösung; $L_{21} = \emptyset$;

2. Teilfall: $x < 2 \Rightarrow -x + 2 > x - 1 \Leftrightarrow x < \frac{3}{2}$; $L_{22} = (-\infty; 1)$;

$L = L_{22} \cup L_{11} \cup L_{12} = (-\infty; 1) \cup (\frac{3}{2}; \infty)$.

g) Wegen $|x - 1| = |1 - x|$

kann die Ungleichung vereinfacht werden zu

$2 \cdot |x - 1| \leq 1 + x$;

1. Fall: $x - 1 \geq 0 \Leftrightarrow x \geq 1$;

$2(x - 1) \leq 1 + x \Leftrightarrow 2x - 2 \leq 1 + x \Leftrightarrow x \leq 3$; $L_1 = [1; 3]$;

2. Fall: $x - 1 < 0 \Leftrightarrow x < 1$;

$2(-x + 1) \leq 1 + x \Leftrightarrow x \geq \frac{1}{3}$; $L_2 = [\frac{1}{3}; 1)$;

$L = L_1 \cup L_2 = [\frac{1}{3}; 3]$.

h) 1. Fall: $x > 0$: $1 + \frac{1}{x} < \frac{2}{x} \Leftrightarrow 1 < \frac{1}{x} \Leftrightarrow x < 1$; $L_1 = (0; 1)$;

2. Fall: $x < 0$: $1 + \frac{1}{x} < -\frac{2}{x} \Leftrightarrow \frac{3}{x} < -1 \Leftrightarrow x > -3$; $L_2 = (-3; 0)$;

$L = L_2 \cup L_1 = (-3; 0) \cup (0; 1) = (-3; 1) \setminus \{0\}$.

A 3.3 1. Fall: $x + 1 \geq 0 \Leftrightarrow x \geq -1$

$x^2 - 3 \leq x + 1 \Leftrightarrow x^2 - x \leq 4 \Leftrightarrow (x - \frac{1}{2})^2 \leq 4 + \frac{1}{4} = \frac{17}{4}$;

$|x - \frac{1}{2}| \leq \frac{\sqrt{17}}{2}$; die linke Grenze des Intervalls ist kleiner als -1.

Damit gilt $L_1 = \left[-1; \frac{1 + \sqrt{17}}{2}\right]$;

2. Fall $x + 1 < 0 \Leftrightarrow x < -1$

$x^2 - 3 \leq -x - 1 \Leftrightarrow x^2 + x \leq 2 \Leftrightarrow (x + \frac{1}{2})^2 \leq 2 + \frac{1}{4} = \frac{9}{4}$;

$|x + \frac{1}{2}| \leq \frac{3}{2}$; $L_2 = [-2; -1)$.

$L = L_2 \cup L_1 = \left[-2; \frac{1 + \sqrt{17}}{2}\right]$.

A 3.4 a) 1. Fall: $|x| < 1 \Leftrightarrow -1 < x < 1$;

$1 + x > x \cdot (1 - |x|) = x - x \cdot |x| \Leftrightarrow x \cdot |x| > -1$;

$x \cdot |x| > -1$ ist für alle x mit $-1 < x < 1$ erfüllt.

$L_1 = (-1; 1)$.

2. Fall: $|x| > 1 \Leftrightarrow x > 1$ oder $x < -1$;

$1 + x < x \cdot (1 - |x|) = x - x \cdot |x| \Leftrightarrow x \cdot |x| < -1$

$x \cdot |x| < -1$ ist nur für $x < -1$ erfüllt. $L_2 = (-\infty; -1)$.

$L = L_2 \cup L_1 = (-\infty; -1) \cup (-1; 1) = (-\infty; 1) \setminus \{-1\}$.

b) 1. Fall: $x - 1{,}5 > 0 \Leftrightarrow x > 1{,}5$;

$x^2 - 3x + 2 > 0 \Leftrightarrow x^2 - 3x > -2 \Leftrightarrow (x - \frac{3}{2})^2 > -2 + \frac{9}{4} = \frac{1}{4}$;

$|x - \frac{3}{2}| > \frac{1}{2}$; $L_1 = (2; \infty)$.

2. Fall: $x - 1{,}5 < 0 \Leftrightarrow x < 1{,}5$;

$x^2 - 3x + 2 < 0 \Leftrightarrow x^2 - 3x < -2 \Leftrightarrow (x - \frac{3}{2})^2 < -2 + \frac{9}{4} = \frac{1}{4}$;

$|x - \frac{3}{2}| < \frac{1}{2}$; $L_2 = (1; 1{,}5)$.

$L = (1; 1{,}5) \cup (2; \infty)$.

A 3.5 $x - 0{,}001x - 4 \leq y \leq x + 0{,}001x + 4$

$0{,}999x - 4 \leq y \leq 1{,}001x + 4$

$$\Leftrightarrow \frac{y-4}{1{,}001} \leq x \leq \frac{y+4}{0{,}999};$$

$y = 5\,000 \Rightarrow$

$$\frac{5\,000 - 4}{1{,}001} \leq x \leq \frac{5\,000 + 4}{0{,}999}$$

$\Leftrightarrow 4991 \leq x \leq 5009$.

4. Arithmetische und geometrische Folgen und Reihen

A 4.1 $\left.\begin{array}{l} a_5 = a + 4 \cdot d = 18 \\ a_9 = a + 8 \cdot d = 32 \end{array}\right\}-$

$4 \cdot d = 14; \qquad d = 3{,}5; \; a = 4;$

$$\sum_{k=1}^{50} a_k = \frac{50}{2} \cdot [2 \cdot 4 + 49 \cdot 3{,}5] = 4487{,}5.$$

A 4.2 a) $a = 120; \; d = 5; \; a_{10} = 120 + 9 \cdot 5 = 165$ Mio EUR;

$s_{10} = \frac{10}{2} \cdot [240 + 9 \cdot 5] = 1\,425$ Mio EUR;

b) $a = 120; \; q = 1{,}05; \quad a_{10} = 120 \cdot 1{,}05^9 = 186{,}1593859$ Mio EUR;

$s_{10} = 120 \cdot \sum_{k=0}^{9} 1{,}05^k = 120 \cdot \frac{1{,}05^{10} - 1}{0{,}05} = 1\,509{,}347104$ Mio EUR.

A 4.3 Gesucht ist die Summe der jeweiligen Zahlen zwischen 100 und 999.

a) $a_1 = 100; \quad n = \frac{1\,000 - 100}{4} = 225; \quad d = 4;$

$|A| = s = \frac{225}{2} \cdot [100 + 996] = 123\,300;$

b) $a_1 = 102; \quad n = \frac{1\,000 - 100}{6} = 150; \quad d = 6;$

$|B| = s = \frac{150}{2} \cdot [102 + 996] = 82\,350;$

c) durch 4 oder 6 teilbar sind alle Vielfachen von 12;

$a_1 = 108; \quad n = \frac{1\,000 - 100}{12} = 75; \quad d = 12;$

$|A \cap B| = s = \frac{75}{2} \cdot [108 + 996] = 41\,400;$

d) mit a), b) und c) erhält man

$$|A \cup B| = |A| + |B| - |A \cap B|$$
$$= 123\,300 + 82\,350 - 41\,400 = 164\,250.$$

A 4.4 $0 = s_{11} = \frac{11}{2} \cdot [2a + 10d] \;\Rightarrow\; a = -5d;$

$180 = s_{20} = \frac{20}{2} \cdot [2a + 19\,d] = 10 \cdot (-10\,d + 19\,d) = 90\,d$

$\Rightarrow \quad d = 2\,; \quad a = -10\,;$

$a_n = a + (n-1)\cdot d = -10 + (n-1)\cdot 2 = 2n - 12$ für $n = 1, 2 \ldots$.

A 4.5 Arithmetische Folge mit $a_1 = a = d = 0{,}05\,;\; n = \frac{100}{0{,}05} = 2\,000\,;$

$s_{2000} = 1000\cdot(0{,}05 + 100) = 100\,050$ DM .

A 4.6 $q^4 = \frac{a_9}{a_5} = 4 \quad \Rightarrow \quad q = \sqrt[4]{4} = \sqrt{2}\,;$

$12 = a_5 = a\cdot q^4 = 4a \Rightarrow a = 3\,; \quad a_n = 3\cdot(\sqrt{2})^{n-1}$ für $n = 1, 2, \ldots$.

$$s_{10} = 3\cdot\sum_{k=0}^{9}(\sqrt{2})^k = 3\cdot\frac{(\sqrt{2})^{10} - 1}{\sqrt{2} - 1} = 3\cdot\frac{2^5 - 1}{\sqrt{2} - 1} = \frac{93}{\sqrt{2} - 1}\,.$$

A 4.7 $100\,000 = a\cdot\frac{1}{1 - 0{,}65} = \frac{a}{0{,}35} \quad \Rightarrow \quad a = 0{,}35\cdot 100\,000 = 35\,000$ EUR.

A 4.8 a) $\sum\limits_{n=0}^{10}\frac{5^{n-1}}{2^{n+3}} = \frac{1}{5\cdot 2^3}\cdot\sum\limits_{n=0}^{10}\left(\frac{5}{2}\right)^n = \frac{1}{40}\cdot\frac{\left(\frac{5}{2}\right)^{11} - 1}{\frac{5}{2} - 1} = \frac{\left(\frac{5}{2}\right)^{11} - 1}{60}\,;$

b) $\sum\limits_{n=2}^{\infty}\left(\frac{4}{7}\right)^n = \left(\frac{4}{7}\right)^2\cdot\sum\limits_{k=0}^{\infty}\left(\frac{4}{7}\right)^k = \frac{16}{49}\cdot\frac{1}{1 - \frac{4}{7}} = \frac{16}{7}\cdot\frac{1}{7 - 4} = \frac{16}{21}\,;$

c) $$\sum_{n=2}^{\infty}\frac{2\cdot 4^{n-1} + 4\cdot 5^{n+1}}{3\cdot 6^n} = \sum_{n=2}^{\infty}\frac{2\cdot 4^{n-1}}{3\cdot 6^n} + \sum_{n=2}^{\infty}\frac{4\cdot 5^{n+1}}{3\cdot 6^n}$$
$$= \frac{2\cdot 4}{3\cdot 6^2}\sum_{k=0}^{\infty}\left(\frac{2}{3}\right)^k + \frac{4\cdot 5^3}{3\cdot 6^2}\sum_{k=0}^{\infty}\left(\frac{5}{6}\right)^k$$
$$= \frac{2\cdot 4}{3\cdot 36}\cdot\frac{1}{1 - \frac{2}{3}} + \frac{4\cdot 125}{3\cdot 36}\cdot\frac{1}{1 - \frac{5}{6}} = \frac{2}{9} + \frac{250}{9} = 28\,;$$

d) $$\sum_{n=1}^{\infty}\frac{2^{2n} - 3^{2n+1}}{10^{n-1}} = \sum_{n=1}^{\infty}\frac{4^n - 3\cdot 9^n}{10^{n-1}} = 4\cdot\sum_{k=0}^{\infty}\left(\frac{4}{10}\right)^k - 3\cdot 9\cdot\sum_{k=0}^{\infty}\left(\frac{9}{10}\right)^k$$
$$= 4\cdot\frac{1}{1 - \frac{2}{5}} - 27\cdot\frac{1}{1 - \frac{9}{10}} = \frac{20}{3} - 270 = -\frac{790}{3}\,.$$

A 4.9 a) $0{,}\overline{7} = 0{,}7\cdot\left(1 + \frac{1}{10} + \left(\frac{1}{10}\right)^2 + \left(\frac{1}{10}\right)^3 + \ldots\right) = 0{,}7\cdot\frac{1}{1 - \frac{1}{10}} = \frac{7}{9}\,;$

b) $0{,}\overline{91} = 0{,}91\cdot\left(1 + \frac{1}{100} + \left(\frac{1}{100}\right)^2 + \left(\frac{1}{100}\right)^3 + \ldots\right) = \frac{0{,}91}{1 - \frac{1}{100}} = \frac{91}{99}\,;$

c) $0{,}1\overline{9} = 0{,}1 + 0{,}09 \cdot \left(1 + \frac{1}{10} + \left(\frac{1}{10}\right)^2 + \ldots\right)$

$$= \frac{1}{10} + \frac{0{,}09}{1 - \frac{1}{10}} = \frac{1}{10} + \frac{0{,}9}{9} = \frac{1}{10} + 0{,}1 = 0{,}20 = \frac{2}{10};$$

d) $0{,}2\overline{79} = 0{,}2 + 0{,}079 \cdot \left(1 + \frac{1}{100} + \left(\frac{1}{100}\right)^2 + \ldots\right)$

$$= \frac{1}{5} + \frac{0{,}079}{1 - \frac{1}{100}} = \frac{1}{5} + \frac{7{,}9}{99} = \frac{198 + 79}{990} = \frac{277}{990};$$

e) $0{,}14\overline{235} = 0{,}14 + 0{,}00235 \cdot \left(1 + \frac{1}{1000} + \left(\frac{1}{1000}\right)^2 + \ldots\right)$

$$= \frac{14}{100} + \frac{0{,}00235}{1 - \frac{1}{1000}} = \frac{14}{100} + \frac{2{,}35}{999} = \frac{13\,986 + 235}{99900} = \frac{14\,221}{99\,000}.$$

A 4.10 a)

Im n - ten Teilabschnitt erhält man folgende Wegstrecken:

vom Hund zurückgelegt: $a_n + a_{n+1}$;

von Herrn Maier zurückgelegt: $a_n - a_{n+1}$;

dabei gilt

$$a_n + a_{n+1} = 4 \cdot (a_n - a_{n+1}) = 4\,a_n - 4\,a_{n+1};$$

$$3\,a_n = 5\,a_{n+1} \;\Rightarrow\; a_{n+1} = \frac{3}{5} \cdot a_n \quad \text{für } n = 1, 2, \ldots;$$

aus $a_1 = c$ folgt

$$a_n = c \cdot \left(\frac{3}{5}\right)^{n-1} \quad \text{für } n = 1, 2, \ldots;$$

b) $s = a_1 + 2a_2 + 2a_3 + 2a_4 + \ldots = c + c \cdot 2 \cdot \frac{3}{5} \cdot \sum_{k=0}^{\infty} \left(\frac{3}{5}\right)^k$

$$= c + c \cdot \frac{6}{5} \cdot \frac{1}{1 - \frac{3}{5}} = 4c$$

(vierfacher von Herrn Maier zurückgelegter Weg).

5. Finanzmathematik

A 5.1 a) $C_0 = \frac{100}{1{,}073^{10}} = 49{,}431385\ \%$ (abgezinster Barwert);

b) $C = \frac{100}{1{,}062^6} = 69{,}703229\ \%$;

c) $C_0 \cdot \left(1 + \frac{p_{\text{eff}}}{100}\right)^4 = C \ \Rightarrow\ p_{\text{eff}} = 100 \cdot \left(\sqrt[4]{\frac{C}{C_0}} - 1\right) = 8{,}9714\,\%$.

A 5.2 $\left(1 + \frac{p}{100}\right)^{10} = 1{,}06^5 \cdot 1{,}07^3 \cdot 1{,}08^2$;

$p = 100 \cdot \left(\sqrt[10]{1{,}06^5 \cdot 1{,}07^3 \cdot 1{,}08^2} - 1\right) = 6{,}6971\,\%$.

A 5.3 a) $K_n = 8\,000 \cdot 1{,}04 \cdot \frac{1{,}04^n - 1}{0{,}04} \geq 100\,000$;

$8\,000 \cdot 1{,}04 \cdot (1{,}04^n - 1) \geq 100\,000 \cdot 0{,}04 = 4\,000$;

$8\,000 \cdot 1{,}04 \cdot 1{,}04^n \geq 100\,000 \cdot 0{,}04 + 8\,000 \cdot 1{,}04 = 12\,320$;

$1{,}04^n \geq \frac{12\,320}{8\,000 \cdot 1{,}04} = 1{,}4807692$;

$n \geq \frac{\lg 1{,}4807692}{\lg 1{,}04} = 10{,}009$; $n = 10$ (abgerundet);

$K_{10} = 8\,000 \cdot 1{,}04 \cdot \frac{1{,}04^{10} - 1}{0{,}04} = 99\,890{,}91$ EUR;

b) $R = 100\,000 - K_{10} = 109{,}19$ EUR;

c) $\hat{R} = \frac{R}{1{,}04} = 104{,}99$ EUR.

A 5.4 a) $R_n = 200\,000 \cdot 1{,}07^n - 16\,000 \cdot \frac{1{,}07^n - 1}{0{,}07} = 0$;

$0{,}07 \cdot 200\,000 \cdot 1{,}07^n - 16\,000 \cdot 1{,}07^n + 16\,000 = 0$;

$-2\,000 \cdot 1{,}07^n + 16\,000 = 0$;

$1{,}07^n = 8$; $n = \frac{\lg 8}{\lg 1{,}07} = 30{,}73$; $n = 31$ (aufgerundet).

b) $R_{30} = 200\,000 \cdot 1{,}07^{30} - 16\,000 \cdot \frac{1{,}07^{30} - 1}{0{,}07} = 11\,078{,}43$ EUR.

Restschuld am Ende des 31. Jahres

$R_{31} = 1{,}07 \cdot R_{30} = 11\,853{,}93$ EUR.

c) Zinsen $Z_1 = 200\,000 \cdot 0{,}07 = 14\,000$;

Tilgung $T_1 = A - Z_1 = 16\,000 - 14\,000 = 2\,000$ EUR;

d) $R_{20} = 200\,000 \cdot 1{,}07^{\,n} - A \cdot \dfrac{1{,}07^{\,20} - 1}{0{,}07} = 0$;

$A = 200\,000 \cdot \dfrac{1{,}07^{\,20} \cdot 0{,}07}{1{,}07^{\,20} - 1} = 18\,878{,}59$ EUR.

A 5.5 $R_n = B \cdot 1{,}085^{\,n} - 5\,000 \cdot \dfrac{1{,}085^{\,n} - 1}{0{,}085} = 0$;

$B = 5\,000 \cdot \dfrac{1{,}085^{\,n} - 1}{1{,}085^{\,n} \cdot 0{,}085}$;

a) $n = 10 \quad \Rightarrow \quad B = 32\,806{,}74$ EUR;

b) $n = 15 \quad \Rightarrow \quad B = 41\,521{,}18$ EUR.

A 5.6 a) $1 + \frac{p_{eff}}{100} = 1{,}01^{\,12} \quad \Rightarrow \quad p_{eff} = 100 \cdot (1{,}01^{\,12} - 1) = 12{,}6825\,\%$;

b) $1{,}12 = \left(1 + \frac{p_{mon}}{100}\right)^{12}; \quad 1 + \frac{p_{mon}}{100} = \sqrt[12]{1{,}12}$;

$p_{mon} = 100 \cdot \left(\sqrt[12]{1{,}12} - 1\right) = 0{,}9489\,\%$.

A 5.7 Kontostand nach 6 Jahren

$K_6 = 2\,000 \cdot 1{,}05 \cdot \dfrac{1{,}05^{\,6} - 1}{0{,}05} = 14\,284{,}02$ EUR;

dieser Betrag wächst in den restlichen 4 Jahren an auf

$K_6 \cdot 1{,}06_4 = 18\,033{,}24$ EUR;

die restlichen 4 Einzahlungen ergeben

$\tilde{K}_4 = 2\,000 \cdot 1{,}06 \cdot \dfrac{1{,}06^{\,4} - 1}{0{,}06} = 9\,274{,}19$ EUR;

Kontostand nach 10 Jahren:

$18\,033{,}24 + 9\,274{,}19 = 27\,307{,}43$ EUR.

A 5.8 a) Restschuld nach 6 Jahren = Kreditbetrag (Barwert) für die Laufzeit von 4 Jahren:

$R_6 = 5\,000 \cdot \dfrac{1{,}074^{\,4} - 1}{1{,}074^{\,4} \cdot 0{,}074} = 16\,784{,}24$ EUR;

b) Restliche Laufzeit beträgt 4 Jahre:

$\hat{S} = 5\,000 \cdot \dfrac{1{,}065^{\,4} - 1}{1{,}065^{\,4} \cdot 0{,}065} = 17\,128{,}99$ EUR.

A 5.9 a) α) Jährliche Abschreibung $d = 9\,000$ EUR;

$R_5 = 100\,000 - 5 \cdot 9\,000 = 55\,000$ EUR;

β) $100\,000 \cdot q^{10} = 10\,000$; $q^{10} = 0{,}1$; $q = \sqrt[10]{0{,}1} = 0{,}794328$;

$R_5 = 100\,000 \cdot q^5 = 31\,622{,}78$ EUR;

b) α) $d = 9\,000$ EUR;

β) $R_5 \cdot (1 - q) = 6\,503{,}91$ EUR.

A 5.10 m-malige unterjährige Verzinsung:

$$1 + \frac{p_{eff}}{100} = \left(1 + \frac{6}{100\,m}\right)^m; \quad p_{eff} = 100 \cdot \left[\left(1 + \frac{6}{100\,m}\right)^m - 1\right].$$

a) $m = 2 \quad \Rightarrow \quad p_{eff} = 6{,}0900\,\%$;

b) $m = 4 \quad \Rightarrow \quad p_{eff} = 6{,}1364\,\%$;

c) $m = 12 \quad \Rightarrow \quad p_{eff} = 6{,}1678\,\%$;

d) $1 + \frac{p_{eff}}{100} = e^{0,06}$; $p_{eff} = 100 \cdot (e^{0,06} - 1) = 6{,}1837\,\%$.

A 5.11 E = konforme (äquivalente) nachschüssige Jahreseinzahlung;

$$K_8 = E \cdot \frac{1{,}045^8 - 1}{0{,}045};$$

a) $E = 1000 \cdot \left(12 + \frac{13 \cdot 4{,}5}{200}\right) = 12\ 292{,}50$ EUR;

$K_8 = 115\,303{,}82$ EUR;

b) $E = 1000 \cdot \left(12 + \frac{11 \cdot 4{,}5}{200}\right) = 12\ 247{,}50$ EUR;

$K_8 = 114\,881{,}72$ EUR.

A 5.12 A = konforme (äquivalente) nachschüssige Jahresannuität;

$$R_{10} = 150\,000 \cdot 1{,}07^{10} - A \cdot \frac{1{,}07^{10} - 1}{0{,}07};$$

a) $A = 12\,000$ EUR; $R_{10} = 129\,275{,}33$ EUR;

b) $A = 12\,000 \cdot 1{,}07 = 12\,840$ EUR; $R_{10} = 117\,699{,}51$ EUR;

c) $A = 3\,000 \cdot \left(4 + \frac{3 \cdot 7}{200}\right) = 12\,315$ EUR; $R_{10} = 124\,923{,}15$ EUR;

d) $A = 3\,000 \cdot \left(4 + \frac{5 \cdot 7}{200}\right) = 12\,525$ EUR; $R_{10} = 122\,021{,}69$ EUR;

e) $A = 1\,000 \cdot \left(12 + \frac{11 \cdot 7}{200}\right) = 12\,385$ EUR; $R_{10} = 123\,956{,}00$ EUR;

f) $A = 1\,000 \cdot \left(12 + \frac{13 \cdot 7}{200}\right) = 12\,455$ EUR; $R_{10} = 122\,988{,}84$ EUR.

A 5.13 m = 12; konforme nachschüssige Jahreseinzahlung:

$$E = 52 \cdot \left(12 + \frac{13 \cdot 6{,}5}{200}\right) = 645{,}97 \text{ EUR};$$

$$K_{12} = 645{,}97 \cdot \frac{1{,}065^{12} - 1}{0{,}065} = 11\,220{,}96 \text{ EUR};$$

$$K_{13} = K_{12} \cdot 1{,}065 = 11\,950{,}32 \text{ EUR}.$$

A 5.14 a) R = konforme nachschüssige Jahresrente;

$$R_{20} = 200\,000 \cdot 1{,}06^{20} - R \cdot \frac{1{,}06^{20} - 1}{0{,}06} = 0;$$

$$R = \frac{200\,000 \cdot 1{,}06^{20} \cdot 0{,}06}{1{,}06^{20} - 1} = 17\,436{,}91 \text{ EUR pro Jahr nachschüssig;}$$

b) $17\,436{,}91 = r \cdot \left(12 + \frac{11 \cdot 6}{200}\right)$; $r = 1\,414{,}19$ EUR pro Monat nachschüssig;

c) $17\,436{,}91 = \hat{r} \cdot \left(12 + \frac{13 \cdot 6}{200}\right)$; $\hat{r} = 1\,407{,}34$ EUR pro Monat vorschüssig;

d) $R_e = 200\,000 \cdot 0{,}06 = 12\,000$ EUR pro Jahr nachschüssig;

e) $\hat{R}_e = \frac{R_e}{1{,}06} = 11\,320{,}76$ EUR pro Jahr vorschüssig;

f) $1200 = r_e \cdot \left(12 + \frac{13 \cdot 6}{200}\right)$; $r_e = 968{,}52$ EUR pro Monat vorschüssig.

6. Allgemeine Zahlenfolgen

A 6.1 a) $a_n = \frac{2n^2 + 2n \quad |:n^2}{4n^2 + 8 \quad |:n^2} = \frac{2 + \frac{2}{n}}{4 + \frac{8}{n^2}} \quad \Rightarrow \quad \lim\limits_{n\to\infty} a_n = \frac{2}{4} = \frac{1}{2};$

b) $a_n = \frac{\sqrt{n} \cdot n^3 + n^2 \quad |:n^3}{4n^3 + n + 9 \quad |:n^3} = \frac{\sqrt{n} + \frac{1}{n}}{4 + \frac{1}{n^2} + \frac{1}{n^3}};$

$\lim\limits_{n\to\infty} a_n = +\infty$ (Folge ist bestimmt divergent);

c) $a_n = \frac{4^{n-1} + 2 \cdot 3^n + 2^n \quad |:4^n}{4^n + 3^{n-1} + 2^{n+8} \quad |:4^n} = \frac{\frac{1}{4} + 2 \cdot \left(\frac{3}{4}\right)^n + \left(\frac{2}{4}\right)^n}{1 + \frac{1}{3} \cdot \left(\frac{3}{4}\right)^n + 2^8 \cdot \left(\frac{2}{4}\right)^n};$

$\lim\limits_{n\to\infty} a_n = \frac{1}{4};$

d) $a_n = \dfrac{4^{2n} + 2^{n+1} + 8}{15^n + 3^{n+4}} = \dfrac{16^n + 2 \cdot 2^n + 8 \quad |:15^n}{15^n + 3^4 \cdot 3^n \quad |:15^n}$

$$= \frac{\left(\frac{16}{15}\right)^n + 2 \cdot \left(\frac{2}{15}\right)^n + \frac{8}{15^n}}{1 + 3^4 \cdot \left(\frac{3}{15}\right)^n};$$

$\lim\limits_{n\to\infty} a_n = +\infty$ (Folge ist bestimmt divergent);

e) $a_n = \dfrac{2^n + (-3)^n \quad |:5^n}{3^n + 5^n \quad |:5^n} = \dfrac{\left(\frac{2}{5}\right)^n + \left(-\frac{3}{5}\right)^n}{\left(\frac{3}{5}\right)^n + 1}$; $\quad \lim\limits_{n\to\infty} a_n = 0$;

f) $a_n = \dfrac{5^n + (-7)^n \quad |:7^n}{3^n - 7^n \quad |:7^n} = \dfrac{\left(\frac{5}{7}\right)^n + (-1)^n}{\left(\frac{3}{7}\right)^n - 1}$;

$\lim\limits_{k\to\infty} a_{2k} = -1$; $\quad \lim\limits_{k\to\infty} a_{2k+1} = +1$;

da zwei Teilfolgen gegen verschiedene Grenzwerte konvergieren, ist die Folge nicht konvergent.

A 6.2 a) $a_n = \sqrt{n+10} - \sqrt{n+5}$

$$= \frac{\left(\sqrt{n+10} - \sqrt{n+5}\right) \cdot \left(\sqrt{n+10} + \sqrt{n+5}\right)}{\sqrt{n+10} + \sqrt{n+5}}$$

$$= \frac{n + 10 - (n+5)}{\sqrt{n+10} + \sqrt{n+5}} = \frac{5}{\sqrt{n+10} + \sqrt{n+5}};$$

$\lim\limits_{n\to\infty} a_n = 0$;

b) $a_n = \dfrac{\sqrt{2n^4 + 4n^3 + n - 3}}{2n^2 + \sqrt{n^2 + 5}} = \dfrac{\sqrt{2 + \frac{4}{n} + \frac{1}{n^3} - \frac{3}{n^4}}}{2 + \sqrt{\frac{1}{n^2} + \frac{5}{n^4}}}$ (kürzen durch n^2);

$\lim\limits_{n\to\infty} a_n = \dfrac{\sqrt{2}}{2}$;

c) $a_n = n^2 \cdot \left(\dfrac{1}{n+1} - \dfrac{1}{n+3}\right) = \dfrac{n^2 \cdot (n + 3 - n - 1)}{(n+1) \cdot (n+3)} = \dfrac{2\,n^2 \cdot}{(n+1) \cdot (n+3)}$

$$= \frac{2}{(1 + \frac{1}{n}) \cdot (1 + \frac{3}{n})}; \quad \lim_{n\to\infty} a_n = 2;$$

d) $a_n = \left(\frac{1}{n} - \frac{2\cdot\sqrt{n}}{n+1}\right)\cdot(\sqrt{n}+3) = \frac{\sqrt{n}+3}{n} - \frac{2n+6\cdot\sqrt{n}}{n+1}$

$= \frac{\sqrt{\frac{1}{n}}+\frac{3}{n}}{1} - \frac{2+6\cdot\sqrt{\frac{1}{n}}}{1+\frac{1}{n}}; \quad \lim\limits_{n\to\infty} a_n = 0-2 = -2;$

e) $a_n = n\cdot\left(\frac{2}{n+2} - \frac{n}{3n^2+5}\right) = \frac{2}{1+\frac{1}{n}} - \frac{1}{3+\frac{5}{n^2}};$

$\lim\limits_{n\to\infty} a_n = 2 - \frac{1}{3} = \frac{5}{3};$

f) $a_n = (-1)^n\cdot\left(\frac{1}{n} - (-1)^{n+1}\right) = \frac{(-1)^n}{n} + 1; \quad \lim\limits_{n\to\infty} a_n = 1;$

g) $a_n = \frac{\sqrt[3]{n^5}+n^2-1}{(2n-3\cdot\sqrt{n})^2+8} = \frac{n^{\frac{5}{3}}+n^2-1}{4n^2-12\,n^{\frac{3}{2}}+9n+8}$

$= \frac{n^{-\frac{1}{3}}+1-\frac{1}{n^2}}{4-\frac{12}{\sqrt{n}}+\frac{9}{n}+\frac{8}{n^2}}$ (kürzen durch n^2); $\lim\limits_{n\to\infty} a_n = \frac{1}{4};$

h) $a_n = \frac{(-3)^n}{3^n}\cdot\left(\frac{1}{1{,}01}\right)^n = (-1)^n\cdot\left(\frac{1}{1{,}01}\right)^n; \quad \lim\limits_{n\to\infty} a_n = 0.$

A 6.3 a) Behauptung: $0 \le a_n \le 1$ für alle $n \in \mathbb{N}$.

α) Wegen $0 < a_1 < 1$ ist die Behauptung für $n = 1$ richtig.

β) Schluss von n_0 auf $n_0 + 1$:

Annahme: $0 \le a_{n_0} \le 1$

$\Rightarrow \quad 0 \le a_{n_0}^2 \le 1 \qquad |+1$

$\Rightarrow \quad 0 \le a_{n_0}^2 + 1 \le 2 \qquad |:2$

$\Rightarrow \quad 0 \le a_{n_0+1} = \frac{1}{2}\cdot\left(a_{n_0}^2+1\right) \le 1;$

mit n_0 ist die Behauptung auch für $n_0 + 1$ richtig.

b) Behauptung: $a_{n+1} \ge a_n$ für alle $n \in \mathbb{N}$

$\Leftrightarrow \quad a_{n+1} = \frac{1}{2}\cdot\left(a_n^2+1\right) \ge a_n$ für alle $n \in \mathbb{N}$

$\Leftrightarrow \quad a_n^2 - 2a_n + 1 \ge 0$ für alle $n \in \mathbb{N}$

$\Leftrightarrow \quad (a_n - 1)^2 \ge 0$ ist für alle $n \in \mathbb{N}$ erfüllt.

c) aus $a_{n+1} = \frac{1}{2}\cdot\left(a_n^2 + 1\right)$ erhält man durch Grenzwertbildung mit

$\lim\limits_{n\to\infty} a_n = a$

$a = \frac{1}{2}\cdot(a^2 + 1) \quad\Leftrightarrow\quad (a-1)^2 = 0 \quad\Leftrightarrow a = 1\,;$

d) $a_1 = 1\,;$

e) für kein a_1.

A 6.4 a) Zu zeigen: $a_{n+1} < a_n$ für alle $n \in \mathbb{N}$.

$$a_{n+1} = \frac{a_n^2}{4 + a_n} < a_n \quad\Leftrightarrow\quad a_n^2 < 4\,a_n + a_n^2 \quad\Leftrightarrow\quad 4\,a_n > 0\,;$$

diese Bedingung ist wegen $a_n > 0$ für alle n erfüllt.

b) Weil die Folge monoton fallend und beschränkt ist ($a_n > 0$), ist sie konvergent.

c) Mit $\lim\limits_{n\to\infty} a_n = a$ erhält man aus der Rekursionsgleichung

$$a = \frac{a^2}{4+a} \quad\Leftrightarrow\quad a^2 = 4\,a + a^2 \quad\Leftrightarrow\quad a = 0\,.$$

A 6.5 a) α) $K_n = 100\,000 \cdot 1{,}025^{\,n}\,;$

β) $K_n = 100\,000\,;$

γ) $K_n = 100\,000 \cdot 0{,}925^{\,n}\,;$

b) $100\,000 \cdot 0{,}925^{\,n} < 5\,000\,;\quad 0{,}925^{\,n} < \frac{5\,000}{100\,000} = 0{,}05\,;$

$n \cdot \lg 0{,}925 < \lg 0{,}05\,;$ wegen $\lg 0{,}925 < 0$ folgt hieraus

$$n > \frac{\lg 0{,}05}{\lg 0{,}925} = 38{,}426\,;$$

$n = 39$ Jahre (aufgerundet);

$K_{39} = 100\,000 \cdot 0{,}925^{\,39} = 4\,781{,}10$ EUR.

A 6.6 a) $K_n = K_0 \cdot [\,1{,}03^2 \cdot (1 - \frac{\alpha}{100})\,]^{\,n} = K_0 \cdot [\,1{,}0609 \cdot (1 - \frac{\alpha}{100})\,]^{\,n}$

für $n = 1\,, 2\,, \ldots\,.$

b) $1{,}0609 \cdot (1 - \frac{\alpha}{100}) = 1\,;\quad 1{,}0609 - 1 = \alpha \cdot \frac{1{,}0609}{100}\,;$

$$\alpha = \frac{6{,}09}{1{,}0609} = 5{,}740409\,\% \quad\Rightarrow\quad K_n = K_0 \text{ für alle } n\,.$$

c) $\alpha < \frac{6{,}09}{1{,}0609} \Leftrightarrow K_{n+1} > K_n$; $\lim_{n\to\infty} K_n = \infty$.

d) $\alpha > \frac{6{,}09}{1{,}0609} \Leftrightarrow K_{n+1} < K_n$; $\lim_{n\to\infty} K_n = 0$.

e) Für $\alpha > \frac{6{,}09}{1{,}0609}$ gilt $\lim_{n\to\infty} K_n = 0$.

für $\alpha = \frac{6{,}09}{1{,}0609}$ gilt wegen $K_n = K_0$ für alle n;

die Folge konstant mit $\lim_{n\to\infty} K_n = K_0$.

A 6.7 a) $a_{n+1} = 0{,}3 \cdot (a_n + 2000) + Z_{n+1}$;

Z_{n+1} = Zinsen in $(n+1)$-ten Jahr.

In der ersten Jahreshälfte wird der Betrag $a_n + 2\,000$ verzinst, in der zweiten der Betrag $0{,}3 \cdot (a_n + 2000)$.

$$Z_{n+1} = (a_n + 2000) \cdot 0{,}025 + 0{,}3 \cdot (a_n + 2000) \cdot 0{,}025$$

$$= (a_n + 2000) \cdot (0{,}025 + 0{,}3 \cdot 0{,}025) = 0{,}0325 \cdot (a_n + 2000);$$

$a_{n+1} = 0{,}3325 \cdot (a_n + 2000)$ für $n = 1, 2, \ldots$.

$a_1 = 0{,}3 \cdot 2\,000 + 0{,}025 \cdot 2\,000 + 0{,}025 \cdot 0{,}3 \cdot 2\,000 = 665$ EUR.

b) Zu Zeigen: $a_{n+1} > a_n$ für alle $n \in \mathbb{N}$;

$n = 1$: $a_2 = 0{,}3325 \cdot (665 + 2000) = 886{,}11 > a_1$.

Induktionsschluss:
es gelte: $a_{n_0} \leq a_{n_0+1}$ $\quad | +2\,000$

$\Rightarrow a_{n_0} + 2\,000 \leq a_{n_0+1} + 2\,000$ $\quad | \cdot 0{,}3325$

$a_{n_0+1} = 0{,}3325\,(a_{n_0} + 2\,000) \leq 0{,}3325\,(a_{n_0+1} + 2\,000) = a_{n_0+2}$;
mit $a_{n_0} \leq a_{n_0+1}$ gilt auch $a_{n_0+1} < a_{n_0+2}$.

c) Behauptung: $a_n < 2\,000$ für alle n;

$n = 1$: $a_1 = 665 < 2\,000$;

Induktionsannahme: Es gelte $a_{n_0} < 2000$ $\quad | +2000$

$\Rightarrow a_{n_0} + 2\,000 < 4\,000$ $\quad | \cdot 0{,}3325$

$\Rightarrow a_{n_0+1} = 0{,}3325 \cdot (a_{n_0} + 2\,000) < 0{,}3325 \cdot 4\,000 < 2\,000$.

d) Mit $\lim_{n\to\infty} a_n = a$ folgt aus $a_{n+1} = 0{,}3325 \cdot (a_n + 2000)$

$a = 0{,}3325 \cdot (a + 2000)$; $a \cdot (1 - 0{,}3325) = 0{,}3325 \cdot 2000$

$a = \frac{6645}{0{,}6675} = 996{,}25$ EUR.

e) Zusätzliche einmalige Einzahlung $a_0 = a = 996{,}25$ EUR; hieraus folgt $a_n = a$ für alle n.

f) Für $a_0 > a = 996{,}25$ EUR.

A 6.8 a) $\frac{a_{n+1}}{a_n} = \frac{(n+1)^2}{2^{n+1}} \cdot \frac{2^n}{n^2} = \frac{1}{2} \cdot \frac{(n+1)^2}{n^2} < 1 \quad \Leftrightarrow \quad (n+1)^2 < 2n^2$

$\Leftrightarrow n^2 + 2n + 1 < 2n^2 \quad \Leftrightarrow \quad 0 < n^2 - 2n - 1 = (n-1)^2 - 2$

$\Leftrightarrow \quad (n-1)^2 > 2$ gilt für alle $n \geq 3$;

die Folge ist monoton fallend und nach unten durch 0 beschränkt. Damit existiert der Grenzwert $\lim_{n\to\infty} a_n = a$; aus

$$a_{n+1} = \frac{1}{2} \cdot \frac{(n+1)^2}{n^2} \cdot a_n = \frac{1}{2} \cdot \left(1 + \frac{1}{n}\right)^2 \cdot a_n$$

erhält man für $n \to \infty$ den Grenzwert $a = \frac{1}{2} \cdot 1 \cdot a \Rightarrow a = 0$.

b) $a_n = \left(1 - \frac{1}{2}\right) \cdot \left(1 - \frac{1}{3}\right) \cdot \left(1 - \frac{1}{4}\right) \cdot \ldots \cdot \left(1 - \frac{1}{n+1}\right)$

$= \frac{1}{2} \cdot \frac{2}{3} \cdot \frac{3}{4} \cdot \ldots \cdot \frac{n-1}{n} \cdot \frac{n}{n+1} = \frac{1}{n+1}$ (kürzen); $\lim_{n\to\infty} a_n = 0$.

A 6.9 a) $a_n = \frac{n!}{(n+1)! - n!} = \frac{1}{n+1-1} = \frac{1}{n}$; $\lim_{n\to\infty} a_n = 0$;

b) $a_n = \frac{1+2+3+\ldots+n}{n+2} - \frac{n}{2} = \frac{n \cdot (n+1)}{2 \cdot (n+2)} - \frac{n}{2}$

$= \frac{n \cdot (n+1) - n \cdot (n+2)}{2 \cdot (n+2)} = -\frac{n}{2 \cdot (n+2)} = -\frac{1}{2 \cdot (1 + \frac{2}{n})}$;

$\lim_{n\to\infty} a_n = -\frac{1}{2}$;

c) $a_n = \frac{2 + 2^2 + 2^3 + \ldots + 2^n}{2^{n+1}} = \frac{2 \cdot (2^n - 1)}{2^{n+1}} = \frac{2^n - 1}{2^n} = \frac{1 - \frac{1}{2^n}}{1}$;

$\lim_{n\to\infty} a_n = 1$;

d) $a_n = \frac{1 + \frac{1}{3} + \frac{1}{9} + \ldots + \frac{1}{3^n}}{1 + \frac{1}{5} + \frac{1}{25} + \ldots + \frac{1}{5^n}} = \frac{1 - \frac{1}{3^{n+1}}}{1 - \frac{1}{3}} \cdot \frac{1 - \frac{1}{5}}{1 - \frac{1}{5^{n+1}}}$;

$\lim_{n\to\infty} a_n = \frac{1 - \frac{1}{5}}{1 - \frac{1}{3}} = \frac{6}{5}$.

A 6.10 Beweis durch vollständige Induktion:

$n = 1:\ 1^2 = \frac{1 \cdot 2 \cdot 3}{6}$ (Behauptung für n = 1 richtig)

Induktionschluss: Induktionsannahme: es gelte

$$1^2 + 2^2 + 3^2 + \ldots + n_0^2 = \frac{n_0 \cdot (n_0+1) \cdot (2n_0 + 1)}{6} \qquad | + (n_0 + 1)^2$$

$$1^2 + 2^2 + \ldots + n_0^2 + (n_0 + 1)^2 = \frac{n_0 \cdot (n_0+1) \cdot (2n_0 + 1)}{6} + (n_0 + 1)^2$$

$$= \frac{n_0 \cdot (n_0+1) \cdot (2n_0 + 1) + 6\,(n_0 + 1)^2}{6}$$

$$= \frac{(n_0+1) \cdot [\,(2n_0^2 + n_0 + 6n_0 + 6\,]}{6}$$

$$= \frac{(n_0+1) \cdot [(2n_0^2 + 7n_0 + 6\,]}{6}$$

$$= \frac{(n_0+1) \cdot (2n_0 + 3) \cdot (n_0 + 2)}{6}$$

$$= \frac{(n_0+1) \cdot (n_0 + 2) \cdot [2\,(n_0 + 1) + 1\,]}{6}.$$

Falls die Formel für n_0 gilt, ist sie auch für den Nachfolger $n_0 + 1$ richtig. Da sie für n = 1 erfüllt ist, gilt sie für alle $n \in \mathbb{N}$.

7. Stetige und differenzierbare Funktionen einer Veränderlichen

A 7.1 a)

$$f(x) = \begin{cases} \frac{1}{2}x & \text{für } x \geq 2; \\ -\frac{1}{2}x + 2 & \text{für } x < 2. \end{cases}$$

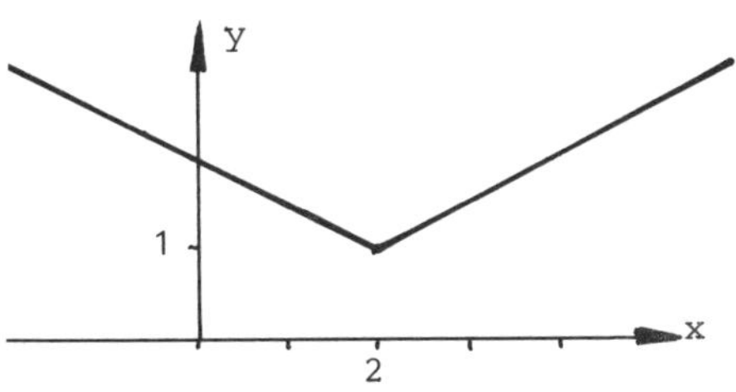

$x_0 = 2$ ist Knickstelle

linksseitige Ableitung $f_l'(2) = -\frac{1}{2}$;

rechtsseitige Ableitung $f_r'(2) = \frac{1}{2}$;

b)

$$f(x)=\begin{cases} -2x & \text{für } x<-1\,; \\ 2 & \text{für } -1\le x<1\,; \\ 2x & \text{für } x\ge 1\,. \end{cases}$$

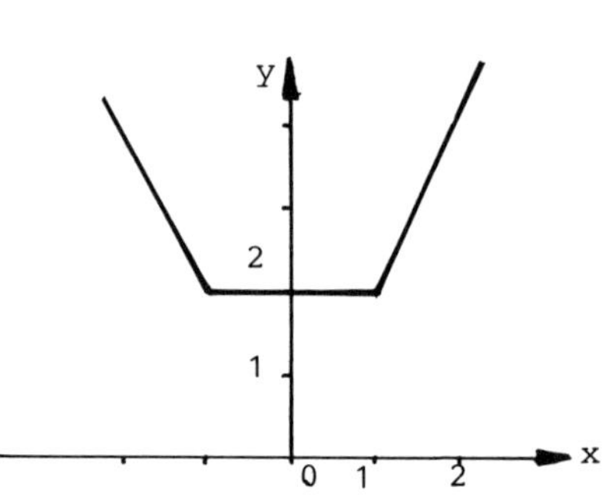

$x_0 = -1$

$f_l'(-1) = -2\,;\ \ f_r'(-1) = -0\,;$

$x_0 = 1$

$f_l'(1) = 0\,;\ \ f_r'(1) = 2\,;$

c)

$$f(x)=\begin{cases} -2 & \text{für } x<-1\,; \\ 2x & \text{für } -1\le x<1\,; \\ 2 & \text{für } x\ge 1\,. \end{cases}$$

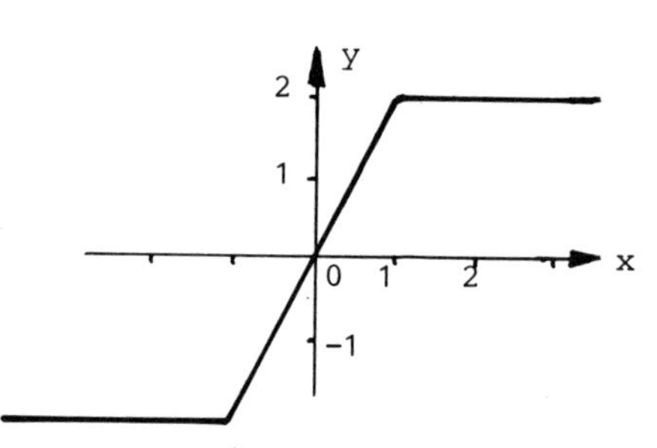

$x_0 = -1$

$f_l'(-1) = 0\,;\ \ f_r'(-1) = 2\,;$

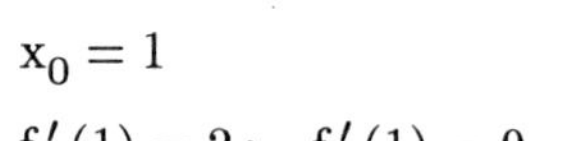

$x_0 = 1$

$f_l'(1) = 2\,;\ \ f_r'(1) = 0\,.$

d)

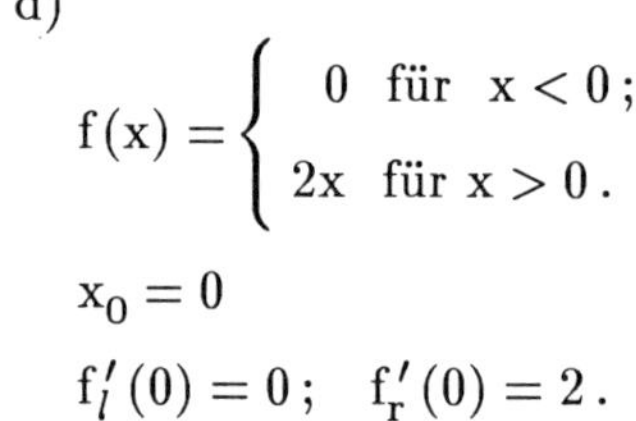

$$f(x)=\begin{cases} 0 & \text{für } x<0\,; \\ 2x & \text{für } x>0\,. \end{cases}$$

$x_0 = 0$

$f_l'(0) = 0\,;\ \ f_r'(0) = 2\,.$

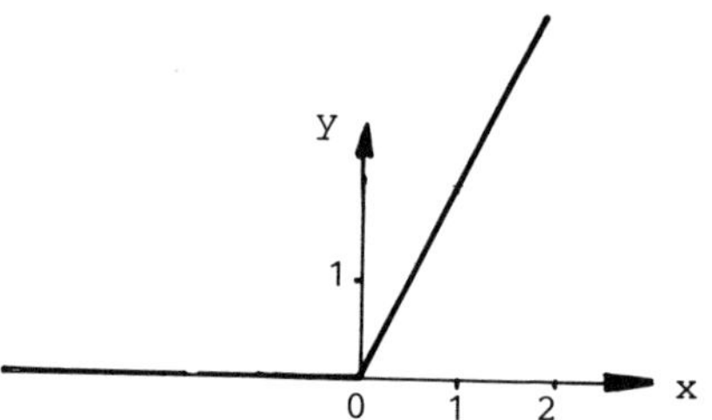

e)

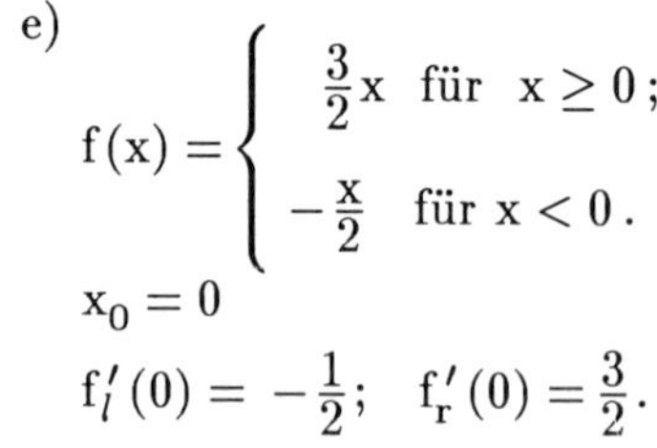

$$f(x)=\begin{cases} \frac{3}{2}x & \text{für } x\ge 0\,; \\ -\frac{x}{2} & \text{für } x<0\,. \end{cases}$$

$x_0 = 0$

$f_l'(0) = -\frac{1}{2};\ \ f_r'(0) = \frac{3}{2}.$

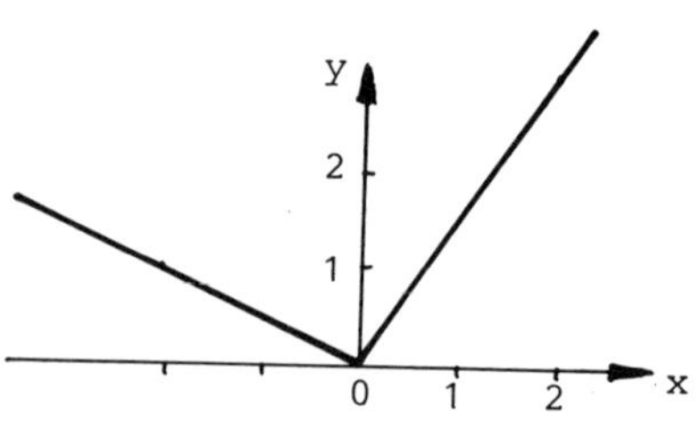

f)

$$f(x) = \begin{cases} x^2 & \text{für } x \geq 0; \\ -x^2 & \text{für } x < 0. \end{cases}$$

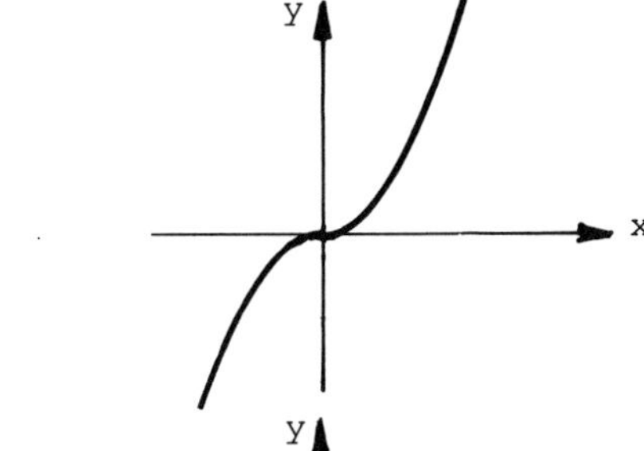

f ist überall differenzierbar.

$f_l'(0) = f_r'(0) = f'(0) = 0.$

g)

$$f(x) = \begin{cases} -1 & \text{für } x < 0; \\ 0 & \text{für } x = 0; \\ 1 & \text{für } x > 0. \end{cases}$$

An der Stelle $x_0 = 0$ ist f weder links- noch rechtsseitig differenzierbar.

A 7.2 a) $f(1) = 3$; an der Stelle 1 ist f linksseitig stetig;

rechtsseitige Stetigkeit:

$$\lim_{\substack{x \to 1 \\ x > 1}} f(x) = a + b = f(1) = 3;$$

Stetigkeitsbedingung: $\underline{a + b = 3}$;

b) $x_0 = 1$; $f_l'(1) = 1$; $f_r'(1) = 2b \Rightarrow b = \frac{1}{2}$;

aus der Stetigkeit folgt $3 = a + b = a + \frac{1}{2} \Rightarrow a = \frac{5}{2}$.

$$f(x) = \begin{cases} x + 2 & \text{für } x \leq 1; \\ \frac{1}{2}x^2 + \frac{5}{2} & \text{für } x > 1. \end{cases}$$

A 7.3 a)

$$f(x) = \begin{cases} x^3 & \text{für } x \geq 0; \\ -x^3 & \text{für } x < 0. \end{cases}$$

An der $x_0 = 0$ sind die links- und rechtsseitige Ableitung gleich 0, es ist also

$f'(0) = 0.$

f ist überall differenzierbar.

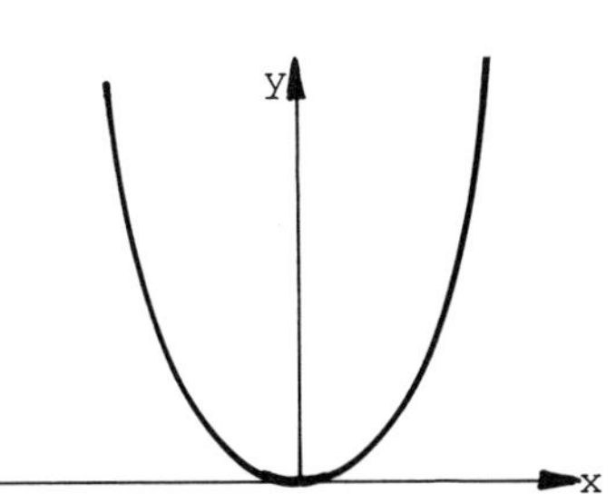

b) $f(x) = \begin{cases} \sqrt{x} & \text{für } x \geq 0; \\ -\sqrt{x} & \text{für } x < 0. \end{cases}$

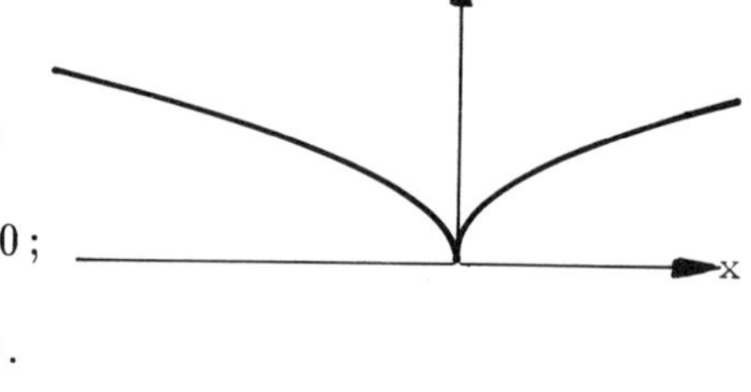

f ist stetig.
Für $x \neq 0$ ist f differenzierbar:

$$f'(x) = \begin{cases} \frac{1}{2 \cdot \sqrt{x}} & \text{für } x > 0; \\ -\frac{1}{2 \cdot \sqrt{-x}} & \text{für } x < 0. \end{cases}$$

$$f_l'(0) = \lim_{\substack{h \to 0 \\ h < 0}} \frac{f(0+h) - f(0)}{h} = \lim_{h \to 0} \frac{\sqrt{-h} - 0}{h} = -\infty;$$

$$f_r'(0) = \lim_{\substack{h \to 0 \\ h > 0}} \frac{f(0+h) - f(0)}{h} = \lim_{h \to 0} \frac{\sqrt{h} - 0}{h} = +\infty;$$

f ist an der Stelle $x_0 = 0$ zwar stetig, aber nicht differenzierbar.

c) $g(x) = \frac{1}{2}x^2 - \frac{1}{2}x - 3$ besitzt die Nullstellen $x_1 = -2$ und $x_2 = 3$;

Nur für $-2 < x < 3$ ist $g(x)$ negativ. Damit gilt

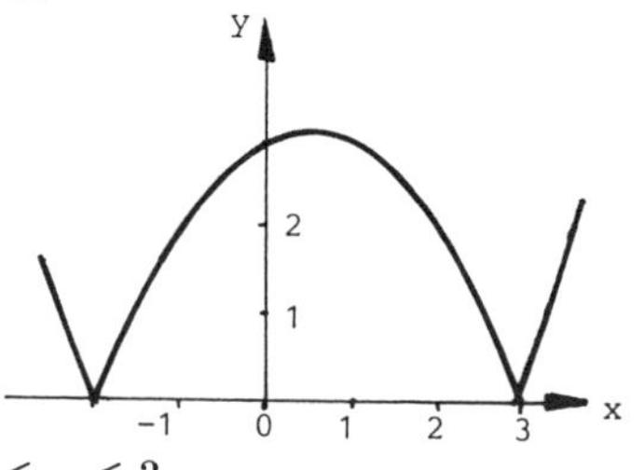

$$f(x) = \begin{cases} -\frac{1}{2}x^2 + \frac{1}{2}x + 3 & \text{für } -2 \leq x \leq 3; \\ \frac{1}{2}x^2 - \frac{1}{2}x - 3 & \text{sonst}. \end{cases}$$

Die Funktion ist für alle $x \notin \{-2; 3\}$ differenzierbar mit

$$f'(x) = \begin{cases} -x + \frac{1}{2} & \text{für } -2 < x < 3; \\ x - \frac{1}{2} & \text{für } x < -2 \text{ und } x > 3. \end{cases}$$

$x_0 = -2; \quad f_l'(-2) = -\frac{5}{2}; \quad f_r'(-2) = \frac{5}{2};$

$x_0 = 3; \quad f_l'(3) = -\frac{5}{2}; \quad f_r'(3) = \frac{5}{2}.$

d) Wegen $\frac{1}{4}x^2 - 1 \geq 0$ für $|x| \geq 2$ gilt

$f(x) = \frac{1}{4}x^2 - \frac{1}{4}x^2 + 1 = 1$ für $|x| \geq 2$;

$f(x) = \frac{1}{4}x^2 + \frac{1}{4}x^2 - 1 = \frac{1}{2}x^2 - 1$ für $-2 < x < 2$.

$$f(x) = \begin{cases} 1 & \text{für } |x| \geq 2; \\ \frac{1}{2}x^2 - 1 & \text{für } |x| < 2. \end{cases}$$

$$f'(x) = \begin{cases} 0 & \text{für } |x| > 2; \\ x & \text{für } |x| < 2. \end{cases}$$

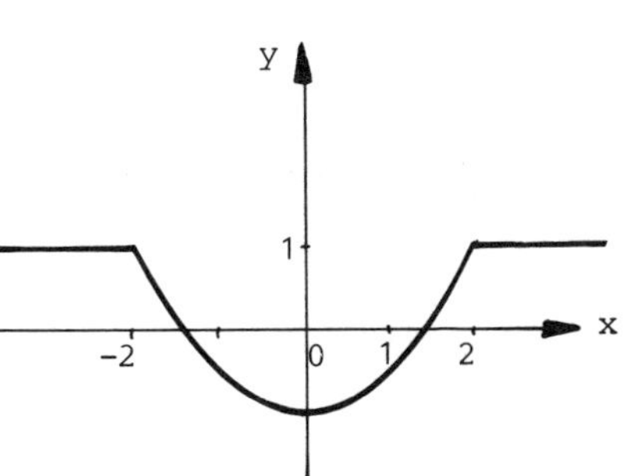

$x_0 = -2;$

$f_l'(-2) = 0;\ f_r'(-2) = -2;$

$x_0 = 2;\ f_l'(2) = 2;\ f_r'(2) = 0.$

e)

$$f(x) = \begin{cases} \frac{2}{27}x^3 - 1 & \text{für } x \geq 3; \\ 1 & \text{für } x < 3. \end{cases}$$

$$f'(x) = \begin{cases} \frac{2}{9}x^2 & \text{für } x > 3; \\ 0 & \text{für } x < 3. \end{cases}$$

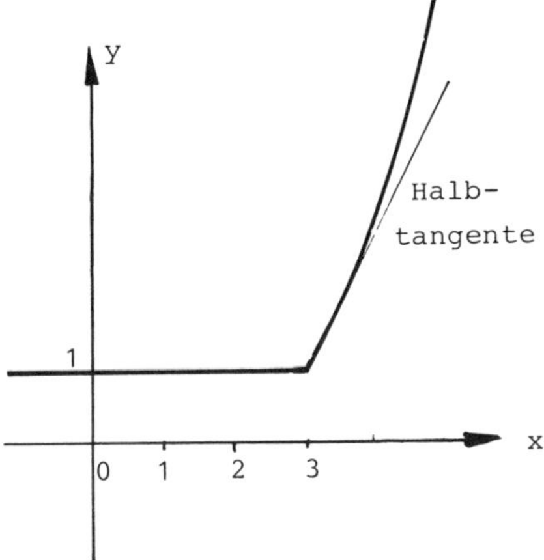

$x_0 = 3;$

$f_l'(3) = 0;\ f_r'(3) = 2.$

A 7.4 $f(x) = x^3 + 3x^2 - 4x + 1$ für $-3 \leq x \leq 10;$

$f'(x) = 3x^2 + 6x - 4$ für $-3 < x < 10;$

$x_0 = -3;\ f(-3) = 13;\ f'(-3) = 5;$

Tangente: $y - 13 = 5 \cdot (x + 3);\quad y = 5x + 28;$

$x_0 = 10;\ f(10) = 1261;\ f'(10) = 356;$

Tangente: $y - 1261 = 356 \cdot (x - 10);\quad y = 356x - 2299;$

$$f(x) = \begin{cases} 5x + 28 & \text{für } x < -3; \\ x^3 + 3x^2 - 4x + 1 & \text{für } -3 \leq x \leq 10; \\ 356x - 2299 & \text{für } x > 10. \end{cases}$$

f ist überall differenzierbar mit $f'(-3) = 5$ und $f'(10) = 356$.

8. Differenziationsregeln

A 8.1 a) $f(x) = x^{\frac{8}{5}} + x^4 + 2 + x^{-\frac{1}{2}}$;

$$f'(x) = \frac{8}{2} \cdot x^{\frac{3}{5}} + 4x^3 + 0 - \frac{1}{2} x^{-\frac{3}{2}}$$
$$= \frac{8}{2} \cdot \sqrt[5]{x^3} + 4x^3 - \frac{1}{2x \cdot \sqrt{x}};$$

b) $f(x) = (2x^2 + 4x + 9)^{12}$ (Kettenregel);

$$f'(x) = 12 \cdot (2x^2 + 4x + 9)^{11} \cdot (4x + 4)$$
$$= 48 \cdot (x + 1) \cdot (2x^2 + 4x + 9)^{11};$$

c) $f(x) = \sqrt{x} \cdot \ln x$ (Produktregel);

$$f'(x) = \frac{1}{2 \cdot \sqrt{x}} \cdot \ln x + \frac{\sqrt{x}}{x} = \frac{1}{2 \cdot \sqrt{x}} \cdot \ln x + \frac{1}{\sqrt{x}};$$

d) $f(x) = \frac{\ln x}{x^2} = \ln x \cdot \frac{1}{x^2}$ (Produktregel);

$$f'(x) = \frac{1}{x} \cdot \frac{1}{x^2} + \ln x \cdot \left(-\frac{2}{x^3}\right) = \frac{1}{x^3} \cdot (1 - 2\ln x);$$

e) $f(x) = \frac{x^2 - x + 2}{x^2 + 2x + 5}$ (Quotientenregel);

$$f'(x) = \frac{(x^2 + 2x + 5) \cdot (2x - 1) - (x^2 - x + 2) \cdot (2x + 2)}{(x^2 + 2x + 5)^2}$$
$$= \frac{3x^2 + 6x - 9}{(x^2 + 2x + 5)^2};$$

f) $f(x) = e^{x^2 + x - \cos x}$ (Kettenregel);

$$f'(x) = (2x + 1 + \sin x) \cdot e^{x^2 + x - \cos x};$$

g) Wegen $\sin^2 x + \cos^2 x = 1$ gilt

$f(x) = e^{\sqrt{x^2 + 1}}$ (zweimalige Anwendung der Kettenregel)

$$f'(x) = e^{\sqrt{x^2 + 1}} \cdot \frac{1}{2 \cdot \sqrt{x^2 + 1}} \cdot 2x = \frac{x}{\sqrt{x^2 + 1}} \cdot e^{\sqrt{x^2 + 1}}.$$

A 8.2

a) $f(x) = \frac{e^x - e^{-x}}{e^x + e^{-x}}$ (Quotienten- und Kettenregel);

$$f'(x) = \frac{(e^x + e^{-x}) \cdot (e^x + e^{-x}) - (e^x - e^{-x}) \cdot (e^x - e^{-x})}{(e^x + e^{-x})^2}$$

$$= \frac{(e^x + e^{-x})^2 - (e^x - e^{-x})^2}{(e^x + e^{-x})^2};$$

aus $(a+b)^2 - (a-b)^2 = 4ab$ folgt

$$f'(x) = \frac{4\,e^x \cdot e^{-x}}{(e^x + e^{-x})^2} = \frac{4}{(e^x + e^{-x})^2};$$

b) $f(x) = \sin(\ln(x^2)) = \sin(2 \cdot \ln x)$;

$f'(x) = \cos(2 \cdot \ln x) \cdot \frac{2}{x}$;

c) $f(x) = \ln\left(\frac{e^x}{x^2+2}\right) = \ln e^x - \ln(x^2+2) = x - \ln(x^2+2)$;

$f'(x) = 1 - \frac{2x}{x^2+2}$;

d) $f(x) = \sin\left(\frac{1}{x}\right) \cdot \cos x$ (Produktregel und Kettenregel);

$f'(x) = \cos\left(\frac{1}{x}\right) \cdot \left(-\frac{1}{x^2}\right) \cdot \cos x - \sin\left(\frac{1}{x}\right) \cdot \sin x$;

e) $f(x) = 2^{\sqrt{x}}$; $f'(x) = 2^{\sqrt{x}} \cdot \frac{1}{2 \cdot \sqrt{x}} \cdot \ln 2$;

f) $y = f(x) = x^{2x}$; $\ln y = 2x \cdot \ln x$; $\frac{y'}{y} = 2 \cdot \ln x + 2$;

$y' = y \cdot (2 \cdot \ln x + 2)$;

$f'(x) = x^{2x} \cdot (2 \cdot \ln x + 2)$.

A 8.3 a) $f(x) = \ln\frac{x^2 - 4}{x^2 - 6x + 8} = \ln(x^2 - 4) - \ln(x^2 - 6x + 8)$

$= \ln[(x-2) \cdot (x+2)] - \ln[(x-2) \cdot (x-4)]$

$= \ln(x-2) + \ln(x+2) - \ln(x-2) - \ln(x-4)$

$= \ln(x+2) - \ln(x-4)$;

$f'(x) = \frac{1}{x+2} - \frac{1}{x-4}$;

b) $f(x) = (\tan x)^{\tan x} = e^{\tan x \cdot \ln \tan x}$;

$$f'(x) = e^{\tan x \cdot \ln \tan x} \cdot \left(\tan x \cdot \frac{1+\tan^2 x}{\tan x} - (1+\tan^2 x) \cdot \ln \tan x\right)$$

$$= (\tan x)^{\tan x} \cdot (1+\tan^2 x) \cdot (1 + \ln \tan x\Big);$$

c) $f(x) = \dfrac{\ln(\ln x)}{\sqrt{\ln x}}$;

$$f'(x) = \frac{\ln(\ln x)}{\sqrt{\ln x}} = \frac{1}{\sqrt{\ln x}} \cdot \frac{1}{\ln x} \cdot \frac{1}{x} - \frac{1}{2} \cdot \ln(\ln x) \cdot \frac{1}{(\ln x)^{\frac{3}{2}}} \cdot \frac{1}{x}$$

$$= \frac{1}{x \cdot (\ln x)^{\frac{3}{2}}} \cdot \left(1 - \frac{1}{2} \ln(\ln x)\right);$$

d) $f(x) = \sin^2 x \cdot \cos^2 x$;

$$f'(x) = 2 \sin x \cdot \cos x \cdot \cos^2 x - 2 \cos x \cdot \sin x \cdot \sin^2 x$$

$$= 2 \sin x \cdot \cos^3 x - 2 \cos x \cdot \sin^3 x = 2 \sin x \cdot \cos x \cdot (\cos^2 x - \sin^2 x).$$

9. Unbestimmte Ausdrücke - die Regel von de L' Hospital

A 9.1 a) $\lim\limits_{x \to 0} \dfrac{\sin 2x}{3x} \left("\frac{0}{0}" \right) = \lim\limits_{x \to 0} \dfrac{2 \cos 2x}{3} = \dfrac{2}{3}$;

b) $\lim\limits_{x \to 2} \dfrac{x^3 - x^2 - x - 2}{x^2 - 4} \left("\frac{0}{0}" \right) = \lim\limits_{x \to 2} \dfrac{3x^2 - 2x - 1}{2x} = \dfrac{7}{4}$;

c) $\lim\limits_{x \to 0} \dfrac{1 - \cos x}{x} \left("\frac{0}{0}" \right) = \lim\limits_{x \to 0} \dfrac{\sin x}{1} = 0$;

d) $\lim\limits_{x \to a} \dfrac{\sqrt{x} - \sqrt{a}}{x - a} \left("\frac{0}{0}" \right) = \lim\limits_{x \to a} \dfrac{\frac{1}{2\sqrt{x}}}{1} = \dfrac{1}{2 \cdot \sqrt{a}}$;

e) $\lim\limits_{x \to 0} \dfrac{\ln(\cos x)}{x} \left("\frac{0}{0}" \right) = \lim\limits_{x \to 0} \dfrac{-\frac{\sin x}{\cos x}}{1} = 0$;

f) $f(\infty) = "0 \cdot \infty"$;

$$\lim_{x \to \infty} (x^n \cdot e^{-x}) = \lim_{x \to \infty} \frac{x^n}{e^x} = \lim_{x \to \infty} \frac{n \cdot x^{n-1}}{e^x} = \ldots = \lim_{x \to \infty} \frac{n!}{e^x} = 0;$$

g) $f(0) = "\frac{0}{0}"$; $\lim\limits_{x \to 0} \dfrac{x}{e^x - e^{-x}} = \lim\limits_{x \to 0} \dfrac{1}{e^x + e^{-x}} = \dfrac{1}{2}$;

h) $f(0) = "0 \cdot (-\infty)"$;

$$\lim_{x\to 0} x^3 \cdot \ln x = \lim_{x\to 0} \frac{\ln x}{\frac{1}{x^3}} = \lim_{x\to 0} \frac{\frac{1}{x}}{-\frac{3}{x^4}} = \lim_{x\to 0} -\frac{x^3}{3} = 0;$$

i) $f(0) = "0 \cdot (+\infty)"$;

$$\lim_{x\to 0+} x \cdot e^{\frac{1}{x}} = \lim_{x\to 0+} \frac{e^{\frac{1}{x}}}{\frac{1}{x}} \left("\frac{\infty}{\infty}"\right) = \lim_{x\to 0+} \frac{-\frac{1}{x^2} \cdot e^{\frac{1}{x}}}{-\frac{1}{x^2}} = \lim_{x\to 0} e^{\frac{1}{x}} = \infty;$$

j) $f(\infty) = \infty \cdot 1$ (kein unbestimmter Ausdruck)

$$\lim_{x\to\infty} x \cdot e^{\frac{1}{x}} = \infty.$$

A 9.2 a) $f(0) = "0 \cdot (-\infty)"$;

$$\lim_{x\to 0} \sqrt{x} \cdot \ln x = \lim_{x\to 0} \frac{\ln x}{\frac{1}{\sqrt{x}}} = \lim_{x\to 0} \frac{\frac{1}{x}}{-\frac{1}{2} x^{-\frac{3}{2}}} = -2 \cdot \lim_{x\to 0} \sqrt{x} = 0;$$

b) $f(0) = "\infty - \infty"$;

$$\lim_{x\to 0} \left(\frac{1}{x} - \frac{1}{e^x - 1}\right) = \lim_{x\to 0} \frac{e^x - 1 - x}{x \cdot (e^x - 1)} \left("\frac{0}{0}"\right)$$

$$= \lim_{x\to 0} \frac{e^x - 1}{e^x + x e^x - 1)} \left("\frac{0}{0}"\right) = \lim_{x\to 0} \frac{e^x}{2 e^x + x e^x} = \frac{1}{2};$$

c) $f(0) = "\infty - \infty"$;

$$\lim_{x\to 0} \left(\frac{2}{x} - \frac{1}{e^x - 1}\right) = \lim_{x\to 0} \frac{2 \cdot (e^x - 1) - x}{x \cdot (e^x - 1)} \left("\frac{0}{0}"\right)$$

$$= \lim_{x\to 0} \frac{2e^x - 1}{e^x + x e^x - 1} = \begin{cases} +\infty & \text{für } x > 0; \\ -\infty & \text{für } x < 0. \end{cases}$$

Der Grenzwert existiert nicht.

d) $f(1) = "\infty - \infty"$;

$$\lim_{x\to 1} \left(\frac{1}{\ln x} - \frac{x}{\ln x}\right) = \lim_{x\to 1} \frac{1 - x}{\ln x} = \lim_{x\to 1} \frac{-1}{\frac{1}{x}} = -\lim_{x\to 1} x = -1.$$

A 9.3 a) $f(x) = x^{2x}$; $f(0) = "0^0"$

$$\ln(f(x)) = 2x \cdot \ln x = 2 \cdot \frac{\ln x}{\frac{1}{x}};$$

$$\lim_{x\to 0} \ln(f(x)) = 2 \cdot \lim_{x\to 0} \frac{\frac{1}{x}}{-\frac{1}{x^2}} = -2 \cdot \lim_{x\to 0} x = 0;$$

$$\lim_{x\to 0} f(x) = \lim_{x\to 0} e^{\ln f(x)} = e^0 = 1;$$

b) $f(0) = "1^{\infty}"$

$$\lim_{x\to 0} \ln f(x) = \lim_{x\to 0} \frac{\ln(e^x + x)}{x} \quad \left("\frac{0}{0}"\right) = \lim_{x\to 0} \frac{e^x+1}{e^x+x} = 2;$$

$$\lim_{x\to 0} f(x) = \lim_{x\to 0} e^{\ln f(x)} = e^2;$$

c) $\lim\limits_{x\to\infty} \left(1+\frac{1}{x}\right)^x = e$ (kein unbestimmter Ausdruck);

d) $f(\infty) = "1^{\infty}"$

$$\ln f(x) = x \cdot \ln\left(1+\frac{1}{x^2}\right) = \frac{\ln\left(1+\frac{1}{x^2}\right)}{\frac{1}{x}};$$

$$\lim_{x\to\infty} \ln f(x) = \lim_{x\to\infty} \frac{\frac{-2/x^3}{1+\frac{1}{x^2}}}{-\frac{1}{x^2}} = \lim_{x\to\infty} \frac{1}{x\cdot\left(1+\frac{1}{x^2}\right)} = 0;$$

$$\lim_{x\to\infty} f(x) = \lim_{x\to\infty} e^{\ln f(x)} = e^0 = 1.$$

A 9.4 $\frac{E(\infty)}{K(\infty)} = "\frac{\infty}{\infty}"$;

a) $$\lim_{x\to\infty} \frac{E(x)}{K(x)} = \lim_{x\to\infty} \frac{2\cdot\ln x + 1{,}5x + 2}{x + 2\cdot\sqrt[3]{x} + 5} = \lim_{x\to\infty} \frac{\frac{2}{x} + 1{,}5}{1 + \frac{2}{3}\cdot\frac{1}{\sqrt[3]{x^2}}} = 1{,}5.$$

b) Für große Ausbringungsmengen x gilt die Näherung

$$E(x) \approx 1{,}5 \cdot K(x).$$

A 9.5 a) $G(x) = 3x - \sqrt{9x^2 - 5x + 1}$;

b) $G(\infty) = "\infty - \infty"$;

$$G(x) = 3x\cdot\left(1 - \sqrt{1 - \frac{5}{9x} + \frac{1}{9x^2}}\right); \quad G(\infty) = "\infty \cdot 0";$$

$$G(x) = 3\cdot\frac{1-\sqrt{1-\frac{5}{9x}+\frac{1}{9x^2}}}{\frac{1}{x}}; \quad G(\infty) = "\frac{\infty}{\infty}";$$

$$\lim_{x\to\infty} G(x) = 3\cdot\lim_{x\to\infty} \frac{\dfrac{\dfrac{5}{9x^2}-\dfrac{1}{3x^3}}{2\cdot\sqrt{1-\dfrac{5}{9x}+\dfrac{1}{9x^2}}}}{-\dfrac{1}{x^2}} = \frac{3}{2}\cdot\lim_{x\to\infty}\frac{\dfrac{5}{9}-\dfrac{1}{3x}}{\sqrt{1-\dfrac{5}{9x}+\dfrac{1}{9x^2}}}$$

$$=\frac{3}{2}\cdot\frac{5}{9}=\frac{5}{6}.$$

Für große Produktionsmengen x beträgt der gesamte Reingewinn ungefähr $\frac{5}{6}$ Tsd. EUR. Dieser Betrag kann nicht überschritten werden, auch wenn x noch so groß gewählt wird.

Es gilt z.B. $G(\infty) - G(10) = \frac{5}{6} - G(10) = 0{,}0052$,

c) $\lim\limits_{x\to\infty} \dfrac{G(x)}{x} = 3\cdot\lim\limits_{x\to\infty}\left(1-\sqrt{1-\dfrac{5}{9x}+\dfrac{1}{9x^2}}\right) = 0$.

10. Wachstumsraten und Elastizitäten

A 10.1 a) $A'(p) = 2\,000\,p - 1\,800$;

$$\varepsilon_A(p) = p\cdot\frac{A'(p)}{A(p)} = p\cdot\frac{2\,000\,p-1\,800}{1\,000p^2-1\,800p+800} = \frac{10\,p^2-9\,p}{5\,p^2-9p+4};$$

$$N'(p) = \frac{p^2\cdot 10-(1\,000+10\,p)\cdot 2p}{p^4} = -\frac{10\,p+2\,000}{p^3};$$

$$\varepsilon_N(p) = -p\cdot\frac{(10\,p+2\,000)\cdot p^2}{p^3\cdot(1\,000+10\,p)} = -\frac{p+200}{p+100};$$

b) $\varepsilon_A(2{,}5) = 3{,}1373$; $\varepsilon_N(2{,}5) = -1{,}9756$;

Das Angebot nimmt um etwa $2\cdot 3{,}1373 = 6{,}2746\,\%$ zu und die Nachfrage um etwa $3{,}9512\,\%$ ab.

A 10.2 a) $64-\frac{1}{4}p^2 = \frac{1}{20}p^2+3p+4$; $0{,}3\,p^2+3\,p = 60$;

$p^2+10\,p = 200$; $(p+5)^2 = 225$.

Die positive Lösung $p_M = -5+15 = 10$ ist der Marktpreis.

b) $N'(p) = -\frac{p}{2}$; $\quad \varepsilon_N(p) = -p \cdot \frac{\frac{p}{2}}{64 - \frac{1}{4}p^2} = -\frac{p^2}{128 - \frac{p^2}{2}}$;

$\varepsilon_N(10) = -1{,}2821$;

$A'(p) = 0{,}1\,p + 3$; $\varepsilon_A(p) = p \cdot \frac{0{,}1\,p + 3}{\frac{1}{20}p^2 + 3p + 4} = \frac{0{,}1\,p^2 + 3p}{0{,}05\,p^2 + 3\,p + 4}$;

$\varepsilon_A(10) = 1{,}0256$.

A 10.3 a) $\varepsilon_f(x) = \frac{5x}{5x + 10}$;

b) $\varepsilon_f(x) = \frac{6x^3 + 2x}{2x^3 + 2x + 4} = \frac{3x^3 + x}{x^3 + x + 2}$;

c) $f(x) = 3 \cdot \sqrt[4]{x^5} = 3 \cdot x^{\frac{5}{4}}$; $\quad \varepsilon_f(x) = \frac{5}{4}$ (Exponent);

d) $f'(x) = \frac{2x + 3}{2 \cdot \sqrt{x^2 + 3x + 4}}$; $\quad \varepsilon_f(x) = \frac{2x^2 + 3x}{2 \cdot (x^2 + 3x + 4)}$;

e) $f'(x) = e^{x^2+1} + x \cdot 2x \cdot e^{x^2+1} = (1 + 2x^2) \cdot e^{x^2+1}$;

$$\varepsilon_f(x) = \frac{(x + 2x^3) \cdot e^{x^2+1}}{x \cdot e^{x^2+1}} = 1 + 2x^2;$$

f) $f(x) = \left(1 + e^{4 - \frac{x}{800}}\right)^{-1}$;

$$f'(x) = \left(1 + e^{4 - \frac{x}{800}}\right)^{-2} \cdot e^{4 - \frac{x}{800}} \cdot \frac{1}{800};$$

$$\varepsilon_f(x) = x \cdot \frac{f'(x)}{f(x)} = \frac{1}{800} \cdot \left(1 + e^{4 - \frac{x}{800}}\right)^{-2} \cdot e^{4 - \frac{x}{800}} \cdot \left(1 + e^{4 - \frac{x}{800}}\right) \cdot x$$

$$= \frac{x \cdot e^{4 - \frac{x}{800}}}{800 \cdot \left(1 + e^{4 - \frac{x}{800}}\right)} = \frac{x}{800 \cdot \left(1 + e^{\frac{x}{800} - 4}\right)};$$

g) $f'(x) = 2x \cdot e^{-x} - (x^2 + 1) \cdot e^{-x} = -(x - 1)^2 \cdot e^{-x}$;

$$\varepsilon_f(x) = -\frac{x \cdot (x - 1)^2}{x^2 + 1}.$$

A 10.4 a) $K(x) = \sqrt{\sqrt{x^3} + 5} = \left(x^{\frac{3}{2}} + 5\right)^{\frac{1}{2}}$; $K'(x) = \frac{1}{2} \cdot \left(x^{\frac{3}{2}} + 5\right)^{-\frac{1}{2}} \cdot \frac{3}{2} \cdot x^{\frac{1}{2}}$;

$$\varepsilon_K(x) = \frac{3}{4} \cdot \frac{\left(x^{\frac{1}{3}} + 5\right)^{-\frac{1}{2}} \cdot x^{\frac{1}{2}} \cdot x}{\left(x^{\frac{3}{2}} + 5\right)^{\frac{1}{2}}} = \frac{3}{4} \cdot \frac{x \cdot \sqrt{x}}{x \cdot \sqrt{x} + 5};$$

b) $\approx 2 \cdot \varepsilon_K(10) = 1{,}2952\,\%$;

c) $$\varepsilon_{\frac{K(x)}{x}}(x) = \varepsilon_K(x) - \varepsilon_x(x) = \varepsilon_K(x) - 1 = \frac{\frac{3}{4} \cdot x \cdot \sqrt{x}}{x \cdot \sqrt{x} + 5} - 1$$

$$= \frac{\frac{3}{4} \cdot x \cdot \sqrt{x} - (x \cdot \sqrt{x} + 5)}{x \cdot \sqrt{x} + 5} = -\frac{\frac{1}{4} \cdot x \cdot \sqrt{x} + 5}{x \cdot \sqrt{x} + 5};$$

d) $\approx 2 \cdot \varepsilon_{\frac{K}{x}}(10) = 2 \cdot \varepsilon_K(10) - 2 = -0{,}7048\,\%$.

A 10.5 a) $m(v) = m_0 \cdot \left(1 - \frac{v^2}{c^2}\right)^{-\frac{1}{2}}$;

$$m'(v) = -\frac{1}{2} \cdot m_0 \cdot \left(1 - \frac{v^2}{c^2}\right)^{-\frac{3}{2}} \cdot \left(-\frac{2v}{c^2}\right) = \frac{m_0 \cdot v}{c^2 \cdot \left(1 - \frac{v^2}{c^2}\right)^{\frac{3}{2}}};$$

$$\varepsilon_m(v) = \frac{m_0 \cdot v^2 \cdot \left(1 - \frac{v^2}{c^2}\right)^{\frac{1}{2}}}{c^2 \cdot m_0 \cdot \left(1 - \frac{v^2}{c^2}\right)^{\frac{3}{2}}} = \frac{v^2}{c^2 \cdot \left(1 - \frac{v^2}{c^2}\right)} = \frac{v^2}{c^2 - v^2};$$

b) $100 \cdot \frac{\Delta m}{m} \approx \varepsilon_m(\alpha \cdot c) \cdot 2 = \frac{2\alpha^2}{1 - \alpha^2}$.

A 10.6 a) $N(p) = \frac{1}{\ln p}$; $N'(p) = -\frac{1}{p \cdot (\ln p)^2}$;

$$\varepsilon_x(p) = \varepsilon_N(p) = -\frac{\ln p}{(\ln p)^2} = -\frac{1}{\ln p};$$

b) $x = N(p) = \frac{1}{\ln p}$; $\ln p = \frac{1}{x}$; $p = N^{-1}(x) = e^{\frac{1}{x}} = g(x)$;

$g'(x) = -\frac{1}{x^2} \cdot e^{\frac{1}{x}}$; $\varepsilon_p(x) = -\frac{1}{x} \cdot e^{\frac{1}{x}} \cdot \frac{1}{e^{\frac{1}{x}}} = -\frac{1}{x}$

(direkte Berechnung);

Berechnung über die inverse Funktion

$$\varepsilon_p(x) = \varepsilon_{N^{-1}}(x) = \frac{1}{\varepsilon_N(p)}\bigg|_{p = N^{-1}(x)} = -\ln\left(e^{\frac{1}{x}}\right) = -\frac{1}{x};$$

c) $U(p) = x \cdot p = \frac{p}{\ln p}; \quad U'(p) = \frac{\ln p - 1}{(\ln p)^2};$

$U'(p) = \frac{\ln p - 1}{(\ln p)^2} > 0 \quad \Leftrightarrow \quad \ln p > 1 \quad \Leftrightarrow \quad p > e;$

d) $\varepsilon_U(p) = p \cdot \frac{U'(p)}{U(p)} = p \cdot \frac{\ln p - 1}{(\ln p)^2} \cdot \frac{\ln p}{p} = 1 - \frac{1}{\ln p} = 1 + \varepsilon_x(p);$

e) $100 \cdot \frac{\Delta U}{U} \approx \varepsilon_U(7{,}8) \cdot 2{,}5 = (1 - \frac{1}{\ln 7{,}8}) \cdot 2{,}5 = 1{,}283\,\%.$

f) $U(x) = p \cdot x = x \cdot e^{\frac{1}{x}};$

$U'(x) = e^{\frac{1}{x}} + x \cdot e^{\frac{1}{x}} \cdot (-\frac{1}{x^2}) = e^{\frac{1}{x}} \cdot \left(1 - \frac{1}{x}\right) = p \cdot [1 + \varepsilon_p(x)].$

A 10.7 $K(x) = \sqrt[4]{x^3 + 2x^2 + 4x + 1} = (x^3 + 2x^2 + 4x + 1)^{\frac{1}{4}};$

$K'(x) = \frac{1}{4} \cdot (x^3 + 2x^2 + 4x + 1)^{-\frac{3}{4}} \cdot (3x^2 + 4x + 4);$

a) $$\varepsilon_K(x) = \frac{x \cdot (3x^2 + 4x + 4)}{(x^3 + 2x^2 + 4x + 1)^{\frac{1}{4}} \cdot 4 \cdot (x^3 + 2x^2 + 4x + 1)^{\frac{3}{4}}}$$

$$= \frac{3x^3 + 4x^2 + 4x}{4x^3 + 8x^2 + 16x + 4};$$

b) $\lim\limits_{x \to \infty} \varepsilon_K(x) = \frac{3}{4};$

c) Stückkosten: $S(x) = \frac{K(x)}{x};$

$$\varepsilon_S(x) = \varepsilon_K(x) - \varepsilon_x(x) = \varepsilon_K(x) - 1 = \frac{3x^3 + 4x^2 + 4x}{4x^3 + 8x^2 + 16x + 4} - 1$$

$$= -\frac{x^3 + 4x^2 + 12x + 4}{4x^3 + 8x^2 + 16x + 4};$$

d) $\varepsilon_S(50) = -0{,}2604;$

$100 \cdot \frac{\Delta S}{S} \approx \varepsilon_S(50) \cdot 2 = -0{,}5209\,\%.$

Die Stückkosten ermäßigen sich um ungefähr 0,5209 %.

11. Extremwertaufgaben bei einer einzigen Variablen

A 11.1 x = Länge des Rechtecks
y = Breite des Rechtecks.

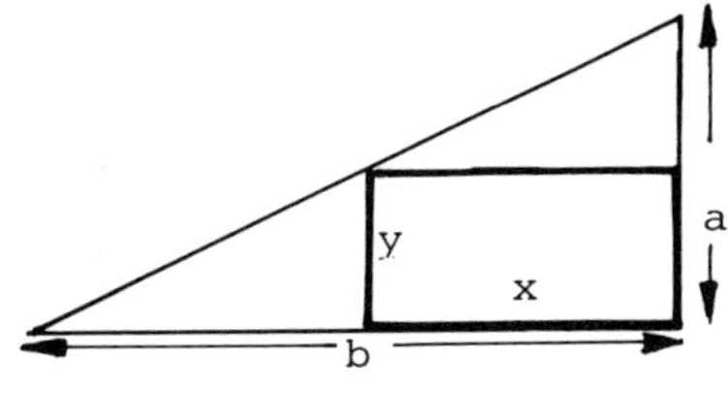

Nach dem Strahlensatz gilt

$$\frac{y}{a} = \frac{b-x}{b} \quad \Rightarrow$$

$$y = \frac{a \cdot (b-x)}{b}.$$

Flächeninhalt:

$$F = x \cdot y = \frac{a \cdot (b-x) \cdot x}{b} = \frac{abx - ax^2}{b} = f(x);$$

$$f'(x) = \frac{ab - 2ax}{b} = 0; \quad x = \frac{b}{2}; \quad y = \frac{a \cdot b}{2b} = \frac{a}{2}; \quad F = \frac{ab}{4}.$$

$$f''(x) = -\frac{2a}{b} < 0 \Rightarrow \text{Maximum.}$$

A 11.2 Flächeninhalt des Bodens: πr^2;

Flächeninhalt des Mantels: $2\pi r h$;

Volumen: $V_0 = \pi r^2 h$

$$\Rightarrow \quad h = \frac{V_0}{\pi r^2}.$$

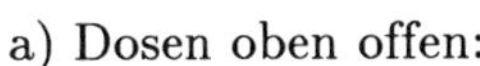

a) Dosen oben offen:

$$\text{Oberfläche} = 2\pi r h + \pi r^2 \quad (\text{Mantel} + \text{Boden})$$
$$= \frac{2V_0}{r} + \pi r^2 = f(r);$$

$$f'(r) = -\frac{2V_0}{r^2} + 2\pi r = 0;$$

$$r = \sqrt[3]{\frac{V_0}{\pi}}; \quad h = \frac{V_0}{\pi r^2} = \frac{V_0}{\pi \cdot \left(\frac{V_0}{\pi}\right)^{\frac{2}{3}}} = \sqrt[3]{\frac{V_0}{\pi}} = r; \quad \underline{h = r}$$

$$\text{Oberfläche} = 3\pi r^2 = 3\pi \cdot \sqrt[3]{\left(\frac{V_0}{\pi}\right)^2}.$$

a) Dosen oben geschlossen:

$$\text{Oberfläche} = 2\pi\,r\,h + 2\pi\,r^2 \quad (\text{Mantel} + \text{Boden} + \text{Deckel})$$

$$= \frac{2V_0}{r} + 2\pi\,r^2 = g(r);$$

$$g'(r) = -\frac{2V_0}{r^2} + 4\pi\,r = 0;$$

$$r = \sqrt[3]{\frac{V_0}{2\pi}}; \quad h = \frac{V_0}{\pi\,r^2} = \frac{V_0}{\pi\cdot\left(\frac{V_0}{2\pi}\right)^{\frac{2}{3}}} = 2\cdot\sqrt[3]{\frac{V_0}{2\pi}} = 2r; \quad \underline{h = 2r}.$$

$$\text{Oberfläche} = 6\pi\,r^2 = 6\,\pi\cdot\sqrt[3]{\left(\frac{V_0}{2\pi}\right)^2}.$$

A 11.3 Q (x , y) sei ein Punkt auf der Parabel mit $y = c\cdot x^2$.

Abstand:

$$d = |PQ| = \sqrt{(a-x)^2 + y^2}$$

$$= \sqrt{(a-x)^2 + c\,x^2};$$

$$d = \min. \Leftrightarrow d^2 = \min;$$

$$f(x) = (a-x)^2 + c\,x^2 \to \min;$$

$$f'(x) = -2(a-x) + 2c\,x = -2\,a + 2\,x\,(1+c) = 0;$$

$$x = \frac{a}{1+c}; \; y = c\cdot x^2 = \frac{c\,a^2}{(1+c)^2};$$

$$f''(x) = 2\,(1+c) > 0 \Rightarrow \text{Minimum}.$$

A 11.4 $r^2 + h^2 = a^2; \; r = \sqrt{a^2 - h^2};$

$$V = \frac{1}{3}\pi\,r^2\cdot h = \frac{\pi}{3}h\,(a^2 - h^2) = g(h);$$

$$f(h) = \frac{3}{\pi}\cdot g(h) = h\,a^2 - h^3 \to \max;$$

$$f'(h) = a^2 - 3\,h^2 = 0;$$

$$h = \frac{a}{\sqrt{3}} = \frac{\sqrt{3}}{3}\cdot a;$$

$$r = \sqrt{a^2 - h^2} = \sqrt{\frac{2}{3}a^2} = a\cdot\sqrt{\frac{2}{3}};$$

$$V_{max} = \frac{\pi}{3}\cdot h\cdot(a^2 - h^2) = \frac{\pi}{3}\cdot\frac{\sqrt{3}}{3}\cdot a\cdot\frac{2}{3}\cdot a^2 = \frac{2}{27}\cdot\sqrt{3}\cdot a^3\cdot\pi.$$

A 11.5 h = Höhe, r = Radius des Zylinders;

$r^2 + \frac{h^2}{4} = R^2$;

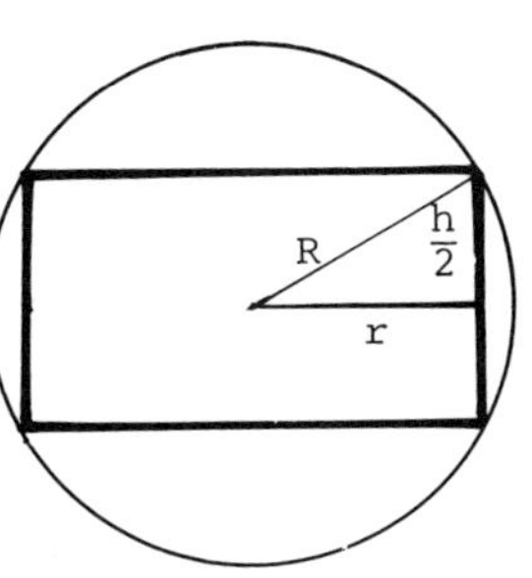

$r^2 = R^2 - \frac{h^2}{4}$;

Volumen

$V = \pi r^2 h = \pi h (R^2 - \frac{h^2}{4}) = g(h)$;

$g'(h) = \pi \left(R^2 - \frac{3}{4} h^2\right) = 0$;

$h^2 = \frac{4}{3} R^2$; $h = \frac{2 \cdot \sqrt{3}}{3} \cdot R$;

$r^2 = R^2 - \frac{h^2}{4} = R^2 - \frac{R^2}{3} = \frac{2}{3} R^2$; $r = \frac{\sqrt{6}}{3} \cdot R$;

$V_{max} = V = \pi r^2 h = \pi \frac{2}{3} R^2 \cdot \frac{2 \cdot \sqrt{3}}{3} \cdot R = \frac{4 \cdot \sqrt{3}}{9} \cdot \pi \cdot R^3$.

A 11.6 h = Höhe des Kegels mit $h > R$;

r = Radius des Kegels;

$r^2 + (h - R)^2 = R^2$

$r^2 = R^2 - (h - R)^2$

$= R^2 - h^2 + 2 R h - R^2$

$= 2 R h - h^2$;

$V = \frac{\pi r^2 h}{3} = \frac{\pi (2 R h - h^2) \cdot h}{3}$

$= \frac{\pi}{3} (2 R h^2 - h^3) = g(h)$

$g'(h) = \frac{\pi}{3} \cdot (4 R h - 3 h^2) = 0$;

$h = \frac{4}{3} R$;

$V_{max} = \frac{\pi}{3} \cdot (2 R \cdot \frac{16}{9} R^2 - \frac{64}{27} R^3) = \frac{32}{81} \pi R^3$.

A 11.7 a) $4x^2 - 40x + 180 = 4 \cdot (x^2 - 10x + 45)$

$= 4 \cdot [(x^2 - 5)^2 + 20] > 0$.

b) $K'(x) = \frac{8x - 40}{2 \cdot \sqrt{4x^2 - 40x + 180}} = \frac{4x - 20}{\sqrt{4x^2 - 40x + 180}}$;

$\varepsilon_K(x) = \frac{4x^2 - 20x}{4x^2 - 40x + 180} = \frac{x^2 - 5x}{x^2 - 10x + 45}$; $\lim_{x \to \infty} \varepsilon_K(x) = 1$;

c) $S(x) = \frac{K(x)}{x} = \frac{\sqrt{4x^2 - 40x + 180}}{x}$;

$$S'(x) = \frac{x \cdot \frac{8x - 40}{2 \cdot \sqrt{4x^2 - 40x + 180}} - \sqrt{4x^2 - 40x + 180}}{x^2} = 0;$$

$4x^2 - 20x = 4x^2 - 40x + 180$; $20x = 180$;

$x = 9$; $S(9) = \frac{4}{3}$;

c) $\lim_{x \to \infty} \frac{K(x)}{x} = \lim_{x \to \infty} \sqrt{4 - \frac{40}{x} + \frac{180}{x^2}} = 2.$

A 11.8 a) $K'(x) = 5 \cdot (\frac{x}{16} - 0{,}5) \cdot e^{\frac{x^2}{32} - 0{,}5x}$;

$\varepsilon_K(x) = \frac{x^2}{16} - 0{,}5x$;

b) $\varepsilon_K'(x) = \frac{x}{8} - 0{,}5 = 0$; $x = 4$;

$\varepsilon_K''(x) = \frac{1}{8} > 0 \Rightarrow$ Minimum.

c) $S(x) = \frac{K(x)}{x}$; $\varepsilon_S(x) = \varepsilon_K(x) - 1 = \frac{x^2}{16} - 0{,}5x - 1$;

d) $x \cdot K'(x) = K(x)$

$5 \cdot x \cdot (\frac{x}{16} - 0{,}5) \cdot e^{\frac{x^2}{32} - 0{,}5x} = 5 \cdot e^{\frac{x^2}{32} - 0{,}5x}$;

$x \cdot (\frac{x}{16} - 0{,}5) = 1$; $\frac{x^2}{16} - 0{,}5\,x - 1 = 0$;

$x^2 - 8x = 16$; $(x - 4)^2 = 32$; pos. Lösung: $x = 4 + \sqrt{32}$;

$K''(x) = 5 \cdot e^{\frac{x^2}{32} - 0{,}5x} \cdot [\frac{1}{16} + (\frac{x}{16} - 0{,}5)^2] > 0$

$\Rightarrow$ an der Stelle $x = 4$ sind die Stückkosten minimal.

A 11.9 $\left(\frac{K(x)}{x}\right)' = \frac{x \cdot K'(x) - K(x)}{x^2} = \frac{K(x)}{x^2} \cdot [x \cdot \frac{K'(x)}{K(x)} - 1]$

$$= \frac{K(x)}{x^2} \cdot [\varepsilon_K(x) - 1].$$

$\left(\frac{K(x)}{x}\right)' = 0 \quad \Leftrightarrow \quad \varepsilon_K(x) = 1.$

A 11.10 a) $K(x) = \sqrt[3]{0{,}01x + 10} = (0{,}01x + 10)^{\frac{1}{3}}$;

$K'(x) = \frac{1}{3} \cdot (0{,}01x + 10)^{-\frac{2}{3}} \cdot 0{,}01$;

$$\varepsilon_K(x) = x \cdot \frac{K'(x)}{K(x)} = \frac{x \cdot (0{,}01x + 10)^{-\frac{2}{3}}}{300 \cdot (0{,}01x + 10)^{\frac{1}{3}}} = \frac{x}{300 \cdot (0{,}01x + 10)}$$

$$= \frac{x}{3x + 3\,000}.$$

b) Für $x > 0$ gilt $\varepsilon_K(x) < \frac{1}{3}$;

damit hat $\varepsilon_K(x) = 1$ für $x > 0$ keine Lösung, d.h.

$\left(\frac{K(x)}{x}\right)' = 0$ kann für kein $x > 0$ erfüllt sein.

A 11.11 a) $G(x) = 65x - x^2 - 5x - 400 = -x^2 + 60x - 400$;

$G'(x) = -2x + 60 = 0; \quad x = 30$;

$G''(x) = -2 < 0 \Rightarrow$ Gewinnmaximum bei $x = 30$;

b) Stückkosten $S(x) = \frac{x^2 + 5x + 400}{x} = x + 5 + \frac{400}{x}$;

$S'(x) = 1 - \frac{400}{x^2} = 0; \quad x_E = 20$ (positive Lösung);

$S''(x_E) = \frac{800}{x_E^3} > 0 \Rightarrow$ Stückkostenminimum bei $x_E = 20$.

A 11.12 $S(x) = \frac{K(x)}{x} = 80 + 50 \cdot e^{-0{,}0015x}$;

$S'(x) = -50 \cdot 0{,}0015 \cdot e^{-0{,}0015x} = -0{,}075 \cdot e^{-0{,}0015x}$.

Für alle $x > 0$ ist $S'(x) < 0$. Damit ist die Stückkostenfunktion streng monoton fallend. Sie nimmt im Intervall $[250; 500]$ das Minimum am rechten Endpunkt $x = 500$ an mit

$S(500) = 80 + 50 \cdot e^{-0{,}75} = 103{,}62$.

A 11.13 a) Gewinnfunktion $G(x) = p \cdot x - \sqrt{50x^2 - 30x + 200}$;

Stückgewinn $S(x) = \frac{G(x)}{x} = p - \sqrt{50 - \frac{30}{x} + \frac{200}{x^2}}$;

$$S'(x) = -\frac{\frac{30}{x^2} - \frac{400}{x^3}}{2 \cdot \sqrt{50 - \frac{30}{x} + \frac{200}{x^2}}} = 0; \quad x_E = \frac{40}{3};$$

$$S(\tfrac{40}{3}) = p - \sqrt{50 - \frac{30 \cdot 3}{40} + \frac{200 \cdot 9}{40^2}} = p - \sqrt{48{,}8750};$$

$$S(10) = p - \sqrt{49} < S(\tfrac{40}{3}); \quad S(\infty) = p - \sqrt{50} < S(\tfrac{40}{3});$$

daher liegt an der Stelle $x_E = \frac{40}{3}$ das absolute Maximum, das mit dem relativen Maximum zusammenfällt.

b) $S(\frac{40}{3}) > 0 \Leftrightarrow p > \sqrt{50 - \frac{30 \cdot 3}{40} + \frac{200 \cdot 9}{40^2}} = 6{,}9911$ GE je ME.

A 11.14 $x = N(p) = 20 - 0{,}02p; \quad 0{,}02p = 20 - x; \quad p = 1\,000 - 50x;$

Reingewinn:
$$\begin{aligned} G(x) &= p \cdot x - K(x) = p\,x - 0{,}01\,x^2 - 1{,}9\,x - 8 \\ &= (1\,000 - 50\,x) \cdot x - 0{,}01\,x^2 - 1{,}9\,x - 8 \\ &= -50{,}01x^2 + 998{,}1\,x - 8; \end{aligned}$$

$$G'(x) = -100{,}02\,x + 998{,}1 = 0; \quad x_E = \frac{998{,}1}{100{,}02} = 9{,}979 \text{ ME};$$

$G''(x_E) = -100{,}02 < 0 \Rightarrow$ Maximum an der Stelle x_E.

A 11.15 a) Gewinn nach Steuern: $N(x) = G(x) - s \cdot x = 20 \cdot \sqrt{x} - 10\,x - s \cdot x$;

$N(x) = 20 \cdot \sqrt{x} - (10 + s)\,x$;

$$N'(x) = \frac{10}{\sqrt{x}} - (10 + s) = 0; \quad \sqrt{x} = \frac{10}{10 + s}; \quad x_E = \frac{100}{(10 + s)^2};$$

$$N''(x_E) = -\frac{5}{x_E \cdot \sqrt{x_E}} < 0 \Rightarrow \text{Maximum an der Stelle } x_E.$$

b) Steuereinnahmen: $T(s) = s \cdot x_E = \frac{100\,s}{(10 + s)^2}$;

$$T'(s) = \frac{(10 + s)^2 \cdot 100 - 100\,s \cdot 2 \cdot (10 + s)}{(10 + s)^4} = \frac{1\,000 - 100\,s}{(10 + s)^3};$$

$T'(s) = 0; \quad s_E = 10;$

$$T''(s) = \frac{-100 \cdot (10+s)^3 - (1\,000 - 100s) \cdot 3 \cdot (10+s)^2}{(10+s)^6}$$

$$= \frac{200s - 4000}{(10+s)^4}; \quad T''(10) < 0 \Rightarrow \text{Maximum bei } s_E.$$

c) $s = 10; \quad T(10) = \frac{1000}{20^2} = 2{,}5$ Einheiten;

$x_E = \frac{100}{20^2} = 0{,}25$ ME;

$N(2{,}5) = 20 \cdot \sqrt{0{,}25} - (10+10) \cdot 0{,}25 = 5$ Einheiten.

d) $s = 0 \Rightarrow x_E = 1$ ME.

$N(x_E) = 20 \cdot \sqrt{1} - 10 = 10$ ME.

A 11.16 a) $N(x) = G(x) - a \cdot x = 300 \cdot \sqrt[3]{x} - (10+a)x + 15;$

$N'(x) = \frac{100}{x^{\frac{2}{3}}} - (10+a) = 0; \quad x_E^{\frac{2}{3}} = \frac{100}{10+a};$

$x_E = \left(\frac{100}{10+a}\right)^{\frac{3}{2}} = \left(\frac{100}{10+a}\right) \cdot \sqrt{\frac{100}{10+a}} = \frac{1\,000}{(10+a) \cdot \sqrt{10+a}};$

$N''(x_E) = -\frac{200}{3 \cdot x_E^{\frac{5}{3}}} < 0 \Rightarrow$ Maximum an der Stelle x_E.

b) $L(a) = a \cdot x_E = 1\,000\,a \cdot (10+a)^{-\frac{3}{2}};$

$\frac{L'(a)}{1000} = (10+a)^{-\frac{3}{2}} - \frac{3}{2}a \cdot (10+a)^{-\frac{5}{2}} = 0 \quad | \cdot (10+a)^{\frac{5}{2}};$

$10 + a - \frac{3}{2}a = 0;$

$a_E = 20; \quad L''(a_E) < 0 \Rightarrow$ Maximum an der Stelle a_E.

$L(a_E) = L(20) = 1\,000 \cdot 20 \cdot (30)^{-\frac{3}{2}} = \frac{20\,000}{30 \cdot \sqrt{30}} = 121{,}7161;$

$N(x_E) = 300 \cdot x_E^{\frac{1}{3}} - (10 + a_E)\,x_E + 15$

$= 300 \cdot \left(\frac{100}{10+20}\right)^{\frac{1}{2}} - 30 \cdot \left(\frac{100}{10+20}\right)^{\frac{3}{2}} + 15$

$= 380{,}1484$ Einheiten.

c) $a = 0$; $x_E = 10^{\frac{3}{2}} = 10 \cdot \sqrt{10}$;

$$N(x_E) = 300 \cdot \sqrt{10} - 10 \cdot 10 \cdot \sqrt{10} + 15 = 200 \cdot \sqrt{10} + 15$$
$$= 647{,}4555 \text{ Einheiten.}$$

A 11.17 Verlust: $V(x) = 5 \cdot x^{\frac{2}{3}} + 20 - s \cdot x^{\frac{1}{2}}$;

$$V'(x) = \frac{10}{3} \cdot x^{-\frac{1}{3}} - \frac{1}{2} \cdot s \cdot x^{-\frac{1}{2}} = 0 \quad | \cdot x^{\frac{1}{2}}$$

$$\frac{10}{3} \cdot x^{\frac{1}{6}} - \frac{1}{2} \cdot s = 0; \quad x_E^{\frac{1}{6}} = \frac{3}{20} s; \quad x_E = \left(\frac{3}{20} s\right)^6;$$

$V(0) = 0$; $V(\infty) = \infty \Rightarrow$ Minimum an der Stelle x_E;

$$V(x_E) = 5 \cdot \left(\frac{3}{20} s\right)^4 + 20 - s \cdot \left(\frac{3}{20} s\right)^3$$
$$= \frac{81}{32\,000} \cdot s^4 + 20 - \frac{27}{8\,000} \cdot s^4 = -\frac{27}{32\,000} \cdot s^4 + 20 \leq 0$$

$$s^4 \geq \frac{20 \cdot 32\,000}{27} = \frac{640\,000}{27};$$

$$s \geq \sqrt[4]{\frac{640\,000}{27}} = 12{,}4081 \text{ Einheiten.}$$

A 11.18 a) Reingewinn: $G(x) = 15 \cdot \sqrt{x} - 2x - 3 \cdot \sqrt{x} - x - 2$

$$= 12 \cdot \sqrt{x} - 3x - 2 = 12 \cdot x^{\frac{1}{2}} - 3x - 2;$$

$$G'(x) = 6 \cdot x^{-\frac{1}{2}} - 3 = \frac{6}{\sqrt{x}} - 3 = 0;$$

$x_E = 4$;

$G''(x_E) = -3 \cdot x^{-\frac{3}{2}} < 0 \Rightarrow$ Maximum an der Stelle x_E.

b) $G_s(x) = 12 \cdot x^{\frac{1}{2}} - 3x - 2 - s \cdot x = 12 \cdot x^{\frac{1}{2}} - (3+s)x - 2$

$$G_s'(x) = \frac{6}{\sqrt{x}} - 3 - s = 0; \qquad x_E = \frac{36}{(3+s)^2};$$

$G_s''(x_E) = -3 \cdot x_E^{-\frac{3}{2}} < 0 \Rightarrow$ Maximum an der Stelle x_E.

$$G(x_E) = 12 \cdot \sqrt{x_E} - 3x_E - 2$$
$$= \frac{72}{3+s} - \frac{108}{(3+s)^2} - 2.$$

c) $G(x_E) = \frac{72}{3+s} - \frac{108}{(3+s)^2} - 2 \geq 0 \quad | \cdot \frac{(3+s)^2}{2}$

$36 \cdot (3+s) - 54 - (3+s)^2 \geq 0\,;$

$3 + s = v$ ergibt

$v^2 - 36\,v \leq -54\,; \quad (v-18)^2 \leq -54 + 324 = 270\,;$

$|\,v - 18\,| \leq \sqrt{270}\,; \qquad v_{max} = 18 \pm \sqrt{270} = 34{,}4317\,;$

$s_{max} = v_{max} - 3 = 15 \pm \sqrt{270} = 31{,}4317\,;$

d) Steuereinnahmen: $T(s) = s \cdot x_E = \frac{36\,s}{(3+s)^2}\,;$

$$\frac{T'(s)}{36} = \frac{d}{ds}\frac{s}{(3+s)^2} = \frac{(3+s)^2 - s \cdot 2 \cdot (3+s)}{(3+s)^4}$$

$$= \frac{3 + s - s \cdot 2}{(3+s)^3} = \frac{3-s}{(3+s)^3} = 0\,;$$

$s_E = 3\,;$

wegen $T(0) = T(\infty) = 0$ und $T(s_E) > 0$ liegt an der Stelle s_E das Maximum.

e) $\tilde{G}(x) = (1 - \frac{\alpha}{100}) \cdot G(x) = (1 - \frac{\alpha}{100}) \cdot \left(x^{\frac{1}{2}} - 3x - 2\right);$

da $1 - \frac{\alpha}{100}$ eine positive Konstante ist, bleibt das Maximum erhalten. Es gilt also

$\tilde{G}(x_E) = (1 - \frac{\alpha}{100}) \cdot G(x_E) = (1 - \frac{\alpha}{100}) \cdot \left(12 \cdot x_E^{\frac{1}{2}} - 3x_E - 2\right).$

Das Maximum bleibt bei $x_E = 4$ ME

mit

$\tilde{G}(x_E) = (1 - \frac{\alpha}{100}) \cdot (12 \cdot 2 - 3 \cdot 4 - 2) = 10 \cdot (1 - \frac{\alpha}{100})\,.$

12. Kurvendiskussion

A 12.1 Ansatz

$$f(x) = ax^3 + bx^2 + cx + d\,;$$
$$f'(x) = 3ax^2 + 2bx + c\,;$$
$$f''(x) = 6ax + 2b\,;$$
$$f'''(x) = 6a\,.$$

a) Gegeben: $f''(2) = 0$; $f(2) = -44$; $f(-2) = 0$; $f'(5) = 0$;

$$0 = f''(2) = 12a + 2b \qquad \Rightarrow b = -6a\,;$$
$$0 = f'(5) = 75a - 60a + c \qquad \Rightarrow c = -15a\,;$$
$$0 = f(-2) = -8a - 24a + 30a + d \qquad \Rightarrow d = 2a\,;$$
$$-44 = f(2) = 8a - 24a - 30a + 2a = -44a \qquad \Rightarrow a = 1\,.$$

$$f(x) = x^3 - 6x^2 - 15x + 2\,;$$
$$f'(x) = 3x^2 - 12x - 15\,;$$
$$f''(x) = 6x - 12\,.$$

b) $x_1 = 5$ (gegeben)

$f'(x) = 3 \cdot (x^2 - 4x - 5) = 3 \cdot (x-5) \cdot (x+1) = 0$;
$x_2 = -1$;

$f''(5) = 18 > 0$; an der Stelle $x_1 = 5$ ist ein relatives Minimum;

$f''(-1) = -18 < 0$; an der Stelle $x_2 = -1$ liegt ein relatives Maximum.

c) $x_3 = -2$ ist Nullstelle; Polynomdivision durch $(x+2)$ ergibt

$$\begin{array}{l}
x^3 - 6x^2 - 15x + 2 : (x+2) = x^2 - 8x + 1 \\
\underline{x^3 + 2x^2} \\
\quad -8x^2 - 15x \\
\quad \underline{-8x^2 - 16x} \\
\qquad\qquad x + 2 \\
\qquad\qquad \underline{x + 2} \\
\qquad\qquad\quad 0
\end{array}$$

Weitere Nullstellen:

$x^2 - 8x + 1 = 0$; $(x-4)^2 = 15$;

$x_4 = 4 + \sqrt{15}$; $x_5 = 4 - \sqrt{15}$.

A 12.2 a) $f(x) = x^2 - 3x + 1$;

Nullstellen: $x^2 - 3x + 1 = 0$; $(x - \frac{3}{2})^2 = -1 + \frac{9}{2} = \frac{5}{4}$;

$x_{1,2} = \frac{3}{2} \pm \frac{\sqrt{5}}{2}$; $x_1 = \frac{3 + \sqrt{5}}{2}$; $x_2 = \frac{3 - \sqrt{5}}{2}$;

Extremwerte: $f'(x) = 2x - 3 = 0$; $x_3 = \frac{3}{2}$;

$f''(x) = 2 > 0 \Rightarrow$ relatives Minimum bei $x_3 = \frac{3}{2}$;

Wendepunkte: $f''(x) = 2 = 0$; keine Wendepunkte;

b) $f(x) = 2x^2 - 4x + 10$;

Nullstellen: $x^2 - 2x + 5 = 0$; $(x - 1)^2 = -5 + 1 = -4$;
keine reellen Nullstellen;

Extremwerte: $f'(x) = 4x - 4 = 0$; $x_1 = 1$;

$f''(x) = 4 > 0 \Rightarrow$ relatives Minimum bei $x_1 = 1$;

Wendepunkte: $f''(x) = 4 = 0$; keine Wendepunkte.

c) $f(x) = x^3 - 3x^2 + 2x$;

Nullstellen: $x^3 - 3x^2 + 2x = x \cdot (x^2 - 3x + 2) = 0$; $x_1 = 0$;

$x^2 - 3x + 2 = 0$; $(x - \frac{3}{2})^2 = -2 + \frac{9}{4} = \frac{1}{4}$; $x_2 = 1$; $x_3 = 2$;

Extremwerte: $f'(x) = 3x^2 - 6x + 2 = 0$; $x^2 - 2x + \frac{2}{3} = 0$;

$(x - 1)^2 = -\frac{2}{3} + 1 = \frac{1}{3}$;

$x_{4,5} = 1 \pm \frac{1}{\sqrt{3}} = 1 \pm \frac{\sqrt{3}}{3}$; $x_4 = 1 + \frac{\sqrt{3}}{3}$; $x_5 = 1 - \frac{\sqrt{3}}{3}$;

$f''(x) = 6x - 6 = 6 \cdot (1 - x)$;

$f''(x_4) = 2 \cdot \sqrt{3} > 0 \Rightarrow$ relatives Minimum an der Stelle x_4;

$f''(x_5) = -2 \cdot \sqrt{3} > 0 \Rightarrow$ relatives Maximum an der Stelle x_5;

Wendepunkte: $f''(x) = 6 \cdot (1 - x) = 0$; $x_6 = 1$;

$f'''(x) = 6 \neq 0$ $(n = 3)$

$\Rightarrow$ Wendepunkt an der Stelle $x_6 = 1$;

d) $f(x) = (x + 1)^2 \cdot (x + 2)^2$;

$f'(x) = 2 \cdot (x + 1) \cdot (x + 2)^2 + (x + 1)^2 \cdot 2 \cdot (x + 2)$

$= 2 \cdot (x + 1) \cdot (x + 2) \cdot (2x + 3) = 2 \cdot (2x^3 + 9x^2 + 13x + 6)$;

$f''(x) = 2 \cdot (6x^2 + 18x + 13)$;

$f'''(x) = 2 \cdot (12x + 18)$; $\quad f^{(4)}(x) = 24$;

Nullstellen: $f(x) = 0$; $x_1 = -1$ (doppelt); $x_2 = -2$ (doppelt);

Extremwerte: $f'(x) = 2 \cdot (x+1) \cdot (x+2) \cdot (2x+3) = 0$;

$x_3 = -1$; $\quad x_4 = -2$; $\quad x_5 = -\frac{3}{2}$;

$f''(-1) = 2 > 0 \Rightarrow$ rel. Minimum an $x = -1$;

$f''(-2) = 2 > 0 \Rightarrow$ rel. Minimum an $x = -2$;

$f''(-\frac{3}{2}) = -1 < 0 \Rightarrow$ rel. Maximum an $x = -\frac{3}{2}$.

Wendepunkte: $f''(x) = 2 \cdot (6x^2 + 18x + 13) = 0$;

$x^2 + 3x + \frac{13}{6} = 0$; $(x + \frac{3}{2})^2 = -\frac{13}{6} + \frac{9}{4} = \frac{1}{12}$;

$x_6 = -\frac{3}{2} + \frac{\sqrt{3}}{6}$; $\quad x_7 = -\frac{3}{2} - \frac{\sqrt{3}}{6}$;

$f'''(x_6) \neq 0$; $f'''(x_7) \neq 0 \Rightarrow$ beides Wendepunkte.

e) $f(x) = x^6 - 9x^4 = x^4 \cdot (x^2 - 9)$;

Nullstellen: $x_1 = 0$ (vierfach); $\quad x_2 = 3$; $\quad x_3 = -3$;

Extremwerte: $f'(x) = 6x^5 - 36x^3 = 6x^3 \cdot (x^2 - 6) = 0$;

$x_4 = 0$ (dreifach); $\quad x_5 = \sqrt{6}$; $\quad x_6 = -\sqrt{6}$;

$f''(x) = 30x^4 - 108x^2$;

$f'''(x) = 120x^3 - 216x$;

$f^{(4)}(x) = 360x^2 - 216$;

$f^{(5)}(x) = 720x$; $\quad f^{(6)}(x) = 720$;

$f'(0) = f''(0) = f'''(0) = 0$; $\quad f^{(4)}(0) = -216 < 0$ (n gerade)

$\Rightarrow$ an der Stelle $x_1 = 0$ liegt ein relatives Maximum.

$f''(\sqrt{6}) = f''(-\sqrt{6}) = 30 \cdot 36 - 108 \cdot 6 = 432 > 0$; n gerade

$\Rightarrow$ an den Stellen $x_5 = \sqrt{6}$ und $x_6 = -\sqrt{6}$ liegt jeweils ein relatives Minimum.

Wendepunkte: $f''(x) = 6x^2 \cdot (5x^2 - 18) = 0$;

bei $x_7 = 0$ liegt ein Extremum und somit kein Wendepunkt.

$$x_8 = \sqrt{\frac{18}{5}}; \quad x_9 = -\sqrt{\frac{18}{5}};$$

$$f'''(\sqrt{\frac{18}{5}}) \neq 0; \; f'''(-\sqrt{\frac{18}{5}}) \neq 0;$$

an den Stellen $x_8 = \sqrt{\frac{18}{5}}$ und $x_9 = -\sqrt{\frac{18}{5}}$ liegen Wendepunkte.

f) $f(x) = x^4 - 4x^3 = x^3 \cdot (x-4);$

Nullstellen: $x_1 = 0$ (dreifach); $\quad x_2 = 4;$

Extremwerte: $f'(x) = 4x^3 - 12x^2 = 4x^2 \cdot (x-3) = 0;$

$x_3 = 0$ (doppelt); $\quad x_4 = 3;$

$f''(x) = 12x^2 - 24x;$

$f'''(x) = 24x - 24; \quad f^{(4)}(x) = 24;$

$f'(0) = f''(0) = 0; \quad f'''(0) \neq 0,$ $(n = 3$ ungerade)

an der Stelle $x = 0$ liegt ein Wendepunkt mit waagrechter Tangente, also ein Sattelpunkt.

$f''(3) = 36 > 0 \Rightarrow$ relatives Minimum an $x_4 = 3$.

Wendepunkte: $f''(x) = 12x \cdot (x-2) = 0; \quad x_5 = 0; \quad x_6 = 2;$

bei $x_5 = 0$ liegt ein Sattelpunkt vor (s. o.);

$f'''(2) = 24 \neq 0$

$\Rightarrow$ Wendepunkt an der Stelle $x_6 = 2$.

A 12.3 $f(x) = \dfrac{2x-1}{(x-1)^2}$

Definitionsbereich: $D = \{x \mid x \in \mathbb{R}, x \neq 1\} = \mathbb{R} \setminus \{1\};$

Nullstellen: $x_N = \frac{1}{2}$.

$$f'(x) = \frac{2 \cdot (x-1)^2 - (2x-1) \cdot 2 \cdot (x-1)}{(x-1)^4}$$

$$= \frac{2x - 2 - 4x + 2}{(x-1)^3} = \frac{-2x}{(x-1)^3};$$

$$f''(x) = \frac{-2 \cdot (x-1)^3 + 2x \cdot 3 \cdot (x-1)^2}{(x-1)^6}$$

$$= \frac{-2 \cdot (x-1) + 2x \cdot 3}{(x-1)^4} = \frac{4x+2}{(x-1)^4};$$

$$f'''(x) = \frac{4\cdot(x-1)^4 - (4x+2)\cdot 4\cdot(x-1)^3}{(x-1)^8}$$

$$= \frac{4\cdot(x-1) - (4x+2)\cdot 4}{(x-1)^5} = -\frac{12x+12}{(x-1)^5};$$

Extremwerte: $f'(x) = 0$; $x_E = 0$; $f''(0) = 2 > 0$; Minimum;

$P_1(0; -1)$ relatives Minimum.

Wendepunkte: $f''(x) = 0$; $x_W = -\frac{1}{2}$;

$f'''(-\frac{1}{2}) \neq 0 \Rightarrow$ Wendepunkt;

$P_2(-\frac{1}{2}; -\frac{8}{9})$ ist Wendepunkt.

Asymptoten: Vertikale Asymptote durch $x_0 = 1$ (Polstelle);

$\lim\limits_{x\to 1} f(x) = +\infty$ (von rechts und links).

Wegen $\lim\limits_{x\to\infty} f(x) = \lim\limits_{x\to -\infty} f(x) = 0$

ist die x-Achse horizontale Asymptote.

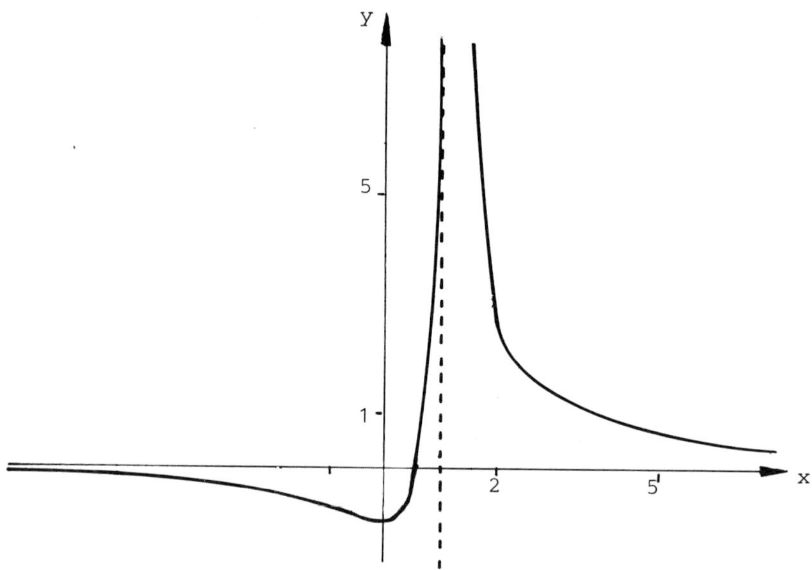

A 12.4 $f(x) = \ln(7 + x - x^2)$;

Definitionsbereich: $7 + x - x^2 > 0$; $x^2 - x - 7 < 0$;

$$(x - \tfrac{1}{2})^2 < 7 + \tfrac{1}{4} = \tfrac{29}{4};$$

$$D = \left(\frac{1-\sqrt{29}}{2}; \frac{1+\sqrt{29}}{2}\right) \text{ (offenes Intervall).}$$

Nullstellen: $7 + x - x^2 = 1$; $x^2 - x - 7 = -1$; $x^2 - x = 6$;

$$(x - \tfrac{1}{2})^2 = \tfrac{25}{4}; \quad x_1 = -2; \quad x_2 = 3.$$

Ableitungen: $f'(x) = \dfrac{1-2x}{7+x-x^2}$;

$$f''(x) = \frac{-2 \cdot (7 + x - x^2) - (1-2x) \cdot (1-2x)}{(7+x-x^2)^2} = \frac{-2x^2 + 2x - 15}{(7+x-x^2)^2}.$$

Extremwerte: $f'(x) = 0$; $x_E = \frac{1}{2}$; $f''(x_E) < 0 \Rightarrow$ Maximum.

$P(\frac{1}{2}; \ln\frac{29}{4})$ ist relatives (= absolutes) Maximum.

Wendepunkte: $f''(x) = 0 = -2x^2 + 2x - 15 \Rightarrow$ keine Lösung.

Asymptoten: Vertikale Asymptoten durch die Polstellen

$$x_1 = \frac{1-\sqrt{29}}{2} \text{ und } x_2 = \frac{1+\sqrt{29}}{2} \text{ mit}$$

$$\lim_{x \to x_1+} f(x) = \lim_{x \to x_2-} f(x) = -\infty.$$

Symmetrie-Achse: Die Vertikale durch $x_0 = 0{,}5$ ist Symmetrie-Achse von f.

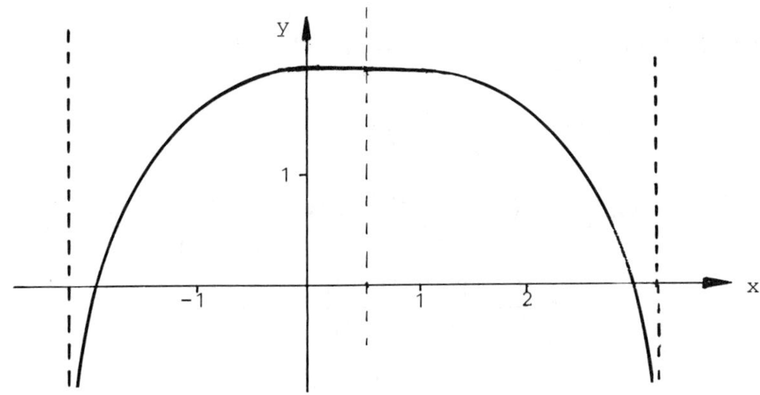

A 12.5

	D	Nullstellen	Extremwerte	Wendepunkte	Asymptoten
a)	$\mathbb{R}$	$x_{N1} = -1-\sqrt{2}$ $x_{N2} = -1+\sqrt{2}$	$x_{min} = -\sqrt{3}$ $x_{max} = \sqrt{3}$	$x_{W1} = -1$ $x_{W2} = 1$	positive x-Achse
b)	$\mathbb{R}$	$x_N = 2$	$x_{min} = 2$	$x_{W1} = 1$ $x_{W2} = 3$	keine
c)	$(-\infty;0)$ $\cup(4;\infty)$	$x_{N1} = 2-\sqrt{5}$ $x_{N2} = 2+\sqrt{5}$	keine	keine	Vertikale durch $x_0 = 0$; $x_1 = 4$
d)	$\mathbb{R}\backslash\{1\}$	$x_{N1} = 0$ $x_{N2} = 3$	$x_{min} = 1$ $x_{max} = -3$	keine	Vertikale durch $x_0 = -1$
e)	$(-1;\infty)$	$x_N = 0$	$x_{min} = 0$	$x_W = 2$	Vertikale durch $x_0 = -1$
f)	$(2;\infty)$	$x_N = 3$	$x_{min} = 3$	$x_W = 2+e$	Vertikale durch $x_0 = 2$
g)	$[-2;\infty)$	$x_{N1} = 0$ $x_{N2} = -2$	$x_{min} = -\frac{4}{3}$	keine	keine
h)	$\mathbb{R}$	$x_N = 0$	$x_{max} = \ln 2$	$x_W = \ln 4$	positive x-Achse
i)	$\mathbb{R}$	keine	$x_{max} = 0$	$x_{W1} = \frac{\sqrt{2}}{2}$ $x_{W2} = -\frac{\sqrt{2}}{2}$	x-Achse

A 12.6 $f(x) = \dfrac{1}{1+3e^{-2x}} = (1+3e^{-2x})^{-1}$;

a) $f'(x) = \dfrac{-6e^{-2x}}{(1+3e^{-2x})^2}$;

$$f''(x) = \frac{(1+3e^{-2x})^2 \cdot 12e^{-2x} - 72e^{-4x} \cdot (1+3e^{-2x})}{(1+3e^{-2x})^4}$$

$$= \frac{(1+3e^{-2x}) \cdot 12e^{-2x} - 72e^{-4x}}{(1+3e^{-2x})^3}$$

$$= \frac{12e^{-2x} - 36e^{-4x}}{(1+3e^{-2x})^3}.$$

f besitzt weder eine Nullstelle noch ein relatives Extremum.

Wendepunkte: $f''(x) = 0$;

$$12\,e^{-2x} - 36\,e^{-4x} = 0\,;$$

$$12\,e^{-2x} \cdot (1 - 3\,e^{-2x}) = 0\,;$$

$$1 - 3\,e^{-2x} = 0\,;\quad 1 = \frac{3}{e^{2x}}\,;$$

$$e^{2x} = 3\,;\quad 2x = \ln 3\,;\quad x_W = \frac{\ln 3}{2}\,.$$

Wegen $\lim\limits_{x \to -\infty} f(x) = 0$ und $\lim\limits_{x \to \infty} f(x) = 1$ gibt es einen Wendepunkt.

$f(x_W) = \dfrac{1}{1 + 3 \cdot e^{-\ln 3}} = \dfrac{1}{1 + \frac{3}{3}} = \dfrac{1}{2}$; $\quad P\left(\frac{\ln 3}{3}; \frac{1}{2}\right)$ ist Wendepunkt.

Asymptoten: $\lim\limits_{x \to -\infty} f(x) = 0$; $\lim\limits_{x \to \infty} f(x) = 1$.

Die negative x-Achse ist Asymptote, ferner die rechtsseitige Waagrechte durch $y_0 = 1$.

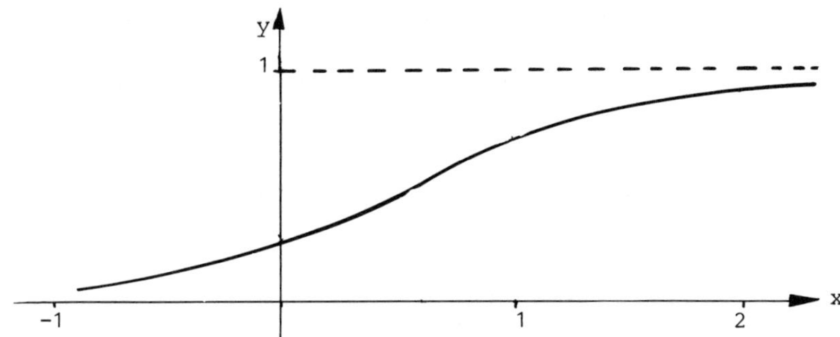

b) Der Wendepunkt $P\left(\frac{\ln 3}{3}; \frac{1}{2}\right)$ ist Symmetrie-Punkt, wenn die Funktion $g(z) = f\left(\frac{\ln 3}{2} + z\right) - \frac{1}{2}$ ungerade ist.

$$g(z) = f\left(\frac{\ln 3}{2} + z\right) - \frac{1}{2} = \frac{1}{1 + 3 \cdot e^{-2\left(\frac{\ln 3}{2} + z\right)}} - \frac{1}{2}$$

$$= \frac{1}{1 + 3 \cdot e^{-\ln 3 - 2z}} - \frac{1}{2} = \frac{1}{1 + 3 \cdot e^{-\ln 3} \cdot e^{-2z}} - \frac{1}{2}$$

$$= \frac{1}{1 + e^{-2z}} - \frac{1}{2}\,;$$

$$g(-z) = \frac{1}{1 + e^{2z}} - \frac{1}{2} = \frac{1}{1 + e^{2z}} - 1 + \frac{1}{2}$$

$$= \frac{-e^{2z}}{1 + e^{2z}} + \frac{1}{2} = \frac{1}{-e^{-2z} - 1} + \frac{1}{2} = -g(z).$$

Damit ist die Bedingung der Punkt-Symmetrie erfüllt.

13. Taylorentwicklung

A 13.1 a) $f(x) = x \cdot \ln x;$ $\qquad f(1) = 0;$

$f'(x) = \ln x + 1;$ $\qquad f'(1) = 1;$

$f''(x) = \frac{1}{x};$ $\qquad f''(1) = 1;$

$f'''(x) = -\frac{1}{x^2};$ $\qquad f'''(1) = -1;$

$f^{(4)}(x) = \frac{2}{x^3};$ $\qquad f^{(4)}(1) = 2;$

$f^{(5)}(x) = \frac{-6}{x^4};$ $\qquad f^{(5)}(1) = -6;$

$f^{(6)}(x) = \frac{24}{x^5};$

$$T_5(x) = (x-1) + \tfrac{1}{2}(x-1)^2 - \tfrac{1}{6}(x-1)^3 + \tfrac{1}{12}(x-1)^4 - \tfrac{1}{20}(x-1)^5.$$

b) $2 \cdot \ln 2 \approx T_5(2) = 1 + \frac{1}{2} - \frac{1}{6} + \frac{1}{12} - \frac{1}{20} = \frac{41}{30};$

$$\ln\sqrt{0{,}5} = \ln\left(\tfrac{1}{2}\right)^{\frac{1}{2}} = \tfrac{1}{2} \cdot \ln\tfrac{1}{2}$$

$$\approx T_5\left(\tfrac{1}{2}\right) = -\tfrac{1}{2} + \tfrac{1}{8} + \tfrac{1}{48} + \tfrac{1}{192} + \tfrac{1}{640} = -\tfrac{667}{1920}.$$

c) $R_5(x) = \frac{24}{\eta^5} \cdot \frac{(x-1)^6}{6!}$, η zwischen $x_0 = 1$ und x;

$$|R_5(2)| \leq \frac{24}{1^5} \cdot \frac{1^6}{6!} = \frac{1}{30};$$

$$\left|R_5\left(\tfrac{1}{2}\right)\right| \leq \frac{24}{\left(\frac{1}{2}\right)^5} \cdot \frac{\left(\frac{1}{2}\right)^6}{6!} = \frac{24}{6! \cdot 2} = \frac{1}{60}.$$

A 13.2 $x_0 = 0$

$f(x) = (x-1)^4 + (x-3)^4 + (x+2)^3 + (x-5)^2;$ $\qquad f(0) = 115;$

$f'(x) = 4(x-1)^3 + 4(x-3)^3 + 3(x+2)^2 + 2(x-5);$ $\qquad f'(0) = -110;$

$f''(x) = 12(x-1)^2 + 12(x-3)^2 + 6(x+2) + 2;$ $\qquad f''(0) = 134;$

$f'''(x) = 24(x-1) + 24(x-3) + 6;$ $\qquad f'''(0) = -90;$

$f^{(4)}(x) = 24 + 24 = 48;$ $\qquad f^{(4)}(0) = 48;$

$f^{(k)}(x) = 0 \quad \text{für } k \geq 5;$

$f(x) = T_4(x) = 115 - 110x + 67x^2 - 15x^3 + 2x^4;$

Probe: $f(2) = 75;\ T_4(2) = 75.$

A 13.3 Entwicklungsstelle $x_0 = -1;$

$f(x) = x^3 + 5x^2 + 10x + 10;$ $\qquad f(-1) = 4;$

$f'(x) = 3x^2 + 10x + 10;$ $\qquad f'(-1) = 3;$

$f''(x) = 6x + 10;$ $\qquad f''(-1) = 4;$

$f'''(x) = 6;$ $\qquad f'''(-1) = 6;$

$f^{(k)}(x) = 0 \quad \text{für } k \geq 4;$

$f(x) = T_3(x) = 4 + 3(x+1) + 2(x+1)^2 + (x+1)^3.$

A 13.4 a) $f(x) = \sqrt[5]{32+x} = (32+x)^{\frac{1}{5}} = (2^5+x)^{\frac{1}{5}};$ $\qquad f(0) = 2;$

$f'(x) = \frac{1}{5}(32+x)^{-\frac{4}{5}};$ $\qquad f'(0) = \frac{1}{5\cdot 16} = \frac{1}{80};$

$f''(x) = -\frac{4}{25}(32+x)^{-\frac{9}{5}};$ $\qquad f''(0) = -\frac{4}{25\cdot 2^9} = -\frac{1}{3200};$

$f'''(x) = \frac{36}{125}(32+x)^{-\frac{14}{5}};$ $\qquad f''(0) = \frac{36}{125\cdot 2^{14}} = \frac{9}{512000};$

$f^{(4)}(x) = -\frac{504}{625}(32+x)^{-\frac{19}{5}};$

$T_3(x) = 2 + \frac{1}{80}x - \frac{1}{6400}x^2 + \frac{3}{1024000}x^3.$

b) α) $\sqrt[5]{50} \approx T_3(18) = 2 + \frac{18}{80} - \frac{324}{6400} + \frac{3\cdot 5832}{1024000}$

$= \frac{2244056}{1024000} = 2{,}1915;$

β) $\sqrt[5]{40} \approx T_3(8) = 2 + \frac{1}{10} - \frac{1}{100} + \frac{3}{2000} = \frac{4183}{2000} = 2{,}0915;$

γ) $\sqrt[5]{33} \approx T_3(1) = 2 + \frac{1}{80} - \frac{1}{6400} + \frac{3}{1024000}$

$= \frac{2060643}{1024000} = 2{,}01234668;$

c) $R_3(x) = -\frac{504}{625}\cdot\frac{\eta^4}{4!}\cdot\frac{1}{(32+\eta)^{\frac{19}{5}}}$; η zwischen 0 und x;

Für x > 0 gilt $|R_3(x)| \leq \frac{x^4\cdot 504}{4!\cdot 625\cdot 2^{19}}$ $(\eta = 0)$;

$\alpha)$ $|R_3(18)| \leq \frac{18^4\cdot 504}{4!\cdot 625\cdot 2^{19}} = 0{,}0067$;

$\beta)$ $|R_3(8)| \leq \frac{8^4\cdot 504}{4!\cdot 625\cdot 2^{19}} = 0{,}000262$;

$\gamma)$ $|R_3(1)| \leq \frac{504}{4!\cdot 625\cdot 2^{19}} = 0{,}000000064$.

A 13.5 a) $f(x) = h(x) - g(x) = e^x - 5x - 5{,}5x^2$;

Entwicklungsstelle $x_0 = 0$; $f(0) = 1$;

$f'(x) = e^x - 5 - 11x$; $f'(0) = -4$;

$f''(x) = e^x - 11$; $f''(0) = -10$;

$T_2(x) = 1 - 4x - 5x^2 = 0$; $x^2 + \frac{4}{5}x = \frac{1}{5}$;

$(x+\frac{2}{5})^2 = \frac{1}{5} + \frac{4}{25} = \frac{9}{25}$; $x_{N1} = -1$; $x_{N2} = \frac{1}{5}$.

b) $f'''(x) = e^x$.

$R_2(x) = \frac{x^3}{3!}\cdot e^{\eta}$; η zwischen 0 und x;

$|R_2(-1)| \leq \frac{1}{3!}\cdot 1 = \frac{1}{6}$ $(\eta = 1)$;

$|R_2(\frac{1}{5})| \leq \frac{1}{5^3}\cdot\frac{1}{3!}\cdot e^{0,2} \leq \frac{1}{5^3}\cdot\frac{1}{3!}\cdot\sqrt{e} \leq \frac{2}{750} = \frac{1}{375} = 0{,}0027$.

A 13.6 $f(x) = e^{(e^x)}$; $f(0) = e$;

$f'(x) = e^x\cdot e^{(e^x)}$; $f'(0) = e$;

$f''(x) = (e^x + e^{2x})\cdot e^{(e^x)}$; $f''(0) = 2e$;

$f'''(x) = (e^x + 3e^{2x} + e^{3x})\cdot e^{(e^x)}$; $f'''(0) = 5e$;

$f^{(4)}(x) = (e^x + 7e^{2x} + 6e^{3x} + e^{4x})\cdot e^{(e^x)}$; $f^{(4)}(0) = 15e$;

$$f^{(5)}(x) = (e^x + 15e^{2x} + 25e^{3x} + 10e^{4x} + e^{5x}) \cdot e^{(e^x)}; f^{(5)}(0) = 52e;$$

$$f^{(6)}(x) = (e^x + 31e^{2x} + 90e^{3x} + 65e^{4x} + 15e^{5x} + e^{6x}) \cdot e^{(e^x)};$$

$$f^{(6)}(0) = 203e;$$

$$T_6(x) = e + e \cdot x + e \cdot x^2 + \frac{5e}{6}x^3 + \frac{5e}{8}x^4 + \frac{13e}{30}x^5 + \frac{203e}{720}x^6;$$

$$e^e \approx T_6(1) \approx 5{,}1736 \cdot e.$$

A 13.7 a) $f(x) = x^4 \cdot \ln x;$ $\quad f(1) = 0;$

$f'(x) = 4x^3 \cdot \ln x + x^3;$ $\quad f'(1) = 1;$

$f''(x) = 12x^2 \cdot \ln x + 7x^2;$ $\quad f''(1) = 7;$

$f'''(x) = 24x \cdot \ln x + 26x;$ $\quad f'''(1) = 26;$

$f^{(4)}(x) = 24 \ln x + 50;$ $\quad f^{(4)}(1) = 50;$

$f^{(5)}(x) = \frac{24}{x};$ $\quad f^{(5)}(1) = 24;$

$f^{(6)}(x) = -\frac{24}{x^2};$ $\quad f^{(6)}(1) = -24;$

$f^{(7)}(x) = \frac{48}{x^3};$ $\quad f^{(7)}(1) = 48;$

$f^{(8)}(x) = -\frac{144}{x^4};$

$$T_7(x) = (x-1) + \frac{7}{2!} \cdot (x-1)^2 + \frac{26}{3!} \cdot (x-1)^3 + \frac{50}{4!} \cdot (x-1)^4 + \frac{24}{5!} \cdot (x-1)^5 - \frac{24}{6!} \cdot (x-1)^6 + \frac{48}{7!} \cdot (x-1)^7.$$

b) $x = 0{,}5;\ x - 1 = -\frac{1}{2};$

$$0{,}5^4 \cdot \ln 0{,}5 \approx T_7(0{,}5) = -\frac{1}{2} + \frac{7}{8} - \frac{26}{6 \cdot 2^3} + \frac{50}{24 \cdot 2^4} - \frac{24}{120 \cdot 2^5} - \frac{24}{720 \cdot 2^6} - \frac{48}{5\,040 \cdot 2^7} = -0{,}0433.$$

c) $f^{(8)}(x) = -\frac{144}{x^4};$

$$R_7(x) = -\frac{144}{\eta^4} \cdot \frac{(x-1)^8}{8!}; \quad \eta \text{ zwischen 1 und } x;$$

$$|R_7(\tfrac{1}{2})| \le \frac{144}{\left(\frac{1}{2}\right)^4} \cdot \frac{(\frac{1}{2})^8}{8!} = \frac{144}{8! \cdot 2^4} = \frac{9}{8!} = 0{,}000223.$$

A 13.8 a) $f(x) = \sin^2 x$; $f(0) = 0$;

$f'(x) = 2\sin x \cdot \cos x$; $f'(0) = 0$;

$f''(x) = 2(\cos^2 x - \sin^2 x)$; $f''(0) = 2$;

$f'''(x) = -8\sin x \cdot \cos x$; $f'''(0) = 0$;

$f^{(4}(x) = -8(\cos^2 x - \sin^2 x)$; $f^{(4)}(0) = -8$;

$f^{(5)}(x) = 32\sin x \cdot \cos x$; $f^{(5)}(0) = 0$;

$f^{(6}(x) = 32(\cos^2 x - \sin^2 x)$; $f^{(6)}(0) = 32$;

$T_6(x) = x^2 - \frac{1}{3}x^4 + \frac{2}{45}x^6$.

b) Aus a) folgt $f^{(2k+1)}(0) = 0$ für $k = 0, 1, 2, \ldots$;

$f^{(2k)}(0) = (-1)^{k-1} \cdot 2^{2k-1}$ für $k = 1, 2, \ldots$;

$$T_{2n}(x) = \sum_{k=1}^{n} (-1)^{k-1} \cdot \frac{2^{2k-1}}{(2k)!} \cdot x^{2k}.$$

A 13.9 a) $K'(x) = k(x) = x^3 + 0{,}9x^2 - x - 1$; $k(1) = -0{,}1$;

$k'(x) = 3x^2 + 1{,}8x - 1$; $k'(1) = 3{,}8$;

$k''(x) = 6x + 1{,}8$; $k'(1) = 7{,}8$;

$T_2(x) = -0{,}1 + 3{,}8(x-1) + \frac{7{,}8}{2}(x-1)^2 = 0$;

$x - 1 = z \Rightarrow 3{,}9z^2 + 3{,}8z - 0{,}1 = 0$; $z^2 + \frac{3{,}8}{3{,}9}z = \frac{0{,}1}{3{,}9}$;

$(z + \frac{1{,}9}{3{,}9})^2 = \frac{0{,}1}{3{,}9} + \frac{1{,}9^2}{3{,}9^2} = \frac{0{,}39 + 3{,}61}{3{,}9^2} = \frac{4}{3{,}9^2}$;

$z_{1,2} = -\frac{1{,}9}{3{,}9} \pm \frac{2}{3{,}9}$; $z = \frac{1}{39}$ (positive Lösung); $x_E \approx \frac{40}{39}$.

b) $K''(x_E) = k'(x_E) > 0 \Rightarrow$ rel. Minimum an der Stelle x_E.

c) $K'(x_E) = k(x_E) = 0{,}000169$.

A 13.10 a) $K(0) = -2 < 0$; $K(1) = 17 + e > 0$; wegen der Stetigkeit der Funktion $K(x)$ gibt es eine Nullstelle zwischen 0 und 1.

b) $K'(x) = -e^{-x} + 20x + 10$; $K''(x) = e^{-x} + 20$;

$K'''(x) = -e^{-x}$; $K(0) = -2$; $K'(0) = 9$; $K''(0) = 21$;

$T_2(x) = -2 + 9x + \frac{21}{2}x^2 = 0$; $x_{1,2} = -\frac{3}{7} \pm \frac{\sqrt{165}}{21}$;

$x_N \approx 0{,}1831$ (positive Lösung).

c) Fehler $\leq x_N^3 \cdot \frac{1}{6} \cdot e^{-0} \approx 0{,}00102$.

14. Integralrechnung bei einer Variablen

A 14.1 a) $\int\left(x^{\frac{2}{5}}+2e^{x}+10^{x}+2^{-x}\right)dx=\frac{5}{7}x^{\frac{7}{5}}+2e^{x}+\frac{10^{x}}{\ln 10}+\frac{2^{-x}}{\ln 2}+C;$

b) $\int x\cdot(x^{2}-1)^{5}\,dx$ (Substitution: $x^{2}-1=u;\ xdx=\frac{1}{2}du$)

$=\frac{1}{2}\int u^{5}\,du=\frac{1}{12}u^{6}+C=\frac{1}{12}(x^{2}-1)^{6}+C;$

c) $\int \sin^{4}x\cdot\cos x\,dx$ (Substitution: $\sin x=u;\ \cos x\,dx=du$)

$=\int u^{4}\,du=\frac{1}{5}u^{5}+C=\frac{1}{5}\sin^{5}x+C;$

d) $\int\frac{x+2}{x-1}dx=\int\frac{x-1+3}{x-1}dx=\int dx+\int\frac{3}{x-1}dx$

$=x+3\cdot\ln|x-1|+C;$

e) $\int \underbrace{x}_{f}\cdot\underbrace{(\sin x+\cos x)}_{g'}\,dx=x\cdot(-\cos x+\sin x)-\int(\sin x-\cos x)\,dx$

$=x\cdot(-\cos x+\sin x)+\cos x+\sin x+C;$

f) $\int e^{\sqrt{x}}dx$ (Substitution: $\sqrt{x}=u;\ \frac{1}{2\cdot\sqrt{x}}dx=du;\ dx=2u\,du$)

$=2\cdot\int\underbrace{u}_{f}\cdot\underbrace{e^{u}}_{g'}du=2u\cdot e^{u}-2\int e^{u}du=2u\cdot e^{u}-2e^{u}+C$

$=2\cdot(u-1)\cdot e^{u}+C=2\cdot(\sqrt{x}-1)\cdot e^{\sqrt{x}}+C;$

g) $\int\underbrace{x}_{f}\cdot\underbrace{2^{x}}_{g'}dx=x\cdot\frac{2^{x}}{\ln 2}-\int\frac{2^{x}}{\ln 2}dx=x\cdot\frac{2^{x}}{\ln 2}-\frac{2^{x}}{(\ln 2)^{2}}+C$

$=\frac{2^{x}}{\ln 2}\cdot\left(x-\frac{1}{\ln 2}\right)+C;$

h) $\int\frac{e^{\sqrt{x}}}{\sqrt{x}}dx$ (Substitution: $\sqrt{x}=u;\ \frac{1}{2\cdot\sqrt{x}}dx=du$)

$=2\cdot\int e^{u}du=2e^{u}+C=2e^{\sqrt{x}}+C;$

i) $\int 10^{x}\cdot\sin(10^{x})\,dx$ (Substitution: $10^{x}=u;\ (\ln 10)\cdot 10^{x}dx=du$)

$=\frac{1}{\ln 10}\int\sin u\,du=-\frac{1}{\ln 10}\cdot\cos u+C=-\frac{1}{\ln 10}\cdot\cos(10^{x})+C;$

j) $\int\frac{dx}{2+\sqrt{x+1}}$ (Substitution: $x+1=u^{2};\ dx=2u\,du$)

$=2\cdot\int\frac{u}{2+u}du=2\int\frac{u+2-2}{2+u}du=2\int du-4\int\frac{du}{2+u}$

$=2u-4\cdot\ln|2+u|+C=2\cdot\sqrt{x+1}-4\cdot\ln(2\cdot\sqrt{x+1})+C.$

A 14.2 a) $\int\limits_1^4 (x+\frac{1}{\sqrt{x}})^2\,dx = \int\limits_1^4 (x^2+\frac{2x}{\sqrt{x}}+\frac{1}{x})\,dx = \int\limits_1^4 x^2\,dx + 2\int\limits_1^4 \sqrt{x}\,dx + \int\limits_1^4 \frac{1}{x}dx$

$$= \left[\frac{x^3}{3}+\frac{4}{3}x\cdot\sqrt{x}+\ln x\right]_1^4$$

$$= \frac{64}{3}+\frac{32}{3}+\ln 4-\frac{1}{3}-\frac{4}{3}-0 = \frac{91}{3}+\ln 4;$$

b) $\int\limits_4^{16} (x^{\frac{1}{2}}+2x)\,dx = \frac{2}{3}\cdot x^{\frac{3}{2}}+x^2\Big|_4^{16} = \frac{2\cdot 16\cdot 4}{3}+256-\frac{16}{3}-16 = \frac{832}{3};$

c) $\int\limits_1^{\ln 2} (e^x+\frac{1}{x})\,dx = (e^x+\ln x)\Big|_1^{\ln 2} = 2+\ln(\ln 2)-e;$

d) $\int\limits_2^3 \frac{x^3}{(x^4-10)^2}dx$ (Substitution: $x^4-10=u;\ 4x^3dx=du$
$x=2 \Rightarrow u=6;\ \ x=3 \Rightarrow u=71)$

$$= \frac{1}{4}\int\limits_6^{71}\frac{du}{u^2} = -\frac{1}{4}\cdot\frac{1}{u}\Big|_6^{71} = \frac{1}{4}\cdot(\frac{1}{6}-\frac{1}{71}) = \frac{65}{1704};$$

e) $\int\limits_e^{e^2} \frac{1}{(\ln x)^6}\cdot\frac{1}{x}dx$ (Substitution: $\ln x=u;\ \frac{dx}{x}=du$
$x=e \Rightarrow u=1;\ \ x=e^2 \Rightarrow u=2)$

$$= \int\limits_1^2 u^{-6}du = -\frac{1}{5\cdot u^5}\Big|_1^2 = -\frac{1}{160}+\frac{1}{5} = \frac{31}{160};$$

f) $\int\limits_1^{10} \frac{\ln\sqrt{x}}{2x}dx = \int\limits_1^{10} \frac{\frac{1}{2}\cdot\ln x}{2x}dx = \frac{1}{4}\cdot\int\limits_1^{10}\frac{\ln x}{x}dx$

(Substitution: $\ln x=u;\ \frac{dx}{x}=du$
$x=1 \Rightarrow u=0;\ \ x=10 \Rightarrow u=\ln 10)$

$$= \frac{1}{4}\cdot\int\limits_0^{\ln 10} u\,du = \frac{u^2}{8}\Big|_0^{\ln 10} = \frac{(\ln 10)^2}{8};$$

g) $\int\limits_0^1 \sqrt{x}\cdot\sqrt{(1+x\cdot\sqrt{x})}\,dx = \int\limits_0^1 x^{\frac{1}{2}}\cdot\left(1+x^{\frac{3}{2}}\right)^{\frac{1}{2}}dx$

(Substitution: $1+x^{\frac{3}{2}}=u;\ \frac{3}{2}x^{\frac{1}{2}}=du;\ x=0\Rightarrow u=1;\ x=1\Rightarrow u=2)$

$$= \frac{2}{3}\int\limits_1^2 u^{\frac{1}{2}}du = \frac{4}{9}u^{\frac{3}{2}}\Big|_1^2 = \frac{4}{9}\cdot(2^{\frac{3}{2}}-1) = \frac{4}{9}\cdot(2\cdot\sqrt{2}-1);$$

h) $\int_0^{\frac{\pi}{2}} \underbrace{x^2}_{f} \cdot \underbrace{\sin x}_{g'} \, dx = -x^2 \cdot \cos x \Big|_0^{\frac{\pi}{2}} + \int_0^{\frac{\pi}{2}} \underbrace{2x}_{f} \cdot \underbrace{\cos x}_{g'} \, dx$

$= 0 + 2x \cdot \sin x \Big|_0^{\pi/2} + 2\cos x \Big|_0^{\pi/2} = \pi - 2\,;$

i) $\int_e^{e^5} \frac{dx}{x \cdot \ln x}$ (Substitution: $\ln x = u\,;\ \frac{dx}{x} = du$

$x = e \Rightarrow u = 1\,;\ \ x = e^5 \Rightarrow u = 5$)

$= \int_1^5 \frac{du}{u} = \ln u \Big|_1^5 = \ln 5\,;$

j) $\int_0^{\pi} \underbrace{x^3}_{f} \cdot \underbrace{\sin x}_{g'} \, dx = -x^3 \cdot \cos x \Big|_0^{\pi} + 3 \cdot \int_0^{\pi} \underbrace{x^2}_{f} \cdot \underbrace{\cos x}_{g'} \, dx =$

$= \pi^3 + 3x^2 \cdot \sin x \Big|_0^{\pi} - 6 \cdot \int_0^{\pi} \underbrace{x}_{f} \cdot \underbrace{\sin x}_{g'} \, dx$

$= \pi^3 + 0 + 6x \cdot \cos x \Big|_0^{\pi} - 6 \cdot \int_0^{\pi} \cos x \, dx = \pi^3 - 6\pi\,;$

k) $\int_1^{e^3} \frac{dx}{x \cdot \sqrt[3]{1 + \ln x}}$ (Substitution: $1 + \ln x = u\,;\ \frac{dx}{x} = du$

$x = 1 \Rightarrow u = 1\,;\ \ x = e^3 \Rightarrow u = 4$)

$= \int_1^4 u^{-\frac{1}{3}} du = \frac{3}{2} \cdot u^{\frac{2}{3}} \Big|_1^4 = \frac{3}{2} \cdot \left(4^{\frac{2}{3}} - 1\right) = \frac{2}{3} \cdot \left(\sqrt[3]{16} - 1\right);$

l) $\int_1^e \underbrace{\ln x}_{f} \cdot \underbrace{\sqrt{x}}_{g'} \, dx = \frac{2}{3} \cdot x^{\frac{3}{2}} \cdot \ln x \Big|_1^e - \frac{2}{3} \int_1^e x^{\frac{3}{2}} \cdot \frac{1}{x} dx$

$= \frac{2}{3} e \cdot \sqrt{e} - \frac{4}{9} x \cdot \sqrt{x} \Big|_1^e = \frac{2}{3} e \cdot \sqrt{e} - \frac{4}{9} e \cdot \sqrt{e} + \frac{4}{9} = \frac{2}{9} e \cdot \sqrt{e} + \frac{4}{9}\,;$

m) $\int_0^1 \underbrace{x^2}_{f} \cdot \underbrace{2x \cdot e^{x^2}}_{g'} \, dx = x^2 \cdot e^{x^2} \Big|_0^1 - \int_0^1 2x \cdot e^{x^2} dx$

$= e - e^{x^2} \Big|_0^1 = e - e + 1 = 1\,.$

A 14.3 a) $\int_0^{\infty} e^{-5x} dx = \lim\limits_{b \to \infty} \int_0^b e^{-5x} dx = \lim\limits_{b \to \infty} -\frac{1}{5} \cdot e^{-5x} \Big|_0^b$

$= -\lim\limits_{b \to \infty} \frac{1}{5} \cdot (e^{-5b} - 1) = \frac{1}{5}\,;$

b) $\int_1^{\infty} \frac{x^2 + x + 5}{x^4} dx = \lim\limits_{b \to \infty} \int_1^b \left(\frac{1}{x^2} + \frac{1}{x^3} + \frac{5}{x^4}\right) dx$

$= \lim\limits_{b \to \infty} \left(-\frac{1}{x} - \frac{1}{2x^2} - \frac{5}{3x^3}\right)\Big|_1^b = 1 + \frac{1}{2} + \frac{5}{3} = \frac{19}{6}\,;$

c) $\int\limits_1^\infty \frac{e^{\frac{1}{x}}}{x^2}\,dx = \lim\limits_{b\to\infty} \int\limits_1^b \frac{e^{\frac{1}{x}}}{x^2}\,dx = \lim\limits_{b\to\infty} -e^{\frac{1}{x}}\Big|_1^b = \lim\limits_{b\to\infty}(e - e^{\frac{1}{b}}) = e - 1;$

d) $\int\limits_{-\infty}^0 x^2 \cdot e^x\,dx = \lim\limits_{b\to\infty} \int\limits_{-b}^0 x^2 \cdot e^x\,dx;$ aus

$$\int \underbrace{x^2}_{f} \cdot \underbrace{e^x}_{g'}\,dx = x^2 \cdot e^x - 2\int \underbrace{x}_{f} \cdot \underbrace{e^x}_{g'}\,dx = x^2 \cdot e^x - 2x e^x + 2\int e^x\,dx$$

$$= (x^2 - 2x + 2) \cdot e^x + C$$

folgt

$$\int\limits_{-b}^0 x^2 \cdot e^x\,dx = (x^2 - 2x + 2) \cdot e^x\Big|_{-b}^0 = 2 - (b^2 + 2b + 2) \cdot e^{-b}.$$

Wegen $\lim\limits_{b\to\infty} b^k \cdot e^{-b} = 0$ für $k = 0, 1, 2, \ldots$ folgt hieraus

$\lim\limits_{b\to\infty} [2 - (b^2 + 2b + 2) \cdot e^{-b}] = 2;$ damit gilt

$$\int\limits_{-\infty}^0 x^2 \cdot e^x\,dx = 2;$$

e) $\int\limits_0^1 \frac{dx}{x^\alpha} = \lim\limits_{\varepsilon\to 0} \int\limits_\varepsilon^1 \frac{dx}{x^\alpha};$

1. Fall: $\alpha = 1 \Rightarrow \int\limits_0^1 \frac{dx}{x} = \lim\limits_{\varepsilon\to 0} \ln x\,\Big|_\varepsilon^1 = \lim\limits_{\varepsilon\to 0}(-\ln\varepsilon) = \infty$ (divergent);

2. Fall: $\alpha \neq 1 \Rightarrow \int\limits_\varepsilon^1 \frac{dx}{x^\alpha} = \frac{x^{1-\alpha}}{1-\alpha}\Big|_\varepsilon^1 = \frac{1}{1-\alpha} \cdot (1 - \varepsilon^{1-\alpha});$

$$\lim_{\varepsilon\to 0} \int\limits_\varepsilon^1 \frac{dx}{x^\alpha} = \begin{cases} \frac{1}{1-\alpha} & \text{für } \alpha < 1; \\ \infty & \text{für } \alpha > 1. \end{cases}$$

Damit gilt allgemein

$$\int\limits_0^1 \frac{dx}{x^\alpha} = \begin{cases} \frac{1}{1-\alpha} & \text{für } \alpha < 1 \text{ (konvergent)}; \\ \infty & \text{für } \alpha \geq 1 \text{ (divergent)}. \end{cases}$$

f) $\int\limits_0^{20} \frac{dx}{\sqrt[3]{(x-5)^2}} = \int\limits_0^5 \frac{dx}{\sqrt[3]{(x-5)^2}} + \int\limits_5^{20} \frac{dx}{\sqrt[3]{(x-5)^2}}$

$$= \lim_{\varepsilon\to 0} \int\limits_0^{5-\varepsilon} (x-5)^{-\frac{2}{3}}\,dx + \lim_{\varepsilon\to 0} \int\limits_{5+\varepsilon}^{20} (x-5)^{-\frac{2}{3}}\,dx$$

$$= \lim_{\varepsilon\to 0} 3 \cdot \sqrt[3]{x-5}\,\Big|_0^{5-\varepsilon} + \lim_{\varepsilon\to 0} 3 \cdot \sqrt[3]{x-5}\,\Big|_{5+\varepsilon}^{20}$$

$$= \lim_{\varepsilon\to 0} 3 \cdot (\sqrt[3]{5} - \sqrt[3]{\varepsilon}) + \lim_{\varepsilon\to 0} 3 \cdot (\sqrt[3]{15} - \sqrt[3]{\varepsilon})$$

$$= 3 \cdot (\sqrt[3]{5} + \sqrt[3]{15});$$

g) $\int\limits_0^3 \frac{x}{\sqrt{9-x^2}}\,dx = \lim\limits_{\substack{a\to 3\\ a<3}} \int\limits_0^a \frac{x}{\sqrt{9-x^2}}\,dx$

(Substitution: $9 - x^2 = u\,;\ x\,dx = -\frac{1}{2}du$)

$$= -\frac{1}{2}\cdot \lim_{a\to 3} \int\limits_9^{9-a^2} u^{-\frac{1}{2}}\,du$$

$$= \lim_{a\to 3} -u^{\frac{1}{2}}\Big|_9^{9-a^2} = \lim_{a\to 3}\left(-\sqrt{9-a^2}+\sqrt{9}\right) = 3\,;$$

h) $\int\limits_1^e \frac{dx}{x\cdot\sqrt{\ln x}} = \lim\limits_{\varepsilon\to 0} \int\limits_{1+\varepsilon}^e \frac{dx}{x\cdot\sqrt{\ln x}}$

(Substitution: $\ln x = u\,;\ \frac{dx}{x} = du$)

$$= \lim_{\varepsilon\to 0} \int\limits_{\ln(1+\varepsilon)}^{1} \frac{du}{\sqrt{u}} = \lim_{\varepsilon\to 0} 2\sqrt{u}\,\Big|_{\ln(1+\varepsilon)}^{1}$$

$$= \lim_{\varepsilon\to 0}\left(2 - 2\cdot\sqrt{\ln(1+\varepsilon)}\right) = 2\,.$$

A 14.4 $\int\limits_1^c \frac{dx}{x\cdot(\ln x)^\alpha} = \lim\limits_{\varepsilon\to 0} \int\limits_{1+\varepsilon}^c \frac{dx}{x\cdot(\ln x)^\alpha}$

(Substitution: $\ln x = u\,;\ \frac{dx}{x} = du$)

$$= \lim_{\varepsilon\to 0} \int\limits_{\ln(1+\varepsilon)}^{\ln c} \frac{du}{u^\alpha}\,;$$

1. Fall: $\alpha < 1 \;\Rightarrow\; \lim\limits_{\varepsilon\to 0} \int\limits_{\ln(1+\varepsilon)}^{\ln c} \frac{du}{u^\alpha} = \lim\limits_{\varepsilon\to 0} \frac{u^{1-\alpha}}{1-\alpha}\Big|_{\ln(1+\varepsilon)}^{\ln c}$

$$= \lim_{\varepsilon\to 0} \frac{(\ln c)^{1-\alpha} - (\ln(1+\varepsilon))^{1-\alpha}}{1-\alpha} = \frac{(\ln c)^{1-\alpha}}{1-\alpha}\,;$$

2. Fall: $\alpha = 1 \;\Rightarrow\; \lim\limits_{\varepsilon\to 0} \int\limits_{\ln(1+\varepsilon)}^{\ln c} \frac{du}{u} = \lim\limits_{\varepsilon\to 0} \ln u\,\Big|_{\ln(1+\varepsilon)}^{\ln c}$

$$= \lim_{\varepsilon\to 0}[\,\ln(\ln c) - \ln(\underbrace{\ln(1+\varepsilon)}_{\to 0})) = +\infty\,;$$

3. Fall: $\alpha > 1 \;\Rightarrow\; \lim\limits_{\varepsilon\to 0} \int\limits_{\ln(1+\varepsilon)}^{\ln c} \frac{du}{u^\alpha} = \lim\limits_{\varepsilon\to 0} \frac{u^{1-\alpha}}{\alpha-1}\Big|_{\ln(1+\varepsilon)}^{\ln c}$

$$= \frac{1}{\alpha-1}\left(\lim_{\varepsilon\to 0}(\ln c)^{1-\alpha} - (\ln(1+\varepsilon)^{1-\alpha}\right) = +\infty\,.$$

Damit gilt

$$\int\limits_1^c \frac{dx}{x\cdot(\ln x)^\alpha} = \begin{cases} \dfrac{(\ln c)^{1-\alpha}}{1-\alpha} & \text{für } \alpha < 1\,;\\ +\infty & \text{für } \alpha \geq 1\,. \end{cases}$$

15. Anwendungen der Integralrechnung

A 15.1 Koordinaten der Schnittpunkte der Parabel mit g_2:

$x^2 = 3 - 2x; \quad x_1 = -3; \, x_2 = 1;$

$$F_1 = \int_{-3}^{-1} (3 - 2x - x^2)\, dx + \int_{-1}^{0} [(3 - 2x) - (3 + 2x)]\, dx$$

$$= (3x - x^2 - \tfrac{x^3}{3})\Big|_{-3}^{-1} - 2x^2\Big|_{-1}^{0}$$

$$= -3 - 1 + \tfrac{1}{3} + 9 + 9 - 9 + 2$$

$$= \tfrac{22}{3}.$$

Da die y-Achse Symmetrie-Achse ist, gilt $F_2 = F_1 = \frac{22}{3}$;

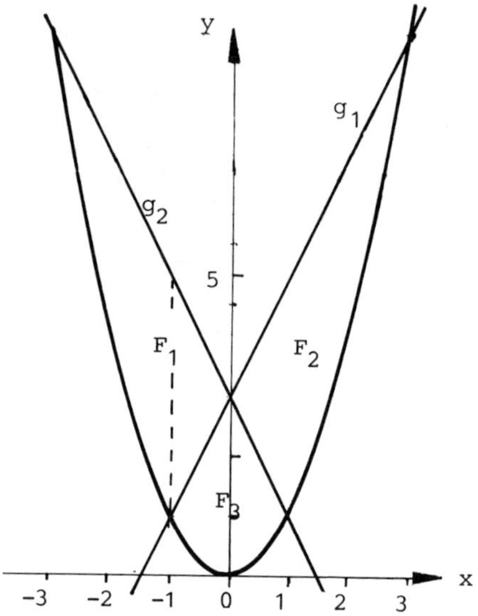

$$F_3 = 2 \cdot \int_0^1 (3 - 2x - x^2)\, dx = 2 \cdot (3x - x^2 - \tfrac{x^3}{3})\Big|_0^1 = \tfrac{10}{3}.$$

A 15.2 $\varepsilon_f(x) = x \cdot \dfrac{f'(x)}{f(x)} = 2x^2 + x;$

$$\int \frac{f'(x)}{f(x)} dx = \int (2x + 1) dx; \qquad \ln|f(x)| = x^2 + x + C;$$

$$|f(x)| = e^{x^2 + x + C} = e^C \cdot e^{x^2 + x} = \tilde{c} \cdot e^{x^2 + x} \text{ mit } \tilde{c} > 0;$$

$$f(x) = \pm \tilde{c} \cdot e^{x^2 + x} = c \cdot e^{x^2 + x} \text{ mit } c \neq 0;$$

$$f(0) = c = 5 \quad \Rightarrow \quad f(x) = 5 \cdot e^{x^2 + x}.$$

A 15.3 $\varepsilon_f(x) = x \cdot \dfrac{f'(x)}{f(x)} = x^2 \cdot e^x; \quad \dfrac{f'(x)}{f(x)} = x \cdot e^x$

$$\int \frac{f'(x)}{f(x)} dx = \int x \cdot e^x \, dx = x \cdot e^x - \int e^x = (x - 1) \cdot e^x + C;$$

$$\ln|f(x)| = (x - 1) \cdot e^x + C;$$

$$|f(x)| = e^{(x - 1) \cdot e^x + C} = e^C \cdot e^{(x - 1) \cdot e^x} = \tilde{c} \cdot e^{(x - 1) \cdot e^x}; \; \tilde{c} > 0;$$

$$f(x) = \pm \tilde{c} \cdot e^{(x - 1) \cdot e^x} = c \cdot e^{(x - 1) \cdot e^x} \text{ mit } c \neq 0;$$

$$f(1) = c = 2 \;\Rightarrow\; f(x) = 2\, e^{(x - 1) \cdot e^x}.$$

A 15.4 $K(t) - K(0) = \int_0^t 2u\, e^{-u^2} du = -e^{-u^2}\Big|_0^t = 1 - e^{-t^2}$;

$K(t) = K(0) + 1 - e^{-t^2} = 6 - e^{-t^2}$;

$5{,}5 = K(T) = 6 - e^{-T^2}; \quad e^{-T^2} = \frac{1}{2}; \; -T^2 = \ln(\tfrac{1}{2}) = -\ln 2$;

$T = \sqrt{\ln 2}$.

A 15.5 a) $\frac{2\,275}{\sqrt{p}} = 30 + \sqrt{p}; \quad \sqrt{p} = z$;

$2\,275 = 30z + z^2; \quad z^2 + 30z = 2\,275$;

$(z+15)^2 = 2\,275 + 225 = 2\,500; \; z_{1,2} = -15 \pm 50$;

$z = 35$ (positive Lösung); $p_M = 35^2 = 1\,225$;

b) $K = \int_{1225}^{1600} \frac{2\,275}{\sqrt{p}} dp = 4\,450 \cdot \sqrt{p}\,\Big|_{1225}^{1600} = 4\,450 \cdot (40 - 35) = 22\,750$;

c) $P = \int_{400}^{1225} (30 + \sqrt{p})\, dp = (30p + \frac{2}{3} \cdot p \cdot \sqrt{p}\,)\Big|_{400}^{1225}$

$= 30 \cdot (1\,225 - 400) + \frac{2}{3} \cdot (1\,225 \cdot 35 - 400 \cdot 20) = 48\,000$ GE.

A 15.6 a) $v(T) = \int_0^T \underbrace{(2 + 2t + 0{,}01t^2)}_{f} \cdot \underbrace{e^{-0{,}08t}}_{g'} dt$

$= -12{,}5 \cdot (2 + 2t + 0{,}01t^2) \cdot e^{-0{,}08t}\Big|_0^T$

$+ 12{,}5 \cdot \int_0^T \underbrace{(2 + 0{,}02t)}_{f} \cdot \underbrace{e^{-0{,}08t}}_{g'} dt$

$= 25 - (25 + 25T + 0{,}125T^2) \cdot e^{-0{,}08T}$

$- 12{,}5^2 \cdot (2 + 0{,}02t) \cdot e^{-0{,}08t}\Big|_0^T + 12{,}5^2 \cdot 0{,}02 \int_0^T e^{-0{,}08t} dt$

$= 25 - (25 + 25T + 0{,}125T^2) \cdot e^{-0{,}08T} + 12{,}5^2 \cdot 2$

$- 12{,}5^2 \cdot (2 + 0{,}02T) \cdot e^{-0{,}08T} - 12{,}5^3 \cdot 0{,}02\, e^{-0{,}08t}\Big|_0^T$

$= 376{,}5625 - (376{,}5625 + 28{,}125T + 0{,}125T^2) \cdot e^{-0{,}08T}$;

b) $K(T) = v(T) \cdot e^{0{,}08T}$

$= 376{,}5625 \cdot e^{0{,}08T} - (376{,}5625 + 28{,}125T + 0{,}125T^2)$;

c) $\lim_{T\to\infty} v(T) = 376{,}5625$;

d) $1 + \frac{p_{eff}}{100} = e^{0{,}08}$; $p_{eff} = 100 \cdot (e^{0{,}08} - 1) = 8{,}3287\,\%$.

A 15.7 a) $\varepsilon_f(x) = x \cdot \frac{f'(x)}{f(x)} = c$; $\frac{f'(x)}{f(x)} = \frac{c}{x}$;

$\int \frac{f'(x)}{f(x)}\,dx = \int \frac{c}{x}\,dx$;

$\ln|f(x)| = c \cdot \ln|x| + C = \ln|x^c| + C$;

$\ln\left|\frac{f(x)}{x^c}\right| = C$; $\left|\frac{f(x)}{x^c}\right| = e^C = \tilde{d}$; $\tilde{d} > 0$;

$f(x) = \pm\tilde{d} \cdot x^c = d \cdot x^c$ mit $d \in \mathbb{R}, d \neq 0$;

b) $\varepsilon_f(x) = x \cdot \frac{f'(x)}{f(x)} = c \cdot x^\alpha$; $\frac{f'(x)}{f(x)} = c \cdot x^{\alpha - 1}$;

$\ln|f(x)| = \frac{c \cdot x^\alpha}{\alpha} + C$; $|f(x)| = e^C \cdot e^{\frac{c \cdot x^\alpha}{\alpha}}$;

$f(x) = b \cdot e^{\frac{c \cdot x^\alpha}{\alpha}}$, $b \neq 0$.

A 15.8 $K = \int_1^{p_o} \frac{dp}{1+p} = \ln(1+p)\Big|_1^{p_o} = \ln(1+p_o) - \ln 2 = \ln\frac{1+p_o}{2} = 2$;

$\frac{1+p_o}{2} = e^2$; $p_o = 2e^2 - 1 \approx 13{,}7781$.

A 15.9 a) $f(p) = p^3 \cdot e^{-p}$;

$f'(p) = (3p^2 - p^3) \cdot e^{-p} = p^2 \cdot (3-p) \cdot e^{-p} < 0$

$\Leftrightarrow 3 - p < 0 \Leftrightarrow p > 3$;

b) $\int \underbrace{p^3}_{f} \cdot \underbrace{e^{-p}}_{g'}\,dp = -p^3 \cdot e^{-p} + 3\int \underbrace{p^2}_{f} \cdot \underbrace{e^{-p}}_{g'}\,dp$

$= -p^3 e^{-p} - 3p^2 e^{-p} + 6\int \underbrace{p}_{f} \cdot \underbrace{e^{-p}}_{g'}\,dp$

$= -p^3 e^{-p} - 3p^2 e^{-p} - 6p e^{-p} + 6\int e^{-p}\,dp$

$= -(p^3 + 3p^2 + 6p + 6) \cdot e^{-p}$;

$K = \int_5^{10} p^3 e^{-p}\,dp = -(p^3 + 3p^2 + 6p + 6) \cdot e^{-p}\Big|_5^{10}$

$= 236 \cdot e^{-5} - 1366 \cdot e^{-10} \approx 1{,}5281$ GE.

$$\begin{aligned} K_\infty &= \int_5^\infty p^3 e^{-p} dp = \lim_{b\to\infty} \int_5^b p^3 e^{-p} dp \\ &= 236 \cdot e^{-5} - \lim_{b\to\infty} (b^3 + 3b^2 + 6b + 6) \cdot e^{-b} \\ &= 236 \cdot e^{-5} - 0 \approx 1{,}5902 . \end{aligned}$$

A 15.10 a)
$$\begin{aligned} v(T) &= 10^5 \cdot \int_1^T \left(\frac{10\,000}{t^2} + 5\right) \cdot e^{\frac{100}{t} - 0{,}05\,t} dt \\ &= 10^7 \cdot \int_1^T \left(\frac{100}{t^2} + 0{,}05\right) \cdot e^{\frac{100}{t} - 0{,}05\,t} dt \\ &= -10^7 \cdot e^{\frac{100}{t} - 0{,}05\,t} \Big|_1^T \\ &= 10^7 \cdot \left(e^{99{,}95} - e^{\frac{100}{T} - 0{,}05\,T}\right); \end{aligned}$$

b) $\lim\limits_{T\to\infty} v(T) = 10^7 \cdot e^{99{,}95}$.

A 15.11 $K(T) = \int_0^T 2t\, e^{-t^2} = -e^{-t^2} \Big|_0^T = 1 - e^{-T^2} = 1 - e^{-4}$;

$T^2 = 4 \;\Rightarrow\; T = 2$.

16. Stetigkeit und partielle Ableitungen von Funktionen mehrerer Variablen

A 16.1 a) $D = \{(x, y) \in \mathbb{R}^2 \mid y \geq \frac{5}{x^2}\}$;

b) $D = \{(x, y) \in \mathbb{R} \mid x \neq 0 \text{ und } y \neq 0\}$;

Die Funktion f ist auf den beiden Koordinatenachsen nicht definiert.

c) $D = \{(x, y) \mid x > 0,\ y > x + 1\} \cup \{(x, y) \mid x < 0,\ x < y < x + 1\}$;

d) $D = \{(x, y) \mid x > 0,\ y > 0\} \cup \{(x, y) \mid x < 0,\ y < 0\}$;

erster und dritter Quadrant ohne Koordinatenachsen.

e) $D = \{ (x, y) \mid 4 \le x^2 + y^2 \le 25 \}$;
Bereich zwischen oder auf den konzentrischen Kreisen um den Koordinatenurspung O mit den Radien 2 und 5.

$D = \mathbb{R}^2 \setminus \{ (0, 0) \}$;

g) $D = \emptyset$; f ist für kein $(x, y) \in \mathbb{R}^2$ erklärt.

A 16.2 a) An jeder Stelle $(x_0, y_0) \neq (0, 0)$ ist f stetig;

$(x_0, y_0) = (0, 0)$ (Koordinatenursprung):

(x, y) konvergiere gegen Null mit $y^2 = \alpha \cdot x^2$ mit $\alpha > 0$;

$$\lim_{\substack{x \to 0 \\ y \to 0}} f(x, y) = \lim_{x \to 0} \frac{\alpha \cdot x^4}{x^4 + \alpha^2 \cdot x^4} = \lim_{x \to 0} \frac{\alpha}{1 + \alpha^2} \neq 0 \text{ für } \alpha > 0;$$

f ist an der Stelle $(0, 0)$ nicht stetig.

b) An jeder Stelle (x_0, y_0) mit $x_0^2 + y_0^2 \neq 1$ ist f stetig.

(x_n, y_n) sei eine Folge mit $x_n^2 + y_n^2 \neq 1$;

$\lim\limits_{n \to \infty} (x_n, y_n) = (x_0, y_0)$ mit $x_0^2 + y_0^2 = 1$, also $f(x_0, y_0) = 0$;

$z_n^2 = x_n^2 + y_n^2$ mit $\lim\limits_{n \to \infty} z_n^2 = 1$ ergibt

$$f(x_n, y_n) = \frac{\sqrt{x_n^2 + y_n^2 + 3} - 2}{x_n^2 + y_n^2 - 1} = \frac{\sqrt{z_n^2 + 3} - 2}{z_n^2 - 1}$$

$$= \frac{(\sqrt{z_n^2 + 3} - 2) \cdot (\sqrt{z_n^2 + 3} + 2)}{(z_n^2 - 1) \cdot (\sqrt{z_n^2 + 3} + 2)}$$

$$= \frac{z_n^2 + 3 - 4}{(z_n^2 - 1) \cdot (\sqrt{z_n^2 + 3} + 2)} = \frac{1}{\sqrt{z_n^2 + 3} + 2}.$$

Wegen $\lim\limits_{n \to \infty} z_n^2 = 1$ folgt hieraus

$\lim\limits_{n \to \infty} f(x_n, y_n) = \frac{1}{4} \neq f(x_0, y_0) = 0.$

f ist nicht stetig.

A 16.3 a) $f(x,y)=\sqrt{1+2x^2-3y^2}$;

$$f_x(x,y)=\frac{2x}{\sqrt{1+2x^2-3y^2}};\qquad f_y(x,y)=-\frac{3y}{\sqrt{1+2x^2-3y^2}};$$

$$f_{xx}(x,y)=\frac{2\cdot\sqrt{1+2x^2-3y^2}-\dfrac{2x\cdot 4x}{2\cdot\sqrt{1+2x^2-3y^2}}}{(1+2x^2-3y^2)}$$

$$=\frac{2\cdot(1+2x^2-3y^2)-4x^2}{(1+2x^2-3y^2)\cdot\sqrt{1+2x^2-3y^2}}$$

$$=\frac{2-6y^2}{(1+2x^2-3y^2)\cdot\sqrt{1+2x^2-3y^2}};$$

$$f_{yy}(x,y)=-\frac{3\cdot\sqrt{1+2x^2-3y^2}+\dfrac{3y\cdot 6y}{2\cdot\sqrt{1+2x^2-3y^2}}}{(1+2x^2-3y^2)}$$

$$=-\frac{3\cdot(1+2x^2-3y^2)+18y^2}{(1+2x^2-3y^2)\cdot\sqrt{1+2x^2-3y^2}}$$

$$=-\frac{3\cdot(1+2x^2-3y^2)+9y^2}{(1+2x^2-3y^2)\cdot\sqrt{1+2x^2-3y^2}}$$

$$=-\frac{3+6x^2}{(1+2x^2-3y^2)\cdot\sqrt{1+2x^2-3y^2}};$$

$$f_{xy}(x,y)=\frac{\dfrac{2x\cdot 6y}{2\cdot\sqrt{1+2x^2-3y^2}}}{1+2x^2-3y^2}=\frac{6xy}{(1+2x^2-3y^2)\cdot\sqrt{1+2x^2-3y^2}}$$

$$=f_{yx}(x,y);$$

b) $f(x,y)=\ln\frac{x^2\cdot y}{x-y}=2\cdot\ln x+\ln y-\ln(x-y)$;

$$f_x(x,y)=\tfrac{2}{x}-\tfrac{1}{x-y};\qquad f_y(x,y)=\tfrac{1}{y}+\tfrac{1}{x-y};$$

$$f_{xx}(x,y)=-\frac{2}{x^2}+\frac{1}{(x-y)^2};\qquad f_{yy}(x,y)=-\frac{1}{y^2}+\frac{1}{(x-y)^2};$$

$$f_{xy}(x,y)=f_{yx}(x,y=-\frac{1}{(x-y)^2};$$

c) $f(x,y) = e^{x-y^2} + \sin(x+y) - x \cdot \sqrt{1+y^2}$;

$f_x(x,y) = e^{x-y^2} + \cos(x+y) - \sqrt{1+y^2}$;

$f_y(x,y) = -2y\,e^{x-y^2} + \cos(x+y) - \frac{xy}{\sqrt{1+y^2}}$;

$f_{xx}(x,y) = e^{x-y^2} - \sin(x+y)$;

$f_{yy}(x,y) = (4y^2-2) \cdot e^{x-y^2} - \sin(x+y) - \frac{x}{(1+y^2)^{\frac{3}{2}}}$;

$f_{xy}(x,y) = f_{yy}(x,y) = -2y\,e^{x-y^2} - \sin(x+y) - \frac{y}{\sqrt{1+y^2}}$;

d) $f(x,y) = \frac{xy}{x^2+y^2}$;

$f_x(x,y) = \frac{y \cdot (x^2+y^2) - x \cdot y \cdot 2x}{(x^2+y^2)^2} = \frac{y^3 - yx^2}{(x^2+y^2)^2}$;

$f_y(x,y) = \frac{x^3 - xy^2}{(x^2+y^2)^2}$ (aus Symmetriegründen);

$$f_{xx}(x,y) = \frac{(x^2+y^2)^2 \cdot (-2x \cdot y) - (y^3 - yx^2) \cdot 2 \cdot (x^2+y^2) \cdot 2x}{(x^2+y^2)^4} = \frac{2x^3y - 6xy^3}{(x^2+y^2)^3};$$

$f_{yy}(x,y) = \frac{2y^3x - 6yx^3}{(x^2+y^2)^3}$ (aus Symmetriegründen);

$f_{xy}(x,y) = f_{yx}(x,y) = \frac{6x^2y^2 - x^4 - y^4}{(x^2+y^2)^3}$;

e) $f(x,y,z) = x \cdot \ln\frac{y}{z} = x \cdot (\ln y - \ln z) = x \cdot \ln y - x \cdot \ln z$;

$f_x(x,y,z) = \ln\frac{y}{z}$; $f_y(x,y,z) = \frac{x}{y}$; $f_z(x,y,z) = -\frac{x}{z}$;

$f_{xx}(x,y,z) = 0$; $f_{yy}(x,y,z) = -\frac{x}{y^2}$; $f_{zz}(x,y,z) = \frac{x}{z^2}$;

$f_{xy}(x,y,z) = f_{yx}(x,y,z) = \frac{1}{y}$;

$f_{xz}(x,y,z) = f_{zx}(x,y,z) = -\frac{1}{z}$;

$f_{yz}(x,y,z) = f_{zy}(x,y,z) = 0$;

f) $f(x,y,z) = x^{\frac{y}{z}}$;

$$f_x(x,y,z) = \tfrac{y}{z}\cdot x^{\frac{y}{z}-1}; \qquad f_y(x,y,z) = \tfrac{1}{z}\cdot x^{\frac{y}{z}}\cdot \ln x;$$

$$f_z(x,y,z) = -\frac{y}{z^2}\cdot x^{\frac{y}{z}}\cdot \ln x;$$

$$f_{xx}(x,y,z) = \tfrac{y}{z}\cdot(\tfrac{y}{z}-1)\cdot x^{\frac{y}{z}-2}; \quad f_{yy}(x,y,z) = \frac{1}{z^2}\cdot x^{\frac{y}{z}}\cdot(\ln x)^2;$$

$$f_{zz}(x,y,z) = \frac{2y}{z^3}x^{\frac{y}{z}}\ln x + \frac{y^2}{z^4}x^{\frac{y}{z}}(\ln x)^2 = x^{\frac{y}{z}}\cdot\frac{y}{z^3}\cdot\ln x\cdot(2+\tfrac{y}{x}\cdot\ln x);$$

$$\begin{aligned} f_{xy}(x,y,z) = f_{yx}(x,y,z) &= \tfrac{1}{z}\cdot x^{\frac{y}{z}-1} + \frac{y}{z^2}\cdot x^{\frac{y}{z}-1}\cdot \ln x \\ &= \tfrac{1}{z}\cdot x^{\frac{y}{z}-1}\cdot\Big(1+\tfrac{y}{z}\cdot\ln x\Big); \end{aligned}$$

$$f_{xz}(x,y,z) = f_{zx}(x,y,z) = -\frac{y}{z^2}\cdot x^{\frac{y}{z}-1}\cdot\Big(1+\tfrac{y}{z}\cdot\ln x\Big);$$

$$f_{yz}(x,y,z) = f_{zy}(x,y,z) = -\frac{1}{z^2}\cdot x^{\frac{y}{z}}\cdot\ln x\cdot\Big(1+\tfrac{y}{z}\cdot\ln x\Big);$$

g) $f(x,y,z) = -\tfrac{1}{5}\cdot\ln(x^2+y^2+z^2)$;

$$f_x(x,y,z) = -\frac{2}{5}\cdot\frac{x}{x^2+y^2+z^2}; \quad f_y(x,y,z) = -\frac{2}{5}\cdot\frac{y}{x^2+y^2+z^2};$$

$$f_z(x,y,z) = -\frac{2}{5}\cdot\frac{z}{x^2+y^2+z^2};$$

$$f_{xx}(x,y,z) = -\frac{2}{5}\cdot\frac{-x^2+y^2+z^2}{(x^2+y^2+z^2)^2};$$

$$f_{yy}(x,y,z) = -\frac{2}{5}\cdot\frac{x^2-y^2+z^2}{(x^2+y^2+z^2)^2};$$

$$f_{zz}(x,y,z) = -\frac{2}{5}\cdot\frac{x^2+y^2-z^2}{(x^2+y^2+z^2)^2};$$

$$f_{xy}(x,y,z) = f_{yx}(x,y,z) = \frac{4}{5}\cdot\frac{x\cdot y}{(x^2+y^2+z^2)^2};$$

$$f_{xz}(x,y,z) = f_{zx}(x,y,z) = \frac{4}{5}\cdot\frac{x\cdot z}{(x^2+y^2+z^2)^2};$$

$$f_{yz}(x,y,z) = f_{zy}(x,y,z) = \frac{4}{5}\cdot\frac{y\cdot z}{(x^2+y^2+z^2)^2}.$$

17. Partielle Elastizitäten und homogene Funktionen

A 17.1 a) $f(x,y) = 5\cdot\sqrt[4]{x}\cdot\sqrt{y} = 5\cdot x^{\frac{1}{4}}\cdot y^{\frac{1}{2}}$;

$$f(\lambda x,\lambda y) = 5\cdot(\lambda\cdot x)^{\frac{1}{4}}\cdot(\lambda\cdot y)^{\frac{1}{2}} = \lambda^{\frac{1}{4}+\frac{1}{2}}\cdot 5\cdot x^{\frac{1}{4}}\cdot y^{\frac{1}{2}}$$

$$= \lambda^{\frac{3}{4}}\cdot f(x,y);\ \text{f ist homogen vom Grad } r = \tfrac{3}{4}.$$

$$f_x(x,y) = \tfrac{5}{4}\cdot x^{-\frac{3}{4}}\cdot y^{\frac{1}{2}};\quad \varepsilon_{x,f}(x,y) = x\cdot\frac{\frac{5}{4}\cdot x^{-\frac{3}{4}}\cdot y^{\frac{1}{2}}}{5\cdot x^{\frac{1}{4}}\cdot y^{\frac{1}{2}}} = \tfrac{1}{4};$$

$$\varepsilon_{y,f}(x,y) = \tfrac{3}{4} - \varepsilon_{x,f}(x,y) = \tfrac{1}{2};$$

b) $f(x,y) = \ln(x\cdot y) + \sqrt{x} + \sqrt{y} = \ln x + \ln y + \sqrt{x} + \sqrt{y}$

ist nicht homogen.

$$f_x(x,y) = \tfrac{1}{x} + \frac{1}{2\cdot\sqrt{x}};\qquad f_y(x,y) = \tfrac{1}{y} + \frac{1}{2\cdot\sqrt{y}};$$

$$\varepsilon_{x,f}(x,y) = \frac{1+\frac{\sqrt{x}}{2}}{\ln(x\cdot y) + \sqrt{x} + \sqrt{y}};$$

$$\varepsilon_{y,f}(x,y) = \frac{1+\frac{\sqrt{y}}{2}}{\ln(x\cdot y) + \sqrt{x} + \sqrt{y}};$$

c) $f(x,y) = \frac{x}{y} + \ln x - \ln y$;

$$f(\lambda x,\lambda y) = \frac{\lambda x}{\lambda y} + \ln(\lambda\cdot x) - \ln(\lambda\cdot y)$$

$$= \tfrac{x}{y} + \ln\lambda + \ln x - \ln\lambda - \ln y = f(x,y) = \lambda^0\cdot f(x,y);$$

f ist homogen vom Grad $r = 0$.

$$f_x(x,y) = \tfrac{1}{y} + \tfrac{1}{x};\quad \varepsilon_{x,f}(x,y) = \frac{1+\frac{x}{y}}{\frac{x}{y} + \ln x - \ln y};$$

$$\varepsilon_{y,f}(x,y) = r - \varepsilon_{x,f}(x,y) = -\varepsilon_{x,f}(x,y).$$

A 17.2 a) $f(x,y) = \ln\left(\frac{x}{2y}\right)^y + \ln\left(\frac{y}{5x}\right)^x = y \cdot \ln\left(\frac{x}{2y}\right) + x \cdot \ln\left(\frac{y}{5x}\right);$

$$f(\lambda x, \lambda y) = \lambda y \cdot \ln\left(\frac{\lambda x}{2\lambda y}\right) + \lambda x \cdot \ln\left(\frac{\lambda y}{5\lambda x}\right) = \lambda \cdot f(x,y);$$

ist homogen vom Grad $r = 1$.

b) $f(x,y) = x^2 \cdot e^{\frac{x+y}{x}} - x \cdot y \cdot e^{\frac{x+y}{x-y}};$

$$f(\lambda x, \lambda y) = \lambda^2 \cdot x^2 \cdot e^{\frac{x+y}{x}} - \lambda^2 \cdot x \cdot y \cdot e^{\frac{x+y}{x-y}} = \lambda^2 \cdot f(x,y);$$

f ist homogen vom Grad $r = 2$.

c) $f(\lambda x, \lambda y) = \lambda x + \sin(\lambda \cdot (x-y)) + \lambda y - \cos(\lambda \cdot (x+y));$

es gibt kein r mit $f(\lambda x, \lambda y) = \lambda^r \cdot f(x,y)$; f ist nicht homogen;

d) $f(x,y) = x \cdot y^2 + x \cdot y; \quad f(\lambda x, \lambda y) = \lambda^3 \cdot x \cdot y^2 + \lambda^2 \cdot x \cdot y$

f ist nicht homogen;

e) $f(x,y) = x \cdot y \cdot \ln\left(\frac{x^2+y^2}{x \cdot y}\right);$

$$f(\lambda x, \lambda y) = \lambda^2 \cdot x \cdot y \cdot \ln\left(\frac{x^2+y^2}{x \cdot y}\right) = \lambda^2 \cdot f(x,y);$$

f ist homogen vom Grad $r = 2$.

A 17.3 a) $h(\lambda x, \lambda y) = f(\lambda x, \lambda y) + g(\lambda x, \lambda y) = \lambda^r \cdot f(x,y) + \lambda^r \cdot g(x,y)$

$= \lambda^r \cdot h(x,y)$ (homogen vom Grad r);

b) $h(\lambda x, \lambda y) = f(\lambda x, \lambda y) \cdot g(\lambda x, \lambda y) = \lambda^r \cdot f(x,y) \cdot \lambda^r \cdot g(x,y)$

$= \lambda^{2r} \cdot h(x,y)$ (homogen vom Grad 2r);

c) $h(\lambda x, \lambda y) = \frac{f(\lambda x, \lambda y)}{g(\lambda x, \lambda y)} = \frac{\lambda^r \cdot f(x,y)}{\lambda^r \cdot g(x,y)} = \frac{f(x,y)}{g(x,y)} = \lambda^0 \cdot h(x,y)$

(homogen vom Grad $r = 0$);

d) $h(\lambda x, \lambda y) = \sqrt{f(\lambda x, \lambda y)} = \sqrt{\lambda^r \cdot f(x,y)} = \lambda^{\frac{r}{2}} \cdot \sqrt{f(x,y)}$

$= \lambda^{\frac{r}{2}} \cdot h(x,y)$ (homogen vom Grad $\frac{r}{2}$).

18. Tangentialebene und totales Differenzial

A 18.1 Länge der Diagonalen $f(x,y) = \sqrt{x^2+y^2}$;

$$f_x(x,y) = \frac{x}{\sqrt{x^2+y^2}}; \qquad f_y(x,y) = \frac{y}{\sqrt{x^2+y^2}};$$

$$df(x,y) = f_x(x,y)\,dx + f_y(x,y)\,dy = \frac{x}{\sqrt{x^2+y^2}}\cdot dx + \frac{y}{\sqrt{x^2+y^2}}\cdot dy;$$

$x = 4$; $dx = -0{,}05$; $y = 3$; $dy = 0{,}1$;

$$df = -\tfrac{4}{5}\cdot 0{,}05 + \tfrac{3}{5}\cdot 0{,}1 = 0{,}02;$$

$\Delta f \approx df = 0{,}02$ Einheiten.

A 18.2 a) Oberfläche $O(r,h) = \pi r^2 + 2\pi r h$;

$O_r(r,h) = 2\pi r + 2\pi h$; $\quad O_h(r,h) = 2\pi r$;

$$\Delta O \approx dO = 2\pi(r+h)\cdot dr + 2\pi r\cdot dh$$
$$= 36\pi\cdot 0{,}2 - 12\pi = -4{,}8\pi\ \text{cm}^2.$$

b) Volumen $V(r,h) = \pi r^2 h$; $\quad V_r(r,h) = 2\pi r h$; $\quad V_h(r,h) = \pi r^2$;

$$\Delta V \approx dV = 2\pi r h\,dr + \pi r^2\,dh = 2\pi\cdot 72\cdot 0{,}2 - \pi\cdot 36$$
$$\approx -7{,}2\pi\ \text{cm}^3.$$

A 18.3 $f(x,y) = \dfrac{x\cdot y}{1+3x^2}$; $\qquad f(1;1) = \frac{1}{4}$;

$$f_x(x,y) = \frac{y\cdot(1+3x^2) - x\cdot y\cdot 6x}{(1+3x^2)^2} = \frac{y\cdot(1-3x^2)}{(1+3x^2)^2}; \quad f_x(1;1) = -\frac{1}{8};$$

$$f_y(x,y) = \frac{x}{1+3x^2}; \qquad f_y(1;1) = \frac{1}{4};$$

$$T_1(x,y) = f(1;1) + f_x(1;1)\cdot(x-1) + f_y(1;1)\cdot(y-1)$$
$$= \tfrac{1}{4} - \tfrac{1}{8}\cdot(x-1) + \tfrac{1}{4}\cdot(y-1)$$
$$= -\tfrac{1}{8}x + \tfrac{1}{4}y + \tfrac{1}{8}.$$

A 18.4 a) Volumen eines Kegels mit dem Radius r und der Höhe h

$$V = \frac{\pi r^2 h}{3}.$$

Nach dem Strahlensatz gilt

$$\frac{d+h}{d} = \frac{r_1}{r_2};$$

$$d \cdot r_2 + h \cdot r_2 = d \cdot r_1;$$

$$d = \frac{h \cdot r_2}{r_1 - r_2}.$$

Volumen des Kegelstumpfes

$$V(r_1, r_2, h) = \underbrace{\frac{\pi}{3} \cdot r_1^2 \cdot (d+h)}_{\text{gesamter Kegel}} - \underbrace{\frac{\pi}{3} \cdot r_2^2 \cdot d}_{\text{oberer Kegel}}$$

$$= \frac{\pi}{3} \cdot d \cdot (r_1^2 - r_2^2) + \frac{\pi}{3} \cdot r_1^2 \cdot h$$

$$= \frac{\pi \cdot h \cdot r_2 \cdot (r_1 - r_2) \cdot (r_1 + r_2)}{3 \cdot (r_1 - r_2)} + \frac{\pi}{3} \cdot r_1^2 \cdot h$$

$$= \frac{\pi}{3} \cdot h \cdot [r_2 \cdot (r_1 + r_2) + r_1^2]$$

$$= \frac{\pi}{3} \cdot h \cdot (r_1^2 + r_2^2 + r_1 \cdot r_2);$$

$$V_{r_1}(r_1, r_2, h) = \frac{\pi}{3} \cdot h \cdot (2 r_1 + r_2);$$

$$V_{r_2}(r_1, r_2, h) = \frac{\pi}{3} \cdot h \cdot (2 r_2 + r_1);$$

$$V_h(r_1, r_2, h) = \frac{\pi}{3} \cdot (r_1^2 + r_2^2 + r_1 \cdot r_2);$$

$$dV = V_{r_1}(r_1, r_2, h) \cdot dr_1 + V_{r_2}(r_1, r_2, h) \cdot dr_2 + V_h(r_1, r_2, h) \cdot dh;$$

$$dr_1 = 0{,}2; \quad dr_2 = 0{,}1; \quad dh = 0{,}3;$$

$$\Delta V \approx dV = \frac{\pi}{3} \cdot 5500 \cdot 0{,}2 + \frac{\pi}{3} \cdot 5000 \cdot 0{,}1 + \frac{\pi}{3} \cdot 3700 \cdot 0{,}3$$

$$= \frac{2\,710\,\pi}{3}\ \text{cm}^3.$$

b) $\frac{\Delta V}{V} \approx \frac{2\,710}{185\,000} = 0{,}01465$ (relative Änderung).

Das Volumen erhöht sich um ungefähr 1,465 %.

19. Extremwerte und Sattelpunkte bei Funktionen von zwei Variablen ohne Nebenbedingung

A 19.1 a) $f(x,y) = y^2 - yx^2 + 4y + 1;$

$f_x(x,y) = -2xy = 0 \quad \Leftrightarrow \quad x = 0 \quad \text{oder } y = 0;$

$f_y(x,y) = 2y - x^2 + 4 = 0;$

$x = 0 \Rightarrow y = -2; \qquad P_1(0; -2);$

$y = 0 \Rightarrow x^2 = 4; \; x = \pm 2; \qquad P_2(2;0); \; P_3(-2;0);$

$f_{xx}(x,y) = -2y; \quad f_{yy}(x,y) = 2; \quad f_{xy}(x,y) = -2x;$

$\Delta = f_{xx}(x,y) \cdot f_{yy}(x,y) - f_{xy}^2(x,y) = -4y - 4x^2;$

$P_1(0; -2)$: $\Delta = 8 > 0$; $f_{xx}(0; -2) = 4 > 0 \Rightarrow$ rel. Minimum;

$P_2(2;0)$; $P_3(-2;0)$: $\Delta = -16 \Rightarrow$ Sattelpunkte.

b) $f(x,y) = y^2 + x^2 y + \frac{1}{2} \cdot x^4 - 2x^2 + 2;$

$f_x(x,y) = 2xy + 2x^3 - 4x = 2x \cdot (y + x^2 - 2);$

$f_y(x,y) = 2y + x^2;$

$f_x(x,y) = 0 \quad \Leftrightarrow \quad x = 0 \quad \text{oder} \quad y + x^2 - 2 = 0; \; y = 2 - x^2;$

$x = 0 \Rightarrow f_y(x,y) = 2y = 0 \Rightarrow y = 0; \qquad P_1(0;0);$

$y = 2 - x^2 \Rightarrow f_y(x,y) = 2y + x^2 = 4 - x^2 = 0; \Rightarrow x = \pm 2;$

$P_2(2; -2); \quad P_3(-2; -2);$

$f_{xx}(x,y) = 2y + 6x^2 - 4; \quad f_{yy}(x,y) = 2; \quad f_{xy}(x,y) = 2x;$

$P_1(0;0)$: $\Delta = -8 < 0 \Rightarrow$ Sattelpunkt;

$P_2(2; -2)$: $\Delta = 16 > 0$; $f_{yy}(2; -2) = 2 > 0 \Rightarrow$ rel. Minimum;

$P_3(-2; -2)$: $\Delta = 16 > 0$; $f_{yy}(-2; -2) = 2 > 0$

$\Rightarrow$ rel. Minimum.

c) $f(x,y) = x^3 + \frac{2y^2}{1+x} - 3x^2; \quad f_x(x,y) = 3x^2 - \frac{2y^2}{(1+x)^2} - 6x;$

$f_y(x,y) = \frac{4y}{1+x}; \quad f_y(x,y) = 0 \Rightarrow y = 0;$

$y = 0 \Rightarrow f_x(x,y) = 3x^2 - 6x = 3x \cdot (x-2) = 0; \; x_1 = 0; \; x_2 = 2;$

Lösungen: $P_1(0;0)$; $P_2(0;0)$; $f_{xy}(x,y) = -\frac{4y}{(1+x)^2}$;

$f_{xx}(x,y) = 6x + \frac{4y^2}{(1+x)^3} - 6$; $f_{yy}(x,y) = \frac{4}{1+x}$;

$P_1(0;0)$: $\Delta = -24 < 0 \Rightarrow$ Sattelpunkt;

$P_2(2;0)$: $\Delta = \frac{24}{3} > 0$; $f_{yy}(2;0) = \frac{4}{3} > 0 \Rightarrow$ rel. Minimum.

d) $f(x,y) = y^2 \cdot (x+2) + (x-6)^2$;

$f_x(x,y) = y^2 + 2\cdot(x-6)$; $f_y(x,y) = 2y\cdot(x+2)$;

$f_y(x,y) = 0 \Leftrightarrow y = 0$ oder $x = -2$;

$y = 0$: $f_x(x,y) = 2\cdot(x-6) = 0$; $x = 6$; $P_1(6;0)$;

$x = -2$: $f_x(x,y) = y^2 - 16 = 0$; $y_1 = 4$ $y_2 = -4$;

Lösungen: $P_1(6;0)$; $P_2(-2;4)$; $P_3(-2;-4)$;

$f_{xx}(x,y) = 2$; $f_{yy}(x,y) = 2\cdot(x+2)$; $f_{xy}(x,y) = 2y$;

$P_1(6;0)$: $\Delta = 32 > 0$; $f_{xx}(6;0) = 2 > 0 \Rightarrow$ rel. Minimum;

$P_2(-2;4)$: $\Delta = -64 < 0 \Rightarrow$ Sattelpunkt;

$P_3(-2;-4)$: $\Delta = -64 < 0 \Rightarrow$ Sattelpunkt.

e) $f(x,y) = 3xy^2 + \frac{9}{2}x^2 - 6y^2 - 45x$;

$f_x(x,y) = 3y^2 + 9x - 45$; $f_y(x,y) = 6xy - 12y = 6y\cdot(x-2)$;

$f_y(x,y) = 0 \Leftrightarrow y = 0$ oder $x = 2$;

$y = 0$: $f_x(x,y) = 9x - 45 = 0 \Leftrightarrow x = 5$; $P_1(5;0)$;

$x = 2$: $f_x(x,y) = 3\cdot(y^2 - 9) = 0$; $y_1 = 3$; $y_2 = -3$;

Lösungen: $P_1(5;0)$; $P_2(2;3)$; $P_3(2;-3)$;

$f_{xx}(x,y) = 9$; $f_{yy}(x,y) = 6x - 12$; $f_{xy}(x,y) = 6y$;

$P_1(5;0)$: $\Delta = 9\cdot 18 > 0$; $f_{xx}(5;0) = 9 > 0 \Rightarrow$ rel. Minimum;

$P_2(2;3)$: $\Delta = -18^2 \Rightarrow$ Sattelpunkt;

$P_3(2;-3)$: $\Delta = -18^2 \Rightarrow$ Sattelpunkt.

f) $f(x,y) = x^2\cdot(e^y - 2) - y^2$;

$f_x(x,y) = 2x\cdot(e^y - 2) = 0 \Leftrightarrow x = 0$ oder $y = \ln 2$;

$f_y(x,y) = x^2\cdot e^y - 2y$;

$x = 0$: $f_y(x,y) = -2y = 0 \Leftrightarrow y = 0$; $P_1(0;0)$;

$y = \ln 2 \Rightarrow f_y(x,y) = x^2 \cdot 2 - 2\ln 2 = 0$; $x = \pm\sqrt{\ln 2}$;

Lösungen: $P_1(0;0)$; $P_2(\sqrt{\ln 2};\ln 2)$; $P_3(-\sqrt{\ln 2};\ln 2)$;

$f_{xx}(x,y) = 2\cdot(e^y - 2)$; $f_{yy}(x,y) = x^2\cdot e^y - 2$; $f_{xy}(x,y) = 2x e^y$;

$P_1(0;0)$: $\Delta = 4 > 0$; $f_{xx}(0;0) = -2 < 0 \Rightarrow$ rel. Maximum;

$P_2(\sqrt{\ln 2};\ln 2)$: $\Delta = -16\cdot\ln 2 < 0 \Rightarrow$ Sattelpunkt;

$P_3(-\sqrt{\ln 2};\ln 2)$: $\Delta = -16\cdot\ln 2 < 0 \Rightarrow$ Sattelpunkt.

g) $f(x,y) = xy - \ln(x+y)^2$;

$$\left.\begin{aligned} f_x(x,y) &= y - \frac{2}{x+y} = 0 \\ f_y(x,y) &= x - \frac{2}{x+y} = 0 \end{aligned}\right\} -$$

$$x = y;\quad x = \frac{2}{2x} \Leftrightarrow x^2 = 1;\quad x_1 = 1;\quad x_2 = -1;$$

Lösungen: $P_1(1;1)$; $P_2(-1;-1)$;

$f_{xx}(x,y) = \frac{2}{(x+y)^2}$; $f_{yy}(x,y) = \frac{2}{(x+y)^2}$;

$f_{xy}(x,y) = 1 + \frac{2}{(x+y)^2}$;

$P_1(1;1)$: $\Delta = -2 < 0 \Rightarrow$ Sattelpunkt;

$P_2(-1;-1)$: $\Delta = -2 < 0 \Rightarrow$ Sattelpunkt.

Die Funktion besitzt keine Extremwerte.

h) $f(x,y) = e^x\cdot(x^2 - y^2)$;

$f_x(x,y) = e^x\cdot(x^2 - y^2 + 2x)$;

$f_y(x,y) = -2y\cdot e^x = 0 \Leftrightarrow y = 0$;

$y = 0 \Rightarrow f_x(x,y) = e^x\cdot x\cdot(x+2) = 0 \Leftrightarrow x_1 = 0$; $x_2 = -2$;

Lösungen: $P_1(0;0)$; $P_2(-2;0)$;

$f_{xx}(x,y) = e^x\cdot(x^2 - y^2 + 2x + 2x + 2) = e^x\cdot(x^2 - y^2 + 4x + 2)$;

$f_{yy}(x,y) = -2e^x$; $f_{xy}(x,y) = -2y e^x$;

$P_1(0;0)$: $\Delta = -4 < 0 \Rightarrow$ Sattelpunkt;

$P_2(-2;0)$: $\Delta = 4\cdot e^{-4} > 0$; $f_{yy}(-2;0) = -2\cdot e^{-2} < 0$

$\Rightarrow$ rel. Maximum.

i) $f(x,y) = e^{(x-1)^2+(y-2)^2}$;

$f_x(x,y) = 2\cdot(x-1)\cdot e^{(x-1)^2+(y-2)^2} = 0 \Leftrightarrow x = 1$;

$f_y(x,y) = 2\cdot(y-2)\cdot e^{(x-1)^2+(y-2)^2} = 0 \Leftrightarrow y = 2$; $\quad P(1;2)$;

$f_{xx}(x,y) = [2+4\cdot(x-1)^2]\cdot e^{(x-1)^2+(y-2)^2}$;

$f_{yy}(x,y) = [2+4\cdot(y-2)^2]\cdot e^{(x-1)^2+(y-2)^2}$;

$f_{xy}(x,y) = 4\cdot(x-1)\cdot(y-2)\cdot e^{(x-1)^2+(y-2)^2}$;

$\Delta = 2\cdot 2 = 4 > 0$; $f_{xx}(1;2) = 2 > 0 \Rightarrow$ rel. Minimum.

j) $f(x,y) = e^{2xy} + 5xy + 7y$;

$f_x(x,y) = 2y e^{2xy} + 5y = 2y\cdot(e^{2xy} + \frac{5}{2}) = 0$;

wegen $e^{2xy} + \frac{5}{2} \neq 0$ folgt hieraus $\underline{y = 0}$;

$y = 0 \Rightarrow f_y(x,y) = 2x e^{2xy} + 5x + 7 = 0 \Leftrightarrow \underline{x = -1}$;

$f_{xx}(x,y) = (2y)^2 e^{2xy}$; $f_{yy}(x,y) = 4x^2 e^{2xy}$;

$f_{xy}(x,y) = 2e^{2xy} + 4xy e^{2xy} + 5$;

$\Delta = -49 < 0 \Rightarrow$ Sattelpunkt an der Stelle $(-1;0)$.

k) $f(x,y) = xy^3 - 3xy + \frac{1}{2}x^2$;

$f_x(x,y) = y^3 - 3y + x = 0$;

$f_y(x,y) = 3xy^2 - 3x = 3x\cdot(y^2-1) = 0$;

$\underline{x = 0}$ oder $y^2 = 1$; $\underline{y = \pm 1}$;

$x = 0 \Rightarrow f_x(x,y) = y^3 - 3y = y\cdot(y^2-3) = 0$;

$y_1 = 0$; $y_2 = \sqrt{3}$; $y_3 = -\sqrt{3}$.

$y = 1 \Rightarrow f_x(x,y) = -2 + x = 0$; $x = 2$;

$y = -1 \Rightarrow f_x(x,y) = 2 + x = 0$; $x = -2$;

$P_1(0;0)$; $P_2(0;\sqrt{3})$; $P_3(0;-\sqrt{3})$; $P_4(2;1)$; $P_5(-2;-1)$;

$f_{xx}(x,y) = 1$; $f_{yy}(x,y) = 6xy$; $f_{xy}(x,y) = 3y^2 - 3$;

$P_1(0;0)$: $\Delta = -9 < 0 \Rightarrow$ Sattelpunkt;

$P_2(0;\sqrt{3})$: $\Delta = -36 < 0 \Rightarrow$ Sattelpunkt;

$P_3(0;-\sqrt{3})$: $\Delta = -36 < 0 \Rightarrow$ Sattelpunkt;

$P_4(2;1)$: $\Delta = 12 > 0$; $f_{xx}(2;1) = 1 \Rightarrow$ rel. Minimum;

$P_5(-2;-1)$: $\Delta = 12 > 0$; $f_{xx}(-2;1) = 1 \Rightarrow$ rel. Minimum.

l) $f(x,y) = (x^2 - x\cdot y)\cdot e^y$;

$f_x(x,y) = (2x - y)\cdot e^y = 0 \quad \Leftrightarrow \quad y = 2x$;

$f_y(x,y) = (x^2 - xy - x)\cdot e^y = (x^2 - 2x^2 - x)\cdot e^{2x} = 0$;

$x\cdot(x+1) = 0;\quad x_1 = 0;\quad y_1 = 0;\quad x_2 = -1;\quad y_2 = -2$;

$P_1(0;0);\quad P_2(-1;-2)$;

$f_{xx}(x,y) = 2e^y;\quad f_{yy}(x,y) = (x^2 - xy - 2x)\cdot e^y$;

$f_{xy}(x,y) = (2x - y - 1)\cdot e^y$;

$P_1(0;0)$: $\Delta = -1 < 0 \Rightarrow$ Sattelpunkt;

$P_2(-1;-2)$: $\Delta = e^{-4} > 0$; $f_{xx}(-1;-2) = 2e^{-2} > 0$

$\Rightarrow$ rel. Minimum.

A 19.2 $f(x,y) = \ln x - \frac{1}{10}(x-y)^2 - \frac{1}{5}y$;

$$\left.\begin{aligned} f_x(x,y) &= \tfrac{1}{x} - \tfrac{1}{5}\cdot(x-y) = 0 \\ f_y(x,y) &= -\tfrac{1}{5} + \tfrac{1}{5}\cdot(x-y) = 0 \end{aligned}\right\} +$$

$\frac{1}{x} = \frac{1}{5};\quad x = 5 \Rightarrow f_y(x,y) = -\frac{1}{5} + \frac{1}{5}\cdot(x-y) = 0$;

$x - y = 1;\quad y = x - 1 = 4;\ P(5;4)$;

$f_{xx}(x,y) = -\frac{1}{x^2} - \frac{1}{5};\quad f_{yy}(x,y) = -\frac{1}{5};\quad f_{xy}(x,y) = \frac{1}{5}$;

$\Delta(5;4) = (-\frac{1}{25} - \frac{1}{5})\cdot(-\frac{1}{5}) - \frac{1}{25} = 0{,}008 > 0$;

$f_{yy}(5;4) = -\frac{1}{5} < 0 \Rightarrow$ für $x = 5$ und $y = 4$ ist $f(x,y)$ maximal.

A 19.3 Reingewinn

$$\begin{aligned} G(p_1,p_2) &= (100 - 5p_1)\cdot p_1 + (200 - 4p_2)\cdot p_2 - (100 - 5p_1)^2 \\ &\quad - (200 - 4p_2)^2 - (100 - 5p_1)\cdot(200 - 4p_2) \\ &= 100p_1 - 5p_1^2 + 200p_2 - 4p_2^2 - 10000 + 1000p_1 - 25p_1^2 \\ &\quad - 40000 + 1600p_2 - 16p_2^2 - 20000 \\ &\quad + 400p_2 + 1000p_1 - 20p_1\cdot p_2 \\ &= 2100p_1 - 30p_1^2 + 2200p_2 - 20p_2^2 - 20p_1\cdot p_2 - 70000; \end{aligned}$$

$G_{p_1}(p_1,p_2) = 2100 - 60p_1 - 20p_2 = 0 \qquad |:5$

$G_{p_2}(p_1,p_2) = 2200 - 20p_1 - 40p_2 = 0 \qquad |:10$

$$\left.\begin{aligned} 420 - 12p_1 - 4p_2 &= 0 \\ 220 - 2p_1 - 4p_2 &= 0 \end{aligned}\right\} -$$

$200 - 10\,p_1 = 0$; $\underline{p_1 = 20;\ p_2 = 45}$;

$G_{p_1p_1}(p_1, p_2) = -60$; $G_{p_2p_2}(p_1, p_2) = -40$;

$G_{p_1p_2}(p_1, p_2) = -20$;

$\Delta(20;45) = 2\,000 > 0$; $G_{p_1p_1}(20;45) = -60 < 0 \Rightarrow$ für $p_1 = 20$ und $p_2 = 45$ liegt ein Gewinnmaximum vor mit $G(20;45) = 500$ E.

A 19.4 a) Die nach Steuern bereinigte Gewinnfunktion lautet

$\hat{G}(p_1, p_2) = 0{,}7 \cdot G(p_1, p_2)$ mit $G(p_1, p_2)$ aus A 19.3.

Ihr Maximum liegt an der gleichen Stelle $p_1 = 20$ und $p_2 = 45$ mit $0{,}7 \cdot G(20;45) = 350$ E.

b)
$$\begin{aligned}\tilde{G}(p_1, p_2) &= (100 - 5\,p_1) \cdot 0{,}8\,p_1 + (200 - 4\,p_2) \cdot 0{,}8\,p_2 \\ &\quad - (100 - 5\,p_1)^2 - (200 - 4\,p_2)^2 - (100 - 5\,p_1) \cdot (200 - 4\,p_2) \\ &= 2080\,p_1 - 29\,p_1^2 + 2160\,p_2 - 19{,}2\,p_2^2 - 20\,p_1 \cdot p_2 - 70000;\end{aligned}$$

$$\left.\begin{aligned}\tilde{G}_{p_1}(p_1, p_2) &= 2080 - 58\,p_1 - 20\,p_2 = 0 && | \cdot 10 \\ \tilde{G}_{p_2}(p_1, p_2) &= 2160 - 20\,p_1 - 38{,}4\,p_2 = 0 && | \cdot (-29)\end{aligned}\right\}+$$

$$-41840 + 913{,}6\,p_2 = 0;$$

$$p_2 = \frac{418400}{9136} \approx 45{,}796848;\ p_1 \approx 20{,}070053;\ \tilde{G}(p_1, p_2) = 256{,}65\text{ E.}$$

A 19.5 a)
$$\left.\begin{aligned}x &= 30 - 3\,p_1 + 2\,p_2 \\ 2y &= 40 + 2\,p_1 - 2\,p_2\end{aligned}\right\}+$$

$x + 2\,y = 70 - p_1$; $p_1 = 70 - x - 2\,y$; $p_2 = 90 - x - 3y$;

$$\begin{aligned}U(x, y) &= x \cdot p_1 + y \cdot p_2 = x \cdot (70 - x - 2y) + y \cdot (90 - x - 3\,y) \\ &= 70\,x + 90\,y - x^2 - 3\,y^2 - 3\,x\,y.\end{aligned}$$

b) Reingewinn:
$G(x, y) = U(x, y) - K(x, y) = 70\,x + 90\,y - 2\,x^2 - 4\,y^2 - 4\,x\,y$;

$$\left.\begin{aligned}G_x(x, y) &= 70 - 4\,x - 4\,y = 0 \\ G_y(x, y) &= 90 - 4\,x - 8\,y = 0\end{aligned}\right\}-$$

$20 - 4\,y = 0$; $\underline{y = 5;\ x = 12{,}5}$;

$G_{xx}(x, y) = -4$; $G_{yy}(x, y) = -8$; $G_{xy}(x, y) = -4$.

$\Delta = 16 > 0$; $G_{xx}(12{,}5;5) < 0$. Für $x = 12{,}5$ und $y = 5$ ist der Reingewinn maximal mit $G(12{,}5;5) = 662{,}5$ GE.

20. Extremwerte bei Funktionen von mehr als zwei Variablen ohne Nebenbedingung

A 20.1 a) $f(x_1, x_2, x_3) = x_1^2 - 2x_1 + x_2^3 + x_2x_3 + x_3^2 - 8x_2$;

(1) $f_{x_1}(x_1, x_2, x_3) = 2x_1 - 2 = 0 \Leftrightarrow \underline{x_1 = 1}$;

(2) $f_{x_2}(x_1, x_2, x_3) = 3x_2^2 + x_3 - 8 = 0$;

(3) $f_{x_3}(x_1, x_2, x_3) = x_2 + 2x_3 = 0 \quad \Leftrightarrow \quad x_2 = -2x_3$;

(2) $\Rightarrow \; 12x_3^2 + x_3 - 8 = 0 \Leftrightarrow x_3^2 + \frac{1}{12}x_3 - \frac{2}{3} = 0$;

$$(x_3 + \tfrac{1}{24})^2 = \frac{2}{3} + \frac{1}{24^2} = \frac{385}{24^2}; \quad x_3 = \frac{-1 \pm \sqrt{385}}{24};$$

stationäre Punkte:

$$P_1\left(1;\; \frac{1+\sqrt{385}}{12};\; -\frac{1+\sqrt{385}}{24}\right);\quad P_2\left(1;\; \frac{1-\sqrt{385}}{12};\; \frac{\sqrt{385}-1}{24}\right).$$

b) $f(x_1, x_2, x_3) = x_1^2 + 2x_2^2 + 4x_3 - x_1x_3 - 2x_2x_3$;

(1) $f_{x_1}(x_1, x_2, x_3) = 2x_1 - x_3 = 0 \quad \Leftrightarrow x_3 = 2x_1$

(2) $f_{x_2}(x_1, x_2, x_3) = 4x_2 - 2x_3 = 0 \quad \Leftrightarrow x_3 = 2x_2$

(1), (2) $\Rightarrow x_1 = x_2$;

(3) $f_{x_3}(x_1, x_2, x_3) = 4 - x_1 - 2x_2 = 0$;

mit $x_1 = x_2$ folgt aus (3) $\underline{x_1 = x_2 = \frac{4}{3};\; x_3 = \frac{8}{3}}$;

stationärer Punkt: $P\left(\frac{4}{3}; \frac{4}{3}; \frac{8}{3}\right)$.

c) $f(x_1, x_2, x_3) = \ln x_1 + 2 \cdot \ln x_2 + 2 \cdot \ln x_3 + \ln(14 - x_1 - x_2 - x_3)$;

(1) $f_{x_1}(x_1, x_2, x_3) = \frac{1}{x_1} - \frac{1}{14 - x_1 - x_2 - x_3} = 0$;

(2) $f_{x_2}(x_1, x_2, x_3) = \frac{2}{x_2} - \frac{1}{14 - x_1 - x_2 - x_3} = 0$;

(3) $f_{x_3}(x_1, x_2, x_3) = \frac{3}{x_3} - \frac{1}{14 - x_1 - x_2 - x_3} = 0$.

Hieraus folgt: $\frac{1}{x_1} = \frac{2}{x_2} = \frac{3}{x_3}$ und

$x_2 = 2x_1$; $x_3 = 3x_1$;

(1) ergibt $\frac{1}{x_1} = \frac{1}{14 - x_1 - 2x_1 - 3x_1} = \frac{1}{14 - 6x_1}$;

$x_1 = 14 - 6x_1 \Leftrightarrow x_1 = 2 \Rightarrow x_2 = 4;\; x_3 = 6$;

stationärer Punkt: $P(2; 4; 6)$.

d) $f(x_1, x_2, x_3, x_4) = x_1^2 x_2 + x_1 x_2^2 + x_3^3 - 27x_3 + x_4^2 - 4x_4;$

(1) $f_{x_1} = 2x_1x_2 + x_2^2 = x_2 \cdot (2x_1 + x_2) = 0$

$\Leftrightarrow \underline{x_2 = 0}$ oder $\underline{x_2 = -2x_1}$;

(2) $f_{x_2} = x_1^2 + 2x_1x_2 = x_1 \cdot (x_1 + 2x_2) = 0$

$\Leftrightarrow x_1 = 0$ oder $x_1 = -2x_2$;

(3) $f_{x_3} = 3x_3^2 - 27 = 0 \Leftrightarrow \underline{x_3 = 3}$ oder $\underline{x_3 = -3}$;

(4) $f_{x_4} = 2x_4 - 4 = 0 \Leftrightarrow \underline{x_4 = 2}$;

$x_2 = 0$; aus (2) folgt $\underline{x_1 = 0}$;

$x_2 = -2x_1$: aus (2) folgt $x_1 = 0 \Rightarrow \underline{x_2 = 0}$;

stationäre Punkte:

$P_1(0;0;3;2)$; $P_2(0;0;-3;2)$.

e) $f(x_1, x_2, \ldots, x_n) = \sum_{i=1}^{n} (a_i \cdot \ln x_i - b_i)^2, \; a_i \neq 0;$

partielle Ableitung nach x_k ergibt

$$f_{x_k}(x_1, x_2, \ldots, x_n) = 2 \cdot (a_k \cdot \ln x_k - b_k) \cdot \frac{a_k}{x_k} = 0$$

$$\Leftrightarrow \ln x_k = \frac{b_k}{a_k}; \quad x_k = e^{\frac{b_k}{a_k}} \quad \text{für } k = 1, 2, \ldots, n;$$

stationärer Punkt: $P\left(e^{\frac{b_1}{a_1}}; e^{\frac{b_2}{a_2}}; \ldots; e^{\frac{b_n}{a_n}} \right)$.

f) $f(x_1, x_2, \ldots, x_n) = \sum_{i=1}^{n} e^{-(ax_i - b_i)^2}$ mit $a_i \neq 0$;

$$f_{x_k}(x_1, x_2, \ldots, x_n) = -2a_k \cdot (a_k \cdot x_k - b_k) \cdot \sum_{i=1}^{n} e^{-(ax_i - b_i)^2} = 0;$$

Lösung: $x_k = \frac{b_k}{a_k}$ für $k = 1, 2, \ldots, n$.

stationärer Punkt: $P\left(\frac{b_1}{a_1}; \frac{b_2}{a_2}; \ldots; \frac{b_n}{a_n} \right)$.

21. Extremwerte unter Nebenbedingungen

A 21.1 Oberfläche (Deckel + Boden + 4 Seiten)

$f(x,y) = 2x^2 + 4xy \;\rightarrow\; \min;$

Nebenbedingung:

$g(x,y) = x^2 y - 1 = 0.$

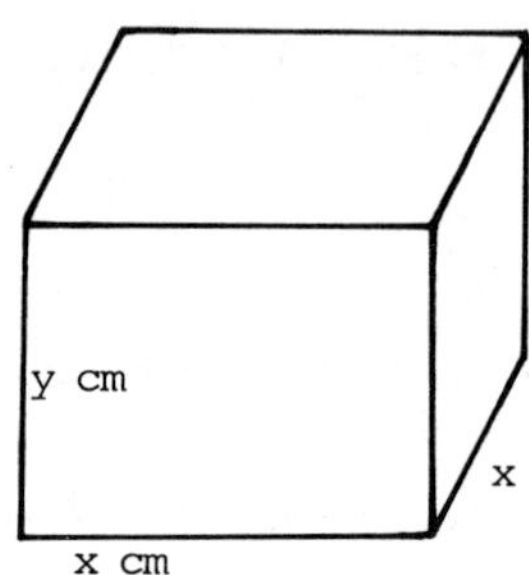

Lagrange-Funktion:

$F(x,y,\lambda) = 2x^2 + 4xy + \lambda \cdot (x^2 y - 1);$

(1) $F_x(x,y,\lambda) = 4x + 4y + 2\lambda xy = 0;$

(2) $F_y(x,y,\lambda) = 4x + \lambda x^2 = 0;$

(3) $F_\lambda(x,y,\lambda) = x^2 y - 1 = 0.$

(2) $\Rightarrow \lambda = -\frac{4}{x}$

(1) $\Rightarrow 4x + 4y - 8y = 0 \quad \Leftrightarrow \quad x = y;$

(3) $\Rightarrow x^3 = 1 \;\Rightarrow\; \underline{x = y = 1\,\text{dm} = 10\,\text{cm}}.$

A 21.2 $f(x,y) = \sqrt{x^2 + y^2} \;\rightarrow\; \min;$

Nebenbedingung: $g(x,y) = y - 3x - 5 = 0.$

$F(x,y,\lambda) = \sqrt{x^2 + y^2} + \lambda \cdot (y - 3x - 5)$

(1) $F_x(x,y,\lambda) = \dfrac{x}{\sqrt{x^2 + y^2}} - 3\lambda = 0$

(2) $F_y(x,y,\lambda) = \dfrac{y}{\sqrt{x^2 + y^2}} + \lambda = 0$

(3) $F_\lambda(x,y,\lambda) = y - 3x - 5 = 0.$

(1) + 3 × (2) $\Rightarrow \dfrac{x + 3y}{\sqrt{x^2 + y^2}} = 0 \quad \Leftrightarrow \quad x = -3y;$

(3) $\Rightarrow y + 9y - 5 = 0; \quad \underline{y = \tfrac{1}{2};\; x = -\tfrac{3}{2}}.$

A 21.3 $f(x,y) = \ln(1+x) + \frac{y}{1+y} \to \min$;

Nebenbedingung: $x + y - 10 = 0$;

$F(x,y,\lambda) = \ln(1+x) + \frac{y}{1+y} + \lambda \cdot (x+y-10)$;

(1) $F_x(x,y,\lambda) = \frac{1}{1+x} + \lambda = 0$;

(2) $F_y(x,y,\lambda) = \frac{1+y-y}{(1+y)^2} + \lambda = \frac{1}{(1+y)^2} + \lambda = 0$;

(3) $F_\lambda(x,y,\lambda) = x + y - 10 = 0$;

aus (1) und (2) folgt $\frac{1}{1+x} = \frac{1}{(1+y)^2}$; $x = (1+y)^2 - 1$;

(3) $\Rightarrow$ $(1+y)^2 - 1 + y - 10 = 0$;

$1 + 2y + y^2 - 1 + y - 10 = 0$; $y^3 + 3y = 10$;

$y = -\frac{3}{2} \pm \sqrt{\frac{49}{4}}$; $\underline{y = 2}$ (positive Lösung); $\underline{x = 8}$.

A 21.4 $F(x,y,\lambda) = 20x + 39y - 2x^2 - 3y^2 + \lambda \cdot (4x + 6y - 24)$;

$F_x(x,y,\lambda) = 20 - 4x + 4\lambda = 0$ (1)

$F_y(x,y,\lambda) = 39 - 6y + 6\lambda = 0$ (2)

$F_\lambda(x,y,\lambda) = 4x + 6y - 24 = 0$ (3)

$1{,}5 \times (1) - (2) \Rightarrow -9 - 6x + 6y = 0$ (4)

$(4) - (3) \Rightarrow 15 - 10x = 0$;

Lösung: $\underline{x = 1;\ y = 3}$.

A 21.5 $F(x,y,\lambda) = x \cdot y^{\frac{1}{2}} - 4y^{\frac{3}{2}} + \lambda \cdot (x - 3y - 6)$;

$F_x(x,y,\lambda) = y^{\frac{1}{2}} + \lambda = 0$; $\lambda = -y^{\frac{1}{2}} = -\sqrt{y}$;

$F_y(x,y,\lambda) = \frac{1}{2}xy^{-\frac{1}{2}} - 6y^{\frac{1}{2}} - 3\lambda = \frac{1}{2}xy^{-\frac{1}{2}} - 6y^{\frac{1}{2}} + 3y^{\frac{1}{2}}$

$= \frac{1}{2}xy^{-\frac{1}{2}} - y^{\frac{1}{2}} = 0 \Rightarrow x = 6y$;

$F_\lambda(x,y,\lambda) = x - 3y - 6 = 3y - 6 = 0 \Rightarrow y = 2$;

Lösung: $\underline{x = 12;\ \ y = 2}$.

A 21.6 $F(x,y,\lambda) = 4x^2 + y^2 + \lambda \cdot (x \cdot y - 1)$;

$F_x(x,y,\lambda) = 8x + \lambda y = 0 \quad (1)$

$F_y(x,y,\lambda) = 2y + \lambda x = 0 \quad (2)$

$x \cdot (1) - y \cdot (2) \Rightarrow 8x^2 - 2y^2 = 0$; $y^2 = 4x^2$; $y = 2x$ (wegen $x, y > 0$)

$F_\lambda(x,y,\lambda) = x \cdot y - 1 = 2x^2 - 1 = 0$; $\underline{x = \frac{\sqrt{2}}{2};\ y = \sqrt{2}}$.

A 21.7 Volumen: $V(r,h) = \frac{1}{3}\pi r^2 h$.

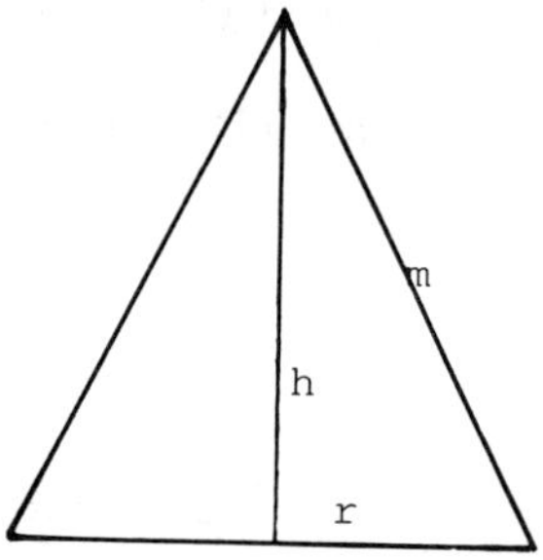

Nebenbedingung:

$m = \sqrt{r^2 + h^2} = 3$;

$r^2 + h^2 = 9$;

$g(r,h) = r^2 + h^2 - 9 = 0$;

$F(r,h,\lambda) = \frac{1}{3}\pi r^2 h + \lambda \cdot (r^2 + h^2 - 9)$;

$F_r(r,h,\lambda) = \frac{2}{3}\pi r h + 2r\lambda = 0 \quad (1)$

$F_h(r,h,\lambda) = \frac{1}{3}\pi r^2 + 2h\lambda = 0 \quad (2)$

$F_\lambda(r,h,\lambda) = r^2 + h^2 - 9 = 0 \quad (3)$

$h \times (1) - r \times (2) \Rightarrow \frac{2}{3}\pi r h^2 - \frac{1}{3}\pi r^2 = 0$

$\frac{1}{3}\pi r \cdot (2h^2 - r^2) = 0$; $r^2 = 2h^2$;

$(3) \Rightarrow 2h^2 + h^2 - 9 = 0$; $\underline{h = \sqrt{3};\ r = \sqrt{6}}$.

A 21.8 a) $G(x,p) = x \cdot p - x^2 + 10x + 10$.

b) 1. Methode von Lagrange:

$F(x,p,\lambda) = x \cdot p - x^2 + 10x + 10 + \lambda \cdot (p \cdot x - 10)$;

$F_x(x,p,\lambda) = p - 2x + 10 + \lambda p = 0 \quad (1)$

$F_p(x,p,\lambda) = x + \lambda \cdot x = 0 \quad (2)$

$F_\lambda(x,p,\lambda) = p \cdot x - 10 = 0 \quad (3)$

$(2) \Rightarrow \lambda = -1$; $(1) \Rightarrow \underline{x = 5}$; $(3) \Rightarrow \underline{p = 2}$.

2. Eliminationsmethode:

$p \cdot x - 10 \Rightarrow p = \frac{10}{x}$;

$f(x) = G(x, p) = 10 - x^2 + 10x + 10 = -x^2 + 10x + 20$;

$f'(x) = -2x + 10 = 0$; $\underline{x = 5; \quad p = 2}$;

wegen $f''(x) = -2 < 0$ handelt es sich um ein Maximum.

A 21.9 $F(x, y, z, \lambda) = \sqrt{x} + y + z^2 + \lambda \cdot (x + y + z - 10) + \mu \cdot (z - x - y)$;

(1) $F_x(x, y, z, \lambda) = \frac{1}{2 \cdot \sqrt{x}} + \lambda - \mu = 0$

(2) $F_y(x, y, z, \lambda) = 1 + \lambda - \mu = 0$

(3) $F_z(x, y, z, \lambda) = 2z + \lambda + \mu = 0$

(4) $F_\lambda(x, y, z, \lambda) = x + y + z - 10 = 0$

(5) $F_\mu(x, y, z, \lambda) = z - x - y = 0$.

(1) – (2) $\Rightarrow \frac{1}{2 \cdot \sqrt{x}} - 1 = 0 \quad \Leftrightarrow \sqrt{x} = \frac{1}{2}$; $\underline{x = \frac{1}{4}}$;

(4) + (5) $\Rightarrow 2z - 10 = 0$; $\underline{z = 5}$;

(4) $\Rightarrow \frac{1}{4} + y + 5 - 10 = 0$; $y = \frac{19}{4}$;

Lösung: $\underline{x = \frac{1}{4}; \quad y = \frac{19}{4}; \quad z = 5}$.

$f\left(\frac{1}{4}, \frac{4}{19}, 5\right) = \frac{1}{2} + \frac{19}{4} + 25 = \frac{121}{4}$.

Für $x = y = \frac{5}{2}$, $z = 5$ sind beide Nebenbedingungen erfüllt.

Wegen $f\left(\frac{5}{2}, \frac{5}{2}, 5\right) = \sqrt{\frac{5}{2}} + \frac{5}{2} + 25 < f\left(\frac{1}{4}, \frac{4}{19}, 5\right)$

handelt es sich um ein relatives Maximum.

A 21.10 Gesucht sind die Extremwerte der Funktion

$z = f(x, y) = 20 - x - 2y$

unter der Nebenbedingung $x^2 + y^2 - 25 = 0$.

$F(x, y, \lambda) = 20 - x - 2y + \lambda \cdot (x^2 + y^2 - 25);$

$F_x(x, y, \lambda) = -1 + 2\lambda x = 0 \qquad (1)$

$F_y(x, y, \lambda) = -2 + 2\lambda y = 0 \qquad (2)$

$F_\lambda(x, y, \lambda) = x^2 + y^2 - 25 = 0 \qquad (3)$

$2 \times (1) - (2) \Rightarrow \; 4\lambda x - 2\lambda y = 0; \; 2\lambda \cdot (2x - y) = 0;$

für $\lambda = 0$ wäre (1) nicht erfüllt. $\Rightarrow \; y = 2x;$

$(3) \Rightarrow x^2 + 4x^2 - 25 = 0; \; x^2 = 5; \; x = \pm\sqrt{5};$

$P_1(\sqrt{5}\,; 2 \cdot \sqrt{5}); \; P_2(-\sqrt{5}\,; -2 \cdot \sqrt{5});$

$f(\sqrt{5}\,; 2 \cdot \sqrt{5}) = 20 - 5 \cdot \sqrt{5};$

$f(-\sqrt{5}\,; -2 \cdot \sqrt{5}) = 20 + 5 \cdot \sqrt{5} > f(\sqrt{5}\,; 2 \cdot \sqrt{5});$

damit erhält man für P_1 = das Minimum und für P_2 das Maximum.

A 21.11 Gesucht ist das Minimum der Funktion

$K(x_1, x_2, x_3) = x_1^2 + x_2^2 + x_3^2 + x_1x_2 + 2x_1x_3 + 3x_2x_3$

unter den Nebenbedingungen $x_1 + x_2 + x_3 - 1000 = 0;$

$x_3 - \frac{1}{2}x_1 - \frac{1}{2}x_2 = 0;$

a) $F(x_1, x_2, x_3, \lambda, \mu) = x_1^2 + x_2^2 + x_3^2 + x_1x_2 + 2x_1x_3 + 3x_2x_3 + \lambda \cdot (x_1 + x_2 + x_2 - 1000) + \mu \cdot (x_3 - 0{,}5\,x_1 - 0{,}5\,x_2);$

$F_{x_1} = 2x_1 + x_2 + 2x_3 + \lambda - \frac{1}{2}\mu = 0 \qquad (1)$

$F_{x_2} = 2x_2 + x_1 + 3x_3 + \lambda - \frac{1}{2}\mu = 0 \qquad (2)$

$F_{x_3} = 3x_3 + 2x_1 + 3x_2 + \lambda + \mu = 0 \qquad (3)$

$F_\lambda = x_1 + x_2 + x_3 - 1000 = 0 \qquad (4)$

$F_\mu = x_3 - \frac{1}{2}x_1 - \frac{1}{2}x_2 = 0 \qquad (5)$

$(1) - (2) \Rightarrow \; x_1 - x_2 - x_3 = 0 \qquad (6)$

$(4) + (6) \Rightarrow x_1 = 500;$

$(4) \; \Rightarrow x_2 + x_3 = 500; \quad x_3 = 500 - x_2;$

$(5) \Rightarrow 500 - x_2 - 250 - \frac{1}{2}x_2 = 0\,;\ \frac{3}{2}x_2 = 250\,;\ x_2 = \frac{500}{3}\,;$

$x_3 = 500 - x_2 = 500 - \frac{500}{3} = \frac{1000}{3}\,;$

Lösung: $\underline{x_1 = 500\,;\quad x_2 = \frac{500}{3};\quad x_3 = \frac{1000}{3}.}$

b) Aus den beiden Nebenbedingungen

$$x_1 + x_2 + x_3 = 1000 \qquad (1)$$

$$-\frac{1}{2}x_1 - \frac{1}{2}x_2 + x_3 = 0 \qquad (2)$$

werden zwei Variablen eliminiert.

$(1) + 2 \times (2) \ \Rightarrow\ 3\,x_3 = 1000 \ \Leftrightarrow\ x_3 = \frac{1000}{3}\,;$

$(1) - (2) \Rightarrow \frac{3}{2}x_1 + \frac{3}{2}x_2 = 1000\,;\ x_1 + x_2 = \frac{2000}{3};\ x_2 = \frac{2000}{3} - x_1;$

mit $x_1 = x$, $x_2 = \frac{2000}{3} - x$ und $x_3 = \frac{1000}{3}$ geht die Kostenfunktion über in

$$\begin{aligned} f(x) &= x^2 + \left(\frac{2000}{3} - x\right)^2 + \frac{1000^2}{9} + x \cdot \left(\frac{2000}{3} - x\right) + \frac{2000}{3}x \\ &\quad + 3 \cdot \left(\frac{2000}{3} - x\right) \cdot \frac{1000}{3} \\ &= x^2 + \frac{4000000}{9} - \frac{4000}{3}x + x^2 + \frac{1000000}{9} + \frac{2000}{3}x - x^2 \\ &\quad + \frac{2000}{3}x + \frac{2000000}{3} - 1000\,x \\ &= x^2 - 1000\,x + \frac{11000000}{9}\,; \end{aligned}$$

$f'(x) = 2x - 1000 = 0 \ \Leftrightarrow\ x = x_1 = 500\,;$

$$x_2 = \frac{2000}{3} - 500 = \frac{500}{3} \ \text{ und } x_3 = \frac{1000}{3}\,;$$

$f''(x) = 2 > 0$; es handelt sich um ein Minimum.

Die minimalen Produktionskosten betragen $f(500) = \frac{8750000}{9}$ E.

A 21.12 Zylinder: Mantel $2\,\pi\, r\, h_1$; Volumen $\pi\, r^2\, h_1$;

Kegel: Mantel $\pi\, r \cdot \sqrt{r^2 + h_2^2}$; Volumen $\frac{1}{3}\pi\, r^2\, h_2$;

$O(r, h) = 2\,\pi\, r\, h_1 + \pi\, r \cdot \sqrt{r^2 + h_2^2} \ \to \min\,;$

Nebenbedingung: $V(r, h) - V_0 = \pi\, r^2\,(h_1 + \frac{h_2}{3}) - V_0 = 0\,.$

$$F(r, h_1, h_2, \lambda) = 2\pi r h_1 + \pi r \cdot \sqrt{r^2 + h_2^2} + \lambda \cdot [\pi r^2 (h_1 + \tfrac{h_2}{3}) - V_0];$$

$$F_r(r, h_1, h_2, \lambda)$$

$$= 2\pi h_1 + \pi\sqrt{r^2 + h_2^2} + \frac{\pi r^2}{\sqrt{r^2 + h_2^2}} + 2\lambda\pi r (h_1 + \tfrac{h_2}{3}) = 0 \quad (1)$$

$$F_{h_1}(r, h_1, h_2, \lambda) = 2\pi r + \lambda \pi r^2 = 0 \quad (2)$$

$$F_{h_2}(r, h_1, h_2, \lambda) = \frac{\pi r h_2}{\sqrt{r^2 + h_2^2}} + \frac{\lambda \pi r^2}{3} = 0 \quad (3)$$

$$F_\lambda(r, h_1, h_2, \lambda) = \pi r^2 (h_1 + \tfrac{h_2}{3}) - V_0 = 0 \quad (4)$$

$$(2) \Rightarrow \lambda = -\tfrac{2}{r};$$

$$(3) \Rightarrow \frac{\pi r h_2}{\sqrt{r^2 + h_2^2}} - \tfrac{1}{3} \cdot \tfrac{2}{r} \pi r^2 = 0; \qquad \frac{\pi r h_2}{\sqrt{r^2 + h_2^2}} = \tfrac{2}{3}\pi r \quad |:\pi r$$

$$\frac{h_2}{\sqrt{r^2 + h_2^2}} = \tfrac{2}{3}; \quad \sqrt{r^2 + h_2^2} = \tfrac{3}{2} h_2; \quad r^2 + h_2^2 = \tfrac{9}{4} h_2^2; \; r^2 = \tfrac{5}{4} h_2^2;$$

$$\underline{r = \frac{\sqrt{5}}{2} \cdot h_2}; \; \sqrt{r^2 + h_2^2} = \tfrac{3}{2} h_2, \; r = \frac{\sqrt{5}}{2} \cdot h_2 \text{ und } \lambda = -\tfrac{2}{r}$$

in (1) eingesetzt ergibt nach Division durch π

$$2h_1 + \tfrac{3}{2} h_2 + \frac{2}{3h_2} \cdot \tfrac{5}{4} h_2^2 - 4h_1 - \tfrac{4}{3} h_2 = 0;$$

$$2h_1 + \tfrac{3}{2} h_2 + \tfrac{5}{6} h_2 - 4h_1 - \tfrac{4}{3} h_2 = -2h_1 + h_2 = 0; \; \underline{h_1 = \tfrac{h_2}{2}}.$$

Mit $r = \frac{\sqrt{5}}{2} \cdot h_2$ und $h_1 = \frac{h_2}{2}$ erhält man aus (4)

$$V_0 = \pi r^2 (h_1 + \tfrac{h_2}{3}) = \frac{\pi \cdot 5 \cdot h_2^2}{4} \cdot \left(\frac{h_2}{2} + \frac{h_2}{3}\right) = \frac{\pi \cdot 5 \cdot h_2^2}{4} \cdot \frac{5}{6} \cdot h_2$$

$$= \tfrac{25}{24} \pi h_2^2; \quad h_2 = \sqrt{\frac{24 \cdot V_0}{25\pi}}; \; h_1 = \frac{h_2}{2}; \; r = \frac{\sqrt{5}}{2} h_2.$$

A 21.13 $F(x_1, x_2, x_3, \lambda) = x_1 \cdot x_2^2 \cdot x_3^3 + \lambda \cdot (x_1 + x_2 + x_3 - 6);$

$$F_{x_1}(x_1, x_2, x_3, \lambda) = x_2^2 \cdot x_3^3 + \lambda = 0; \qquad \lambda = -x_2^2 \cdot x_3^2 \quad (1)$$

$$F_{x_2}(x_1, x_2, x_3, \lambda) = 2x_1 \cdot x_2 \cdot x_3^3 + \lambda = 0; \quad \lambda = -2x_1 \cdot x_2 \cdot x_3^3 \quad (2)$$

$$F_{x_3}(x_1, x_2, x_3, \lambda) = 3x_1 \cdot x_2^2 \cdot x_3^2 + \lambda = 0; \quad \lambda = -3x_1 \cdot x_2^2 \cdot x_3^2 \quad (3)$$

$$F_\lambda(x_1, x_2, x_3, \lambda) = x_1 + x_2 + x_3 - 6 = 0 \quad (4)$$

$(1) = (2) \;\Rightarrow\; x_2^2 \cdot x_3^2 = 2\,x_1 \cdot x_2 \cdot x_3^3 \;\Leftrightarrow\; \underline{x_2 = 2\,x_1}$ (wegen $x_3 \neq 0$);

$(2) = (3) \;\Rightarrow 2\,x_1 \cdot x_2 \cdot x_3^3 = 3\,x_1 \cdot x_2^2 \cdot x_3^2 \;\;\Leftrightarrow 2\,x_3 = 3\,x_2 = 6\,x_1$;

$\underline{x_3 = 3\,x_1}$;

$(4) \;\Rightarrow\; 6 = x_1 + x_2 + x_3 = x_1 + 2\,x_1 + 3\,x_1 = 6\,x_1;\;\; \underline{x_1 = 1}$;

Lösung: $\underline{x_1 = 1;\; x_2 = 2;\; x_3 = 3}$.

A 21.14 Abstandsquadrat: $d^2 = x^2 + y^2 \to \min$;

Nebenbedingung: $g(x, y) = 13\,x^2 + 10\,x \cdot y + 13\,y^2 - 72 = 0$;

$F(x, y, \lambda) = x^2 + y^2 + \lambda \cdot (13\,x^2 + 10\,xy + 13\,y^2 - 72)$

$F_x(x, y, \lambda) = 2\,x + \lambda \cdot (26\,x + 10\,y) = 0 \qquad (1)$

$F_y(x, y, \lambda) = 2\,y + \lambda \cdot (10\,x + 26\,y) = 0 \qquad (2)$

$F_\lambda(x, y, \lambda) = 13\,x^2 + 10\,xy + 13y^2 - 72 = 0 \qquad (3)$

$(1) \Rightarrow \lambda = -\dfrac{x}{13\,x + 5\,y}$;

$(2) \Rightarrow \lambda = -\dfrac{y}{5\,x + 13\,y}$;

} Gleichsetzen

$\dfrac{x}{13\,x + 5\,y} = \dfrac{y}{5\,x + 13\,y}$;

$x \cdot (5\,x + 13\,y) = y \cdot (13\,x + 5\,y)$;

$5\,x^2 + 13\,xy = 13\,xy + 5\,y^2 \;\Leftrightarrow\; x^2 = y^2 \;\Leftrightarrow\; y = \pm x$.

Mit $y^2 = x^2$ folgt aus (3)

$13\,x^2 + 10\,xy + 13\,x^2 - 72 = 0; \quad 26\,x^2 + 10\,x \cdot y - 72 = 0$;

1. $y = +x \;\Rightarrow\; 26\,x^2 + 10\,x \cdot x - 72 = 0;\;\; 36\,x^2 = 72$;

$x_1 = \sqrt{2};\;\; y_1 = \sqrt{2};\;\; x_2 = -\sqrt{2};\;\; y_2 = -\sqrt{2}$

$P_1(\sqrt{2};\, \sqrt{2});\;\; P_2(-\sqrt{2};\, -\sqrt{2})$; Abstandsquadrat $d^2 = 4$;

2. $y = -x \;\Rightarrow\; 26\,x^2 - 10\,x \cdot x - 72 = 0;\;\; 16\,x^2 = 72$;

$x_3 = \frac{3}{2} \cdot \sqrt{2};\;\; y_3 = -\frac{3}{2} \cdot \sqrt{2};\;\; x_4 = -\frac{3}{2} \cdot \sqrt{2};\;\; y = \frac{3}{2} \cdot \sqrt{2}$;

$P_3(\frac{3}{2} \cdot \sqrt{2};\, -\frac{3}{2} \cdot \sqrt{2});\;\; P_2(-\frac{3}{2} \cdot \sqrt{2};\, \frac{3}{2} \cdot \sqrt{2});\quad d^2 = 9$.

Minimaler Abstand in P_1 und P_2.

Maximaler Abstand in P_3 und P_4.

22. Vektorrechnung und analytische Geometrie

A 22.1 a)

$$2\vec{a} + \vec{b} - 2\vec{c} = \begin{pmatrix} -13 \\ -8 \\ -3 \\ 10 \end{pmatrix}.$$

b) $|\vec{a}| = \sqrt{4+1+9} = \sqrt{14}\,; \quad |\vec{b}| = \sqrt{22}\,; \quad |\vec{c}| = \sqrt{84}\,.$

c) $\vec{a}^T \cdot \vec{b} = 8\,; \; \vec{a}^T \cdot \vec{c} = 12\,; \; \vec{a}^T \cdot (\vec{b} + \vec{c}) = \vec{a}^T \cdot \vec{b} + \vec{a}^T \cdot \vec{c} = 20\,;$

$\vec{b}^T \cdot \vec{a} = \vec{a}^T \cdot \vec{b} = 8\,; \; \vec{a}^T \cdot \vec{a} = |\vec{a}|^2 = 14\,.$

d)

$$(\vec{a}^T \cdot \vec{b}) \cdot \vec{c} = 8 \cdot \vec{c} = \begin{pmatrix} 64 \\ 32 \\ 16 \\ 0 \end{pmatrix}.$$

A 22.2 $\vec{a}^T \cdot \vec{b} = 4 + 4 - a = 0 \quad \Leftrightarrow \quad a = 8\,;$

$\vec{a}^T \cdot \vec{c} = b + 2c - 1 = 0 \qquad (1)$

$\vec{b}^T \cdot \vec{c} = 4b + 2c + 8 = 0 \qquad (2)$

$(2) - (1) \;\Rightarrow\; 3b + 9 = 0 \;\Leftrightarrow\; b = -3\,;$

$(2) \;\Rightarrow\; c = -4 - 2b = 2\,;$

Lösung: $\underline{a = 8\,; \;\; b = -3\,; \;\; c = 2}\,.$

A 22.3 a)

$$g\colon\; \vec{x} = \overrightarrow{OX} = \begin{pmatrix} x \\ y \\ z \end{pmatrix} = \overrightarrow{OP} + \lambda \cdot \overrightarrow{PQ} = \begin{pmatrix} -1 \\ 0 \\ 2 \end{pmatrix} + \lambda \cdot \begin{pmatrix} 5 \\ -2 \\ 6 \end{pmatrix}, \; \lambda \in \mathbb{R}.$$

b) $P_1(-11\,; 4\,; -10)$:

$$\left.\begin{aligned} -1 + 5\lambda &= -11 \\ -2\lambda &= 4 \\ 2 + 6\lambda &= -10 \end{aligned}\right\} \;\Rightarrow\; \lambda = -2\,; \; P_1 \text{ liegt auf der Geraden } g\,;$$

$P_2(14\,; -6\,; 20)$:

$$\left.\begin{aligned} -1 + 5\lambda &= 14 \\ -2\lambda &= -6 \\ 2 + 6\lambda &= 20 \end{aligned}\right\} \;\Rightarrow\; \lambda = 3\,; \; \text{P liegt auf der Geraden } \;;$$

$P_3(2;4;-3)$:

$$\begin{aligned} -1 + 5\lambda &= 2 &&\Rightarrow \lambda = \tfrac{3}{5} \\ -2\lambda &= 4 &&\Rightarrow \lambda = -2 \\ 2 + 6\lambda &= -3 &&\Rightarrow \lambda = -\tfrac{5}{6}. \end{aligned}$$

Es gibt kein λ, das gleichzeitig alle drei Koordinatengeichungen erfüllt. Daher liegt P_3 nicht auf der Geraden g.

A 22.4 a) $\begin{pmatrix} x \\ y \\ z \end{pmatrix} = \overrightarrow{OP_1} + \lambda \cdot \overrightarrow{P_1P_2} + \mu \cdot \overrightarrow{P_1P_3} = \begin{pmatrix} 1 \\ 2 \\ -3 \end{pmatrix} + \lambda \cdot \begin{pmatrix} 0 \\ -1 \\ 2 \end{pmatrix} + \mu \cdot \begin{pmatrix} 1 \\ -7 \\ 3 \end{pmatrix},$
$\lambda, \mu \in \mathbb{R}.$

b)

$$\begin{aligned} x &= 1 + \mu && (1) \\ y &= 2 - \lambda - 7\mu && (2) \\ z &= -3 + 2\lambda + 3\mu && (3) \end{aligned}$$

$(1) \Rightarrow \mu = x - 1;$

$(2) \Rightarrow \lambda = 2 - 7\mu - y = 2 - 7x + 7 - y = 9 - 7x - y;$

$(3) \Rightarrow z = -3 + 2 \cdot (9 - 7x - y) + 3 \cdot (x - 1) = 12 - 11x - 2y;$

Koordinatengleichung für E: $11x + 2y + z - 12 = 0.$

c) $P_4(1;1;-1)$: $11 \cdot 1 + 2 \cdot 1 - 1 - 12 = 0;$
die Koordinaten des Punktes P_4 erfüllen die Ebenengleichung. Daher liegt P_4 auf der Ebene.

$P_5(2;2;8)$: $11 \cdot 2 + 2 \cdot 2 + 8 - 12 \neq 0;$

P_5 liegt nicht auf der Ebene.

A 22.5 a) $-x + 2y - 3z + 5 = 0.$

$y = \lambda;\ z = \mu \Rightarrow x = 5 + 2\lambda - 3\mu.$

E: $\vec{x} = \overrightarrow{OX} = \begin{pmatrix} x \\ y \\ z \end{pmatrix} = \begin{pmatrix} 5 \\ 0 \\ 0 \end{pmatrix} + \lambda \cdot \begin{pmatrix} 2 \\ 1 \\ 0 \end{pmatrix} + \mu \cdot \begin{pmatrix} -3 \\ 0 \\ 1 \end{pmatrix};\ \lambda, \mu \in \mathbb{R}.$

b) $x = 3 - \rho;\quad y = -1 + \rho;\ z = 2$ ergibt mit der Kooridnatengleichung

$$-(3 - \rho) + 2 \cdot (-1 + \rho) - 3 \cdot 2 + 5 = -6 + 3\rho = 0 \Leftrightarrow \rho = 2;$$

Ortsvektor zum Schnittpunkt: $\begin{pmatrix} 3 \\ -1 \\ 2 \end{pmatrix} + 2 \cdot \begin{pmatrix} -1 \\ 1 \\ 0 \end{pmatrix} = \begin{pmatrix} 1 \\ 1 \\ 2 \end{pmatrix};$
Schnittpunkt: $P(1;1;2)$.

c) $-(2+\rho)+2\cdot(4+2\rho)-3\cdot(8+\rho)+5=0 \quad \Leftrightarrow \quad -13=0$.
Damit ist die Koordinatengleichung nicht lösbar. Es gibt keinen Punkt auf der Geraden g_2, der auf der Ebene E liegt.

A 22.6 Von P_1, P_2 und P_3 aufgespannte Ebene E:

$$\begin{pmatrix} x \\ y \\ z \end{pmatrix} = \overrightarrow{OP_1} + \lambda \cdot \overrightarrow{P_1P_2} + \mu \cdot \overrightarrow{P_1P_3} = \begin{pmatrix} -1 \\ 2 \\ 3 \end{pmatrix} + \lambda \cdot \begin{pmatrix} 1 \\ 1 \\ 1 \end{pmatrix} + \mu \cdot \begin{pmatrix} 3 \\ -1 \\ 0 \end{pmatrix}.$$

Der Punkt P_4 liegt genau dann auf der Ebene E, wenn es ein λ und ein μ gibt mit

$$\begin{pmatrix} -1 \\ 2 \\ 3 \end{pmatrix} + \lambda \cdot \begin{pmatrix} 1 \\ 1 \\ 1 \end{pmatrix} + \mu \cdot \begin{pmatrix} 3 \\ -1 \\ 0 \end{pmatrix} = \overrightarrow{OP_4} = \begin{pmatrix} 3 \\ 2 \\ 4 \end{pmatrix};$$

gleichwertig ist das lineare Gleichungssystem

$$\begin{aligned} -1+\lambda+3\mu &= 3 && (1) \\ 2+\lambda-\mu &= 2 && (2) \\ 3+\lambda &= 4 && (3) \end{aligned}$$

(3) $\Rightarrow \lambda = 1$; (2) $\Rightarrow \mu = 1$.

Da $\lambda = 1$ und $\mu = 1$ auch die erste Gleichung erfüllen, liegt der Punkt P_4 in der durch P_1, P_2 und P_3 aufgespannten Ebene. Alle vier Punkte liegen somit in einer Ebene.

A 22.7 a) $x - 2y + z + 3 = 0$;

$x = \lambda; \quad y = \mu \Rightarrow z = -3 - \lambda + 2\mu$;

$$E: \vec{x} = \overrightarrow{OX} = \begin{pmatrix} x \\ y \\ z \end{pmatrix} = \begin{pmatrix} 0 \\ 0 \\ -3 \end{pmatrix} + \lambda \cdot \begin{pmatrix} 1 \\ 0 \\ -1 \end{pmatrix} + \mu \cdot \begin{pmatrix} 0 \\ 1 \\ 2 \end{pmatrix}; \ \lambda, \mu \in \mathbb{R}.$$

b) Der Richtungsvektor $\vec{a} = \begin{pmatrix} 5 \\ b \\ c \end{pmatrix}$ der Geraden muss senkrecht stehen auf den beiden Vektoren

$\vec{b} = \begin{pmatrix} 1 \\ 0 \\ -1 \end{pmatrix}$ und $\vec{c} = \begin{pmatrix} 0 \\ 1 \\ 2 \end{pmatrix}$, welche die Ebene aufspannen.

$\vec{a}^T \cdot \vec{b} = 5 - c = 0 \quad \Leftrightarrow \quad c = 5$;

$\vec{a}^T \cdot \vec{c} = b + 2c = 0 \quad \Leftrightarrow \quad b = -2c = -10$;

$$g: \begin{pmatrix} x \\ y \\ z \end{pmatrix} = \begin{pmatrix} 2 \\ 1 \\ 3 \end{pmatrix} + \rho \cdot \begin{pmatrix} 5 \\ -10 \\ 5 \end{pmatrix}, \ \rho \in \mathbb{R}.$$

23. Das Rechnen mit Matrizen

A 23.1 a)

$$C = 2\,A^T + 3\,B = \begin{pmatrix} 2 & 4 \\ 4 & 2 \\ -2 & 8 \end{pmatrix} + \begin{pmatrix} 3 & 6 \\ -3 & 3 \\ 9 & 12 \end{pmatrix} = \begin{pmatrix} 5 & 10 \\ 1 & 5 \\ 7 & 20 \end{pmatrix};$$

b) $A \cdot B = \begin{pmatrix} -4 & 0 \\ 13 & 21 \end{pmatrix}$; $B \cdot A = \begin{pmatrix} 5 & 4 & 7 \\ 1 & -1 & 5 \\ 11 & 10 & 13 \end{pmatrix}$;

c) $A \cdot (B \cdot A) \cdot B = (A \cdot B)^2 = \begin{pmatrix} 16 & 0 \\ 221 & 441 \end{pmatrix}$.

A 23.2 Aus $B \cdot \vec{a} = \vec{0}$ folgt $A \cdot B \cdot \vec{a} = \vec{0}$ (Nullvektor).

$$A \cdot B = \begin{pmatrix} 0 & 0 & -1 & -1 \\ 0 & 1 & 1 & 0 \\ 1 & 1 & 0 & 0 \\ -1 & 0 & 0 & -1 \end{pmatrix};$$

$$B^2 = B \cdot B = \begin{pmatrix} 1 & 0 & 1 & 2 \\ 2 & 1 & 0 & 1 \\ 1 & 2 & 1 & 0 \\ 0 & 1 & 2 & 1 \end{pmatrix};$$

$$A^2 = \begin{pmatrix} -1 & 0 & 0 & 0 \\ 0 & -1 & 0 & 0 \\ 0 & 0 & -1 & 0 \\ 0 & 0 & 0 & -1 \end{pmatrix} = -E \;\Rightarrow A^3 = -A;$$

$A^4 = (-E) \cdot (-E) = E^2 = E$;

$\vec{a}^T \cdot B = (0\,;0\,;0\,;0) = \vec{0}^T$.

A 23.3

$$A = \begin{pmatrix} 2 & -3 & -5 \\ -1 & 4 & 5 \\ 1 & -3 & -4 \end{pmatrix}; \quad A^2 = A;$$

$A^2 - A = O$ (Nullmatrix); aus $A^2 = A$ folgt $A^n = A$ für alle $n \in \mathbb{N}$,

also $A^3 = A^{10} = O$.

A 23.4 a) $(200;50;30)\cdot\begin{pmatrix}5 & 3 & 4\\ 15 & 18 & 20\\ 30 & 45 & 50\end{pmatrix} = (2650;2850;3300)$;

Maschinenzeiten in Minuten: für M_1: 2650; M_2: 2850; M_3:3300.

b) Die Betriebskosten müssen pro Minute gerechnet werden.

$K = (2650;2850;3300)\cdot\begin{pmatrix}0{,}5\\ 0{,}7\\ 0{,}8\end{pmatrix} = 5\,960$ EUR.

c) $\begin{pmatrix}5 & 3 & 4\\ 15 & 18 & 20\\ 30 & 45 & 50\end{pmatrix}\cdot\begin{pmatrix}0{,}5\\ 0{,}7\\ 0{,}8\end{pmatrix} = \begin{pmatrix}7{,}8\\ 36{,}1\\ 86{,}5\end{pmatrix} = \begin{pmatrix}\text{Kosten pro Stuhl}\\ \text{Kosten pro Tisch}\\ \text{Kosten pro Schrank}\end{pmatrix}$;

$(x_1, x_2, x_3)\cdot\begin{pmatrix}7{,}8\\ 36{,}1\\ 86{,}5\end{pmatrix} = 7{,}8\,x_1 + 36{,}1\,x_2 + 86{,}5\,x_3$.

A 23.5 a)

	P_1	P_2	P_3	P_4
R_1	3	2	4	1
R_2	2	4	4	4
R_3	4	3	5	6
R_4	3	1	1	1
R_5	4	1	3	2

$= A\cdot B$.

b)

	E_1	E_2	E_3
Z_1	4	3	4
Z_2	3	3	5
Z_3	7	6	11
Z_4	3	5	0

$= B\cdot C$.

c)

	E_1	E_2	E_3
R_1	10	9	14
R_2	14	12	20
R_3	18	17	19
R_4	6	8	5
R_5	10	11	9

$= (A\cdot B)\cdot C = A\cdot(B\cdot C)$.

d)
$$\begin{pmatrix} r_1 \\ r_2 \\ r_3 \\ r_4 \\ r_5 \end{pmatrix} = \begin{pmatrix} 10 & 9 & 14 \\ 14 & 12 & 20 \\ 18 & 17 & 19 \\ 6 & 8 & 5 \\ 10 & 11 & 9 \end{pmatrix} \cdot \begin{pmatrix} 20 \\ 50 \\ 100 \end{pmatrix} = \begin{pmatrix} 2050 \\ 2880 \\ 3110 \\ 1020 \\ 1650 \end{pmatrix}.$$

e) $K = (4;3;5;2;89) \cdot \begin{pmatrix} 2050 \\ 2880 \\ 3110 \\ 1020 \\ 1650 \end{pmatrix} = 47\,630$ Tsd. EUR.

A 23.6
$$\begin{pmatrix} 0{,}5 & 0{,}3 & 0{,}1 \\ 0{,}5 & 0 & 0{,}1 \\ 0 & 0{,}2 & 0{,}2 \\ 0 & 0{,}1 & 0{,}5 \end{pmatrix} \cdot \begin{pmatrix} 2 \\ 3 \\ 5 \end{pmatrix} = \begin{pmatrix} 2{,}4 \text{ (Gehalt an A)} \\ 1{,}5 \text{ (Gehalt an B)} \\ 1{,}6 \text{ (Gehalt an C)} \\ 2{,}8 \text{ (Gehalt an D)} \end{pmatrix}.$$

A 23.7 $(r_1, r_2, r_3, r_4) = (1000;2000;2000) \cdot \begin{pmatrix} 10 & 5 & 0 & 3 \\ 4 & 2 & 6 & 0 \\ 3 & 1 & 1 & 4 \end{pmatrix}$

$$= (\underbrace{24000}_{R_1};\underbrace{11000}_{R_2};\underbrace{14000}_{R_3};\underbrace{24000}_{R_4})$$

Rohstoffmengen in Kg.

24. Lineare Gleichungssysteme

A 24.1

x	y	z	rechte Seite	
4	− 6	2	4	(1)
4	− 5	1	4	(2)
1	− 1,5	0,5	1	$\frac{1}{4} \times (1)$
0	1	− 1	0	(2) − (1)

$z = \lambda$; $y = z = \lambda$; $x = 1 + 1{,}5\,y - 0{,}5\,z = 1 + \lambda$.

Lösungsgerade: $\begin{pmatrix} x \\ y \\ z \end{pmatrix} = \begin{pmatrix} 1 \\ 0 \\ 0 \end{pmatrix} + \lambda \cdot \begin{pmatrix} 1 \\ 1 \\ 1 \end{pmatrix}$, $\lambda \in \mathbb{R}$.

A 24.2

a)

x	y	z	rechte Seite	
1	1	1	6	(1)
1	2	3	10	(2)
1	3	6	15	(3)
1	1	1	6	(1)
0	1	2	4	$(2)-(1)=(2')$
0	2	5	9	$(3)-(1)=(3')$
1	0	−1	2	$(1)-(2')=(1'')$
0	1	2	4	$(2')$
0	0	1	1	$(3')-2\times(2')=(3'')$
1	0	0	3	$(1'')+(3'')$
0	1	0	2	$(2'')-2\times(3'')$
0	0	1	1	

Lösung: $\underline{x=3;\quad y=2;\quad z=1.}$

b)

x	y	z	rechte Seite	
1	1	2	1	(1)
6	1	3	2	(2)
8	3	7	3	(3)
1	1	2	1	(1)
0	−5	−9	−4	$(2)-6\times(1)=(2')$
0	−5	−9	−5	$(3)-8\times(1)=(3')$
1	1	2	2	
0	−5	−9	−4	
0	0	0	1	$(3')-(2')$

Keine Lösung.

c)

x	y	z	rechte Seite	
1	2	−3	6	(1)
2	−1	4	2	(2)
4	3	−2	14	(3)
1	2	−3	6	(1)
0	−5	10	−10	$(2)-2\times(1)=(2')$
0	−5	10	−10	$(3)-4\times(1)=(3')$
1	2	−3	6	
0	1	−2	2	$-\frac{1}{5}\times(2')$
0	0	0	0	$(3')-(2')$

$z=\lambda;\quad y=2+2\lambda;\quad x=6-2y+3z=2-\lambda;$

Lösung: $\begin{pmatrix} x \\ y \\ z \end{pmatrix} = \begin{pmatrix} 2 \\ 2 \\ 0 \end{pmatrix} + \lambda \cdot \begin{pmatrix} -1 \\ 2 \\ 1 \end{pmatrix}, \; \lambda \in \mathbb{R}.$

A 24.3

x	y	z	rechte Seite	
−1	1	4	3	(1)
−1	0	2	1	(2)
2	2	a	3	(3)
1	0	−2	−1	−(2)
0	1	2	2	(1) − (2) = (2′)
0	2	a + 4	5	2 × (2) + (3) = (3′)
1	0	−2	−1	
0	1	2	2	
0	0	a	1	(3′) − 2 × (2′)

1. Fall: $\underline{a = 0}$; keine Lösung;

2. Fall: $\underline{a \neq 0}$; $z = \frac{1}{a}$; $y = 2 - 2z = 2 - \frac{2}{a}$; $x = -1 + 2z = -1 + \frac{2}{a}$.

A 24.4

x	y	z	rechte Seite	
2	4	2	2	(1)
4	1	2	3	(2)
2	−3	0	a	(3)
1	2	1	1	$\frac{1}{2}$ × (1) = (1′)
0	−7	−2	−1	(2) − 4 × (1′) = (2′)
0	−7	−2	a − 2	(3) − (1) = (3′)
1	2	1	1	
0	1	$\frac{2}{7}$	$\frac{1}{7}$	$-\frac{1}{7}$ × (2′)
0	0	0	a − 1	(3′) − (2′)

1. Fall: $\underline{a \neq 1}$; keine Lösung;

2. Fall: $\underline{a = 1}$; die dritte Gleichung ist immer erfüllt.

$$z = \lambda; \quad y = \frac{1}{7} - \frac{2}{7}\lambda; \quad x = 1 - 2y - z = \frac{5}{7} - \frac{3}{7}\lambda.$$

Lösungsgerade für a = 1: mit $\rho = 7\lambda$ erhält man

$$\begin{pmatrix} x \\ y \\ z \end{pmatrix} = \begin{pmatrix} \frac{5}{7} \\ \frac{1}{7} \\ 0 \end{pmatrix} + \lambda \cdot \begin{pmatrix} -\frac{3}{7} \\ -\frac{2}{7} \\ 1 \end{pmatrix} = \frac{1}{7} \cdot \begin{pmatrix} 5 \\ 1 \\ 0 \end{pmatrix} + \rho \cdot \begin{pmatrix} -3 \\ -2 \\ 7 \end{pmatrix}, \; \lambda, \rho \in \mathbb{R}.$$

A 24.5 a)

p_1	p_2	p_3	rechte Seite	
2	1	3	24	(1)
2	2	4	32	(2)
4	0	4	32	(3)
1	0	1	8	$\frac{1}{4}\times(3) = (1')$
0	1	1	8	$(2) - (1) = (2')$
0	-4	-4	-32	$(3) - 2\times(2) = (3')$
1	0	1	8	
0	1	1	8	
0	0	0	0	$(3') + 4\times(2')$

$p_3 = \lambda$; $p_2 = 8 - \lambda$; $p_1 = 8 - \lambda$;

Lösung: $\begin{pmatrix} p_1 \\ p_2 \\ p_3 \end{pmatrix} = \begin{pmatrix} 8 \\ 8 \\ 0 \end{pmatrix} + \lambda \cdot \begin{pmatrix} -1 \\ -1 \\ 1 \end{pmatrix}$, $\lambda \in \mathbb{R}$.

b) $p_2 = p_3 \Leftrightarrow 8 - \lambda = \lambda \Leftrightarrow \lambda = 4$

$\Rightarrow$ $\underline{p_1 = p_2 = p_3 = 4.}$

A 24.6

x	y	z	rechte Seite		
1	-1	1	0	(E_2)	(1)
2	1	-1	-3	(E_1)	(2)
-3	-1	2	5	(E_3)	(3)
1	-1	1	0		$(1) = (1')$
0	3	-3	-3		$(2) - 2\times(1) = (2')$
0	-4	5	5		$(3) + 3\times(1) = (3')$
1	-1	1	0		
0	1	-1	-1		$\frac{1}{3}\times(2') = (2'')$
0	0	1	1		$(3') - \frac{4}{3}\times(2'') = (3'')$
1	0	0	-1		$(1') + (2'')$
0	1	0	0		$(2'') + (3'')$
0	0	1	1		

$\underline{\text{Lösung: } x_1 = -1;\ x_2 = 0;\ x_3 = 1.}$

A 24.7

x_1	x_2	x_3	x_4	rechte Seite	
10	7	8	4	960	
5	5	4	11	960	
8	9	6	6	960	
10	5	9	4	960	
1	0,7	0,8	0,4	96	
0	1,5	0	9	480	
0	3,4	– 0,4	2,8	192	
0	– 2	1	0	0	
1	0,7	0,8	0,4	96	
0	1	0	6	320	
0	0	– 0,4	– 17,6	– 896	} vertauschen
0	0	1	12	640	
1	0,7	0,8	0,4	96	
0	1	0	6	320	
0	0	1	12	640	
0	0	0	– 12,8	– 640	

$x_4 = 50$; $x_3 = 640 - 12\,x_4 = 40$; $x_2 = 320 - 6\,x_4 = 20$;

$x_1 = 96 - 0{,}7\,x_2 - 0{,}8\,x_3 - 0{,}4\,x_4 = 30$;

Lösung: $x_1 = 30$; $x_2 = 20$; $x_3 = 40$; $x_4 = 50$.

A 24.8 Ansatz: x_1 Packungen 1 und x_2 Packungen 2.

Gleichungssystem $7\,x_1 + 6\,x_2 = 45$

$2\,x_1 + 5\,x_2 = 26$.

x_1	x_2	r. S.
2	5	26
7	6	45
1	2,5	13
0	– 11,5	– 46
1	0	3
0	1	4

Lösung: $x_1 = 3$; $x_2 = 4$.

A 24.9 Ansatz: Telefonnummer $x_1x_2x_3 = x_3 + 10\,x_2 + 100\,x_1$.

(1) $x_1 + x_2 = x_3 + 8 \quad \Rightarrow \quad x_1 + x_2 - x_3 = 8$;

(2) $x_1x_2x_3 = x_1 + 10\,x_2 + 100\,x_3 = x_3 + 10\,x_2 + 100\,x_1 - 198$
$\Rightarrow \quad x_1 - x_3 = 2$;

(3) $x_2 + 3\,x_3 = 3\,x_1 \quad \Rightarrow \quad 3\,x_1 - x_2 - 3x_3 = 0$.

x_1	x_2	x_3	rechte Seite	
1	1	−1	8	
1	0	−1	2	
3	−1	−3	0	
1	1	−1	8	(1′)
0	−1	0	−6	(2′)
0	−4	0	−24	(3′)

Aus (2′) und (3′) folgt $\underline{x_2 = 6}$;

(1′) $\Rightarrow \quad x_1 + x_2 - x_3 = 8; \quad x_1 + 6 - x_3 = 8$;

$x_1 - x_3 = 2; \quad x_1 = x_3 + 2$;

dabei muss gelten: $x_1, x_3 \in \{1, 2, 3, 4, 5, 6, 7, 8, 9\}$.

Für x_3 gibt es nur die ganzzahligen Lösungen $1, 2, \ldots, 7$.

Lösungen: 361; 462; 563; 664; 765; 866; 967.

A 24.10 Ansatz x_1, x_2, x_3 seien die Inhalte der Fässer 1, 2 und 3.

a) $x_1 - x_2 - x_3 = \frac{1}{2}x_1 + 10 \quad \Leftrightarrow \quad x_1 - 2\,x_2 - 2\,x_3 = 20$;

$x_1 - 3\,x_2 = 20; \quad x_2 = 2\,x_3$.

x_1	x_2	x_3	rechte Seite	
1	−2	−2	20	
1	−3	0	20	
0	1	−2	0	
1	−2	−2	20	
0	−1	2	0	}+
0	1	−2	0	
1	−2	−2	20	
0	1	−2	0	
0	0	0	0	

Lösung: $x_3 = \lambda$ (beliebig); $x_2 = 2\,\lambda$; $x_1 = 20 + 6\,\lambda$.

b) $x_1 + x_2 + x_3 = 20 + 9\,\lambda = 560$; $\lambda = 60$;

$x_1 = 380$ Liter; $x_2 = 120$ Liter; $x_3 = 60$ Liter.

A 24.11 Ansatz: x bzw. y Gramm von der Sorte mit 600 bzw. 800 Feingehalt.

$$x \cdot \frac{600}{1000} + y \cdot \frac{800}{1000} = 200 \cdot \frac{750}{1000} \quad \Rightarrow \quad \begin{aligned} 0{,}6\,x + 0{,}8\,y &= 150 \quad (1) \\ x + y &= 200 \quad (2) \end{aligned}$$

$(1) - 0{,}6 \times (2) \;\Rightarrow\; 0{,}2\,y = 30\,;\;\; \underline{y = 150\,;\;\; x = 50\,.}$

Ergebnis: Es werden 50 Gramm Silber vom Feingehalt 600 und 150 Gramm Silber vom Feingehalt 800 benötigt.

A 24.12 x_i = Anzahl der Werkstücke W_i.

$$\begin{aligned} 10x_1 + 20x_2 + 20x_3 + 15x_4 &= 480 \\ 10x_1 + 30x_2 + 16x_3 + 5x_4 &= 480 \\ 20x_1 + 20x_2 + 10x_3 + 25x_4 &= 480 \\ 5x_1 + 10x_2 + 12x_3 + 5x_4 &= 250 \quad \text{(Reingewinn)} \end{aligned}$$

x_1	x_2	x_3	x_4	rechte Seite	
1	2	2	1,5	48	
1	3	1,6	0,5	48	
2	2	1	2,5	48	
1	2	2,4	1	50	
1	2	2	1,5	48	
0	1	− 0,4	− 1	0	
0	− 2	− 3	− 0,5	− 48	
0	0	0,4	− 0,5	2	
1	2	2	1,5	48	
0	1	− 0,4	− 1	0	
0	0	− 3,8	− 2,5	− 48	} vertauschen
0	0	0,4	− 0,5	2	}
1	2	2	1,5	48	
0	1	− 0,4	− 1	0	
0	0	1	− 1,25	5	
0	0	0	− 7,25	− 29	

$x_4 = \frac{29}{7{,}25} = 4\,;\quad x_3 = 5 + 1{,}25\,x_4 = 10\,;$

$x_2 = 0{,}4\,x_3 + x_4 = 8\,;\;\; x_1 = 48 - 2x_2 - 2x_3 - 1{,}5x_4 = 6\,;$

<u>Lösung: $x_1 = 6\,;\quad x_2 = 8\,;\quad x_3 = 10\,;\quad x_4 = 4\,.$</u>

A 24.13

x_1	x_2	x_3	x_4	x_5	rechte Seite	
1	2	−1	2	−3	9	(1)
−1	−1	2	1	1	0	(2)
2	4	3	−4	−1	2	(3)
−2	1	−4	5	−2	2	(4)
1	−1	3	−2	3	−1	(5)
1	2	−1	2	−3	9	
0	1	1	3	−2	9	
0	0	5	−8	5	−16	
0	5	−1	1	−3	4	(3) + (4)
0	−2	5	−1	4	−1	(2) + (5)
1	2	−1	2	−3	9	
0	1	1	3	−2	9	
0	0	5	−8	5	−16	
0	0	−6	−14	7	−41	
0	0	7	5	0	17	
1	2	−1	2	−3	9	
0	1	1	3	−2	9	
0	0	1	−1,6	1	−3,2	
0	0	0	−23,6	13	−60,2	
0	0	0	16,2	−7	39,4	
1	2	−1	2	−3	9	
0	1	1	3	−2	9	
0	0	1	−1,6	1	−3,2	
0	0	0	1	$-\frac{65}{118}$	$\frac{301}{118}$	
0	0	0	0	$\frac{227}{118}$	$-\frac{227}{118}$	

$x_5 = -1$; $x_4 = \frac{301}{118} + \frac{65}{118} \cdot x_5 = 2$;

$x_3 = -3{,}2 + 1{,}6x_4 - x_5 = 1$; $x_2 = 9 - x_3 - 3x_4 + 2x_5 = 0$;

$x_1 = 9 - 2x_2 + x_3 - 2x_4 + 3x_5 = 3$:

Lösung: $x_1 = 3$; $x_2 = 0$; $x_3 = 1$; $x_4 = 2$; $x_5 = -1$.

25. Linear unabhängige und linear abhängige Vektoren

A 25.1 $\sum_{k=1}^{m} \lambda_k \cdot \vec{a}_k = \vec{0}$ liefert die linearen Gleichungssysteme.

a)

λ_1	λ_2	r. S.
1	2	0
2	3	0
1	2	0
0	−1	0

$\lambda_2 = \lambda_1 = 0$; die beiden Vektoren sind linear unabhängig.

b)

λ_1	λ_2	r. S.
4	6	0
6	9	0
1	1,5	0
0	0	0

$\lambda_2 = \lambda$ (beliebig); $\lambda_1 = -1{,}5\,\lambda$;

die beiden Vektoren sind linear abhängig mit

$-1{,}5\,\lambda \cdot \begin{pmatrix} 4 \\ 6 \end{pmatrix} + \lambda \cdot \begin{pmatrix} 6 \\ 9 \end{pmatrix} = \begin{pmatrix} 0 \\ 0 \end{pmatrix}$ für beliebiges $\lambda \in \mathbb{R}$.

c)

λ_1	λ_2	λ_3	r. S.	
1	2	−1	0	
2	−1	1	0	
0	1	1	0	
1	2	−1	0	
0	−5	3	0	} vertauschen
0	1	1	0	}
1	2	−1	0	
0	1	1	0	
0	0	1	0	

$\lambda_3 = 0$; $\lambda_2 = 0$; $\lambda_1 = 0$;

die drei Vektoren sind linear unabhängig.

d)

λ_1	λ_2	λ_3	r. S.
1	-1	-3	0
-1	2	5	0
2	3	4	0
1	-1	-3	0
0	1	2	0
0	5	10	0
1	-1	-3	0
0	1	2	0
0	0	0	0

(Zeilen 1 und 2: Komponenten sind vertauscht)

$\lambda_3 = \lambda$ (beliebig); $\lambda_2 = -2\lambda$; $\lambda_1 = \lambda$.

Die drei Vektoren sind linear abhängig mit

$$\lambda \cdot \begin{pmatrix} -1 \\ 1 \\ 2 \end{pmatrix} - 2\lambda \cdot \begin{pmatrix} 2 \\ -1 \\ 3 \end{pmatrix} + \lambda \cdot \begin{pmatrix} 5 \\ -3 \\ 4 \end{pmatrix} = \begin{pmatrix} 0 \\ 0 \\ 0 \end{pmatrix} \text{ für beliebiges } \lambda \in \mathbb{R}.$$

e)

λ_1	λ_2	λ_3	r. S.
1	0	0	0
0	1	0	0
0	0	1	0

$\lambda_1 = \lambda_2 = \lambda_3 = 0$; linear unabhängig.

Es handelt sich um drei orthogonale Einheitsvektoren der Länge Eins.

f)

λ_1	λ_2	λ_3	r. S.
1	-1	-1	0
2	-1	1	0
3	2	12	0
4	3	17	0
1	-1	-1	0
0	1	3	0
0	5	15	0
0	7	21	0
1	-1	-1	0
0	1	3	0
0	0	0	0
0	0	0	0

$\lambda_3 = \lambda$ (bel.); $\lambda_2 = -3\lambda$; $\lambda_1 = -2\lambda$.

Die drei Vektoren sind linear abhängig mit

$$-2\lambda\cdot\begin{pmatrix}1\\2\\3\\4\end{pmatrix}-3\lambda\cdot\begin{pmatrix}-1\\-1\\2\\3\end{pmatrix}+\lambda\cdot\begin{pmatrix}-1\\1\\12\\17\end{pmatrix}=\begin{pmatrix}0\\0\\0\\0\end{pmatrix}\quad\text{für jedes }\lambda\in\mathbb{R}.$$

A 25.2 a)

Aus $\begin{pmatrix}8\\12\end{pmatrix}=2\cdot\begin{pmatrix}4\\6\end{pmatrix}$ folgt $2\cdot\begin{pmatrix}4\\6\end{pmatrix}-\begin{pmatrix}8\\12\end{pmatrix}=\begin{pmatrix}0\\0\end{pmatrix}$.

b) Aus $\begin{pmatrix}-1\\-2\\-1\end{pmatrix}=-\begin{pmatrix}1\\2\\1\end{pmatrix}$ folgt $\begin{pmatrix}1\\2\\1\end{pmatrix}+\begin{pmatrix}-1\\-2\\-1\end{pmatrix}+0\cdot\begin{pmatrix}5\\8\\4\end{pmatrix}=\begin{pmatrix}0\\0\\0\end{pmatrix}$

$(\lambda_1=1;\ \lambda_2=1;\ \lambda_3=0)$.

c) Aus $\vec{c}=2\vec{a}-3\vec{b}$ folgt $2\vec{a}-3\vec{b}-\vec{c}=\vec{0}$.

Mit $\lambda_1=2;\ \lambda_2=-3$ und $\lambda_3=-1$ gilt

$\lambda_1\vec{a}+\lambda_2\vec{b}+\lambda_3\vec{c}=\vec{0}$.

d) $m=5$ Vektoren mit jeweils $n=4$ Komponenten sind wegen $m>n$ stets linear abhängig.

A 25.3 Ansatz

$$\begin{aligned}\vec{0}&=\lambda_1\cdot(\vec{a}+\vec{b})+\lambda_2\cdot(\vec{a}-\vec{b})\\&=(\lambda_1+\lambda_2)\cdot\vec{a}+(\lambda_1-\lambda_2)\cdot\vec{b}.\end{aligned}$$

Da $\vec{a}$ und $\vec{b}$ linear unabhängig sind, folgt hieraus

$$\left.\begin{aligned}\lambda_1+\lambda_2&=0\\\lambda_1-\lambda_2&=0\end{aligned}\right\}+\quad\Rightarrow\lambda_1=0;\ \lambda_2=0.$$

Damit sind auch die Vektoren $\vec{a}+\vec{b}$ und $\vec{a}-\vec{b}$ linear unabhängig.

26. Der Rang einer Matrix

A 26.1 a)

$$\begin{array}{rr} 2 & -3 \\ 4 & 5 \\ \hline 2 & -3 \\ 0 & 11 \end{array} \qquad r(A) = 2;$$

b)

$$\begin{array}{rrl} 4 & -8 & |:4 \\ -3 & 6 & \\ \hline 1 & -2 & \\ 0 & 0 & \end{array} \qquad r(A) = 1;$$

c)

$$\begin{array}{rrr} 2 & 5 & 8 \\ 4 & 2 & 6 \\ \hline 2 & 5 & 8 \\ 0 & -8 & -10 \end{array} \qquad r(A) = 2;$$

d)

$$\begin{array}{rrr} 1 & 1 & 1 \\ -2 & 1 & 4 \\ 3 & 1 & 7 \\ \hline 1 & 1 & 1 \\ 0 & 3 & 6 \\ 0 & -2 & 4 \\ \hline 1 & 1 & 1 \\ 0 & 1 & 2 \\ 0 & 0 & 8 \end{array} \qquad r(A) = 3;$$

e)

$$\begin{array}{rrrrl} 2 & 4 & 6 & 8 & (1) \\ -1 & 2 & 1 & 4 & (2) \\ 3 & 10 & 13 & 20 & (3) \\ 4 & 0 & 4 & 0 & (4) \\ \hline 1 & 2 & 3 & 4 & \frac{1}{2} \times (1) = (1') \\ 0 & 4 & 4 & 8 & (2) + (1') \\ 0 & 4 & 4 & 8 & (3) - 3 \times (1') \\ 0 & -8 & -8 & -16 & (4) - 4 \times (1') \\ \hline 1 & 2 & 3 & 4 & \\ 0 & 4 & 4 & 8 & \\ 0 & 0 & 0 & 0 & \\ 0 & 0 & 0 & 0 & \end{array} \qquad r(A) = 2;$$

A 26.2

2	−4	2	| :2
3	1	2	
0	14	a	
1	−2	1	
0	7	−1	
0	14	a	
1	−2	1	
0	7	−1	
0	0	a + 2	

$a = -2 \Leftrightarrow r(A) = 2; \quad a \neq -2 \Leftrightarrow r(A) = 3.$

28. Inverse Matrizen

A 28.1

A		E	
1	1	1	0
1	2	0	1
1	1	1	0
0	1	−1	1
1	0	2	−1
0	1	−1	1

$$A^{-1} = \begin{pmatrix} 2 & -1 \\ -1 & 1 \end{pmatrix}.$$

B		E	
6	−4	1	0
4	$-\frac{8}{3}$	0	1
1	$-\frac{2}{3}$	$\frac{1}{6}$	0
0	0	$-\frac{2}{3}$	1

B^{-1} existiert nicht.

C		E	
5	0	1	0
0	$\frac{1}{4}$	0	1
1	0	$\frac{1}{5}$	0
0	1	0	4

$$C^{-1} = \begin{pmatrix} \frac{1}{5} & 0 \\ 0 & 4 \end{pmatrix}.$$

A 28.2

A			E			
1	2	0	1	0	0	(1)
3	2	1	0	1	0	(2)
4	0	1	0	0	1	(3)
1	2	0	1	0	0	$(1) = (1')$
0	-4	1	-3	1	0	$(2) - 3 \times (1) = (2')$
0	-8	1	-4	0	1	$(3) - 4 \times (1) = (3')$
1	0	$\frac{1}{2}$	$-\frac{1}{2}$	$\frac{1}{2}$	0	$(1') + \frac{1}{2} \times (2') = (1'')$
0	4	0	1	1	-1	$(2') - (3') = (2'')$
0	0	1	-2	2	-1	$2 \times (2') - (3') = (3'')$
1	0	0	$\frac{1}{2}$	$-\frac{1}{2}$	$\frac{1}{2}$	$(1'') - \frac{1}{2} \times (3'')$
0	1	0	$\frac{1}{4}$	$\frac{1}{4}$	$-\frac{1}{4}$	$\frac{1}{4} \times (2'')$
0	0	1	-2	2	-1	

$$A^{-1} = \frac{1}{4} \cdot \begin{pmatrix} 2 & -2 & 2 \\ 1 & 1 & -1 \\ -8 & 8 & -4 \end{pmatrix}.$$

B			E			
2	1	1	1	0	0	(1)
1	2	1	0	1	0	(2)
1	1	2	0	0	1	(3)
1	1	2	0	0	1	(3)
1	2	1	0	1	0	(2)
2	1	1	1	0	0	(1)
1	1	2	0	0	1	$(3) = (1')$
0	1	-1	0	1	-1	$(2) - (3) = (2')$
0	-1	-3	1	0	-2	$(1) - 2 \times (3) = (3')$
1	0	-1	1	0	-1	$(1') + (3') = (1'')$
0	1	-1	0	1	-1	$(2'')$
0	0	-4	1	1	-3	$(2') + (3') = (3'')$
1	0	0	$\frac{3}{4}$	$-\frac{1}{4}$	$-\frac{1}{4}$	$(1'') + (3''')$
0	1	0	$-\frac{1}{4}$	$\frac{3}{4}$	$-\frac{1}{4}$	$(2'') + (3''')$
0	0	1	$-\frac{1}{4}$	$-\frac{1}{4}$	$\frac{3}{4}$	$-\frac{1}{4} \times (3'') = (3''')$

$$B^{-1} = \begin{pmatrix} \frac{3}{4} & -\frac{1}{4} & -\frac{1}{4} \\ -\frac{1}{4} & \frac{3}{4} & -\frac{1}{4} \\ -\frac{1}{4} & -\frac{1}{4} & \frac{3}{4} \end{pmatrix} = \frac{1}{4}\cdot \begin{pmatrix} 3 & -1 & -1 \\ -1 & 3 & -1 \\ -1 & -1 & 3 \end{pmatrix}.$$

C			E			
1	0	2	1	0	0	(1)
−1	1	−2	0	1	0	(2)
−1	3	−2	0	0	1	(3)
1	0	2	0	0	1	(1)
0	1	0	1	1	0	(1) + (2) = (2′)
0	3	0	1	0	1	(1) + (3) = (3′)
1	0	2	1	0	0	
0	1	0	1	1	0	(2′)
0	0	0	−2	−3	1	(3′) − 3 × (2′)

C^{-1} existiert nicht.

D			E			
1	2	2	1	0	0	(1)
1	4	2	0	1	0	(2)
1	−2	4	0	0	1	(3)
1	2	2	1	0	0	
0	2	0	−1	1	0	(2) − (1) = (2′)
0	−4	2	−1	0	1	(3) − (1) = (3′)
1	0	2	2	−1	0	(1) − (2′) = (1″)
0	1	0	$-\frac{1}{2}$	$\frac{1}{2}$	0	$\frac{1}{2}$ × (2′) = (2″)
0	0	2	−3	2	1	(3′) + 2 × (2′) = (3″)
1	0	0	5	−3	−1	(1′) − (3″) = (1‴)
0	1	0	$-\frac{1}{2}$	$\frac{1}{2}$	0	
0	0	1	$-\frac{3}{2}$	1	$\frac{1}{2}$	$\frac{1}{2}$ × (3″)

$$D^{-1} = \frac{1}{2}\cdot \begin{pmatrix} 10 & -6 & -2 \\ -1 & 1 & 0 \\ -3 & 2 & 1 \end{pmatrix}.$$

F			E			
1	−3	0	1	0	0	(1)
3	−2	1	0	1	0	(2)
1	−2	0	0	0	1	(3)
1	−3	0	1	0	0	(1)
0	1	0	−1	0	1	(3) − (1) = (2′)
0	7	1	−3	1	0	(2) − 3 × (1) = (3′)
1	0	0	−2	0	3	(1) + 3 × (2′)
0	1	0	−1	0	1	
0	0	1	4	1	−7	(3′) − 7 × (2′)

$$F^{-1} = \begin{pmatrix} -2 & 0 & 3 \\ -1 & 0 & 1 \\ 4 & 1 & -7 \end{pmatrix}.$$

G			E			
2	0	−2	1	0	0	(1)
0	1	1	0	1	0	(2)
3	0	−2	0	0	1	(3)
1	0	−1	$\frac{1}{2}$	0	0	$\frac{1}{2}$ × (1) = (1′)
0	1	1	0	1	0	(2)
0	0	1	$-\frac{3}{2}$	0	1	(3) − 3 × (1′) = (3′)
1	0	0	−1	0	1	(1′) + (3′)
0	1	0	$\frac{3}{2}$	1	−1	(2) − (3″)
0	0	1	$-\frac{3}{2}$	0	1	

$$G^{-1} = \frac{1}{2} \cdot \begin{pmatrix} -2 & 0 & 2 \\ 3 & 2 & -2 \\ -3 & 0 & 2 \end{pmatrix}.$$

A 28.3 a)

$$A^2 = \begin{pmatrix} 2 & -3 & -5 \\ -1 & 4 & 5 \\ 1 & -3 & -4 \end{pmatrix} \cdot \begin{pmatrix} 2 & -3 & -5 \\ -1 & 4 & 5 \\ 1 & -3 & -4 \end{pmatrix} = \begin{pmatrix} 2 & -3 & -5 \\ -1 & 4 & 5 \\ 1 & -3 & -4 \end{pmatrix} = A.$$

b) Annahme: A^{-1} existiere. Dann folgt aus $A = A^2$:

$E = A^{-1} \cdot A = A^{-1} \cdot A^2 = (A^{-1} \cdot A) \cdot A = E \cdot A = A$,
also $E = A$. Wegen $A \neq E$ kann damit A^{-1} nicht existieren.

A 28.4 a)

$$A^2 = \begin{pmatrix} 0 & -1 & 0 & 0 \\ 1 & 0 & 0 & 0 \\ 0 & 0 & 0 & 1 \\ 0 & 0 & -1 & 0 \end{pmatrix} \cdot \begin{pmatrix} 0 & -1 & 0 & 0 \\ 1 & 0 & 0 & 0 \\ 0 & 0 & 0 & 1 \\ 0 & 0 & -1 & 0 \end{pmatrix}$$

$$= \begin{pmatrix} -1 & 0 & 0 & 0 \\ 0 & -1 & 0 & 0 \\ 0 & 0 & -1 & 0 \\ 0 & 0 & 0 & -1 \end{pmatrix} = -E \quad (E = \text{Einheitsmatrix});$$

$A^2 = -E;\ A^3 = A^2 \cdot A = -E \cdot A = -A;$

$A^4 = A^2 \cdot A^2 = (-E) \cdot (-E) = E.$

b)

A				E				
0	−1	0	0	1	0	0	0	(1)
1	0	0	0	0	1	0	0	(2)
0	0	0	1	0	0	1	0	(3)
0	0	−1	0	0	0	0	1	(4)
1	0	0	0	0	1	0	0	(2)
0	1	0	0	−1	0	0	0	−(1)
0	0	1	0	0	0	0	−1	−(4)
0	0	0	1	0	0	1	0	(3)

$A^{-1} = -A.$

Aus $A^2 = -E$ folgt $(-A) \cdot A = E$. Daraus folgt $A^{-1} = -A$.

A 28.5 a)

$$A \cdot B = \begin{pmatrix} -1 & 2 & 1 \\ 2 & -3 & -1 \\ 3 & 1 & 2 \end{pmatrix} \cdot \begin{pmatrix} -5 & -3 & 1 \\ -7 & -5 & 1 \\ 11 & 7 & -1 \end{pmatrix} = \begin{pmatrix} 2 & 0 & 0 \\ 0 & 2 & 0 \\ 0 & 0 & 2 \end{pmatrix} = 2E;$$

$$B \cdot A = \begin{pmatrix} -5 & -3 & 1 \\ -7 & -5 & 1 \\ 11 & 7 & -1 \end{pmatrix} \cdot \begin{pmatrix} -1 & 2 & 1 \\ 2 & -3 & -1 \\ 3 & 1 & 2 \end{pmatrix} = \begin{pmatrix} 2 & 0 & 0 \\ 0 & 2 & 0 \\ 0 & 0 & 2 \end{pmatrix} = 2E.$$

b) Aus $A \cdot B = 2E$ folgt

$$A^{-1} = \frac{1}{2} \cdot B \quad \text{und} \quad B^{-1} = \frac{1}{2} \cdot A.$$

A 28.6 a)

A			E			
1	−1	−1	1	0	0	(1)
−1	1	−1	0	1	0	(2)
−1	−1	1	0	0	1	(3)
1	−1	−1	1	0	0	$(1) = (1')$
0	−2	0	1	0	1	$(1) + (3) = (2')$
0	0	−2	1	1	0	$(1) + (2) = (3')$
1	0	0	0	$-\frac{1}{2}$	$-\frac{1}{2}$	$(1) + (2'') + (3'')$
0	1	0	$-\frac{1}{2}$	0	$-\frac{1}{2}$	$-\frac{1}{2} \times (3') = (2'')$
0	0	1	$-\frac{1}{2}$	$-\frac{1}{2}$	0	$-\frac{1}{2} \times (3') = (3'')$

$$A^{-1} = -\frac{1}{2} \cdot \begin{pmatrix} 0 & 1 & 1 \\ 1 & 0 & 1 \\ 1 & 1 & 0 \end{pmatrix}.$$

b) $$\vec{x} = \begin{pmatrix} x_1 \\ x_2 \\ x_3 \end{pmatrix} = A^{-1} \cdot \vec{b} = -\frac{1}{2} \cdot \begin{pmatrix} 0 & 1 & 1 \\ 1 & 0 & 1 \\ 1 & 1 & 0 \end{pmatrix} \vec{b}\,;$$

$$\alpha)\quad \vec{x} = \begin{pmatrix} -1 \\ -1 \\ -1 \end{pmatrix}; \quad \beta)\quad \vec{x} = \begin{pmatrix} 1 \\ -\frac{1}{2} \\ -\frac{1}{2} \end{pmatrix}; \quad \gamma)\quad \vec{x} = \begin{pmatrix} -\frac{3}{2} \\ -4 \\ -\frac{1}{2} \end{pmatrix}.$$

A 28.7

$$X = A^{-1} \cdot \begin{pmatrix} 1 & 1 & 1 \\ 1 & 1 & 1 \\ 1 & 1 & 1 \end{pmatrix}; \quad Y = A^{-1} \cdot \begin{pmatrix} -1 & 2 & 0 & 1 \\ 4 & 2 & 1 & 0 \\ 2 & 1 & 1 & 1 \end{pmatrix};$$

Berechnung von A^{-1}:

A			E			
1	3	3	1	0	0	(1)
1	3	4	0	1	0	(2)
1	4	3	0	0	1	(3)
1	3	3	1	0	0	(1)
0	1	0	−1	0	1	$(3) - (1) = (2')$
0	0	1	−1	1	0	$(2) - (1) = (3')$
1	0	0	7	−3	−3	$(1) - 3 \times (2') - 3 \times (3')$
0	1	0	−1	0	1	
0	0	1	−1	1	0	

$$A^{-1} = \begin{pmatrix} 7 & -3 & -3 \\ -1 & 0 & 1 \\ -1 & 1 & 0 \end{pmatrix}.$$

$$X = \begin{pmatrix} 7 & -3 & -3 \\ -1 & 0 & 1 \\ -1 & 1 & 0 \end{pmatrix} \cdot \begin{pmatrix} 1 & 1 & 1 \\ 1 & 1 & 1 \\ 1 & 1 & 1 \end{pmatrix} = \begin{pmatrix} 1 & 1 & 1 \\ 0 & 0 & 0 \\ 0 & 0 & 0 \end{pmatrix};$$

$$Y = \begin{pmatrix} 7 & -3 & -3 \\ -1 & 0 & 1 \\ -1 & 1 & 0 \end{pmatrix} \cdot \begin{pmatrix} -1 & 2 & 0 & 1 \\ 4 & 2 & 1 & 0 \\ 2 & 1 & 1 & 1 \end{pmatrix}$$

$$= \begin{pmatrix} -25 & 5 & -6 & 4 \\ 3 & -1 & 1 & 0 \\ 5 & 0 & 1 & -1 \end{pmatrix}.$$

A 28.8 a)

A			E			
3	−2	−1	1	0	0	(1)
1	1	3	0	1	0	(2)
2	−3	1	0	0	1	(3)
1	1	3	0	1	0	$(2) = (1')$
0	−5	−10	1	−3	0	$(1) - 3 \times (2) = (2')$
0	−5	−5	0	−2	1	$(3) - 2 \times (2) = (3')$
1	1	3	0	1	0	$(1')$
0	1	1	0	$\frac{2}{5}$	$-\frac{1}{5}$	$-\frac{1}{5} \times (3') = (2'')$
0	0	5	−1	1	1	$(3') - (2') = (3'')$
1	0	0	$\frac{2}{5}$	$\frac{1}{5}$	$-\frac{1}{5}$	$(1') - (2''') - 3 \times (3''')$
0	1	0	$\frac{1}{5}$	$\frac{1}{5}$	$-\frac{2}{5}$	$(2'') - (3''') = (2''')$
0	0	1	$-\frac{1}{5}$	$\frac{1}{5}$	$\frac{1}{5}$	$\frac{1}{5} \times (3'') = (3''')$

$$A^{-1} = \frac{1}{5} \cdot \begin{pmatrix} 2 & 1 & -1 \\ 1 & 1 & -2 \\ -1 & 1 & 1 \end{pmatrix}.$$

b)

$$\vec{x} = \begin{pmatrix} x_1 \\ x_2 \\ x_3 \end{pmatrix} = A^{-1} \cdot \vec{b};$$

$$\alpha)\ \vec{x} = \begin{pmatrix} 0 \\ 0 \\ 0 \end{pmatrix};\quad \beta)\ \vec{x} = \begin{pmatrix} 7 \\ 3 \\ 0 \end{pmatrix};\quad \gamma)\ \vec{x} = \begin{pmatrix} 1 \\ \frac{1}{5} \\ -\frac{2}{5} \end{pmatrix}.$$

A 28.9

A			E			
1	1	0	1	0	0	(1)
−1	0	a	0	1	0	(2)
1	−1	0	0	0	1	(3)
1	1	0	1	0	0	(1) = (1′)
0	2	0	1	0	−1	(1) − (3) = (2′)
0	1	a	1	1	0	(1) + (2) = (3′)
1	0	0	$\frac{1}{2}$	0	$\frac{1}{2}$	(1′) − (2″)
0	1	0	$\frac{1}{2}$	0	$-\frac{1}{2}$	$\frac{1}{2}\times$ (2′) = (2″)
0	0	a	$\frac{1}{2}$	1	$\frac{1}{2}$	(3′) − (2″)

1. Fall: $a = 0 \Leftrightarrow A^{-1}$ existiert nicht.

2. Fall: $a \neq 0$:

Division der letzen Zeile durch a ergibt die Inverse

$$A^{-1} = \begin{pmatrix} \frac{1}{2} & 0 & \frac{1}{2} \\ \frac{1}{2} & 0 & -\frac{1}{2} \\ \frac{1}{2a} & \frac{1}{a} & \frac{1}{2a} \end{pmatrix}.$$

29. Lineare Programmierung (Optimierung) bei zwei Variablen

A 29.1 a) g: $-5x + y = 4$; $\quad -5 \cdot 0 + 4 \cdot 0 \leq 4 \Rightarrow$ H: $-5x + y \leq 4$;

b) g: $2x + y = -3$; $\quad 2 \cdot 0 + 1 \cdot 0 \geq -3$

$\Rightarrow$ H: $2x + y \geq -3 \mid \cdot (-1) \quad \Leftrightarrow \quad -2x - y \leq 3$;

c) g: $3x + y = 8$; $\quad 3 \cdot (-3) + 4 \leq 8 \Rightarrow$ H: $3x + y \leq 8$;

d) g: $-x + y = -1$; $\quad -1 + 5 \geq -1$;

$\Rightarrow$ H: $-x + y \geq -1 \mid \cdot (-1) \quad \Leftrightarrow \quad x - y \leq 1$.

A 29.2 a)

$2x_1 + x_2 \leq 10$	(1):	Hablebene unterhalb g_1;
$x_2 \leq 6$	(2):	Hablebene unterhalb g_2;
$-x_1 + x_2 \leq 10$	(3):	Hablebene unterhalb g_3;
$-x_1 - x_2 \leq 5$	(4):	Hablebene oberhalb g_4;
$x_1 - x_2 \leq 5$	(5):	Hablebene oberhalb g_5.

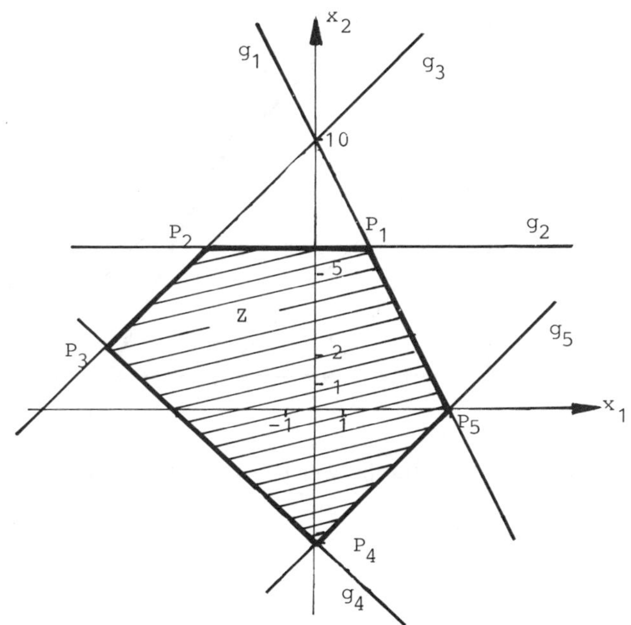

b) $P_1 = g_1 \cap g_2$; $2x_1 + x_2 = 10$; $x_2 = 6$; $x_1 = 2$; $\underline{P_1(2;6)}$;

$P_2 = g_2 \cap g_3$; $x_2 = 6$; $-x_1 + x_2 = 10$; $x_1 = -4$; $\underline{P_1(-4;6)}$;

$P_3 = g_3 \cap g_4$;

$$\left.\begin{array}{r} -x_1 + x_2 = 10 \\ -x_1 - x_2 = 5 \end{array}\right\} + \Rightarrow -2x_1 = 15;\ x_1 = -\frac{15}{2};\ x_2 = \frac{5}{2};$$

$\underline{P_3\left(-\frac{15}{2};\frac{5}{2}\right)}$;

$P_4 = g_4 \cap g_5$;

$$\left.\begin{array}{r} -x_1 - x_2 = 5 \\ x_1 - x_2 = 5 \end{array}\right\} + \quad \Rightarrow -2x_2 = 10;\ x_2 = -5;\ x_1 = 0;$$

$\underline{P_4(0;-5)}$;

$P_5 = g_5 \cap g_1$;

$$\left.\begin{array}{r} x_1 - x_2 = 5 \\ 2x_1 + x_2 = 10 \end{array}\right\} + \quad \Rightarrow 3x_1 = 15;\ x_1 = 5;\ x_2 = 0;$$

$\underline{P_5(5;0)}$.

A 29.3 a) $x \geq 0$; $y \geq 0$;

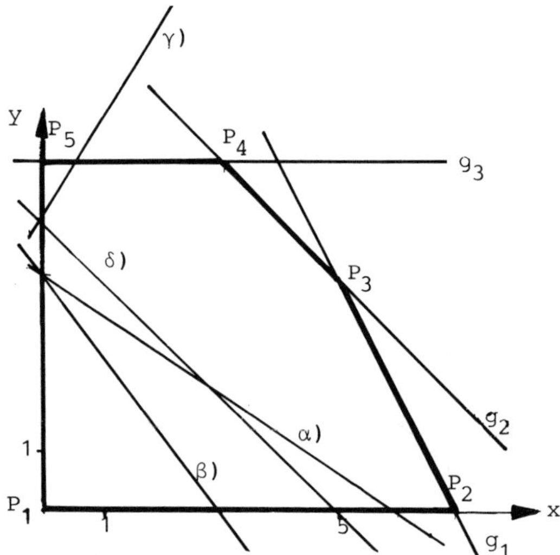

Geradengleichung durch zwei Punkte $P(x_0, y_0)$ und $Q(x_1, y_1)$:

$$\frac{y - y_0}{x - x_0} = \frac{y_1 - y_0}{x_1 - x_0};$$

g_1: Gerade durch P_2 und P_3: $\frac{y-0}{x-7} = \frac{4}{-2} = -2$;

$y = -2x + 14$; (1) $2x + y \leq 14$;

g_2: Gerade durch P_3 und P_4: $\frac{y-4}{x-5} = \frac{2}{-2} = -1$;

$y = -x + 9$; (2) $x + y \leq 9$;

g_3: Gerade durch P_4 und P_5: $y = 6$; (3) $y \leq 6$;

$$(U)\quad \begin{array}{rcl} 2x + y \leq 14 & & \\ x + y \leq 9 & & \\ y \leq 6 & & \\ x \geq 0 & \Leftrightarrow & -x \leq 0 \\ y \geq 0 & \Leftrightarrow & -y \leq 0. \end{array}$$

b) α) $z = 2x + 3y$; $g: 2x + 3y = 12$ s. Skizze.

Maximum in $P_4(3;6)$ mit $z_{max} = 2 \cdot 3 + 3 \cdot 6 = 24$;

Minimum in $P_1(0;0)$ mit $z_{min} = 0$;

β) $z = 4x + 3y$; $g: 4x + 3y = 12$ s. Skizze.

Maximum in $P_3(5;4)$ mit $z_{max} = 4 \cdot 5 + 3 \cdot 4 = 32$;

Minimum in $P_1(0;0)$ mit $z_{min} = 0$;

γ) $z = -5x + 3y$; $g: -5x + 3y = 15$ s. Skizze.

Maximum in $P_5(0;6)$ mit $z_{max} = 18$;

Minimum in $P_2(7;0)$ mit $z_{min} = -35$;

δ) $z = 5x + 5y$; $g: 5x + 5y = 25$ s. Skizze.

Diese Gerade ist parallel zu g_2 durch P_3 und P_4.

Maximum in $P_3(5;4)$ und $P_4(3;6)$; $z_{max} = 45$;

das Maximum wird auf der gesamten Verbindungsstrecke $\overline{P_3P_4}$ angenommen.

Minimum in $P_1(0;0)$ mit $z_{min} = 0$;

A 29.4

$$\begin{aligned} x_1 + x_2 &\geq 2 & (1) \quad & g_1\colon x_1 + x_2 = 2; \\ x_1 - 3x_2 &\leq 0 & (2) \quad & g_2\colon x_1 - 3x_2 = 0; \\ 3x_1 - 2x_2 &\leq 10 & (3) \quad & g_3\colon 3x_1 - 2x_2 = 10; \\ x_1 &\geq 0 & (4) \quad & g_4\colon x_1 = 0; \\ x_2 &\geq 0 & (5) \quad & g_5\colon x_2 = 0. \end{aligned}$$

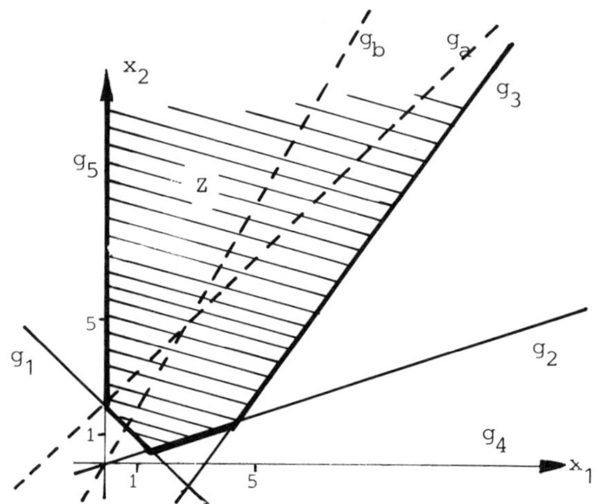

a) $z = -x_1 + x_2$;
für $z = 2$ ist die Gerade $g_a: -x_1 + x_2 = 2$ eingezeichnet.

Minimum in $P_1 = g_2 \cap g_3$:

$g_2: x_1 - 3x_2 = 0$; $x_1 = 3x_2$; $g_3: 3x_1 - 2x_2 = 10$; $9x_2 - 2x_2 = 10$;

$x_2 = \frac{10}{7}$; $x_1 = \frac{30}{7}$; $P_1\left(\frac{10}{7}; \frac{30}{7}\right)$; $z_{min} = -\frac{20}{7}$;

das Maximum existiert nicht; $z_{max} = \infty$.

b) $z = -7x_1 + 4x_2$; für $z = 0$ ist die Gerade $g_b: -7x_1 + 4x_2 = 0$ eingezeichnet. Die Steigung dieser Geraden ist größer als die von g_3 und kleiner als die von g_5 (x_2-Achse).
Daher existiert weder ein Minimum noch ein Maximum.

c) $z = a x_1 + x_2$; $a x_1 + x_2 = c$ stellt eine Gerade $g_c: x_2 = -ax_1 + c$ dar mit der Steigung $-a$.

α) Falls die Steigung dieser Geraden g_c größer ist als die Steigung von g_3, also größer als $\frac{2}{3}$ ist, existiert weder ein Minimum noch ein Maximum des linearen Programms.

Kein Extremum existiert damit für $-a > \frac{3}{2} \Leftrightarrow a < -\frac{3}{2}$.

Bedingung für die Existenz eines Extremums: $a \geq -\frac{3}{2}$.

Es handelt sich um ein Minimum.

β) Mehrere Extrema gibt es, falls g_c parallel zu g_1, g_2 oder g_3 ist, also für $-a = -1$; $-a = \frac{1}{3}$ oder $-a = \frac{3}{2}$.

Mehrere Extrema gibt es also für $a \in \{1; -\frac{1}{3}; -\frac{3}{2}\}$.

A 29.5 a)

$$
\begin{aligned}
4x_1 + 6x_2 &\leq 480 \quad (1)\\
5x_1 + \tfrac{15}{4}x_2 &\leq 375 \quad (2)\\
6x_1 + 3x_2 &\leq 420 \quad (3)\\
5x_2 &\leq 350 \quad (4)\\
4x_1 &\leq 360 \quad (5)\\
x_1 &\geq 0 \quad (6)\\
x_2 &\geq 0 \quad (7)
\end{aligned}
$$

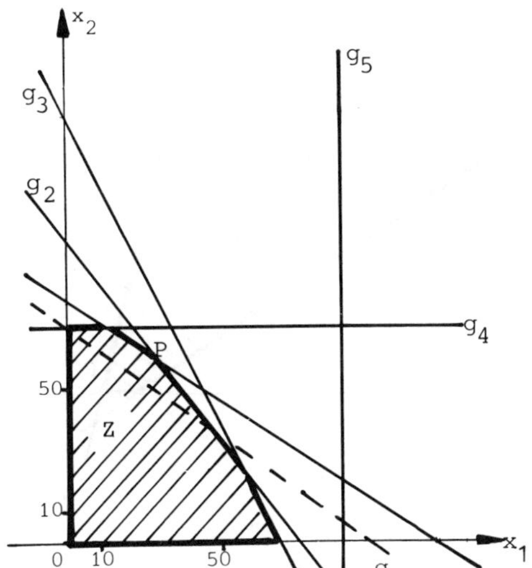

b) Lineare Zielfunktion: $z = 42x_1 + 60x_2$;

die Gerade $g: 42x_1 + 60x_2 = 4200$ ist eingezeichnet. Das Maximum wird im Punkt P (Schnittpunkt von g_1 und g_2) angenommen.

$$
\left.
\begin{aligned}
4x_1 + 6x_2 &= 480 \mid \cdot 5\\
5x_1 + \tfrac{15}{4}x_2 &= 375 \mid \cdot (-4)
\end{aligned}
\right\} +
$$

$15\,x_2 = 900 \;\Leftrightarrow\; x_2 = 60\,;\; x_1 = 30\,;\; \underline{P(30; 60)}.$

Maximaler Gesamtgewinn:

$z_{max} = 42 \cdot 30 + 60 \cdot 60 = 4\,860$ EUR.

A 29.6 a)

$x_1\,,\, x_2 \geq 0\,;$		
$2x_1 + 3x_2 \geq 30$	(1):	Hablebene oberhalb g_1;
$x_1 + 3x_2 \leq 60$	(2):	Hablebene unterhalb g_2;
$4x_1 + x_2 \leq 64$	(3):	Hablebene unterhalb g_3.

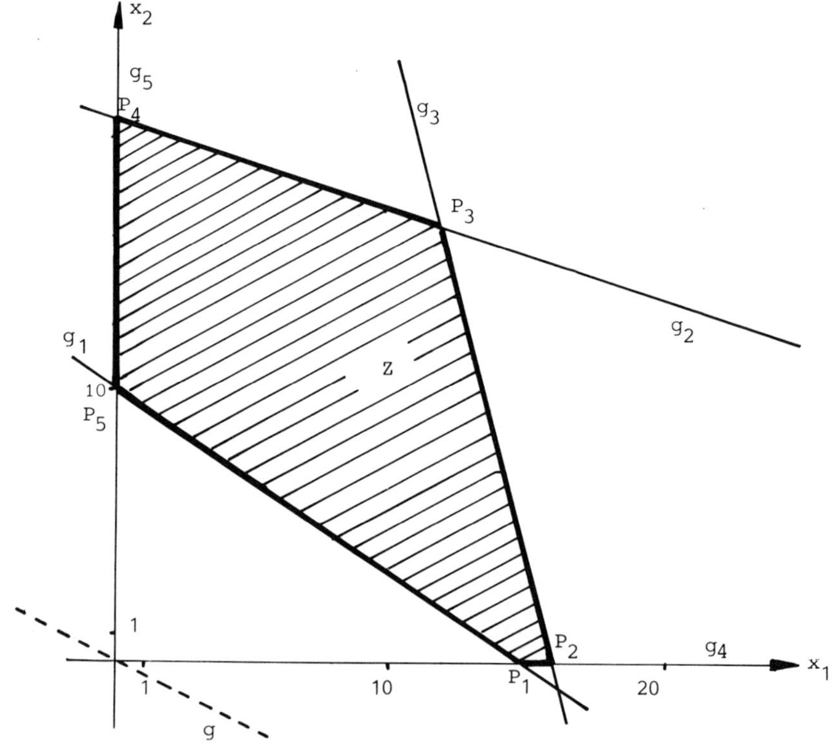

Eckpunkte:

$P_1 = g_1 \cap x_1$- Achse; $x_2 = 0\,;\;\; x_1 = 15\,;\;\; \underline{P_1(15\,;0)}\,;$

$P_2 = g_3 \cap x_1$- Achse; $x_2 = 0\,;\;\; x_1 = 16\,;\;\; \underline{P_2(16\,;0)}\,;$

$P_3 = g_2 \cap g_3$:

$$\left.\begin{array}{l} x_1 + 3x_2 = 60 \mid \cdot(-4) \\ 4x_1 + x_2 = 64 \end{array}\right\} + \;\Rightarrow\; -11\,x_2 = -176\,;$$

$x_2 = 16\,;\;\; x_1 = 12\,;\quad \underline{P_3(12\,;\,16)}\,;$

$P_4 = g_2 \cap x_2$- Achse; $x_1 = 0$; $x_1 + 3x_2 = 60$; $x_2 = 20$;
$\underline{P_4(0;20)}$;

$P_5 = g_1 \cap x_2$- Achse; $x_1 = 0$; $3x_2 = 60$; $x_2 = 20$; $\underline{P_5(0;20)}$.

b) $z = 5x_1 + 10x_2$;

eingezeichnet ist die Gerade $g: 5x_1 + 10x_2 = 0$.

Das Maximum wird in $P_3(12; 16)$ angenommen mit

$z_{max} = 5 \cdot 12 + 10 \cdot 16 = 220$ EUR.

A 29.7 Ansatz: x_1 Morgen Erbsen, x_2 Morgen Möhren.

$x_1, x_2 \geq 0$;

Anbaufläche: $x_1 + x_2 \leq 30$ (1); Halbebene unterhalb von g_1;

Investition: $200x_1 + 100x_2 \leq 5000$ (2); unterhalb von g_2;

Arbeitstage: $x_1 + 2x_2 \leq 50$ (3); Halbebene unterhalb von g_3.

Zielfunktion: $z = 400x_1 + 600x_2 \rightarrow \max$.

Für $z = 6000$ ist die Gerade g: $400x_1 + 600x_2 = 600$ eingezeichnet.

Das Maximum wird in $P = g_1 \cap g_2$ angenommen.

$$\left.\begin{array}{l} x_1 + x_2 = 30 \\ x_1 + 2x_2 = 50 \end{array}\right\} - \quad \Rightarrow \quad x_2 = 20;\ x_1 = 10;\ z_{max} = 16\,000 \text{ EUR}.$$

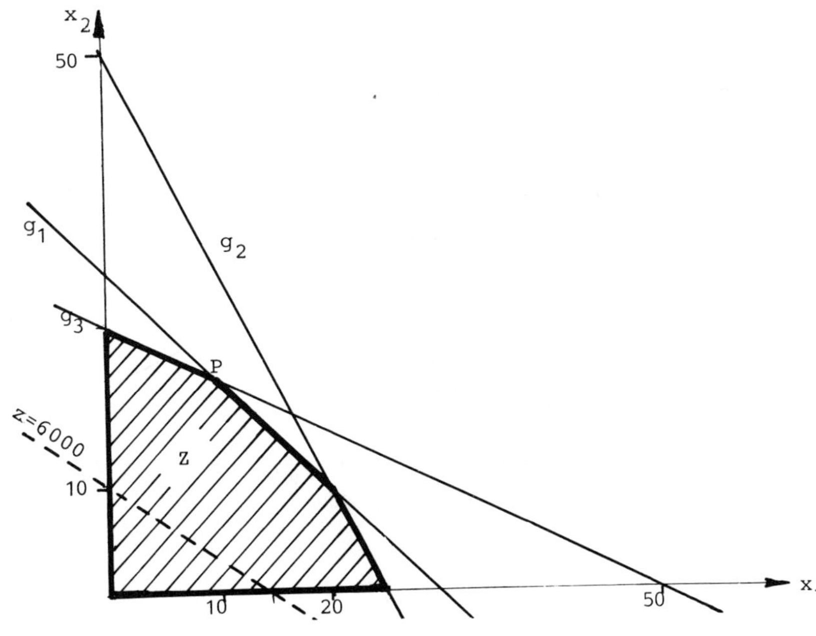

A 29.8 Ansatz: x_1 Meter von A; x_2 Meter von B;

$x_1, x_2 \geq 0$;

$7{,}5\,x_1 + 2{,}5\,x_2 \leq 1500$	(1)	unterhalb von g_1;
$3\,x_1 + 6\,x_2 \leq 1800$	(2)	unterhalb von g_2;
$x_1 \leq 150$	(3)	links von g_3;
$x_2 \leq 250$	(4)	unterhalb von g_4;

Reingewinn pro Meter A: $35{,}5 - 7{,}5 - 3 = 25$ EUR;

B: $28{,}5 - 2{,}5 - 6 = 25$ EUR.

Reingewinn: $z = 25\,x_1 + 20\,x_2 \rightarrow \max.$

Für $z = 5000$ ist die Gerade g: $25\,x_1 + 20\,x_2 = 5000$ eingezeichnet.

Das Maximum wird in $P = g_1 \cap g_2$ angenommen.

$$\left.\begin{array}{rl} 7{,}5\,x_1 + 2{,}5\,x_2 = 1500 & |\cdot 4 \\ 3\,x_1 + 6\,x_2 = 1800 & |\cdot 10 \end{array}\right\}-$$

$x_2 = 240;\ x_1 = 120;\ P(120;240)$;

$z_{max} = 25 \cdot 120 + 20 \cdot 240 = 7\,800$ EUR.

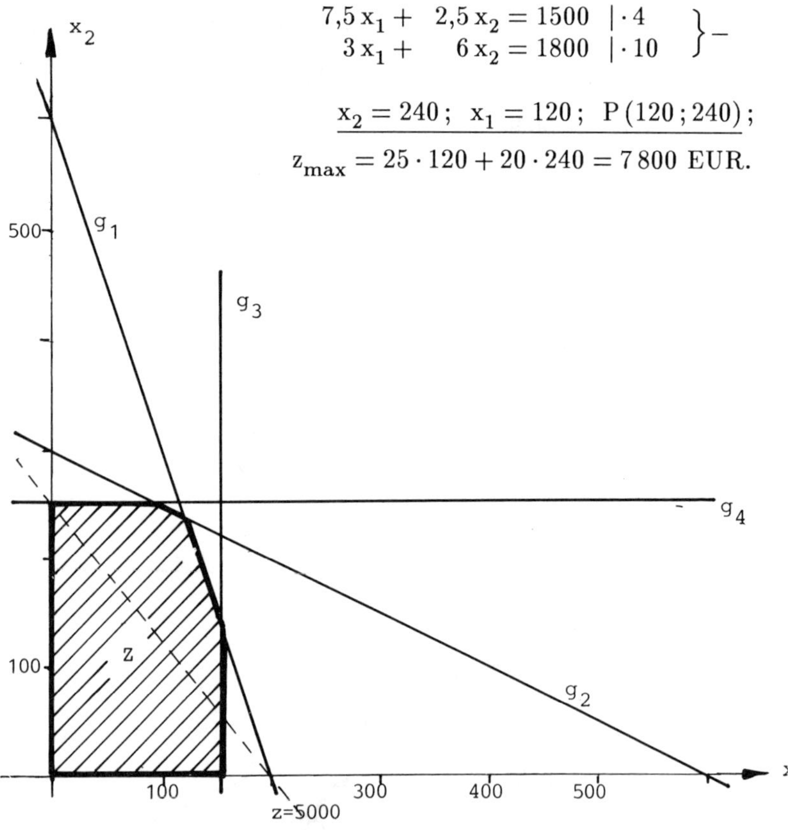

A 29.9 a) $x_1, x_2 \geq 0$;

$x_1 + x_2 \geq 9$ (1) Halbebene oberhalb g_1;

$x_1 + x_2 \leq 30$ (2) Halbebene unterhalb g_2;

$\frac{x_1}{x_2} \geq \frac{1}{2}$; $x_2 \leq 2x_1$;

$-2x_1 + x_2 \leq 0$ (3) Halbebene unterhalb g_3;

$x_1 \leq x_2 + 3 \Leftrightarrow x_1 - x_2 \leq 3$

$-2x_1 + x_2 \leq 0$ (4) Halbebene oberhalb g_4;

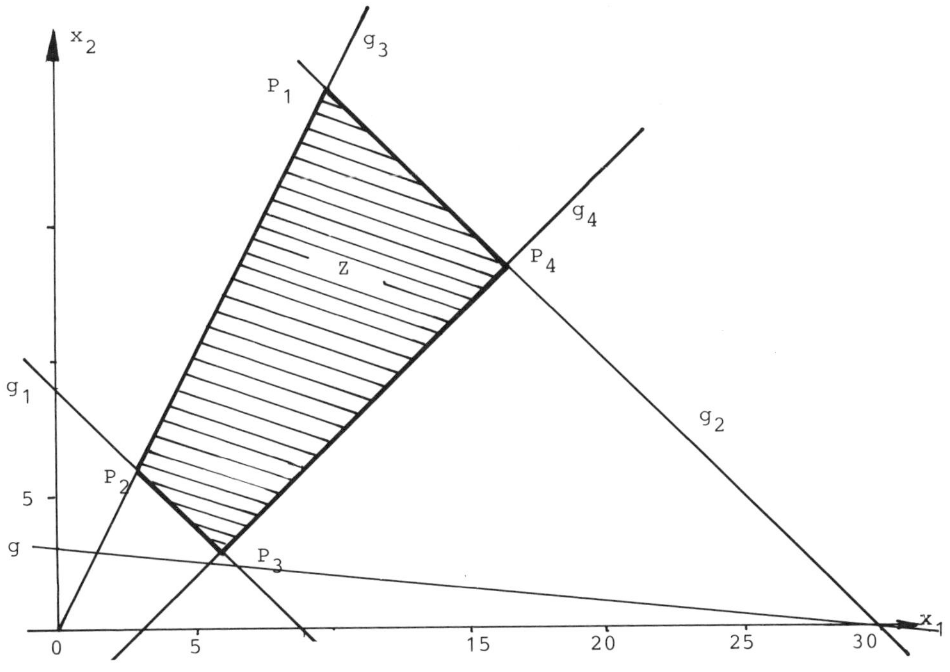

$P_1 = g_2 \cap g_3$:

$$\left.\begin{array}{r} x_1 + x_2 = 30 \\ -2x_1 + x_2 = 0 \end{array}\right\} - \Rightarrow 3x_1 = 30;\ x_1 = 10;\ x_2 = 20;$$

$\underline{P_1(10;\ 20)}$;

$P_2 = g_1 \cap g_3$:

$$\left.\begin{array}{r} x_1 + x_2 = 9 \\ -2x_1 + x_2 = 0 \end{array}\right\} - \Rightarrow 3x_1 = 9;\ x_1 = 3;\ x_2 = 6;$$

$\underline{P_2(3\,;\,6)}$;

$P_3 = g_1 \cap g_4$:

$$\left.\begin{aligned} x_1 + x_2 &= 9 \\ x_1 - x_2 &= 3 \end{aligned}\right\}+ \quad \Rightarrow \quad 2x_1 = 12\,; \quad x_1 = 6\,;\, x_2 = 3\,;$$

$\underline{P_3(6\,;3)}$;

$P_4 = g_2 \cap g_4$:

$$\left.\begin{aligned} x_1 + x_2 &= 30 \\ x_1 - x_2 &= 3 \end{aligned}\right\}+ \quad \Rightarrow \quad 2x_1 = 33\,; \quad x_1 = 16{,}5\,;\, x_2 = 13{,}5\,;$$

$\underline{P_4(16{,}5\,;13{,}5)}$.

b) $z = 1{,}2\,x_1 + 12\,x_2 \rightarrow \min$.

g: $1{,}2\,x_1 + 12\,x_2 = 36$ ist eingezeichnet. z_{min} bei $P_3(6\,;3)$ mit $z_{min} = 1{,}2 \cdot 6 + 12 \cdot 3 = 43{,}2$ EUR.

Oldenbourg · Wirtschafts- und Sozialwissenschaften · Steuern · Recht